Inhalt

W0381905

3 Terme und Gleichungen

4 Bruchterme und Bruchgleichungen

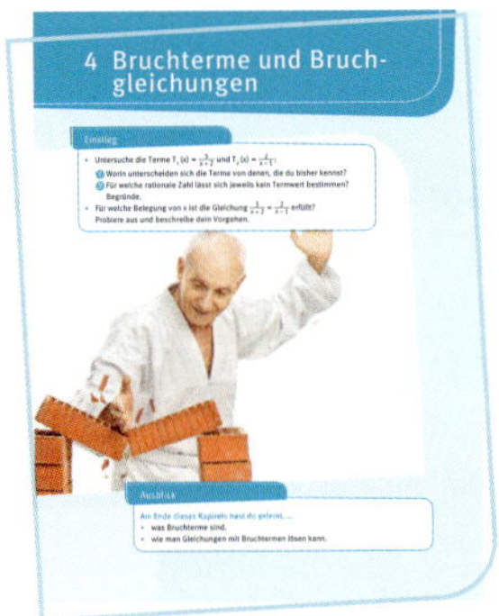

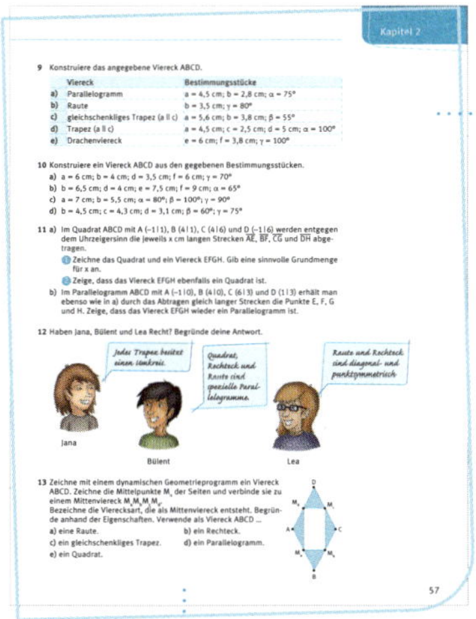

Mit den **Vermischten Aufgaben** könnt ihr den Stoff wiederholen.

Auf den **Themenseiten** findet ihr spannende Bezüge zum Alltag. Neu ist: Die **Toolbox** enthält die mathematischen Methoden. Die Symbole neben den Überschriften geben den Schwierigkeitsgrad an: von leicht (ein Symbol) bis schwer (drei Symbole).

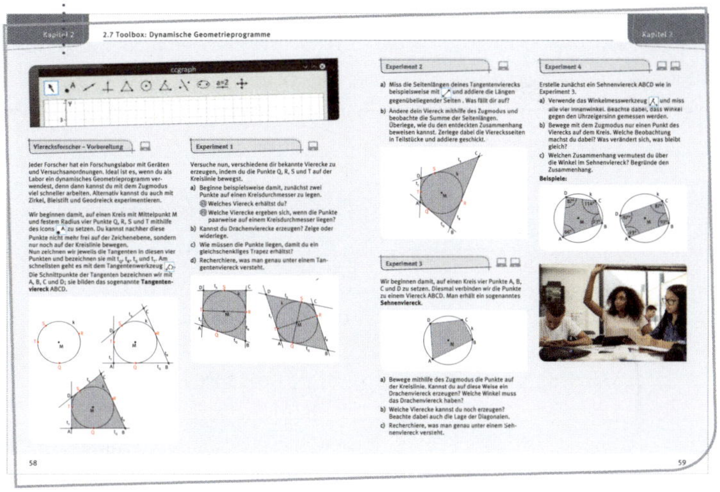

Auf vielen Seiten findet ihr mit den **grauen Kästen** Anregungen zur Mathematik in Alltag und Geschichte, zum Weiterdenken, ...

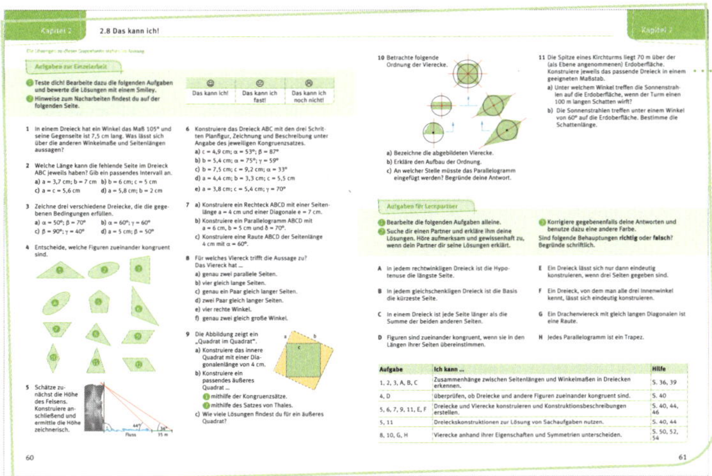

Das kann ich! hat verschiedene Teile: Im **ersten Teil** findet ihr **Testaufgaben**, die ihr **alleine** löst. Der **zweite Teile** enthält **Diskussionsaufgaben**: Beim Begründungen und Argumentieren lernt ihr eine ganze Menge über Mathe! Die Lösungen findet ihr im Anhang.

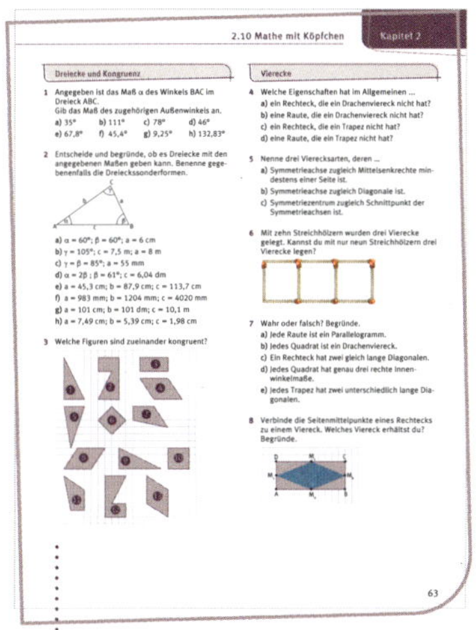

Die Seite **Auf einen Blick** enthält das Grundwissen des Kapitels in kompakter Form.

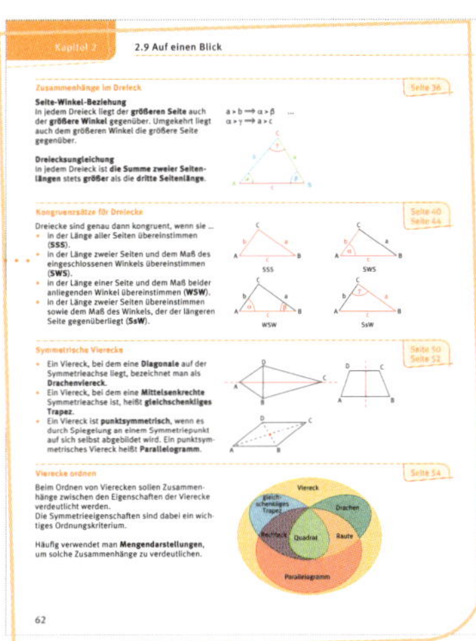

Bei der künftigen Abschlussprüfung muss man Aufgaben teils im Kopf (also ohne Taschenrechner und Formelsammlung) lösen. **Mathe mit Köpfchen** bereitet euch darauf gezielt vor!

Herausgegeben von Michael Kleine,
Patricia Weixler und Simon Weixler

Mathe.Logo

Realschule Bayern

8

C.C.BUCHNER

II / III

Mathe.Logo

Realschule Bayern

Herausgegeben von Michael Kleine, Patricia Weixler und Simon Weixler

Mathe.Logo $8_{II/III}$

Bearbeitet von Andreas Gilg, Michael Kleine, Birgit Listl, Dominik Siebler, Patricia Weixler und Simon Weixler unter Mitarbeit der Verlagsredaktion

Zu diesem Lehrwerk sind erhältlich:

- Arbeitsheft $8_{II/III}$, ISBN 978-3-661-60122-9
- Digitales Lehrermaterial **click & teach** Einzellizenz, Bestell-Nr. 601321
- Digitales Lehrermaterial **click & teach** Box (Karte mit Freischaltcode), ISBN 978-3-661-60152-6

Weitere Materialien finden Sie unter www.ccbuchner.de.

Dieser Titel ist auch als digitale Ausgabe **click & study** (WEB601121) unter www.ccbuchner.de erhältlich.

Die Mediencodes enthalten zusätzliche Unterrichtsmaterialien, die der Verlag in eigener Verantwortung zur Verfügung stellt. Um diese Materialien zu verwenden, wird im Suchfeld auf www.ccbuchner.de/medien der jeweils angegebene Mediencode eingegeben.

1. Auflage, 1. Druck 2020
Alle Drucke dieser Auflage sind, weil untereinander unverändert, nebeneinander benutzbar.

Dieses Werk folgt der reformierten Rechtschreibung und Zeichensetzung. Ausnahmen bilden Texte, bei denen künstlerische, philologische oder lizenzrechtliche Gründe einer Änderung entgegenstehen.

© 2020 C.C.Buchner Verlag, Bamberg
Das Werk und seine Teile sind urheberrechtlich geschützt. Jede Nutzung in anderen als den gesetzlich zugelassenen Fällen bedarf der vorherigen schriftlichen Einwilligung des Verlags. Das gilt insbesondere auch für Vervielfältigungen, Übersetzungen und Mikroverfilmungen. Hinweis zu § 52 a UrhG: Weder das Werk noch seine Teile dürfen ohne eine solche Einwilligung eingescannt und in ein Netzwerk eingestellt werden. Dies gilt auch für Intranets von Schulen und sonstigen Bildungseinrichtungen.

Redaktion: Georg Vollmer
Layout und Satz: Wildner + Designer GmbH, Fürth
Druck: mgo360 GmbH & Co. KG, Bamberg

www.ccbuchner.de

ISBN 978-3-661-**60112**-0

5 Funktionen

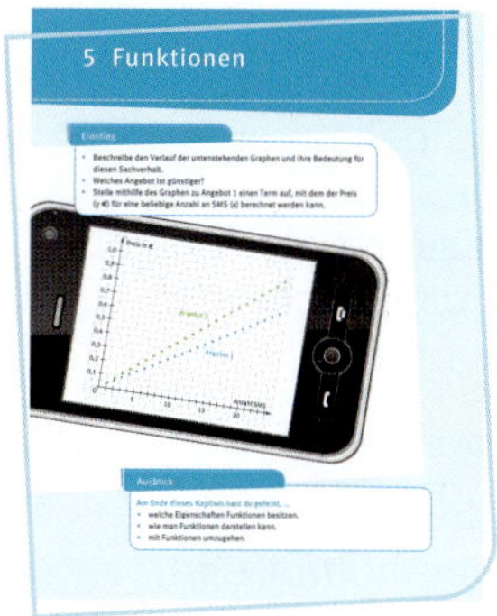

6 Grundlagen der Raumgeometrie

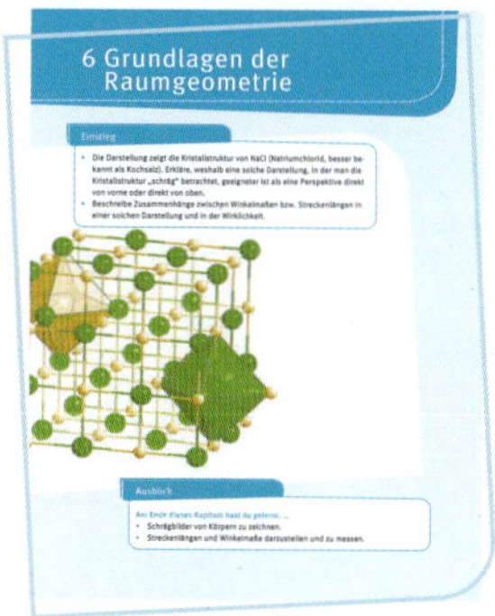

Rechnen mit Brüchen

Die Lösungen zum Grundwissen stehen im Anhang.

1 Vervollständige die Additionsmauern im Heft.

a)

b)

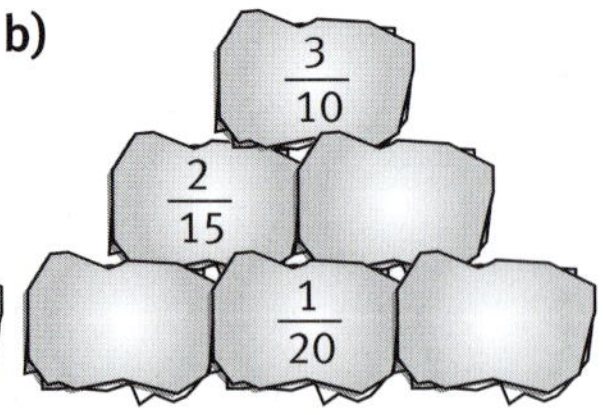

2 Berechne. Die Ergebnisse liefern Silben, die fortlaufend gelesen ein Sprichwort ergeben. Doch Vorsicht: Es hat sich ein falsches Wort eingeschlichen.

(1) $\frac{7}{4} : \frac{1}{2}$ (2) $5 \cdot \frac{3}{10}$ (3) $\frac{7}{4} \cdot 36$ (4) $\frac{13}{3} \cdot \frac{3}{8}$
(5) $\frac{5}{12} \cdot 12^2$ (6) $\frac{13}{5} \cdot 13$ (7) $\frac{7}{25} : \frac{1}{75}$ (8) $\frac{9}{10} \cdot \frac{11}{10}$
(9) $42 \cdot \frac{1}{8}$ (10) $15 : \frac{9}{8}$ (11) $2\frac{1}{2} \cdot 10$ (12) $8\frac{3}{4} \cdot 2$
(13) $12 \cdot 12\frac{1}{6}$ (14) $18 \cdot 10\frac{1}{6}$ (15) $7\frac{1}{7} : 7$ (16) $3 \cdot 5\frac{1}{7}$
(17) $13 : 6\frac{1}{2}$ (18) $11\frac{3}{7} \cdot \frac{5}{8}$

$\frac{3}{2}$ RA	$\frac{7}{2}$ WE	$\frac{50}{49}$ AN	$\frac{99}{100}$ RU	$\frac{40}{3}$ GR	$\frac{169}{5}$ IN
$15\frac{3}{7}$ FT	$\frac{13}{8}$ ER	$\frac{21}{4}$ BE	$\frac{50}{7}$ EIN	$17\frac{1}{2}$ TF	60 NE
63 ND	183 TS	21 EG	2 HIN	146 ÄLL	25 ÄB

Addition und Subtraktion
Gleichnamige Brüche werden addiert (subtrahiert), indem man die Zähler addiert (subtrahiert). Der Nenner wird beibehalten.

Ungleichnamige Brüche werden zuerst gleichnamig gemacht. Anschließend werden die Brüche wie gleichnamige Brüche addiert (subtrahiert).

Multiplikation
Brüche werden multipliziert, indem man Zähler mit Zähler und Nenner mit Nenner multipliziert. Vor dem Multiplizieren sollte man – falls möglich – kürzen.

Beispiel:
$$\frac{2}{3} \cdot \frac{4}{5} = \frac{2 \cdot 4}{3 \cdot 5} = \frac{8}{15}$$

Man dividiert eine Zahl durch einen Bruch, indem man sie mit seinem Kehrbruch multipliziert.

Beispiel:

Multiplikation
$$\frac{3}{4} : \frac{2}{3} = \frac{3}{4} \cdot \frac{3}{2} = \frac{3 \cdot 3}{4 \cdot 2} = \frac{9}{8} = 1\frac{1}{8}$$
Kehrbruch

Rechnen mit Dezimalzahlen

3 Berechne im Kopf.

a) 1,44 : 100 **b)** 10,6 : 10
c) 2,5 : 1000 **d)** 6160,2 : 1000
e) 0,415 · 100 **f)** 0,006 · 10

4 Übertrage in dein Heft und ergänze die fehlenden Werte. Setze fehlende Kommas richtig.

a)

	7	●,	6	●	5	
−	●	9,	9	2	7	
	4	9,	●	7	●	

b)

		5	0	●,	9	●
+		●	2	9,	●	2
	●	2	●	6	8	9

c)

●	9,	4	●	·	2	0	●
	5	8	9	4			
		●	8	●	4	●	
	5	9	●	2	●	1	

d)

●,	1	5	·	4,	●
	●	6	0		
	●	●	●	5	
	0,	7	0	●	

Multiplikation
Dezimalzahlen werden mit Dezimalzahlen so multipliziert, als ob kein Komma vorhanden wäre. Anschließend wird das Komma gesetzt: Das Ergebnis erhält so viele Nachkommastellen wie beide Faktoren zusammen haben.

Beispiel:

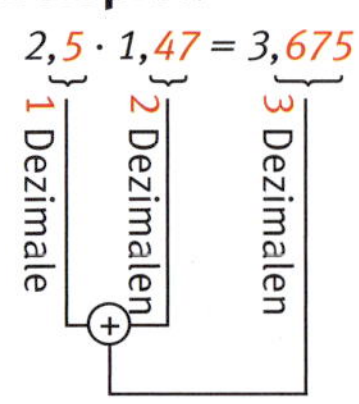

Division
Wird beim Dividieren einer Dezimalzahl durch eine natürliche Zahl das Komma überschritten, so wird im Ergebnis das Komma gesetzt.

Man dividiert eine Dezimalzahl durch eine Dezimalzahl, indem man zuerst beide Zahlen so mit einer Zehnerpotenz multipliziert, dass der Divisor eine natürliche Zahl wird.

Beispiel: 0,342 : 0,76 = 34,2 : 76 = 0,45

Rechnen mit ganzen Zahlen

5 Übertrage in dein Heft und berechne.

a)

+	+75	−36
−215	□	□
+96	□	□

b)

−	−38	+215
+88	126	□
−104	□	□

6 Berechne.

a) $(-4) \cdot (+7)$ **b)** $(+23) \cdot (+15)$
c) $(+14) \cdot (-125)$ **d)** $(+40) \cdot 35 : (-2)$
e) $84 \cdot (-25) : (-4)$ **f)** $(-100) \cdot (-2) \cdot (-1)$

Addition und Subtraktion
Vor- und Rechenzeichen lassen sich stets durch ein Zeichen ersetzen: Zwei verschiedene Zeichen ergeben „−“, zwei gleiche Zeichen „+“.

Multiplikation und Division
Zwei ganze Zahlen werden multipliziert (dividiert), indem man zunächst die Beträge der Zahlen multipliziert (dividiert).
Haben beide Zahlen dasselbe Vorzeichen, so ist das Ergebnis positiv; haben sie verschiedene Vorzeichen, so ist das Ergebnis negativ.

Rechnen mit rationalen Zahlen

7 <, > oder =?

a) $28 - (17 + 6)$ □ $28 - 17 - 6$
b) $4{,}2 - (1{,}8 + 2{,}9)$ □ $4{,}2 - 1{,}8 + 2{,}9$
c) $1{,}9 - (0{,}8 + 1{,}2)$ □ $1{,}9 + 0{,}8 + 1{,}2$
d) $2\frac{1}{2} + \left(\frac{3}{4} - 2\right)$ □ $2\frac{1}{2} + \frac{3}{4} + 2$
e) $-3 - (-1{,}4 - 0{,}9)$ □ $-3 + 1{,}4 - 0{,}9$
f) $-3 \cdot (2{,}5 + 4)$ □ $-7{,}5 + 12$

8 Berechne auf zwei unterschiedliche Arten.

a) $\left(-\frac{3}{5} - \frac{2}{5}\right) \cdot \left(-\frac{5}{6}\right)$ **b)** $(-2{,}5 + 3{,}48) \cdot \left(-\frac{3}{4}\right)$

9 Berechne geschickt. Welches Rechengesetz hast du angewendet?

a) $25 \cdot (-2{,}1) \cdot (-4)$ **b)** $-2\frac{7}{10} + 5 + \left(-2\frac{3}{10}\right)$
c) $\frac{1}{4} + \left(-\frac{2}{5}\right) + \left(-\frac{1}{2}\right)$ **d)** $-\frac{1}{3} + \frac{1}{2} - \left(+\frac{6}{9}\right)$
e) $-3{,}1 + 1{,}5 + 6{,}1 + (-8{,}5)$
f) $125 \cdot (-4) \cdot (-8) \cdot 25$
g) $\left(-3\frac{2}{9}\right) + \left(-6\frac{1}{8}\right) - \left(-3\frac{2}{9}\right) + \left(-2\frac{7}{8}\right)$
h) $12{,}7 + 5{,}1 - 1{,}09 - 4{,}1 + 2{,}09 - 3{,}7$

10 Finde das Lösungswort, indem du den Termen den richtigen Wert zuordnest.

1. $(-10) \cdot (-6)$
2. $[(-75) + (-35)] : (+11)$
3. $(-30) : (-6)$
4. $(-125) : (-25) + (+32)$
5. $(-72) : (-36) \cdot (-12)$
6. $(-30) : (-10) - 24$
7. $(+84) - (-36) : (-12)$
8. $(+125) - (+75) \cdot (-2)$
9. $[(-125) - (-75)] : (+25)$

S | 275 A | 81 R | 60 C | 5 S | −2
E | −24 H | 37 N | −21 E | −10

Alle positiven und negativen Brüche zusammen mit der Null bezeichnet man als **Menge der rationalen Zahlen** $\mathbb{Q}$. Es gelten die bekannten Rechenregeln.

1. Terme in Klammern werden zuerst ausgerechnet. Bei mehreren Klammern beginnt man mit der innersten.
2. Potenzen werden vor den vier Grundrechenarten berechnet.
3. Punktrechnung (Multiplikation, Division) geht vor Strichrechnung (Addition, Subtraktion).

Kommutativgesetz
$a + b = b + a$ für alle $a, b \in \mathbb{Q}$
$a \cdot b = b \cdot a$ für alle $a, b \in \mathbb{Q}$

Assoziativgesetz
$a + (b + c) = (a + b) + c$ für alle $a, b, c \in \mathbb{Q}$
$a \cdot (b \cdot c) = (a \cdot b) \cdot c$ für alle $a, b, c \in \mathbb{Q}$

Distributivgesetz
Multipliziert man eine Summe (Differenz) mit einer rationalen Zahl, dann wird diese Zahl mit allen einzelnen Teilen der Summe (Differenz) ausmultipliziert. Umgekehrt lässt sich auch ein gemeinsamer Faktor ausklammern.

$$(-5) \cdot (-17 + 6) = (-5) \cdot (-17) + (-5) \cdot 6$$

Potenzen und Potenzgesetze anwenden

11 Schreibe das Produkt als Potenz und berechne.

a) $(-4) \cdot (-4) \cdot (-4)$ **b)** $0{,}5 \cdot 0{,}5 \cdot 0{,}5 \cdot 0{,}5$

c) $\left(-\frac{3}{4}\right) \cdot \left(-\frac{3}{4}\right)$ **d)** $\left(-\frac{1}{2}\right) \cdot \left(-\frac{1}{2}\right) \cdot \left(-\frac{1}{2}\right) \cdot \left(-\frac{1}{2}\right)$

e) $-(0{,}05 \cdot 0{,}05 \cdot 0{,}05)$ **f)** $(-4{,}2) \cdot (-4{,}2) \cdot (-4{,}2)$

12 Schreibe als Produkt und berechne.

a) $(-3)^3$ **b)** $\left(-\frac{1}{2}\right)^5$ **c)** $-(-19)^1$ **d)** $(-10)^6$

e) $\left(-\frac{3}{5}\right)^2$ **f)** $-(0{,}4)^0$ **g)** $\left(-\frac{7}{9}\right)^0$ **h)** $-\left(-\frac{6}{7}\right)^4$

13 Fasse zusammen und berechne.

a) $3^2 \cdot 4^2$ **b)** $\left(\frac{2}{3}\right)^4 \cdot 6^4$ **c)** $(-1{,}5)^3 \cdot 3^3$

d) $(-0{,}5)^5 \cdot (-4)^5$ **e)** $1{,}2^2 \cdot 10^2$ **f)** $\left(-\frac{1}{4}\right)^3 \cdot \left(\frac{1}{4}\right)^3$

14 Vereinfache durch Anwendung der Potenzgesetze so weit wie möglich.

a) $a^4 \cdot a^3$ **b)** $(-b) \cdot (-b)^3$ **c)** $c^4 \cdot c^2 \cdot c^6$

d) $d^3 \cdot d^2 \cdot d^1$ **e)** $2e^2 \cdot 3e \cdot e^3$ **f)** $3\,(-f)^4 \cdot \frac{1}{3}\,(-f)^2$

g) $(g^2)^3$ **h)** $(h^4)^5$ **i)** $(i^7)^3$

15 Vereinfache.

a) $(2{,}5^2)^3$ **b)** $(3^4)^7$ **c)** $(0{,}5^3)^9$ **d)** $((-3)^2)^4$

e) $(-4{,}2^5)^2$ **f)** $(7^3)^7$ **g)** $(-2^7)^3$ **h)** $(-0{,}1^8)^5$

Potenzen

Produkte aus gleichen Faktoren kann man als **Potenz** schreiben: $a^n = \underbrace{a \cdot a \cdot \ldots \cdot a}_{n \text{ Faktoren}}$, $a \in \mathbb{Q}$.

Es gilt: $a^1 = a$ für alle $a \in \mathbb{Q}$

$a^0 = 1$ für alle $a \in \mathbb{Q} \setminus \{0\}$

Bei einer **negativen Zahl als Basis** gilt:

- Ist der Exponent eine gerade Zahl, so ist der Potenzwert stets positiv: $(-5)^2 = +25$.
- Ist der Exponent eine ungerade Zahl, so ist der Potenzwert stets negativ: $(-5)^3 = -125$.

Potenzgesetze

- Werden **Potenzen mit gleicher Basis** multipliziert (dividiert), bleibt die **Basis erhalten.** Der Exponent ist die Summe (Differenz) **der Exponenten**.
  $(-3)^5 \cdot (-3)^3 = (-3)^{5+3} = (-3)^8$
  $(-3)^5 : (-3)^3 = (-3)^{5-3} = (-3)^2$
- Werden **Potenzen mit demselben Exponenten** multipliziert (dividiert), dann bleibt der **Exponent erhalten.** Die Basis ist dabei das Produkt (der Quotient) **der einzelnen Basen.**
  $(-8)^5 \cdot 2^5 = (-8 \cdot 2)^5 = (-16)^5$
  $(-8)^5 : 2^5 = (-8 : 2)^5 = (-4)^5$
- Wird eine Potenz potenziert, werden die Exponenten multipliziert. Die Basis bleibt.
  $(7^3)^5 = 7^{3 \cdot 5} = 7^{15}$

Terme vereinfachen

16 Erstelle eine Wertetabelle im angegebenen Intervall und zeichne einen Graphen ($G = \mathbb{Q}$).

a) $T(x) = -2x - 1$ $x \in [-2; 3]$ $\Delta x = 1$

b) $T(x) = 0{,}5x - 2$ $x \in [-1; 5]$ $\Delta x = 0{,}5$

c) $T(x) = -3x + 4$ $x \in [-0{,}5; 0{,}5]$ $\Delta x = 0{,}1$

17 Finde die zu $T(x) = -8x + 4$ äquivalenten Terme.

① $T_1(x) = 4 - 8x$ ② $T_2(x) = 2 - 3x + 5x + 2$

③ $T_3(x) = -4 - 8x + 8$ ④ $T_4(x) = 2 \cdot (2 - 3x) - 2x$

18 Fasse die Terme so weit wie möglich zusammen.

a) $3x + 4{,}5 - 2x - 1{,}2$

b) $-3{,}3x + x - 7{,}5 - 2{,}3x - 12{,}2$

c) $3a + 4b - 3{,}5c + 1{,}7a - 2b - c$

d) $\frac{2}{3}a + \frac{2}{5}b - 3{,}5c + 1\frac{2}{3}a - 2\frac{2}{5}b - \frac{1}{4}c$

Ein **Term** ist jede Zahl, jede Variable oder eine sinnvolle Verknüpfung aus Zahlen, Variablen und Rechenzeichen. Um bei Termen mit Variablen einen **Termwert** zu berechnen, ersetzt man die Variablen durch Zahlen aus einer Grundmenge G.

Terme kann man oftmals mithilfe der bekannten Rechenregeln **vereinfachen**. Dadurch entstehen zueinander **äquivalente Terme**:

- **Summen gleicher Summanden** können als Produkt dargestellt werden.
  $x + x + x + x = 4 \cdot x = 4x$
- Summanden können mit dem **Kommutativgesetz** geordnet werden.
  $a + b + b + a + b = a + a + b + b + b = 2a + 3b$
- **Gleichartige Terme** lassen sich mit dem **Distributivgesetz** zusammenfassen.
  $-3 \cdot z + 5 \cdot z = (-3 + 5) \cdot z = 2 \cdot z = 2z$

19 Vereinfache.

a) $2a^4 \cdot 3a^5$ b) $(-4{,}5b) \cdot (-4b)$
c) $-2c \cdot (-4c)^2 \cdot c$ d) $x^3 \cdot x^2 \cdot x^4$
e) $4a^3 \cdot 2a$ f) $-5a^2 \cdot 2{,}4a^4$
g) $3\,(-y)^4 \cdot \frac{1}{3}(-y)^6$ h) $6x \cdot 3x^2 \cdot 5x^3$
i) $4a^3 : 2a$ j) $-5a^8 : 2{,}5a^4$
k) $-9y^4 : \frac{1}{3}y$ l) $(60x^4 : 3x^2) : 5x^2$

Bei **Produkten** aus Termen, die keine Summen sind, kann man **Zahlen mit Zahlen** und **Variablen mit Variablen** multiplizieren.
Beispiel: $3x \cdot 4y = (3 \cdot 4) \cdot (x \cdot y) = 12xy$

Bei **Quotienten** aus Termen, die keine Summen sind, werden **Zahlen durch Zahlen** und gleiche **Variablen durch Variablen** geteilt.
Beispiel: $6a^2 : 2a = (6 : 2) \cdot (a^2 : a) = 3a$

Gleichungen lösen

20 Löse die Gleichungen für $G = \mathbb{Q}$.

a) $7{,}5 \cdot x - 9{,}8 = 3{,}1 - (-2{,}1)$
b) $14 \cdot x + 10^2 : (-50) = 4{,}0 \cdot 8{,}5$
c) $15{,}5x - 2{,}5 \cdot (3x - 4) = 25 - 21$
d) $45{,}9 - 5 \cdot 9 = -3{,}5x - 6{,}1$
e) $0{,}3 \cdot (6 - 9x) - (5 - 2x) = 1{,}8 - 4 \cdot 0{,}2$
f) $25{,}8 + 49 \cdot 1{,}4 = 6{,}4x - 1{,}2x + 97$

21 Stelle eine Gleichung auf und löse sie.

a) Subtrahiert man von 475 eine Zahl, so erhält man das Doppelte von 105.
b) Subtrahiert man von –4 eine Zahl und addiert 11, so ergibt sich das Produkt aus 0,5 und 28.

22 Schreibe ein passendes Zahlenrätsel auf und löse die Gleichung anschließend.

a) $2\frac{1}{2} \cdot x + 1{,}25 = 3\frac{1}{2}$ b) $3{,}05 \cdot z - 2{,}4 = -8{,}5$
c) $(1{,}4 + y) \cdot (-6) = -18{,}6$

Bei einer **Äquivalenzumformung ändert** sich die **Lösungsmenge** einer Gleichung **nicht**.
Äquivalenzumformungen:

Auf beiden Seiten der Gleichung wird ...	Beispiel: $G = \mathbb{Q}$
die gleiche Zahl oder der gleiche Term **addiert**.	$x - 4 = 3 \quad \vert +4$ $\Leftrightarrow \quad x = 7$ $L = \{7\}$
die gleiche Zahl oder der gleiche Term **subtrahiert**.	$x + 6 = 2 \quad \vert -6$ $\Leftrightarrow \quad x = -4$ $L = \{-4\}$
die gleiche Zahl (ungleich null) **multipliziert**.	$\frac{1}{2}x = 5 \quad \vert \cdot 2$ $\Leftrightarrow \quad x = 10$ $L = \{10\}$
durch die gleiche Zahl (ungleich null) **dividiert**.	$5x = 12 \quad \vert :5$ $\Leftrightarrow \quad x = 2{,}4$ $L = \{2{,}4\}$

Ungleichungen lösen

23 Bestimme die Lösungsmenge ($G = \mathbb{Q}$).

a) $21x - 12 - 18 < -6$ b) $4 - 3x - 2 > 3$
c) $(16 + 12x) \cdot 3 - 5 \geq 13 + 17 \cdot 3$

24 Gib die Lösungsmenge auf verschiedene Arten und über der gegebenen Grundmenge an.
$4 \cdot (3{,}5y - 1{,}5) > 2{,}2 \cdot 4 - 11{,}3$

a) $G = \mathbb{N}$ b) $G = \mathbb{Q}$ c) $G = \mathbb{Z}$

25 Stelle eine Ungleichung auf und bestimme die Lösungsmenge. Wie lautet G?
Die Differenz aus 18 und dem Vierfachen einer ganzen Zahl ist größer als das Produkt der Zahlen –5 und –12.

Bei einer **Ungleichung** werden zwei Terme mit einem Ungleichheitszeichen ($<$, $>$, $\leq$ oder $\geq$) verbunden.

Die **Lösungsmenge** einer Ungleichung kann man auf verschiedene Arten angeben:
- **aufzählende Form**, z. B. $L = \{...; -2; -1; 0\}$
- **beschreibende Form**, z. B. $L = \{x \mid x > 5\}$
- **Intervallschreibweise**, z. B. $L = [-4; 5[$
- **darstellende Form** an einer Zahlengerade

Inversionsgesetz
Werden beide Seiten einer Ungleichung mit derselben **negativen Zahl multipliziert (dividiert)**, **dreht** sich das **Ungleichheitszeichen um**.

Proportionalitäten

26 Liegt eine direkte oder indirekte Proportionalität vor oder keiner dieser beiden Fälle? Begründe.

a) Gesprächszeit in min ⟼ Kosten in € mit Flatrate

b) Anzahl der Würfe mit einem Spielwürfel ⟼ Anzahl der gewürfelten Einser

c) Anzahl von Bundesligaspielen ⟼ Anzahl von Toren

d) Anzahl gleich großer Kettenglieder ⟼ Gesamtlänge der Kette

27 a) Bestimme rechnerisch die fehlenden Werte der direkten Proportionalität. Zeichne den Graphen.

x	2	3	□	□	6
y	5	□	12,5	10	□

b) Bestimme rechnerisch die fehlenden Werte der indirekten Proportionalität. Zeichne den Graphen.

x	3	4	□	□	10
y	□	1,5	1	0,75	□

28 Lies die fehlenden Werte möglichst genau ab.

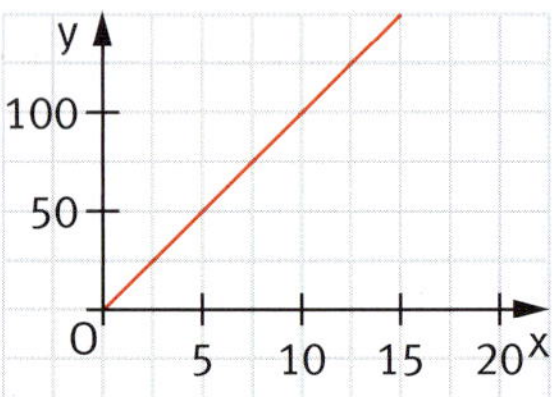

a) (10 | □) **b)** (2,5 | □)
c) (7,5 | □) **d)** (□ | 50)
e) (□ | 125) **f)** (□ | 80)

29 Lies die fehlenden Werte möglichst genau ab.

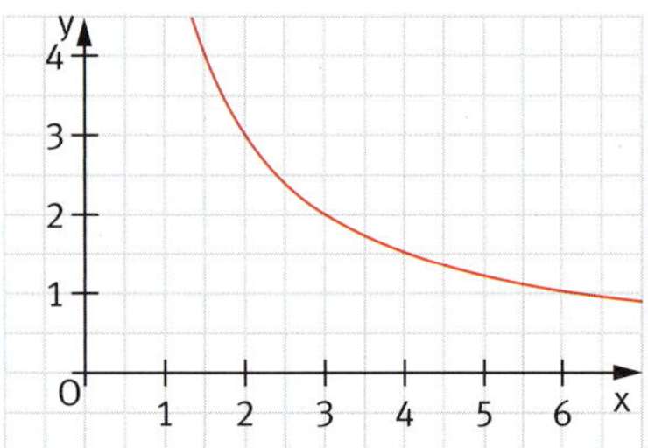

a) (2 | □)
b) (3 | □)
c) (6 | □)
d) (□ | 4)
e) (□ | 1,5)

30 Gehören die Zahlenpaare zu einer direkten oder indirekten Proportionalität? Begründe.

a) (14 | 2); (11,2 | 2,5); (7 | 4); (3,5 | 8); (0,7 | 40)

b) (2 | 14); (3,5 | 8); (8,75 | 3,2); (17,5 | 1,6); (70 | 0,4)

c) (3 | 1,2); (3,3 | 1,32); (9,9 | 3,96); (39,6 | 15,84); (198 | 79,2)

Direkte Proportionalität

Eine Zuordnung heißt direkte Proportionalität, wenn gilt: Zum **Doppelten** (zum **Dreifachen**, …, zur Hälfte, zum Drittel, …) der unabhängigen Größe/Zahl gehört das **Doppelte** (das **Dreifache**, …, die Hälfte, ein Drittel, …) der abhängigen Größe / Zahl.

Beispiel:
Anzahl der Eiskugeln ⟼ Preis in €

Anzahl der Eiskugeln	Preis in €
1	1,50
2	3,00
3	4,50

(· 2, · 3 auf beiden Seiten)

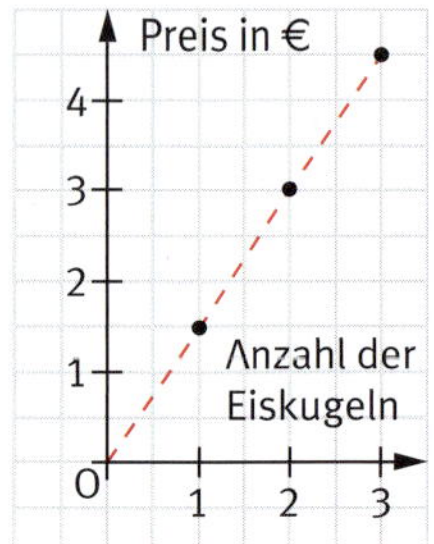

Die Punkte liegen auf einer **Halbgeraden**, die im Ursprung beginnt.

Weitere Eigenschaften:

- **Verhältnisgleichheit:** $\frac{1,50}{3,00} = \frac{1}{2}$ oder $\frac{3,00}{1,50} = \frac{2}{1}$
- **Quotientengleichheit:** $\frac{1,50}{1} = \frac{3,00}{2}$
- **Proportionalitätsfaktor:** Der Quotientenwert ist stets 1,50. Bedeutung: Preis pro Kugel Eis.

Indirekte Proportionalität

Eine Zuordnung heißt indirekt proportional, wenn gilt: Zum **Doppelten** (zum **Dreifachen**, …, zur Hälfte, …) der unabhängigen Größe/Zahl gehört die **Hälfte** (ein **Drittel**, …, das Doppelte, …) der abhängigen Größe/Zahl.

Beispiel:
Anzahl der Pferde ⟼ Hafervorrat in Tagen

Anzahl Pferde	2	4	5
Hafervorrat in Tagen	20	10	8

(· 2, · 2,5 bzw. : 2, : 2,5)

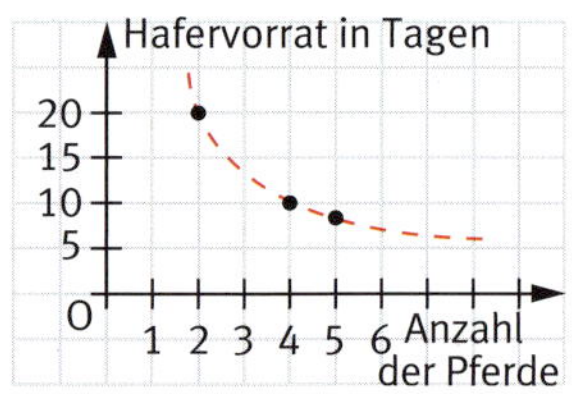

Die Punkte liegen auf einem **Hyperbelast**.

Weitere Eigenschaften:

- **Produktgleichheit:** $2 \cdot 20 = 4 \cdot 10 = 5 \cdot 8$
  Der Produktwert ist stets 40.
- **Umgekehrte Verhältnisgleichheit:** $\frac{20}{10} = \frac{4}{2}$

Prozentrechnung und Zinsrechnung

31 Gib den Prozentwert an.

a) 3 % von 200 € **b)** 15 % von 58 m
c) 20 % von 2 kg **d)** 7 % von 150 t
e) 1,5 % von 50 m^2 **f)** 7 % von 22 cm

32 Berechne den Prozentsatz.

a) 6 dm von 48 dm **b)** 70 kg von 280 kg
c) 18 t von 250 t **d)** 60 m von 125 m
e) 768 m^2 von 1200 m^2 **d)** 93,60 cm von 78 cm

33 Bestimme den Grundwert.

a) 50 % sind 12 €. **b)** 8 % sind 48.
c) 17 % sind 34 kg. **d)** 5 % sind 50 l
e) 65 % sind 117 €. **f)** 100 % sind 150 cm.

34 Übertrage und vervollständige die Tabelle.

	a)	b)	c)
alter Preis	340 €	▢	340 €
Änderung	+12 %	+4,4 %	▢
neuer Preis	▢	28,71 €	312,80 €

35 Barbara hat sich eine Skijacke gekauft und dabei 30 € gespart. Der Händler hat 15 % Nachlass gewährt. Berechne den ursprünglichen Preis der Jacke.

36 a) Herr Schlau hat eine Gehaltserhöhung von 5 % bekommen. Jetzt verdient er 2688 €. Wie viel hatte er vorher verdient?

b) Ein PC-Händler gewährt bei Barzahlung 3 % Rabatt. Der Computer kostet nun 921,50 €. Welcher Preis war zuerst angesetzt?

c) Zu welchem Zinssatz muss ein Kapital von 15 000 € angelegt werden, wenn es im ersten Jahr 525 € Zinsen erbringen soll?

37 Übertrage die Tabelle in dein Heft und ergänze sie.

	a)	b)	c)	d)	e)
K	72 000 €	▢	260 €	6800 €	3600 €
p	2	6	4	▢	3
Z	▢	18 €	▢	170 €	▢

Bei der Prozentrechnung können die **Eigenschaften direkter Proportionalitäten** ausgenutzt werden, um fehlende Angaben zu ermitteln:

...	PW	GW
Angabe in %	p	100

Beispiele:

① Prozentwert PW gesucht:

In einem Hotel mit 250 Zimmern sind 80 % der Zimmer belegt.

Anzahl der Zimmer	PW	250
Angabe in %	80	100

$PW = \frac{250}{100} \cdot 80 = 200$

Es sind 200 Zimmer belegt.

② Prozentsatz p gesucht:

56 von 80 Kunden sind mit dem neuen Produkt zufrieden.

Anzahl der Kunden	56	80
Angabe in %	p	100

$p = \frac{100}{80} \cdot 56 = 70$

Mit dem neuen Produkt sind 70 % der Kunden zufrieden.

③ Grundwert GW gesucht:

Eine Anzahlung von 150 € entspricht 40 % des Reisepreises.

Betrag in €	150	GW
Angabe in %	40	100

$GW = \frac{150}{40} \cdot 100 = 375$

Der Reisepreis beträgt 375 €.

Entspricht ein Grundwert einem Prozentsatz von mehr als 100 Teilen (weniger als 100 Teilen), so spricht man vom vermehrten (verminderten) Grundwert.

Die Zinsrechnung ist eine **Anwendung der Prozentrechnung**, allerdings mit anderen Bezeichnungen.

Zinsrechnung	Prozentrechnung
Kapital (K)	Grundwert (GW)
Zinsen (Z)	Prozentwert (PW)
Zinssatz (p)	Prozentsatz (p)

Innenwinkelsummen

38 Berechne die fehlenden Winkelmaße eines Dreiecks ABC.

α	66°	17°		24,5°	
β	24°	85°	115°		2α
γ			5,5°	3α	3α

39 Berechne die Innenwinkelmaße in einem Viereck ABCD, wenn gilt: $\alpha = \beta$; $\beta = 2\gamma$ und $\gamma = \delta$

In jedem **Dreieck** beträgt die **Summe der Innenwinkel stets 180°**, hier:

$\alpha + \beta + \gamma = 180°$

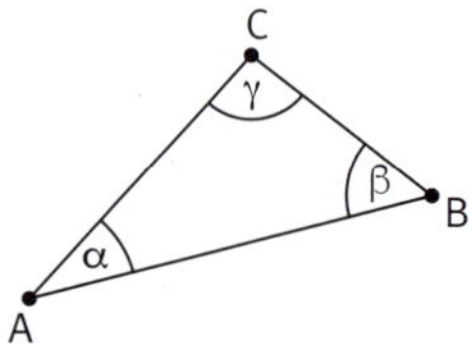

In jedem **Viereck** beträgt die **Summe der Innenwinkel stets 360°**, denn jedes Viereck lässt sich in zwei Teildreiecke zerlegen.

Winkelbeziehungen

40 Bestimme die fehlenden Winkelmaße und begründe durch Angabe der Winkelbeziehung.

a)
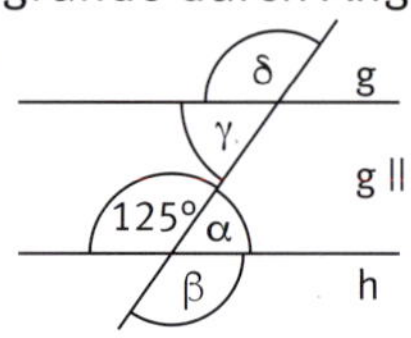

b)
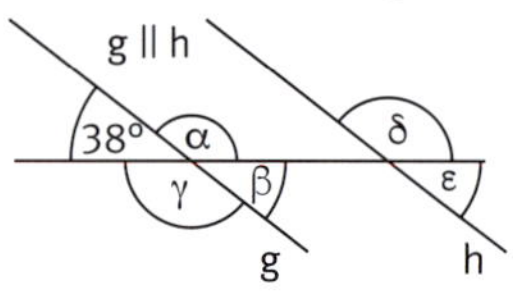

41 Bestimme die Winkelmaße für α und β.

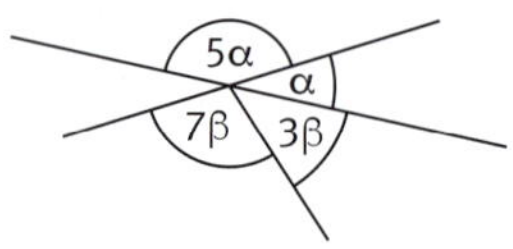

Schneiden sich zwei Geraden, dann gilt:

- Nebeneinanderliegende Winkel (**Nebenwinkel**) ergeben **zusammen stets 180°**.
- Gegenüberliegende Winkel (**Scheitelwinkel**) sind **gleich groß**.

Werden parallele Geraden von einer Geraden geschnitten, dann gilt:

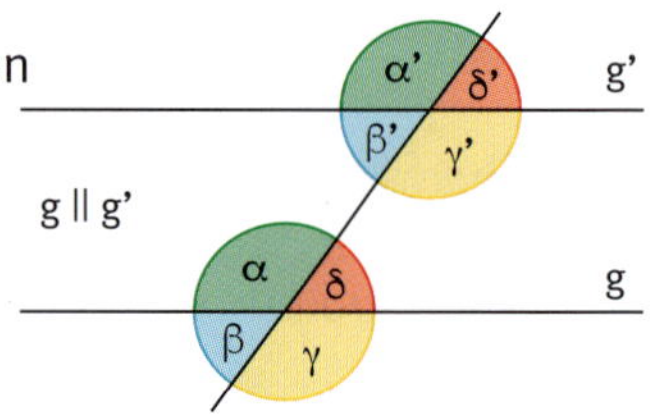

- **Stufenwinkel** sind **gleich groß**.
  $\alpha = \alpha'$; $\beta = \beta'$; ...
- **Wechselwinkel** sind **gleich groß**.
  $\alpha = \gamma'$; $\delta = \beta'$; ...

Achsenspiegelung

42 Übertrage die Figuren in dein Heft und ergänze sie zu einer achsensymmetrischen Figur.

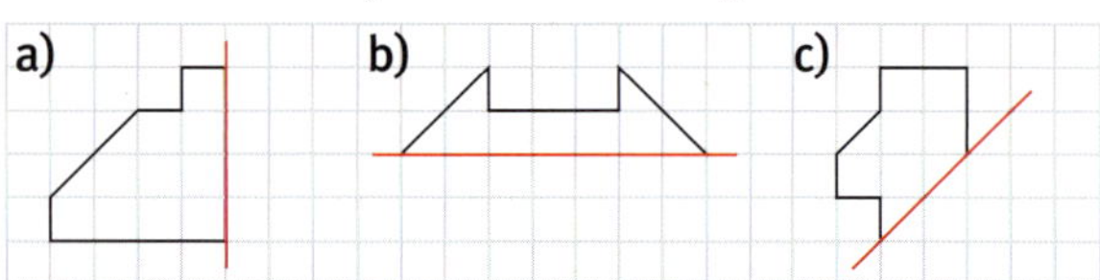

43 Gegeben ist $A\,(5|4) \xrightarrow{PQ} A'$. Konstruiere den Bildpunkt A' mit Zirkel und Geodreieck.

a) P (4|5) Q (4|0) **b)** P (4|4) Q (1|2)
c) P (4|2) Q (1|4) **d)** P (4|3) Q (1|0)

44 Gegeben ist $A \xrightarrow{ST} A'$ mit S (6|0) und T (0|6). Gib die Koordinaten von A bzw. A' an.

a) A (3|6) **b)** A (6|4,5) **c)** A' (6|−1)

45 Nenne Art und Lage von Fixelementen bei der Achsenspiegelung.

Bei **Spiegelung** an einer **Spiegelachse s** wird jeder Urpunkt A, B, C, ... genau auf einen **Bildpunkt** A', B', C', ... abgebildet und umgekehrt.

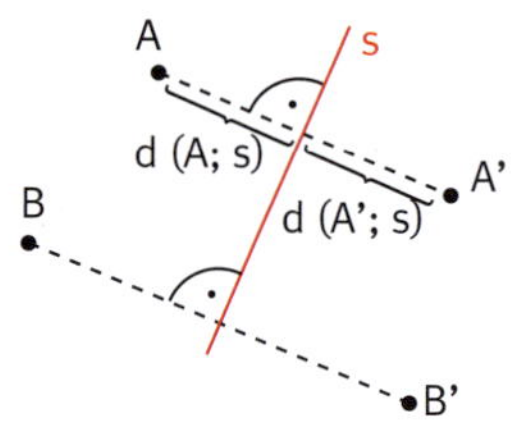

Schreibweise: $A \xrightarrow{s} A'$

Eigenschaften:

- $\overline{AA'} \perp s$
- d (A; s) = d (A'; s)

Die Achsenspiegelung ist **längentreu, geradentreu, kreistreu** und **winkeltreu**. Ur- und Bildfigur sind **deckungsgleich** (**kongruent**). Der **Drehsinn** eines Winkels **kehrt sich um.**

Vektoren

46 Berechne die Koordinaten der durch Ur- und Bildpunkt festgelegten Pfeile.

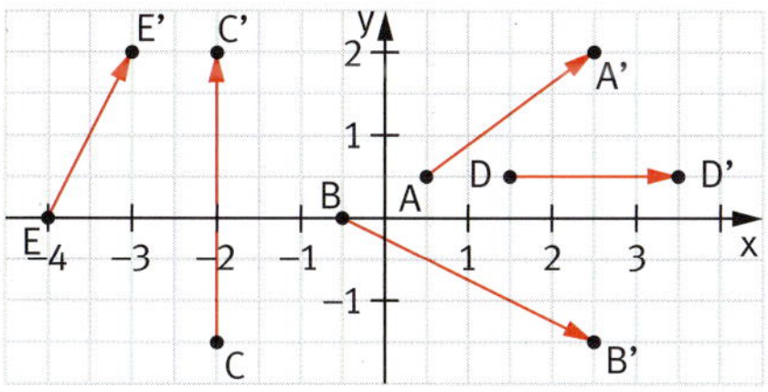

47 Ermittle die fehlenden Tabellenwerte für $\vec{v} = \overrightarrow{PQ}$.

	a)	b)	c)	d)	e)	f)
$\vec{v}$	$\begin{pmatrix}5\\3\end{pmatrix}$	$\begin{pmatrix}4\\1\end{pmatrix}$	$\begin{pmatrix}-3\\-2\end{pmatrix}$	□	$\begin{pmatrix}-4\\-1\end{pmatrix}$	$\begin{pmatrix}-4\\0\end{pmatrix}$
P	(4 | 2)	□	(4 | 4)	(−1 | −1)	$(1 \mid y_P)$	$(x_P \mid 1{,}5)$
Q	□	(−3 | 0)	□	(2 | 2)	$(x_Q \mid 3)$	$(-2 \mid y_Q)$

Die Menge aller parallelen Pfeile mit gleicher Länge und gleicher Richtung heißt **Vektor** $\vec{v}$.
Jeder Pfeil ist ein Repräsentant des Vektors.
Die Koordinaten eines Vektors $\vec{v}$ ergeben sich aus den Koordinaten eines seiner Repräsentanten $\overrightarrow{PP'}$:

$$\overrightarrow{PP'} = \vec{v} = \begin{pmatrix}v_x\\v_y\end{pmatrix} = \begin{pmatrix}x' - x\\y' - y\end{pmatrix}$$

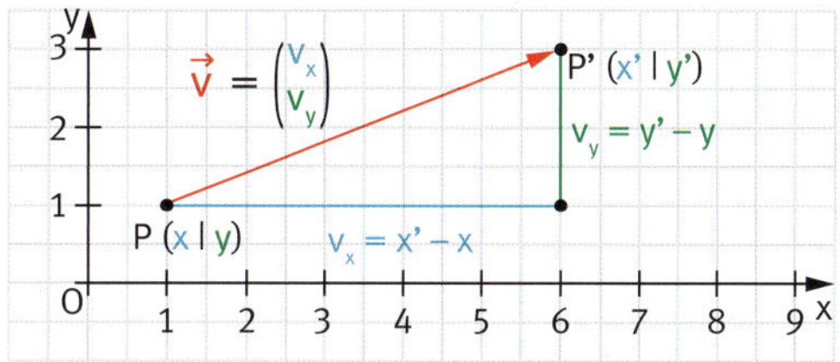

Einen Pfeil, dessen Fußpunkt im Ursprung liegt, nennt man **Ortsvektor** (Ortspfeil).

Vektoren und Parallelverschiebung

48 Durch $P_n \xmapsto{\vec{v}_1} P_n^* \xmapsto{\vec{v}_2} P_n'$ ist die Verknüpfung zweier Parallelverschiebungen festgelegt. Ermittle die Koordinaten von P_n^* und P_n'. Es gilt:
$P_1\,(-2 \mid 4)$; $P_2\,(4 \mid 1)$; $P_3\,(1 \mid -3)$; $\vec{v}_1 = \begin{pmatrix}2\\3\end{pmatrix}$; $\vec{v}_2 = \begin{pmatrix}-4\\1\end{pmatrix}$

49 Ermittle die fehlenden Koordinaten.
$\begin{pmatrix}x+1\\y-2\end{pmatrix} \oplus \begin{pmatrix}3\\-4\end{pmatrix} \oplus \begin{pmatrix}-2{,}5\\-1{,}5\end{pmatrix} = \begin{pmatrix}7\\2{,}5\end{pmatrix}$

50 Berechne die Koordinaten der Seitenmittelpunkte des Dreiecks ABC mit A (3 | −4), B (5 | 6) und C (−1 | −2).

Eine Parallelverschiebung um $\vec{v} = \begin{pmatrix}v_x\\v_y\end{pmatrix}$ kann man mit dem **Gegenvektor** $\vec{v}^* = -\vec{v} = \begin{pmatrix}-v_x\\-v_y\end{pmatrix}$ umkehren.

Eine **Verknüpfung von zwei Parallelverschiebungen** lässt sich zu einer zusammenfassen:

$\vec{v} = \vec{v}_1 \oplus \vec{v}_2$

$\vec{v} = \begin{pmatrix}1\\2\end{pmatrix} \oplus \begin{pmatrix}3\\1\end{pmatrix} = \begin{pmatrix}1+3\\2+1\end{pmatrix} = \begin{pmatrix}4\\3\end{pmatrix}$

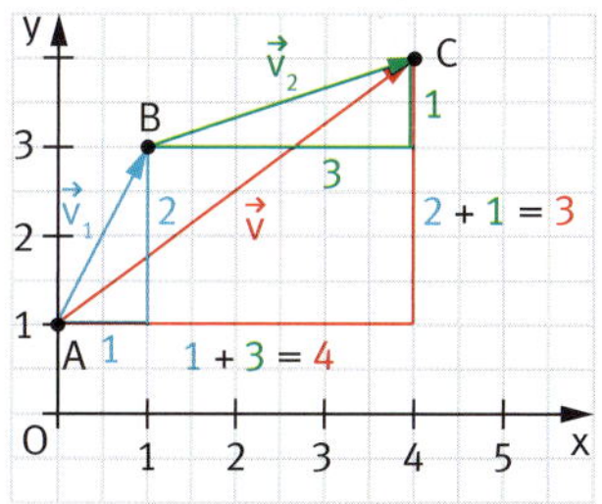

Satz des Thales

51 Von einem Quadrat ist nur die Länge der Diagonale mit 4 cm bekannt. Konstruiere das Quadrat in deinem Heft. Finde auch eine Lösungsmöglichkeit ohne den Satz des Thales.

52 Berechne die fehlenden Winkelmaße.

a)

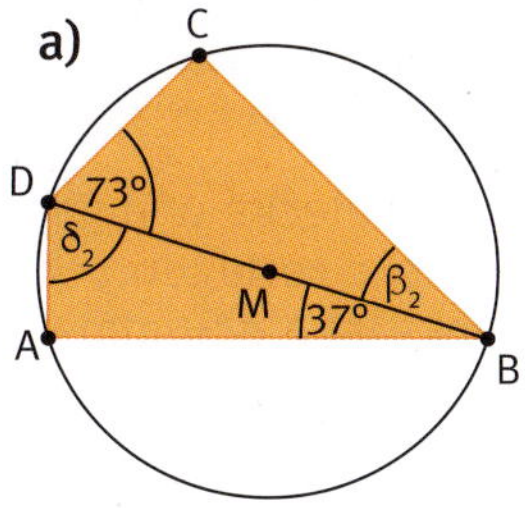

b)

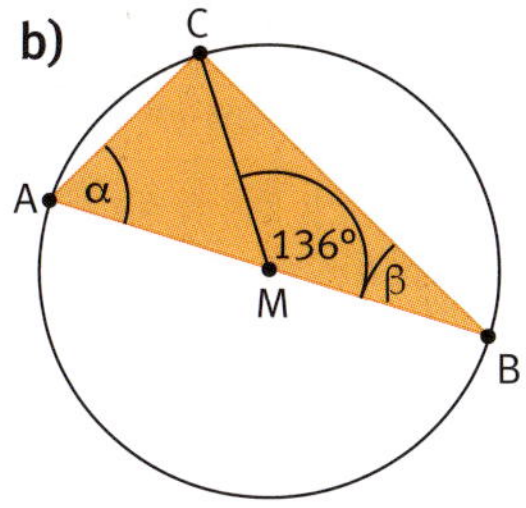

Liegt der Punkt C eines Dreiecks ABC auf einem Halbkreis (**„Thaleskreis“**) über der Strecke $\overline{AB}$ ($C \notin \overline{AB}$), dann hat das Dreieck bei C einen rechten Winkel.

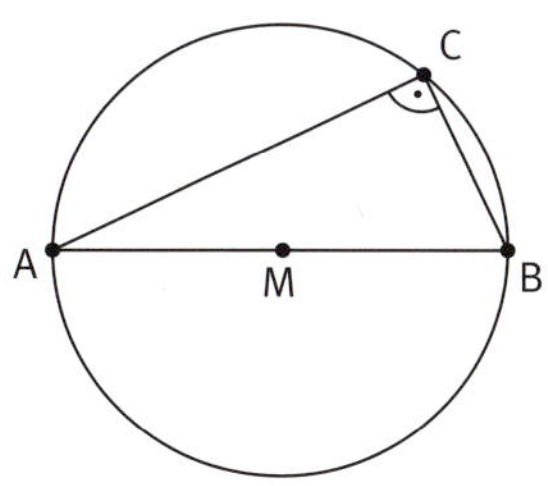

Statistische Kennwerte

53 Erzeuge eine Datenreihe aus sieben Zahlen aus der Grundmenge G = {1; 2; 3; 4; 5; 6}, die als arithmetisches Mittel den Wert 3 hat. Die Spannweite R soll den Wert 4 haben.
Nenne Modalwert und Zentralwert dieser Datenreihe. Findest du mehrere Möglichkeiten?

54 Bestimme die Lage- und Streumaße.

Augenzahl	1	2	3	4	5	6
Anzahl	|||	|	𝍸	||||	||	𝍸

Lagemaße und Streumaße

- **arithmetisches Mittel $\bar{x}$:**
  $\bar{x} = \frac{\text{Summe aller Einzelwerte}}{\text{Anzahl der Einzelwerte}}$
- **Zentralwert z:** mittlerer Wert in einer der Größe nach geordneten Liste von Daten
- **Modalwert m:** Wert mit der größten absoluten Häufigkeit
- Die **Spannweite R** errechnet sich als Differenz zwischen dem größten Wert einer Datenmenge (**Maximum**) und ihrem kleinsten Wert (**Minimum**).

Umfang und Flächeninhalt ebener Figuren

55 a) Bestimme Flächeninhalt und Umfang eines Quadrats mit der Seitenlänge 6 cm (12 dm; 7,6 km).

b) Wie ändert sich der Flächeninhalt (Umfang) eines Quadrats, wenn sich die Seitenlänge verdoppelt?

56 Der Flächeninhalt der Figur beträgt jeweils 210 cm^2. Bestimme die fehlenden Angaben.

a)
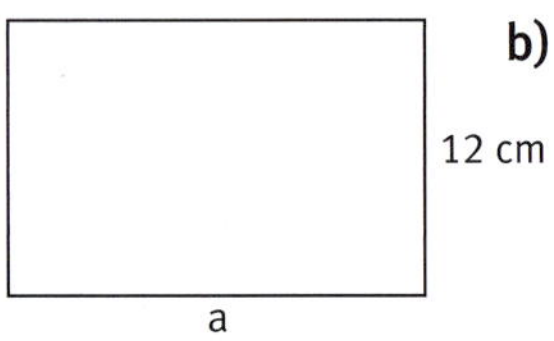

b)
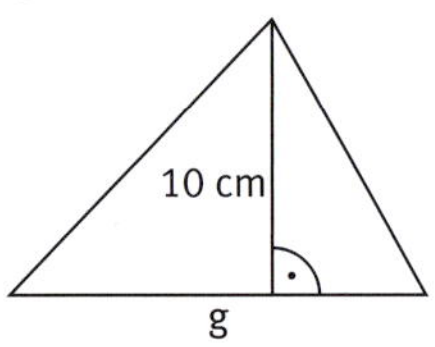

c)
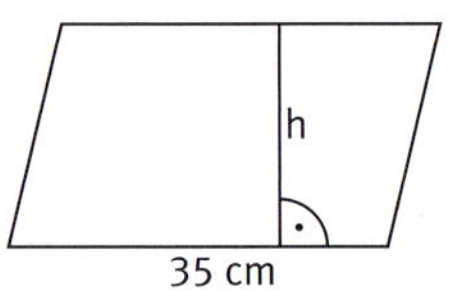

d)
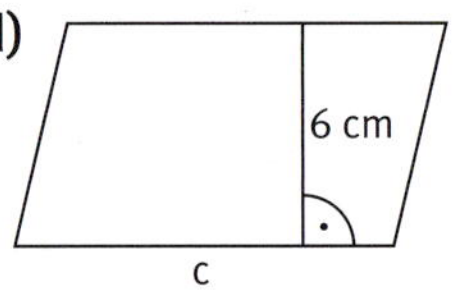

57 Berechne den Flächeninhalt der Figuren. Übertrage sie dazu ins Heft und zerlege sie geschickt.

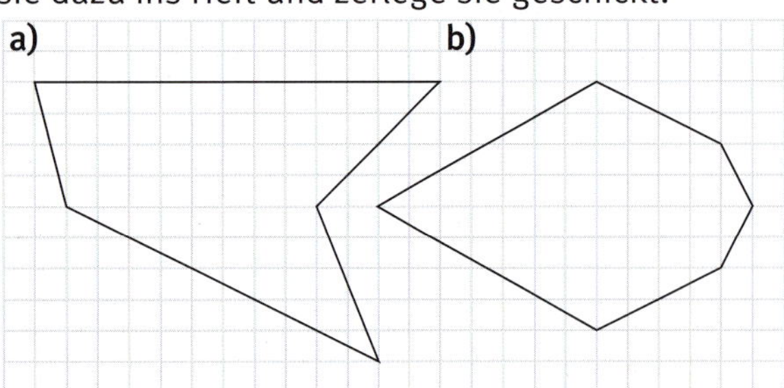

Die **Umwandlungszahl** zwischen benachbarten Flächeneinheiten ist jeweils 100.

$$\ldots \underset{:100}{\overset{\cdot 100}{\rightleftarrows}} 1\,dm^2 \underset{:100}{\overset{\cdot 100}{\rightleftarrows}} 1\,m^2 \underset{:100}{\overset{\cdot 100}{\rightleftarrows}} 1\,a \underset{:100}{\overset{\cdot 100}{\rightleftarrows}} \ldots$$

Rechteck
$u = 2 \cdot (a + b)$
$A = a \cdot b$

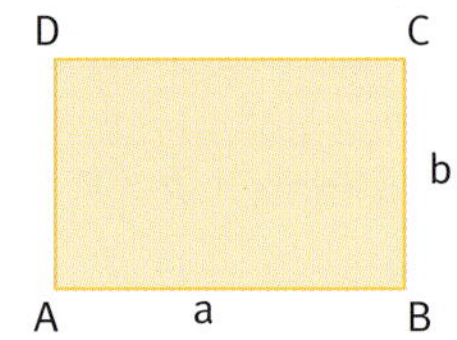

Parallelogramm
$u = 2 \cdot (a + b)$
$A = g \cdot h_g$

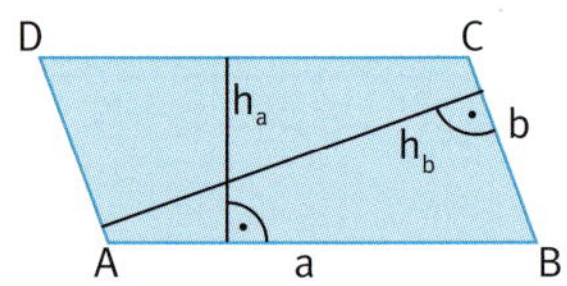

Dreieck
$u = a + b + c$
$A = \frac{1}{2} \cdot g \cdot h_g$

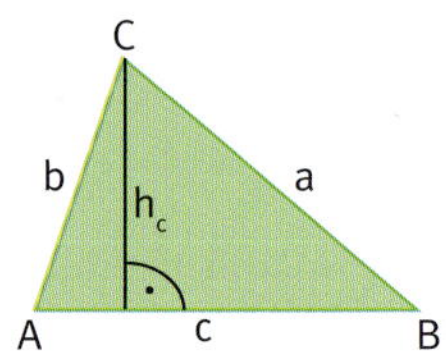

Trapez
$u = a + b + c + d$
$A = \frac{a + c}{2} \cdot h$

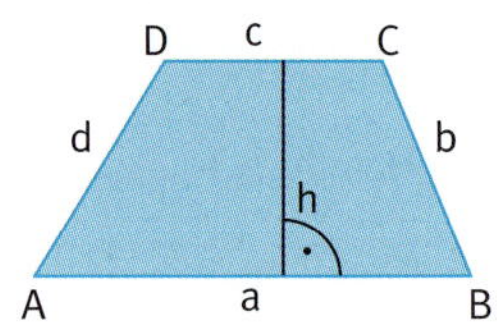

Ein **Vieleck** lässt sich immer in Dreiecke und gegebenenfalls auch spezielle Vierecke zerlegen.
Der Flächeninhalt eines Vielecks ist die Summe aus den Flächeninhalten der Teilfiguren.

$A_{Vieleck} = A_1 + A_2 + A_3 + \ldots + A_n$

Körper und Volumen

58 Übertrage die Tabelle in dein Heft und bestimme die fehlenden Größen des Quaders.

	a)	b)	c)	d)
l	2,2 cm	6,5 dm		
b	7 cm	35 cm	23 dm	
h	4,5 cm		4,1 m	
V		91 dm³		1 m³
O			30,38 m²	6 m²

59 Bestimme Volumen und Oberflächeninhalt.

a)

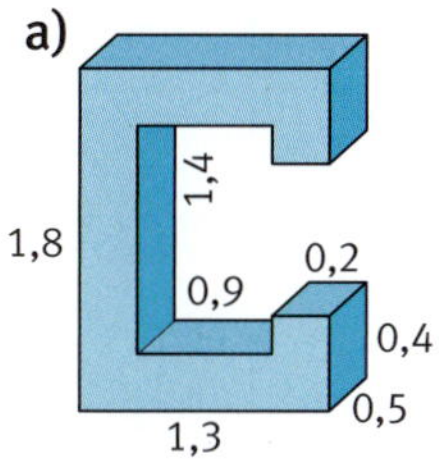

Maßangaben in m

b)

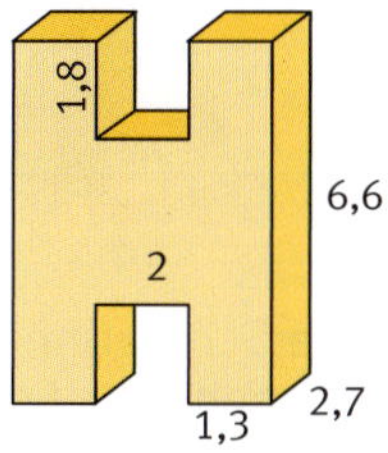

Maßangaben in cm

Die **Umwandlungszahl** zwischen benachbarten Volumeneinheiten ist 1000.

$$1\text{ mm}^3 \underset{:1000}{\overset{\cdot 1000}{\rightleftarrows}} 1\text{ cm}^3 \underset{:1000}{\overset{\cdot 1000}{\rightleftarrows}} 1\text{ dm}^3 \underset{:1000}{\overset{\cdot 1000}{\rightleftarrows}} 1\text{ m}^3$$

Hohlmaße

1 l = 1 dm³ 1 ml = 1 cm³ 1 hl = 100 l

Quader und Würfel

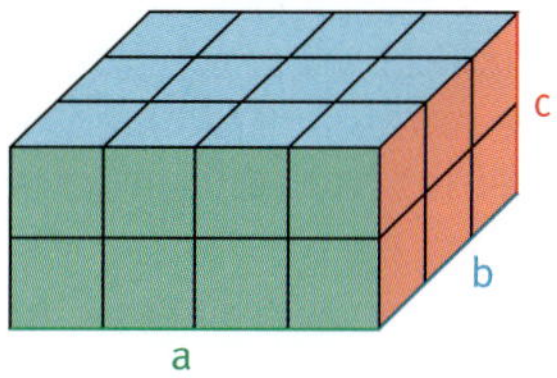

Volumen:

$V_{Quader} = a \cdot b \cdot c$

$V_{Würfel} = a \cdot a \cdot a = a^3$

Oberflächeninhalt:

$O_{Quader} = 2 \cdot a \cdot b + 2 \cdot b \cdot c + 2 \cdot a \cdot c$

$O_{Würfel} = 6 \cdot a \cdot a = 6 \cdot a^2$

Ortslinien am Dreieck

60 Trage die Punkte A (–3 | 1), B (0 | 1), C (2 | 3), D (4 | –3), E (6 | 0) und F (0 | 6) in ein Koordinatensystem ein.

a) Zeichne $m_{\overline{EF}}$ und $m_{\overline{CD}}$.

b) Zeichne die Menge aller Punkte P ein, für die gilt: $|\overline{PA}| = |\overline{PB}|$

61 Konstruiere den Umkreismittelpunkt zu dem Dreieck und lies seine Koordinaten ab.
ΔKAI: K (–1 | 1); A (5 | –2); I (3,5 | 5,5)

62 Trage die Punkte A (–1 | 1), B (4,5 | –2) und C (3 | 4) in ein Koordinatensystem ein. Trage anschließend die Geraden f = AB, g = BC und h = CA ein.

a) Konstruiere die Winkelhalbierenden zu f und g.

b) Zeichne die Menge aller Punkte R mit d (R; h) = d (R; g).

c) Zeichne die Menge aller Punkte Q, deren Abstand von f und h gleich groß ist.

63 **a)** Konstruiere den Inkreismittelpunkt zum ΔMAI: M (–1 | 0); A (7 | –2); I (7,5 | 4,5)

b) Konstruiere ein zugehöriges Dreieck ABC für: A (–1 | 1); B (5 | 0); M_i (3 | 1,5)

Mittelsenkrechte

Alle Punkte P, die von zwei Punkten A und B gleichen Abstand haben, liegen auf der Mittelsenkrechten $m_{\overline{AB}}$ der Strecke $\overline{AB}$.

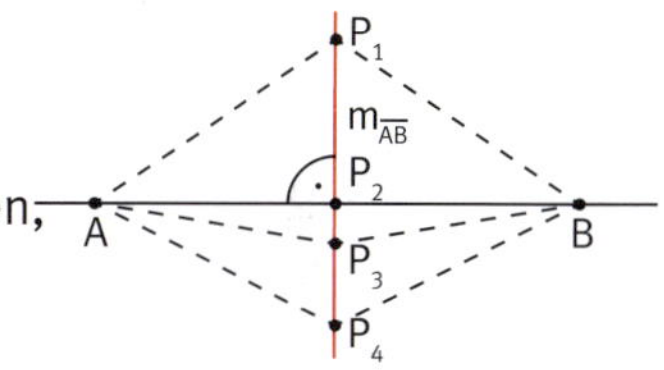

Der **Schnittpunkt der Mittelsenkrechten** eines Dreiecks ist der Mittelpunkt M_u des **Umkreises**.

Winkelhalbierende

Der geometrische Ort aller Punkte P, die von den Schenkeln eines Winkels jeweils den gleichen Abstand haben, ist die Winkelhalbierende w.

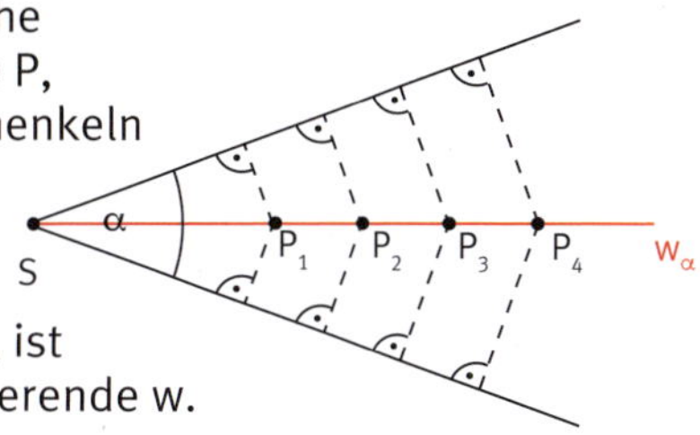

Der **Schnittpunkt der Winkelhalbierenden** eines Dreiecks ist der Mittelpunkt M_i des **Inkreises.**

Startklar

Kombinieren

1 Mats ist Fußballfan. Er hat von zwei verschiedenen Clubs Caps und von drei verschiedenen Clubs Fanschals.

a) Stelle alle Möglichkeiten, die beiden Kleidungsstücke miteinander zu kombinieren, in Form eines Baumdiagramms dar.

b) Stelle rechnerisch dar, wie viele Kombinationsmöglichkeiten es gibt.

2 Bei einer Umfrage in den Klassen 8a und 8b wurden die Schülerinnen und Schüler befragt, ob sie schon einen konkreten Berufswunsch haben. Das Ergebnis der Umfrage ist in einer Vierfeldertafel dargestellt.

	Klasse 8a	Klasse 8b	Gesamt
Konkreter Berufswunsch	4		
Noch kein konkreter Berufswunsch	22	19	
Gesamt			54

a) Übertrage die Vierfeldertafel in dein Heft und ergänze die fehlenden Angaben.

b) Beschreibe, welche Informationen du der Vierfeldertafel entnehmen kannst.

Mit Anteilen umgehen

3 Übertrage die Tabelle in dein Heft und vervollständige sie.

Bruch			$\frac{1}{10}$		$\frac{1}{4}$			$\frac{1}{1}$
Dezimalzahl		0,05		0,2			0,75	
Prozent	1 %					50 %		

4 Beim Handballtraining konnte Steffi 9 von 24 Siebenmetern parieren, Tina von 16 Siebenmetern 6. Vergleiche die Erfolgsquoten der beiden.

Die Lösungen zu dieser Seite stehen im Anhang.

1 Daten und Zufall

Einstieg

Nehmt mehrere Mini-Packungen Fruchtgummis.

- Zählt, wie viele Fruchtgummis jeweils enthalten sind. Was fällt euch auf?
- Legt mit den Fruchtgummis jeder Packung jeweils ein Bilddiagramm, sodass die Häufigkeit der einzelnen Farben in der Packung ersichtlich wird.
- Trefft möglichst viele verschiedene Aussagen zur Anzahl der Fruchtgummis und zum Vorkommen der einzelnen Farben in einer „x-beliebigen“ Packung.

Ausblick

Am Ende dieses Kapitels hast du gelernt, ...

- was man unter einem Zufallsexperiment versteht.
- die Begriffe Ergebnis und Ereignis sachgerecht zu verwenden.
- die möglichen Ergebnisse von Zufallsexperimenten mithilfe von Baumdiagrammen und Vierfeldertafeln darzustellen.
- absolute und relative Häufigkeiten von Ereignissen bei Zufallsexperimenten zu ermitteln.

1.1 Zufallsexperimente

Entdecken

Beim Spiel „Affenbande“ muss man aus einem mit Plastikäffchen gefüllten Beutel ohne hinzusehen ein Äffchen ziehen.

- Als Kathrin an der Reihe ist, befinden sich im Beutel drei rote, zwei grüne, ein blaues und ein gelbes Äffchen. Als Ludwig an der Reihe ist, sind im Beutel nur noch drei rote Äffchen. Erläutere, inwiefern sich die beiden Spielsituationen unterscheiden.
- Finde weitere Beispiele für Situationen in Spielen, in denen der Ausgang vorhersagbar (nicht vorhersagbar) ist.

Verstehen

Ein Versuch mit zufälligem, d. h. nicht vorhersagbarem Ausgang heißt **Zufallsexperiment**. Den Ausgang des Zufallsexperiments nennt man **Ergebnis**.

Führt man mehrere Versuche mit zufälligem Ausgang nacheinander aus, so spricht man von einem **mehrstufigen Zufallsexperiment**.

Ein **Ereignis** ist eine Teilmenge der Menge aller möglichen Ergebnisse eines Zufallsexperiments. Das Eintreten eines Ereignisses kann **möglich** oder **unmöglich** sein. Führen alle möglichen Ergebnisse eines Zufallsexperiments zum Eintreten eines bestimmten Ereignisses, dann tritt das Ereignis **sicher** ein.

Ein mehrstufiges Zufallsexperiment kann auch aus unterschiedlichen Versuchen bestehen.

Mathematisch gesehen ist die leere Menge Teilmenge von jeder Menge, wie auch jede Menge selbst Teilmenge von sich ist.

Erklärvideo
unter 60112-01

Beispiele

I Das abgebildete Glücksrad wird gedreht.

a) Gib alle möglichen Ergebnisse bei diesem Zufallsexperiment an.

b) Welche Ergebnisse führen zum Eintreten des betreffenden Ereignisses?

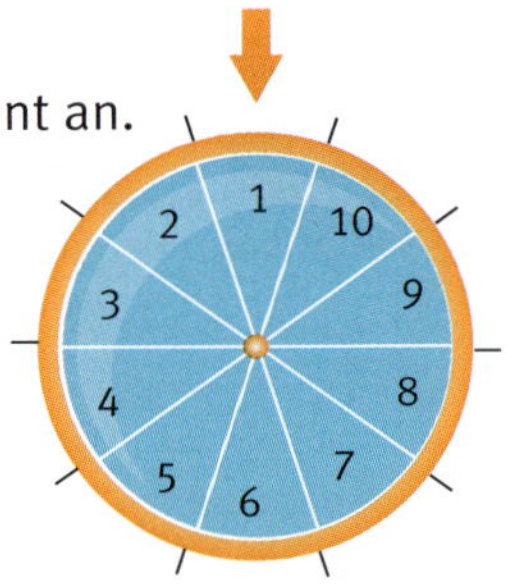

① Die Punktzahl ist eine gerade Zahl.
② Die Punktzahl ist kleiner als 5.
③ Die Punktzahl ist größer als 10.
④ Die Punktzahl liegt zwischen 0 und 100.

Lösung

a) Mögliche Ergebnisse (Punktzahlen): 1, 2, 3, 4, 5, 6, 7, 8, 9, 10.

b) ① Die Ergebnisse 2, 4, 6, 8 und 10 führen zum Eintreten des Ereignisses „Die Punktzahl ist eine gerade Zahl.“ (≙ mögliches Ereignis)

② Die Ergebnisse 1, 2, 3 und 4 führen zum Eintreten des Ereignisses „Die Punktzahl ist kleiner als 5.“ (≙ mögliches Ereignis)

③ Kein mögliches Ergebnis führt zum Eintreten des Ereignisses „Die Punktzahl ist größer als 10.“ (≙ unmögliches Ereignis)

④ Alle möglichen Ergebnisse führen zum Eintreten des Ereignisses „Die Punktzahl liegt zwischen 0 und 100.“ (≙ sicheres Ereignis)

Nachgefragt

- Was versteht man unter einem Zufallsexperiment? Erkläre.
- Rudi behauptet: „Ist das Eintreten eines Ereignisses möglich, dann tritt das Ereignis auch sicher ein.“ Stimmt das? Begründe.

Aufgaben

1 Handelt es sich um ein Zufallsexperiment? Begründe deine Entscheidung. Gib die möglichen Ergebnisse an, falls es sich um ein Zufallsexperiment handelt.

a) Ein Spielwürfel mit den Augenzahlen Eins bis Sechs wird geworfen.

b) Eine Münze wird geworfen.

c) Mit einer spitzen Nadel wird in einen prall gefüllten Luftballon gestochen.

d) Am nebenstehend abgebildeten Glücksrad wird gedreht.

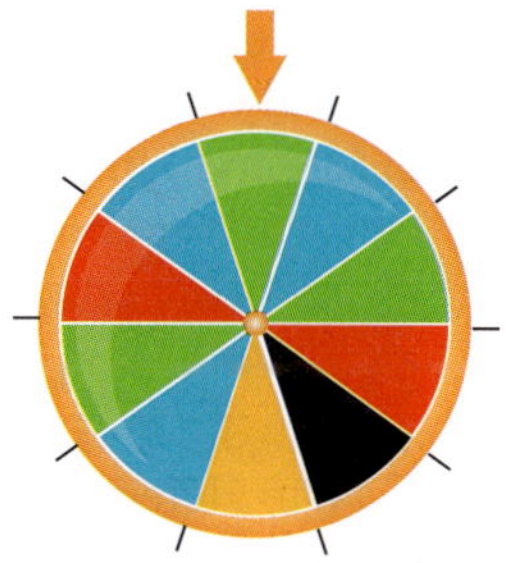

2 Welche Ergebnisse gibt es bei diesem Zufallsexperiment? Betrachtet wird …

a) die Punktzahl der gezogenen Kugel.

b) die gewürfelte Augenzahl.

c) der Wert der Summe der Augenzahlen.

3 Ein Tetraeder-Würfel mit den Augenzahlen 1 bis 4 als Beschriftung wird geworfen.

a) Gib alle möglichen Ergebnisse an.

b) Welche Ergebnisse führen zum Eintreten des Ereignisses „Die Augenzahl ist …

① ungerade.“? ② größer als 0.“? ③ keine Vier.“? ④ eine Sechs.“?

4 Jede der vier Flächen eines Tetraeder-Würfels ist mit einem Buchstaben beschriftet. Wie lauten die Buchstaben, wenn beim Werfen des Würfels das Ereignis „Ein Vokal wird geworfen.“ sicher eintritt und das Eintreten des Ereignisses „Ein u wird geworfen.“ unmöglich ist?

5 Bei einem Zufallsexperiment wird zuerst eine Münze geworfen, anschließend ein gewöhnlicher Spielwürfel.

a) Um welche Art von Zufallsexperiment handelt es sich?

b) Gib die möglichen Ergebnisse an.

Basteln

Tetraeder-Würfel

- Du benötigst ein DIN-A5-Blatt Papier. Falte wie abgebildet.

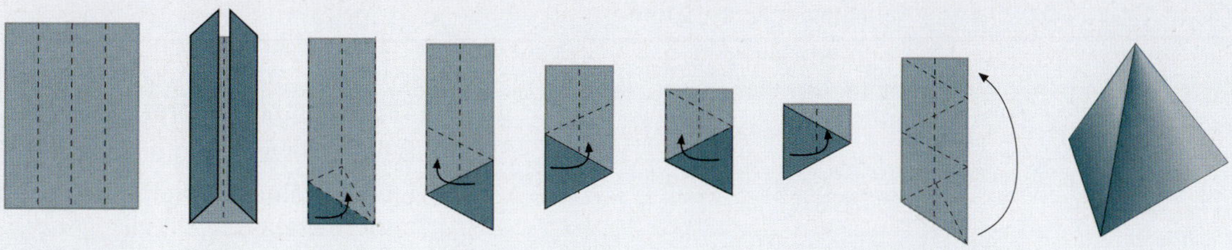

- Jetzt fehlt nur noch die Beschriftung der Flächen. Erkennst du die Systematik?

1.2 Ergebnisse von Zufallsexperimenten darstellen

Entdecken

Lege eine gelbe, eine blaue und eine rote Schokoerdnuss in einen Pappbecher.

- Entnimm dem Becher ohne hinzusehen der Reihe nach zwei Schokoerdnüsse.
  1. Welche Farbreihenfolge hast du erhalten?
  2. Zeichne ein Baumdiagramm, aus dem alle möglichen Farbreihenfolgen hervorgehen. Wie viele sind es insgesamt?
- Lege alle Schokoerdnüsse wieder in den Pappbecher zurück und entnimm ohne hinzusehen gleichzeitig zwei Schokoerdnüsse.
  1. Welche Farbkombination hast du erhalten?
  2. Zeichne ein Baumdiagramm, aus dem alle möglichen Farbkombinationen hervorgehen. Wie viele sind es insgesamt? Vergleiche mit der Anzahl der möglichen Farbreihenfolgen zuvor.

Verstehen

Bei Zufallsexperimenten kann die Menge aller möglichen Ergebnisse in Form eines **Baumdiagramms** übersichtlich dargestellt werden. Baumdiagramme beschreiben sowohl Vorgänge, die **nacheinander** stattfinden, als auch Vorgänge, die **gleichzeitig** ablaufen.

*Das zweimalige Werfen des Gummischweinchens stellt ein **zweistufiges** Zufallsexperiment dar.*

Beispiel:

Ein Gummischweinchen wird zweimal **nacheinander** geworfen. Es bleibt bei jedem Wurf entweder liegen (l) oder auf den Füßen stehen (s).

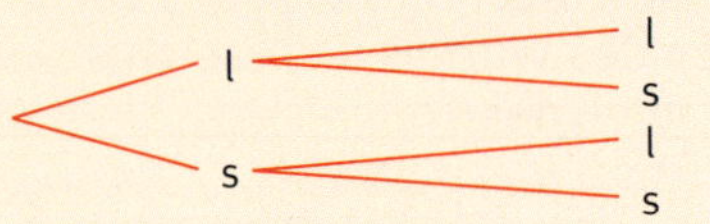

Es lassen sich insgesamt vier Ergebnisse unterscheiden:
Das Schweinchen bleibt ...

- bei beiden Würfen liegen.
- beim ersten Wurf liegen, beim zweiten stehen.
- beim ersten Wurf stehen, beim zweiten liegen.
- bei beiden Würfen stehen.

Zwei Gummischweinchen werden **gleichzeitig** geworfen. Jedes der beiden Schweinchen bleibt entweder liegen (l) oder auf den Füßen stehen (s).

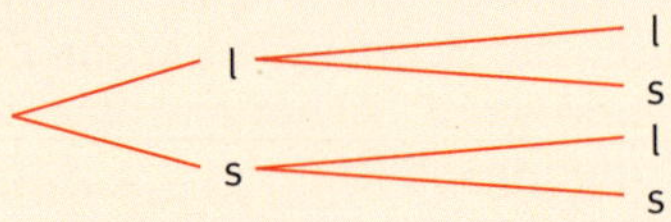

Sind die Schweinchen unterscheidbar, so lassen sich insgesamt wiederum vier Ergebnisse unterscheiden:

- Beide Schweinchen bleiben liegen.
- Schweinchen 1 bleibt liegen, Schweinchen 2 bleibt stehen.
- Schweinchen 1 bleibt stehen, Schweinchen 2 bleibt liegen.
- Beide Schweinchen bleiben stehen.

Sind die beiden Schweinchen nicht unterscheidbar, so lassen sich insgesamt nur drei Ergebnisse unterscheiden:

- Beide Schweinchen bleiben liegen.
- Ein Schweinchen bleibt liegen, das andere stehen.
- Beide Schweinchen bleiben stehen.

Welches der drei Ergebnisse ist bei den nicht unterscheidbaren Schweinchen am ehesten zu erwarten?

Beispiele

I Giovanni hat mithilfe der beiden abgebildeten Münzen zwei Zufallsexperimente durchgeführt. Die zugehörigen Baumdiagramme sehen wie folgt aus:

1
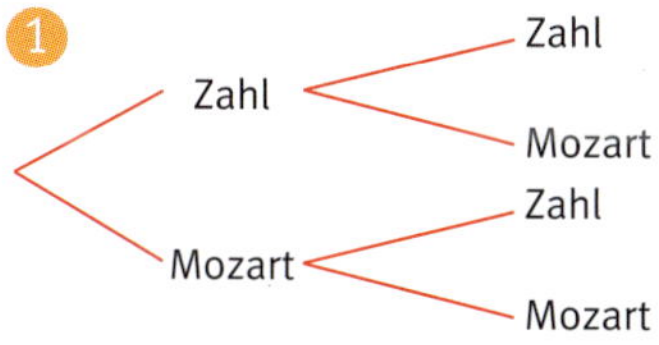

2
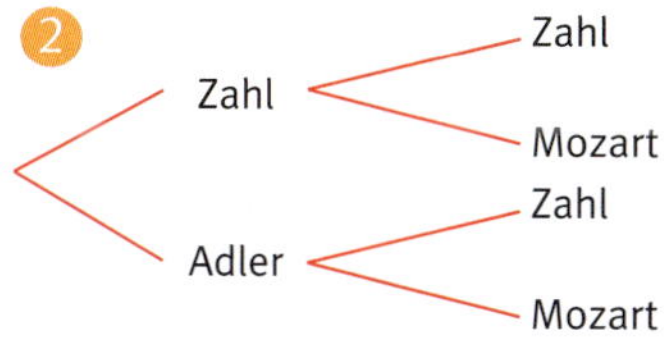

Beschreibe die Zufallsexperimente, die Giovanni durchgeführt haben kann.

Lösung

1 Giovanni hat die österreichische 1-€-Münze zweimal (hintereinander) geworfen.

2 Giovanni hat entweder beide 1-€-Münzen gleichzeitig geworfen oder zuerst die deutsche und dann die österreichische 1-€-Münze.

II Zu Beginn des Spiels „Mensch-ärgere-dich-nicht" benötigt Rudolfa unbedingt eine Sechs. Sie hat dazu drei Versuche. Zeichne ein Baumdiagramm zu diesem Zufallsexperiment.

Lösungsmöglichkeiten

1
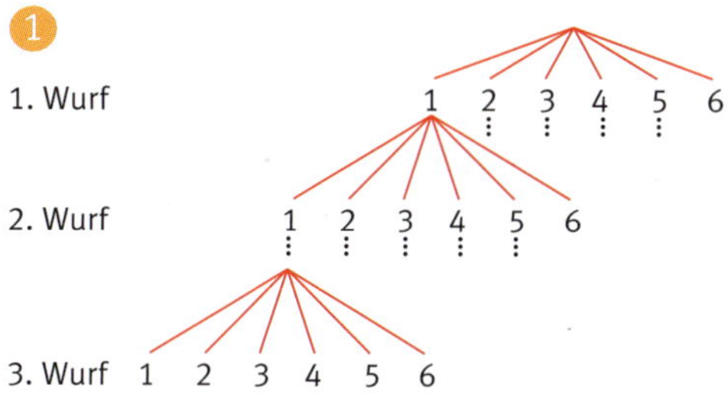

2
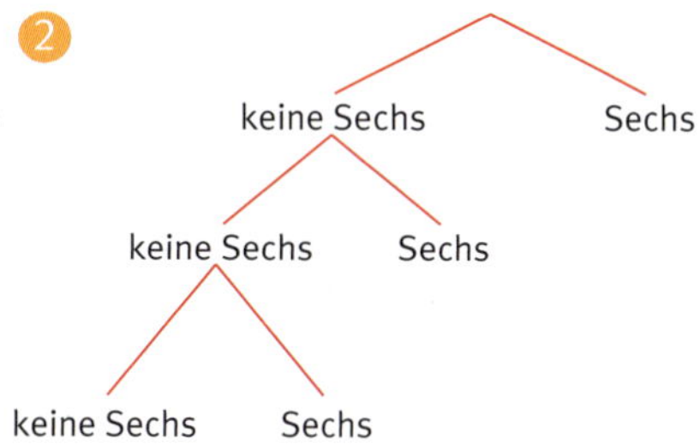

Baumdiagramme können auch „hängend" statt „liegend" gezeichnet werden.

Lass dich bei der vereinfachten Darstellung nicht täuschen: Es sieht nur so aus, als ob das Ergebnis Sechs jetzt eher auftritt.

Baumdiagramm 1 wird sehr unübersichtlich. Da nur interessiert, ob Rudolfa eine Sechs oder keine Sechs hat, bietet sich eine vereinfachte Darstellung mit den Ereignissen „Sechs" und „keine Sechs" wie in 2 an.

Nachgefragt

- Welche verschiedenen Arten von Baumdiagrammen lassen sich unterscheiden? Gib jeweils Beispiele an.
- Zeige anhand eines Beispiels, dass eine vereinfachte Darstellung eines Baumdiagramms auch Nachteile haben kann.

Aufgaben

1 Ein gewöhnlicher Spielwürfel mit den Augenzahlen 1 bis 6 wird geworfen. Ist das Ergebnis beim ersten Wurf eine 2, so wird noch ein zweites Mal geworfen.

a) Zeichne ein Baumdiagramm zu diesem Zufallsexperiment.

b) Ermittle die Anzahl der möglichen Ergebnisse mithilfe des Baumdiagramms.

c) Welche Ergebnisse gehören zum Ereignis „Die Augenzahl Sechs wurde mindestens einmal geworfen."?

d) Gib ein Ereignis an, das bei diesem Zufallsexperiment unmöglich eintreten kann.

1.2 Ergebnisse von Zufallsexperimenten darstellen

2 Eine Münze wird so oft geworfen, bis das erste Mal „Zahl“ oben liegt, höchstens jedoch vier Mal.

a) Stelle die möglichen Ergebnisse bei diesem Zufallsexperiment mithilfe eines Baumdiagramms dar.

b) Gib die Anzahl der möglichen Ergebnisse an.

3 Silvia, Flo und Melli unterhalten sich.

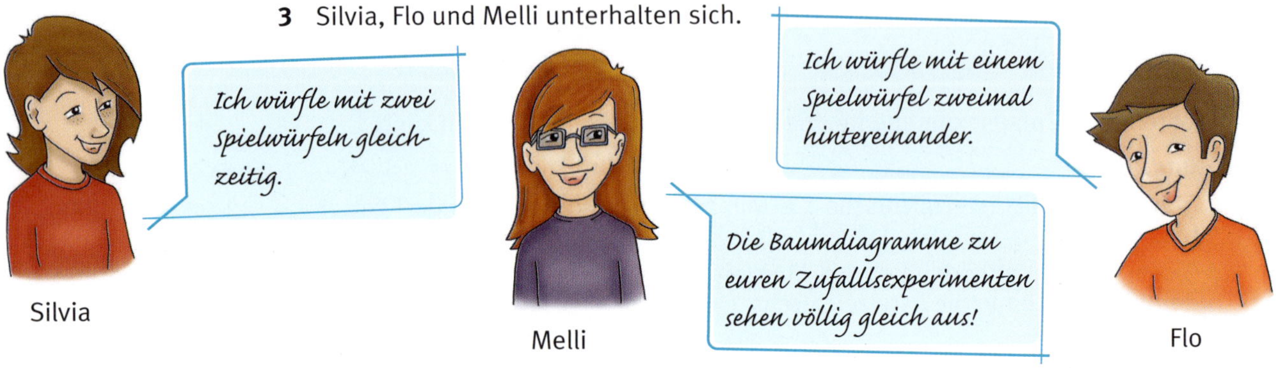

a) Überprüfe, ob Mellis Behauptung stimmt.

b) Gib weitere Beispiele für Zufallsexperimente an, bei denen die zugehörigen Baumdiagramme identisch sind.

c) Welche Bedingungen müssen zwei Zufallsexperimente erfüllen, damit die zugehörigen Baumdiagramme übereinstimmen?

4 Amelie, Belinda, Cécile und Donna haben aus Papier Tetraeder-Würfel gebastelt.

a) Amelie hat ihrem Würfel die Augenzahlen 1, 2, 3 und 4 aufgemalt, Belinda ihrem Würfel die Augenzahlen 1, 3, 4 und 5. Beide haben ihren Würfel dann jeweils 40-mal geworfen. Die Tabelle zeigt, wie oft die einzelnen Augenzahlen aufgetreten sind.

Augenzahl	1	2	3	4	5
Anzahl bei ☐	9	0	13	10	8
Anzahl bei ☐	8	11	12	9	0

Begründe, welches Ergebnis zum Würfel von Amelie bzw. Belinda gehört.

b) Cécile hat ihrem Würfel die Augenzahlen 2, 3, 4 und 5 aufgemalt. Bei drei aufeinander folgenden Würfen hat sie jedes Mal eine gerade Augenzahl erhalten. Nun würfelt sie ein viertes Mal. Welche Augenzahl wird Cécile erhalten? Finde die richtige Antwort und begründe.

1. Sie wird mit Sicherheit eine gerade Augenzahl erhalten.
2. Sie wird eher eine gerade als eine ungerade Augenzahl erhalten.
3. Sie wird mit Sicherheit eine ungerade Augenzahl erhalten.
4. Sie wird eher eine ungerade als eine gerade Augenzahl erhalten.
5. Man kann nicht vorhersagen, welche Augenzahl Cécile erhalten wird.

c) Auch Donna hat ihrem Würfel Augenzahlen aufgemalt. Sie hat zudem die möglichen Ergebnisse beim zweimaligen Werfen ihres Würfels in einem Baumdiagramm dargestellt. Leider ist nur noch folgender Ausschnitt ihres Baumdiagramms vorhanden:
Welche Augenzahlen hat Donnas Würfel?

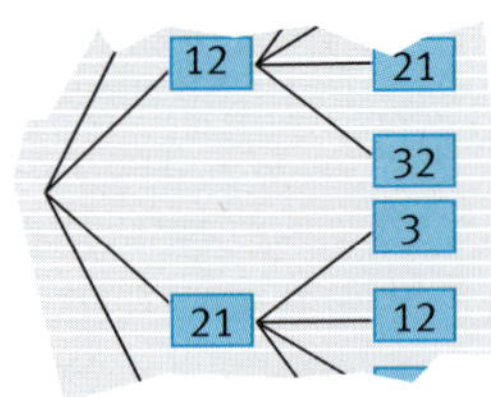

5 Beim abgebildeten Holzroulette legt man die grüne Kugel zu Beginn jeder Spielrunde in die Mitte des Spielfelds. Anschließend stellt man den Kreisel neben die grüne Kugel auf das Spielfeld, versetzt ihn in Drehung und lässt ihn los.

a) Was passiert dann? Beschreibe den weiteren Ablauf.

b) Die Baumdiagramme ① und ② stellen zwei unterschiedliche Spielvarianten dar. Formuliere für jede der beiden Varianten eine kurze Spielanleitung.

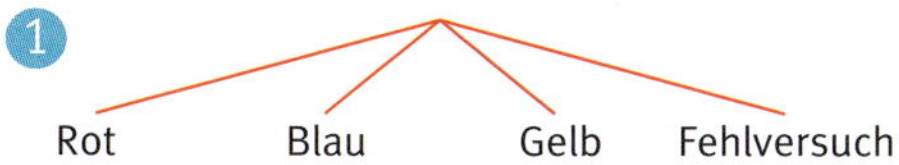

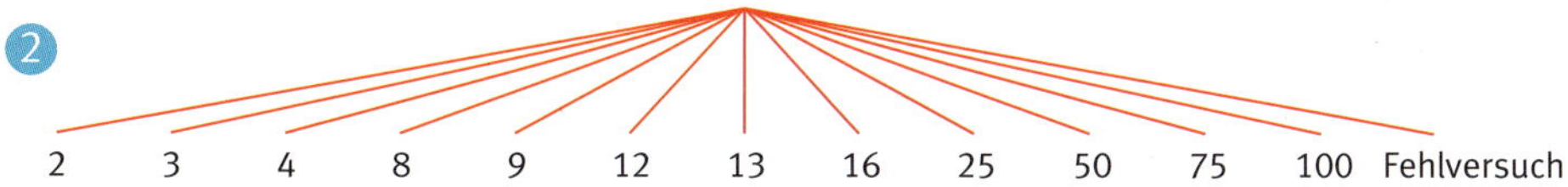

6 Eine deutsche 2-€-Münze, eine österreichische 1-€-Münze und eine italienische 50-ct-Münze werden in dieser Reihenfolge nacheinander geworfen. Stelle die möglichen Ergebnisse des Zufallsexperiments in einem Baumdiagramm dar.

Recherchiere gegebenenfalls, was auf den Münzen jeweils abgebildet ist.

7 Der abgebildete Glückskreisel wird gedreht.

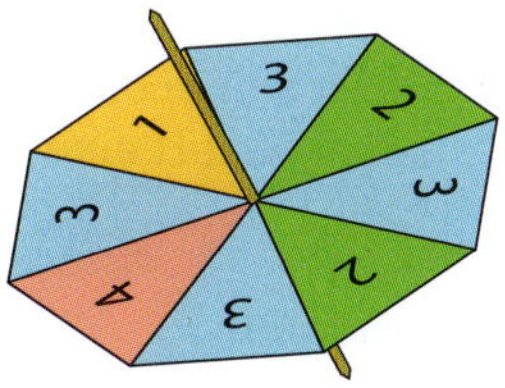

a) Zeichne ein passendes Baumdiagramm und gib die möglichen Ergebnisse an. Findest du verschiedene Möglichkeiten?

b) Auf welches der möglichen Ergebnisse würdest du wetten? Begründe deine Entscheidung.

8 Herr Falke trägt gerne ergonomisch geformte „Rechts-Links-Socken". Heute Morgen ist er wieder einmal spät dran und holt ohne hinzusehen nacheinander zwei einzelne Socken aus seiner Sockenschublade. In ihr befinden sich nur noch ein Paar dunkelblaue und ein Paar schwarze Socken.

a) Zeichne ein Baumdiagramm, aus dem die möglichen Ergebnisse dieses Zufallsexperiments hervorgehen. Wie viele sind es?

b) Wie viele Socken müsste Herr Falke mindestens ziehen, damit das Ereignis „Herr Falke hat zwei zueinander passende Socken." sicher eintritt?

9 Celine darf am nebenstehend abgebildeten Glücksrad drehen. Bleibt es auf „Blau" stehen, so hat sie gewonnen. Sie hat maximal vier Versuche. Stelle die möglichen Ergebnisse bei diesem Zufallsexperiment in einem Baumdiagramm dar. Welche Art der Darstellung bietet sich dazu an? Erkläre.

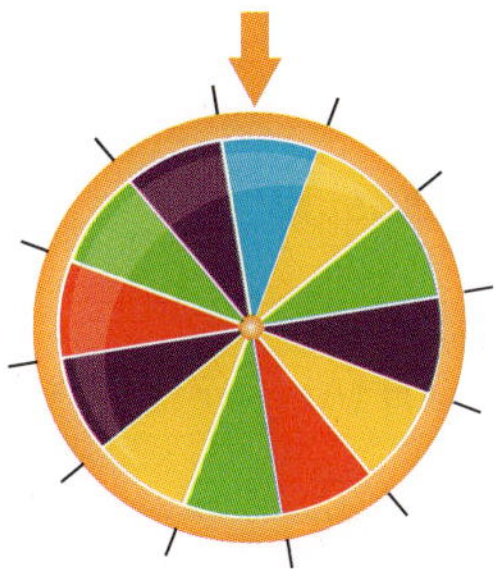

10 Luca hat beim Fußballtraining die Schienbeinschützer in der Umkleide vergessen. Der Trainier gibt ihm seinen Schlüsselbund, an dem drei gleich aussehende Schlüssel hängen. Um den richtigen herauszufinden, muss Luca die Schlüssel nacheinander durchprobieren. Stelle diesen Vorgang mithilfe eines Baumdiagramms dar.

11 Beschreibe ein Zufallsexperiment mit Spielkarten und zeichne das zugehörige Baumdiagramm. Decke anschließend die Beschreibung ab und zeige das Baumdiagramm deinem Banknachbarn. Er soll das betreffende Zufallsexperiment anhand des Baumdiagramms beschreiben. Überprüft jeweils auf Richtigkeit.

1.3 Absolute und relative Häufigkeiten von Ereignissen

Entdecken

*Die tatsächliche Anzahl, wie oft ein Ereignis eingetreten ist, wird als **absolute Häufigkeit H** des Ereignisses bezeichnet.*

Für den folgenden Versuch benötigst du einen Pappbecher und ein (annähernd halbkugelförmiges) Karamellbonbon. Das Bonbon ist dein „Würfel“, der Pappbecher dein „Würfelbecher“.

- Du hast fünf Minuten Zeit. Würfle so oft wie möglich und halte dabei in einer Strichliste fest, wie oft das Bonbon mit der Schokofüllung nach oben bzw. auf der Schokofüllung zum Liegen kommt.
- Gib an, wie oft du in den fünf Minuten gewürfelt hast.
- Bestimme mithilfe deiner Strichliste die absolute Häufigkeit für beide Ereignisse.
- Vergleiche dein Versuchsergebnis mit dem von Klassenkameraden. Erkläre, warum ein Vergleich schwierig ist.

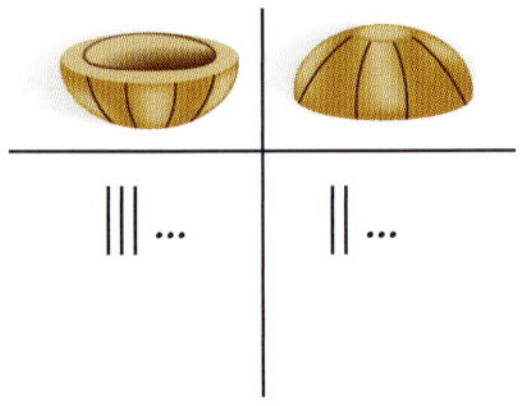

Verstehen

Die relative Häufigkeit h kann auch als Dezimalzahl oder in Prozent angegeben werden: $\frac{3}{10} = 0{,}3 = 30\,\%$

Erklärvideo *unter 60112-02*

Hat man bei einem Zufallsexperiment, das n-mal durchgeführt wurde, die absolute Häufigkeit H eines Ereignisses bestimmt, so kann man die **relative Häufigkeit h** (den Anteil), mit der das Ereignis eingetreten ist, berechnen: $h = \frac{H}{n}$.

Beispiel:
Mit einem Farbwürfel wurde 10-mal gewürfelt. Die Ergebnisse waren:
Rot, Gelb, Grün, Grün, Blau, Weiß, Gelb, Rot, Schwarz, Rot
absolute Häufigkeit des Ereignisses Rot: H (Rot) = 3
relative Häufigkeit des Ereignisses Rot: h (Rot) = $\frac{3}{10}$

Beispiele

I Lilly wirft 50-mal einen Buchstabenwürfel mit den Buchstaben A, D, I, R, T und W:
DIDRAWRTRDRRDWDAIIARADAWDIRDADIIWIRWTADDTWTRIWDWTT
Gib die absoluten sowie die zugehörigen relativen Häufigkeiten an, mit denen die einzelnen Buchstaben vorgekommen sind.

Lösung

H (A)	7
H (D)	12
H (I)	8
H (R)	9
H (T)	6
H (W)	8

	als Bruch	als Dezimalzahl	in Prozent
h (A)	$\frac{7}{50} = \frac{14}{100}$	0,14	14 %
h (D)	$\frac{12}{50} = \frac{6}{25} = \frac{24}{100}$	0,24	24 %
h (I)	$\frac{8}{50} = \frac{4}{25} = \frac{16}{100}$	0,16	16 %
h (R)	$\frac{9}{50} = \frac{18}{100}$	0,18	18 %
h (T)	$\frac{6}{50} = \frac{3}{25} = \frac{12}{100}$	0,12	12 %
h (W)	$\frac{8}{50} = \frac{4}{25} = \frac{16}{100}$	0,16	16 %

- Welchen größten (kleinsten) Wert kann die relative Häufigkeit haben? Begründe.
- Gehören zu gleichen relativen Häufigkeiten auch immer die gleichen absoluten Häufigkeiten? Erkläre anhand eines Beispiels.

Nachgefragt

Aufgaben

1 Ein Spielwürfel wurde viermal geworfen. Folgende Augenzahlen traten auf: 1, 3, 2, 2. Gib H (1), h (1), H (2), h (2), H (3), h (3) sowie H (4) und h (4) an.

2 Nimm eine 1-ct-Münze.

a) Schätze, wie oft „Zahl“ oben liegen wird, wenn du die Münze 10-mal wirfst.

b) Führe das Zufallsexperiment „10-maliges Werfen der Münze“ durch. Wie oft liegt „Zahl“ oben? Übertrage die Tabelle in dein Heft und vervollständige sie.

10-maliger Münzwurf	H (Zahl)	h (Zahl)		
		als Bruch	als Dezimalzahl	in Prozent
1. Durchführung				

c) Führe das Zufallsexperiment „10-maliges Werfen der Münze“ noch weitere 9-mal durch. Ergänze die Tabelle in deinem Heft.

① Insgesamt hast du die Münze nun 100-mal geworfen. Ermittle die absolute und die relative Häufigkeit, mit der „Zahl“ bei deinen 100 Würfen oben lag. Gib die relative Häufigkeit in Prozent an.

② Vergleiche die relative Häufigkeit beim 100-maligen Werfen mit den relativen Häufigkeiten beim 10-maligen Werfen. Was vermutest du?

3 Wird ein Reißnagel auf einen harten Untergrund geworfen, so bleibt er in einer der beiden abgebildeten Positionen liegen.

„Kopf“

„Spitze“

a) Luca hat seinen Reißnagel 50-mal geworfen. Es ergibt sich: h („Kopf“) = 34 %. Wie groß war die zugehörige absolute Häufigkeit?

b) Ines hat auch einen Reißnagel geworfen. Ihr Reißnagel ist 30-mal auf der Spitze liegen geblieben. Die zugehörige relative Häufigkeit lautet: h („Spitze“) = 0,75. Wie oft hat Ines ihren Reißnagel geworfen?

c) Hannah und Kevin unterhalten sich. Was meinst du zu Kevins Vermutung?

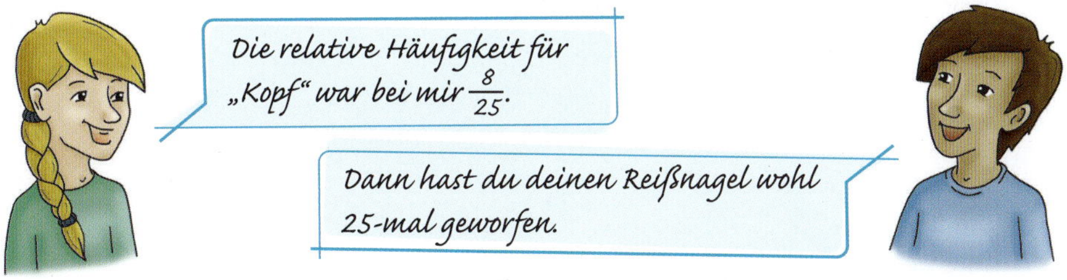

4 Mehmet hat einen Schraubverschluss mehrmals geworfen. Das Diagramm zeigt die absoluten Häufigkeiten, mit denen der Schraubverschluss in den einzelnen Positionen liegen geblieben ist. Zeichne ein Kreisdiagramm, das die betreffenden relativen Häufigkeiten zeigt.

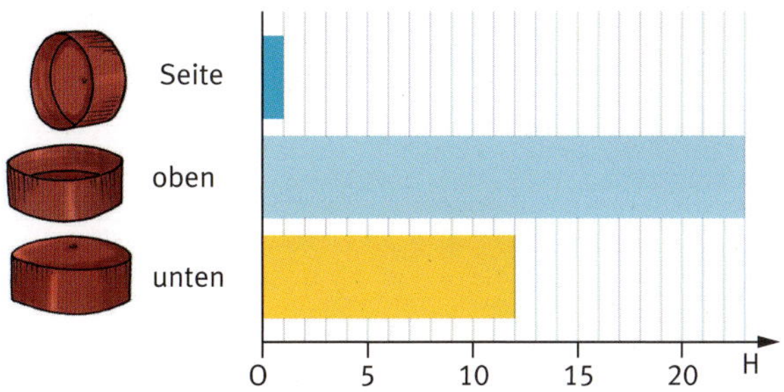

Erinnere dich an die Darstellung von Prozenten.

1.3 Absolute und relative Häufigkeiten von Ereignissen

9× 7× 13×

5 Frau Otto spielt regelmäßig beim Samstagslotto „6 aus 49“ mit. Sie hat im Internet die absoluten Häufigkeiten gefunden, mit denen die Zahlen ihres Geburtsdatums in den letzten 500 Ausspielungen als Zusatzzahl gezogen wurden.

a) Gib die zugehörigen relativen Häufigkeiten in Prozent an.

b) Wie lautet Frau Ottos Geburtsdatum?

6 In den Herbstferien (5 Ferientage) und in den Weihnachtsferien (12 Ferientage) war jeweils an drei Tagen schönes Wetter. Sophie sagt: „In den Herbstferien hatten wir mehr Glück mit dem Wetter als in den Weihnachtsferien.“
Nimm zu Sophies Aussage Stellung.

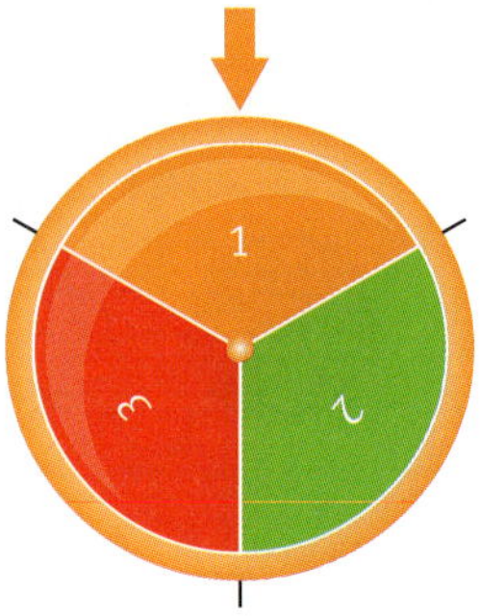

7 Die drei Sektoren des abgebildeten Glücksrads sind gleich groß. Beim Spiel mit dem Glücksrad traten die folgenden absoluten Häufigkeiten auf:

1	卌 卌 卌 卌 卌 卌 |
2	卌 卌 卌 卌 卌 卌 卌 卌
3	卌 卌 卌 卌 卌 ||||

a) Bestimme die relativen Häufigkeiten der drei Versuchsergebnisse und gib an, welchem Wert sich deiner Meinung nach die relative Häufigkeit jedes der drei Versuchsergebnisse nähern wird, wenn dieses Glücksrad sehr oft gedreht wird.

b) Erkläre, wann absolute Häufigkeiten weniger aussagekräftig sind als relative und umgekehrt.

8 Beim Werfen eines Spielwürfels ergaben sich folgende absolute Häufigkeiten:

Augenzahl	Eins	Zwei	Drei	Vier	Fünf	Sechs
Absolute Häufigkeit nach 100 Würfen	10	27	18	17	11	17
Absolute Häufigkeit nach 200 Würfen	24	44	40	31	29	32
Absolute Häufigkeit nach 300 Würfen	36	56	58	55	49	46
Absolute Häufigkeit nach 400 Würfen	☐	71	74	☐	65	62
Absolute Häufigkeit nach 500 Würfen	71	89	☐	88	☐	82

a) Lege in deinem Heft eine Tabelle an und trage dann dort die relativen Häufigkeiten der verschiedenen Augenzahlen nach 100, 200 bzw. 300 Würfen ein.

b) Bei 400 Würfen ergab sich für die Augenzahl 1 eine relative Häufigkeit von 13 %. Wie oft wurde bis dahin die Augenzahl 1, wie oft die 4 geworfen?

c) Bei 500 Würfen war die relative Häufigkeit der Augenzahl 5 genau $\frac{4}{25}$. Wie oft wurde bis dahin die Augenzahl 5, wie oft die 3 geworfen?

Weitergedacht

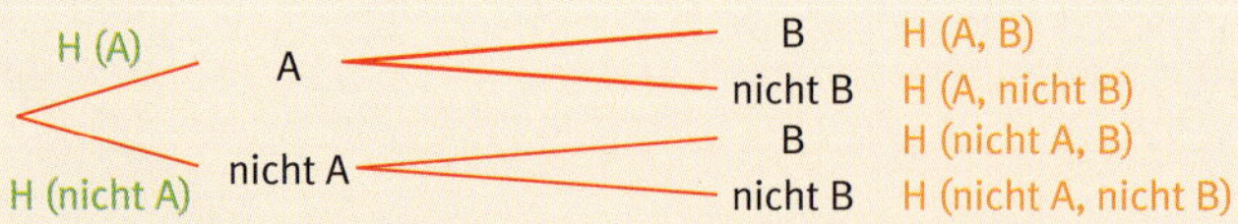

Für die beiden Ereignisse A und B eines zweistufigen Zufallsexperiments lassen sich die **absoluten Häufigkeiten** in einer **Vierfeldertafel** darstellen:

	A	nicht A	Gesamt
B	H (A, B)	H (nicht A, B)	H (B)
nicht B	H (A, nicht B)	H (nicht A, nicht B)	H (nicht B)
Gesamt	H (A)	H (nicht A)	Summe

Anstelle der absoluten Häufigkeiten können auch relative Häufigkeiten angegeben werden.

9 Safiye hat das Zufallsexperiment „gleichzeitiges Werfen zweier Karamellbonbons“ 50-mal durchgeführt.

a) Übertrage das zu diesem Zufallsexperiment gehörende Baumdiagramm und die Vierfeldertafel in dein Heft und ergänze die Lücken.

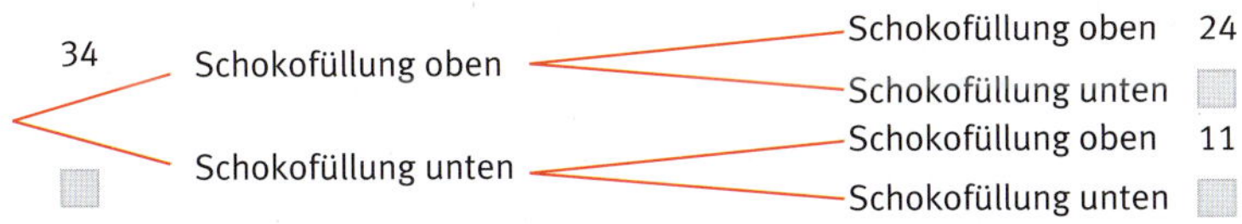

	Schokofüllung oben	Schokofüllung unten	Gesamt
Schokofüllung oben	24	11	□
Schokofüllung unten	□	□	□
Gesamt	34	□	50

b) Erstelle die zugehörige Vierfeldertafel mit relativen Häufigkeiten. Beschreibe dein Vorgehen.

10 Übertrage das Baumdiagramm und die Vierfeldertafel in dein Heft und ergänze die Lücken. Beschreibe das betreffende Zufallsexperiment und gib an, wie oft es durchgeführt wurde.

Für das Zufallsexperiment gibt es verschiedene Möglichkeiten.

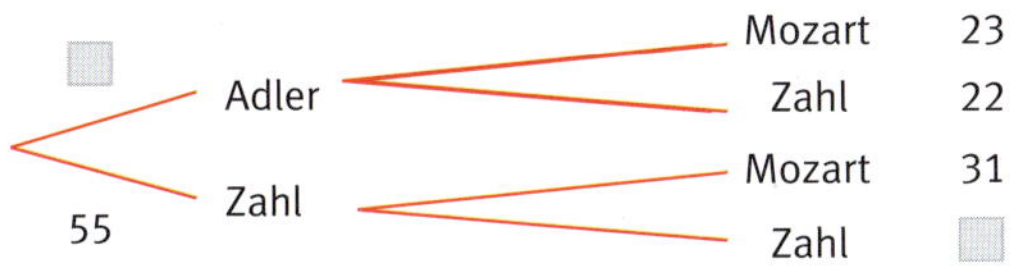

	Adler	Zahl	Gesamt
Mozart	23	31	□
Zahl	22	□	□
Gesamt	□	55	□

11 Heinrich hat insgesamt 120-mal ein Gummischweinchen zweimal nacheinander geworfen. Zu diesem Zufallsexperiment hat er ein Baumdiagramm gezeichnet und die erhaltenen absoluten Häufigkeiten notiert:

Das Gummischweinchen ist entweder liegen (l) oder auf den Füßen stehen (s) geblieben.

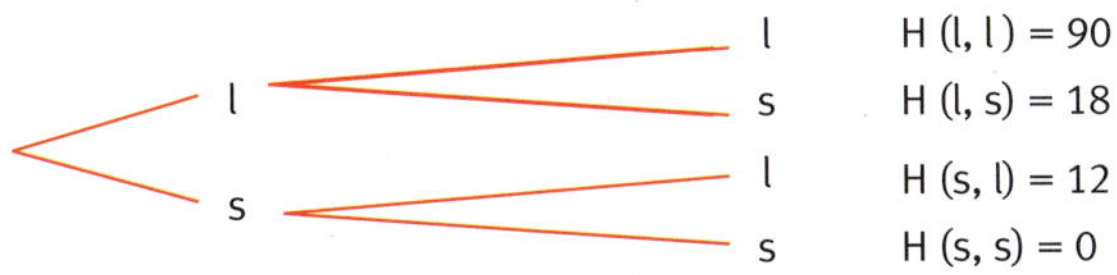

a) Übertrage das Baumdiagramm in dein Heft und ergänze absolute Häufigkeiten, wo möglich.

b) Erstelle die zugehörige Vierfeldertafel mit relativen Häufigkeiten.

c) Auf welchen Versuchsausgang sollte Heinrich bei der 121. Durchführung wetten, wenn er müsste? Begründe deine Einschätzung.

12 Die Vierfeldertafel zeigt die absoluten Häufigkeiten bei der wiederholten Durchführung eines Zufallsexperiments.

	Sechs	Keine Sechs	Gesamt
Sechs	□	9	□
Keine Sechs	13	49	□
Gesamt	□	□	74

a) Übertrage die Vierfeldertafel in dein Heft und vervollständige sie.

b) Beschreibe das betreffende Zufallsexperiment. Wie oft wurde es durchgeführt?

c) Zeichne das zugehörige Baumdiagramm und notiere die absoluten Häufigkeiten.

Für das Zufallsexperiment gibt es verschiedene Möglichkeiten.

1.4 Vermischte Aufgaben

1 Handelt es sich um ein Zufallsexperiment? Begründe deine Entscheidung.

a) Eine Schüssel voll Wasser wird in das Gefrierfach gestellt.

b) Aus einer Urne mit verschiedenfarbigen Kugeln wird eine verdeckt gezogen.

c) Über eine brennende Kerze wird ein Trinkglas gestülpt.

d) Zollbeamte kontrollieren den Koffer einer Reisenden.

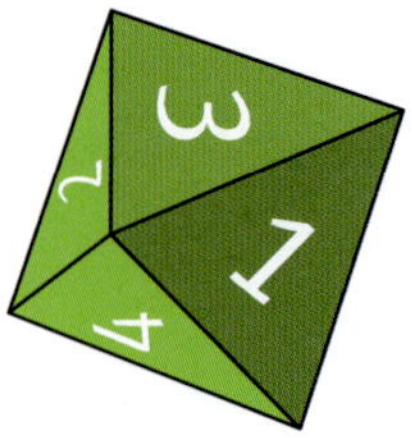

2 Ein Oktaeder-Würfel mit den Augenzahlen 1 bis 8 wird zweimal nacheinander geworfen. Betrachtet wird der Wert der Summe der geworfenen Augenzahlen.

a) Gib alle möglichen Ergebnisse bei diesem Zufallsexperiment an.

b) Welche Ergebnisse führen zum Eintreten des folgenden Ereignisses?
Der Summenwert der Augenzahlen ...

① ist kleiner als 10. ② ist eine Primzahl. ③ ist 1.

Um welche Art von Ereignis handelt es sich jeweils?

3 In einer Urne befinden sich drei blaue, eine schwarze und zwei grüne Kugeln. Es werden nacheinander zwei Kugeln verdeckt gezogen.

a) Zeichne ein Baumdiagramm zu diesem Zufallsexperiment.

b) Gib alle möglichen Ergebnisse bei diesem Zufallsexperiment an.

c) Wie verändert sich das Baumdiagramm, wenn die zuerst gezogene Kugel vor dem zweiten Mal Ziehen in die Urne zurückgelegt wird? Erläutere.

d) Nimm Stellung zu Martins Aussage:

Wenn nur interessiert, ob die beiden gezogenen Kugeln die gleiche Farbe haben, dann lässt sich die Darstellung des Baumdiagramms in a) vereinfachen.

„Kopf"

„Spitze"

4 In der Abbildung sind 100 Reißnägel zu sehen, die auf den Tisch geschüttet wurden.

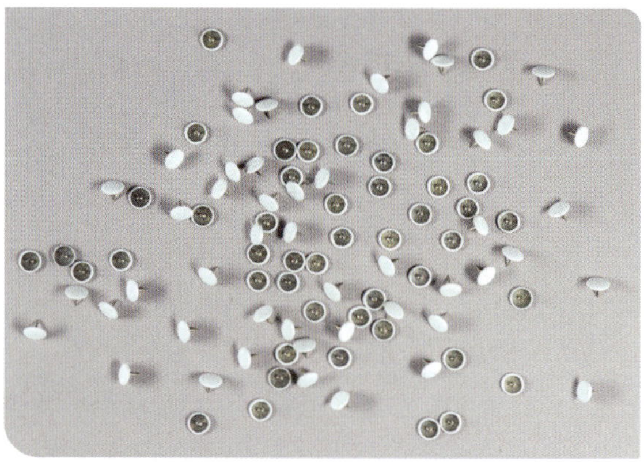

a) Bestimme die relative Häufigkeit der Lage „Kopf" bzw. „Spitze". Es genügt, nur die „Köpfe" zu zählen.

b) „Würfle" mit einem Reißnagel 100-mal und ermittle die relative Häufigkeit von „Kopf" bzw. „Spitze". Vergleiche dein Ergebnis mit dem Ergebnis von a).

c) Um zu entscheiden, wer das Kinderzimmer aufräumen muss, wollen die Zwillinge Gert und Günter mit einem Reißnagel „würfeln". Gert darf ihn werfen, Günter dafür vorab wählen, bei welchem Ereignis („Kopf" oder „Spitze") Gert aufräumen muss. Welches Ereignis sollte Günter wählen? Begründe deine Einschätzung.

5 Tim, Maya und Ali wollen „Verstecken“ spielen. Sie streiten darüber, wer als Erstes zählen muss. Ali hat eine Idee. Er zieht drei Streichhölzer aus seiner Hosentasche und schlägt vor: „Wer das kürzere Streichholz hat, muss als Erster zählen. Ich halte die Hölzer und ihr zieht jeweils eines. Ich nehme das Hölzchen, das übrig bleibt.“ Stelle das Ziehen der Streichhölzer mithilfe eines Baumdiagramms dar.

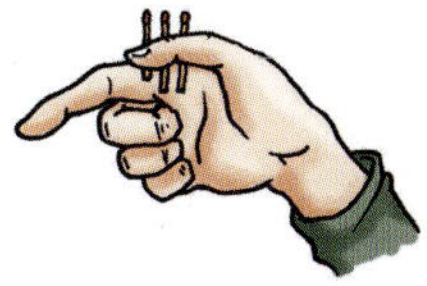

6 Mareike hat ein Zufallsexperiment durchgeführt. Das zugehörige Baumdiagramm sieht wie abgebildet aus.
Beschreibe, welches Zufallsexperiment Mareike durchgeführt haben könnte.

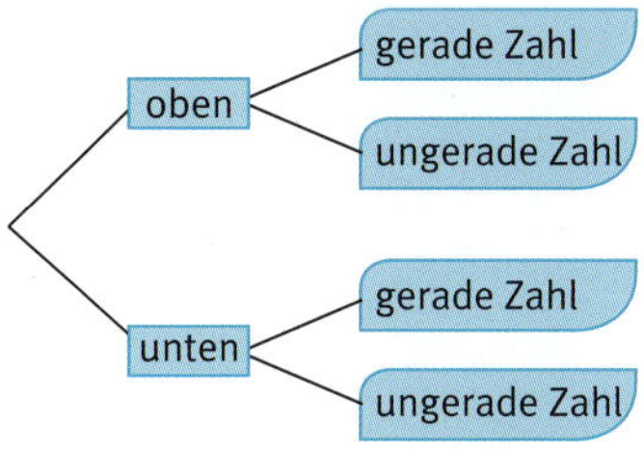

7 Drei Stifte (Rot, Blau, Grün) liegen im „Schlampermäppchen“. Ohne hinzusehen wird ein Stift gezogen und seine Farbe notiert. Der gezogene Stift wird zurückgelegt. Dann wird gut durchgemischt und „blind“ nochmals ein Stift gezogen.

a) Ermittle mithilfe eines Baumdiagramms, welche Farbkombinationen für die beiden Stifte möglich sind.

b) Führe das Zufallsexperiment „Ziehen von zwei Stiften“ 50-mal durch. Notiere dabei jeweils die auftretenden Farbkombinationen.

c) Gib die relativen Häufigkeiten der Kombinationen Rot–Rot, Grün–Grün und Blau–Blau als Dezimalzahl und in Prozent an.

8 Bei zwei verschieden großen Packungen Gummibärchen ergaben sich folgende Farbverteilungen. Erstelle für jede der beiden Packungen ein Kreisdiagramm, das die relativen Häufigkeiten der einzelnen Gummibärchen-Farben zeigt.

	Weiß	Gelb	Orange	Rot	Grün
Anzahl in Packung 1	2	1	2	3	2
Anzahl in Packung 2	63	77	69	73	78

9 Übertrage das Baumdiagramm und die Vierfeldertafel ins Heft und ergänze die Lücken. Beschreibe das Zufallsexperiment und gib an, wie oft es durchgeführt wurde.

Für das Zufallsexperiment gibt es verschiedene Möglichkeiten.

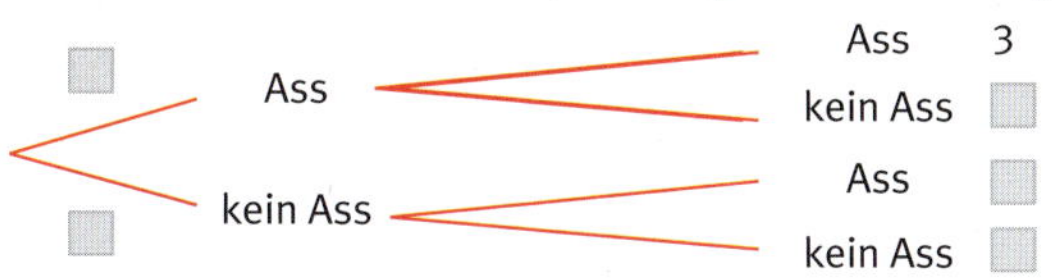

	Ass	Kein Ass	Gesamt
Ass			
Kein Ass	17	122	
Gesamt		140	

10 Übertrage die Vierfeldertafel in dein Heft und vervollständige sie.

Wie könnte das zugehörige Zufallsexperiment aussehen?

	Augenzahl gerade	Augenzahl ungerade	Gesamt
Roter Fruchtgummi		0,06	0,11
Kein roter Fruchtgummi			
Gesamt	0,52		

1.5 Das kann ich!

Die Lösungen zu dieser Doppelseite stehen im Anhang.

Aufgaben zur Einzelarbeit

1. Teste dich! Bearbeite dazu die folgenden Aufgaben und bewerte die Lösungen mit einem Smiley.
2. Hinweise zum Nacharbeiten findest du auf der folgenden Seite.

☺	😐	☹
Das kann ich!	Das kann ich fast!	Das kann ich noch nicht!

1 Liegt ein Zufallsexperiment vor? Begründe.

a) Aus einem Stapel Spielkarten wird verdeckt eine Karte gezogen.

b) Eine Eisenkugel wird ins Wasser geworfen.

c) Aus einer Packung Buntstifte wird ohne hinzusehen ein Stift entnommen.

d) Die Lottozahlen 6 aus 49 werden gezogen.

2 Aus dem Osternest wird ein Ei zufällig entnommen. Welche möglichen Ergebnisse können bei diesem Zufallsexperiment betrachtet werden? Gib drei verschiedene Möglichkeiten an.

3 Jede der vier Flächen eines Tetraeder-Würfels ist mit einer Zahl beschriftet. Wie lauten die Zahlen, wenn beim Werfen des Würfels die Ereignisse „Eine Zahl kleiner als 28 wird geworfen." und „Ein Vielfaches von 4 wird geworfen." jeweils sicher eintreten und zugleich das Eintreten des Ereignisses „Eine Zahl kleiner als 10 wird geworfen." unmöglich ist?

4 Stelle die möglichen Ergebnisse bei diesem Zufallsexperiment mithilfe eines Baumdiagramms dar. Wie viele sind es insgesamt?

a) Ein Tetraeder-Würfel mit den Augenzahlen 1, 2, 3 und 4 wird zweimal nacheinander geworfen.

b) Eine 1-ct-Münze und ein Spielwürfel mit den Augenzahlen 1 bis 6 werden gleichzeitig geworfen.

c) Aus einem Pappbecher, in dem sich ein rotes, ein gelbes und ein oranges Gummibärchen befinden, werden ohne hinzusehen zwei Gummibärchen auf einmal gezogen.

d) Auf dem Tisch liegen, gut durchgemischt, drei gleich aussehende Kärtchen, auf deren Rückseite jeweils einer der Buchstaben R, T oder O steht. Nacheinander werden die Kärtchen umgedreht und die betreffenden Buchstaben in der Reihenfolge ihrer Ziehung notiert.

5 Beschreibe ein passendes Zufallsexperiment.

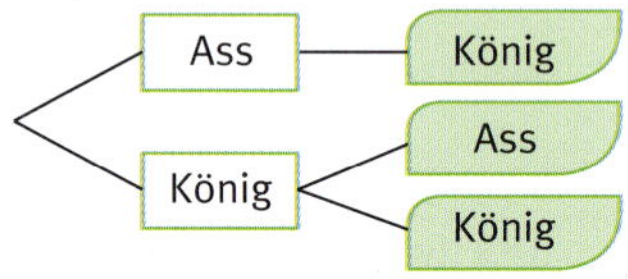

6 Auf Evas neuer Musik-CD sind 15 Tracks. Der dritte ist ihr Lieblingssong. Sie drückt an ihrem CD-Player auf die Taste „zufällige Wiedergabe eines Tracks" und notiert, ob ihr Lieblingssong gespielt wird. Wie könnte ein Baumdiagramm zu diesem Zufallsexperiment aussehen? Nenne mögliche Varianten und begründe deine Wahl.

7 Uli hat einen gewöhnlichen Spielwürfel 20-mal geworfen und die Ergebnisse notiert. Vervollständige im Heft.

	als Bruch	als Dezimalzahl	in Prozent
h (1)	$\frac{4}{20} = \frac{1}{5}$		
h (2)		0,1	
h (3)			30 %
h (4)		0,2	
h (5)			5 %
h (6)			15 %

8 Eine quaderförmige Streichholzschachtel wurde als Würfel benutzt. Dazu wurden die Augenzahlen 1 bis 6 auf die Begrenzungsflächen geschrieben. Folgende relative Häufigkeiten ergaben sich beim 10 000-maligen Werfen:

Augenzahl	1	2	3	4	5	6
relative Häufigkeit	8 %	39 %	4 %	5 %	37 %	7 %

Zeichne ein Netz der Streichholzschachtel und trage auf jeder Begrenzungsfläche ein, welche Augenzahl wohl darauf geschrieben wurde. Erläutere deine Überlegungen.

9 Beim Spiel „Fuchsjagd“ wurden insgesamt 30-mal ein Farbwürfel und ein gewöhnlicher Spielwürfel nacheinander geworfen.

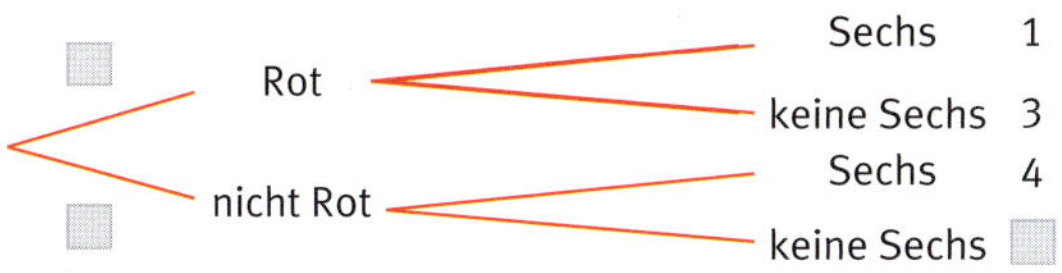

a) Übertrage das Baumdiagramm in dein Heft und ergänze absolute Häufigkeiten, wo möglich.

b) Stelle die absoluten Häufigkeiten in einer Vierfeldertafel dar.

10 Die Vierfeldertafel zeigt die relativen Häufigkeiten bei der 100-maligen Durchführung eines Zufallsexperiments.

	„Kopf“	„Spitze“	Gesamt
„Kopf“	0,11	0,21	□
„Spitze“	□	0,45	□
Gesamt	□	□	□

a) Vervollständige die Vierfeldertafel.

b) Beschreibe das betreffende Zufallsexperiment.

c) Zeichne das zugehörige Baumdiagramm und notiere die relativen Häufigkeiten.

d) Auf welchen Versuchsausgang sollte man bei der nächsten Durchführung des Zufallsexperiments wetten? Begründe.

Aufgaben für Lernpartner

1. Bearbeite die folgenden Aufgaben alleine.
2. Suche dir einen Partner und erkläre ihm deine Lösungen. Höre aufmerksam und gewissenhaft zu, wenn dein Partner dir seine Lösungen erklärt.
3. Korrigiere gegebenenfalls deine Antworten und benutze dazu eine andere Farbe.

Sind folgende Behauptungen **richtig** oder **falsch**? Begründe schriftlich.

A Das Werfen einer Münze bei der Seitenwahl vor Anpfiff eines Fußballspiels stellt ein Zufallsexperiment dar.

B Wenn bei einem Zufallsexperiment zuerst ein Gummischweinchen geworfen und anschließend ein Glückskreisel gedreht wird, dann handelt es sich um ein zweistufiges Zufallsexperiment.

C Den Ausgang eines Zufallsexperiments nennt man Ereignis.

D Zu unterschiedlichen Zufallsexperimenten kann das gleiche Baumdiagramm gehören.

E Eine vereinfachte Darstellung eines Baumdiagramms kann auch Nachteile haben.

F Ist die absolute Häufigkeit gleich 0, dann kann keine relative Häufigkeit angegeben werde.

G Aus H = 100 folgt h = 100 %.

Aufgabe	Ich kann …	Hilfe
1, 5, 10, A, B	Zufallsexperimente erkennen und beschreiben.	S. 18
2, 3, C	die Begriffe Ergebnis und Ereignis sachgerecht verwenden.	S. 18
4, 6, 9, 10, D, E	die möglichen Ergebnisse von Zufallsexperimenten mithilfe von Baumdiagrammen und Vierfeldertafeln darstellen.	S. 20, 26
7, 8, 9, 10, F, G	absolute und relative Häufigkeiten von Ereignissen bei Zufallsexperimenten ermitteln.	S. 24
10	Gewinnchancen bei Zufallsexperimenten einschätzen.	S. 24

1.6 Auf einen Blick

Zufallsexperimente

Seite 18

Einen Versuch mit nicht vorhersagbarem Ausgang bezeichnet man als **Zufallsexperiment**. Den Ausgang des Zufallsexperiments nennt man **Ergebnis**.

Führt man mehrere Zufallsexperimente nacheinander aus, so spricht man von einem **mehrstufigen Zufallsexperiment**.

Ein **Ereignis** ist eine Teilmenge der Menge aller möglichen Ergebnisse eines Zufallsexperiments. Das Eintreten eines Ereignisses kann **möglich**, **unmöglich** oder **sicher** sein.

Ein Glücksrad wird gedreht.

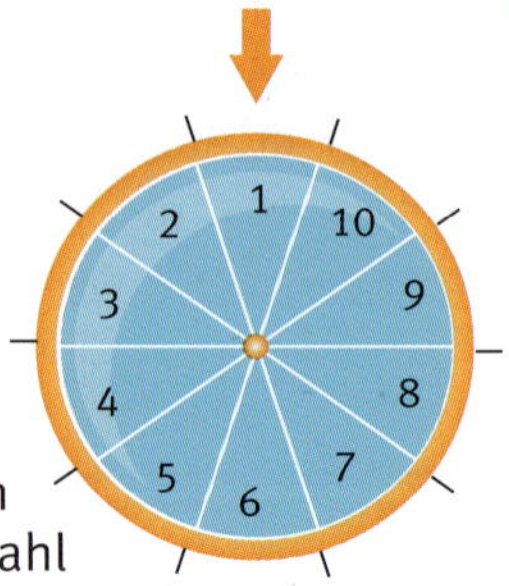

Mögliche Ergebnisse:
1, 2, 3, ..., 8, 9, 10

Die Ergebnisse 2, 4, 6, 8 und 10 führen zum Eintreten des Ereignisses „Die Punktzahl ist eine gerade Zahl."
(≙ mögliches Ereignis)
Kein mögliches Ergebnis führt zum Eintreten des Ereignisses „Die Punktzahl ist größer als 10."
(≙ unmögliches Ereignis)

Ergebnisse von Zufallsexperimenten darstellen

Seite 20

Bei Zufallsexperimenten kann die Menge aller möglichen Ergebnisse in Form eines **Baumdiagramms** übersichtlich dargestellt werden.

Baumdiagramme beschreiben sowohl Vorgänge, die **nacheinander** stattfinden, als auch Vorgänge, die **gleichzeitig** ablaufen.

Wird ein Baumdiagramm unübersichtlich, bietet sich eine vereinfachte Darstellung mit Ereignissen an.

Eine Münze wird zweimal nacheinander geworfen:

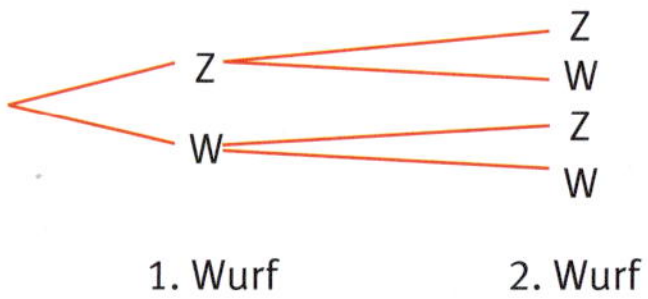

Zwei Münzen werden gleichzeitig geworfen:

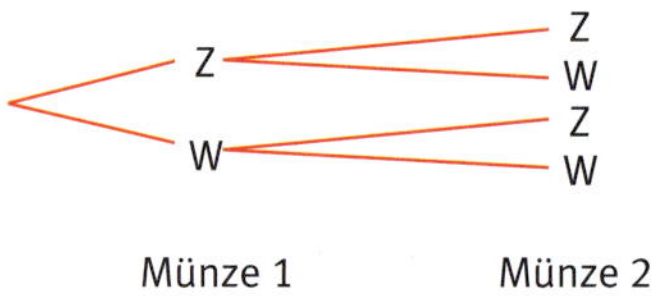

Absolute und relative Häufigkeiten von Ereignissen

Seite 24
Seite 26

Hat man bei einem Zufallsexperiment, das n-mal durchgeführt wurde, die **absolute Häufigkeit H** eines Ereignisses bestimmt, so kann man die **relative Häufigkeit h** berechnen:

$h = \frac{H}{n}$

Die absoluten (oder relativen) Häufigkeiten zweier Ereignisse A und B eines zweistufigen Zufallsexperiments lassen sich in einer **Vierfeldertafel** darstellen.

Mit einem Farbwürfel wurde 10-mal gewürfelt:
Rot, Gelb, Grün, Grün, Blau, Weiß, Gelb, Rot, Schwarz, Rot

H (Rot) = 3

$h\ (\text{Rot}) = \frac{3}{10} = 0{,}3 = 30\ \%$

50-maliges Werfen zweier 1-€-Münzen:

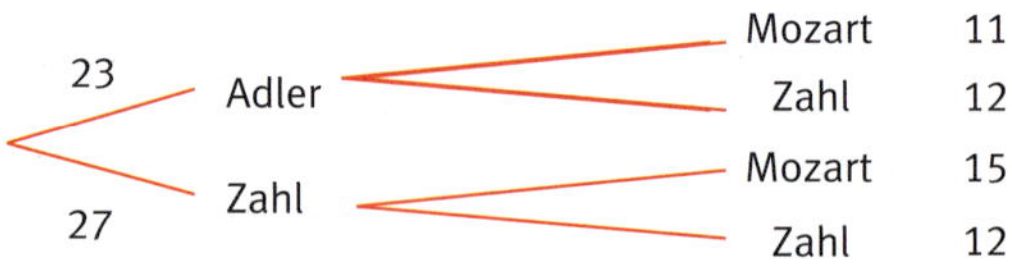

	Adler	Zahl	Gesamt
Mozart	11	15	26
Zahl	12	12	24
Gesamt	23	27	50

Ergebnisse und Ereignisse

1 Erkläre, was man bei Zufallsexperimenten unter einem Ergebnis (Ereignis) versteht.

2 Bei der Ziehung der Lottozahlen 6 aus 49 wird die erste Gewinnzahl gezogen.

a) Gib alle möglichen Ergebnisse bei diesem Zufallsexperiment an.

b) Welche Ergebnisse führen zum Eintreten des betreffenden Ereignisses? Die Gewinnzahl ist …

① durch 13 teilbar. ② keine natürliche Zahl.
③ kleiner als 50. ④ die Zahl 1.

3 Aus der abgebildeten Urne werden zwei Kugeln gleichzeitig gezogen. Betrachtet wird der Wert des Produkts der Zahlen auf den gezogenen Kugeln. Ermittle alle möglichen Ergebnisse bei diesem Zufallsexperiment. Welche Systematik erkennst du?

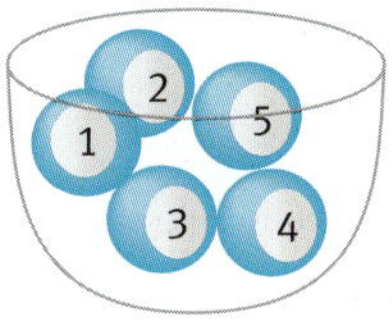

4 Ein Buchstabenwürfel mit den Buchstaben A, D, I, R, T und W wird geworfen. Für welche der Ereignisse ist das Eintreten möglich (unmöglich, sicher)?

a) Ein Buchstabe des Wortes TIER liegt oben.

b) Der Buchstabe A liegt oben.

c) Ein Buchstabe des Wortes LOGO liegt oben.

d) Ein Vokal liegt oben.

e) Ein Buchstabe des Wortes STADTWEIHER liegt oben.

5 Betrachtet wird das Ziehen von zwei Losen aus einer Lostrommel, in der sich 1000 Lose befinden, von denen aber nur ein einziges gewinnt. Formuliere zu diesem Zufallsexperiment ein Ereignis, dessen Eintreten unmöglich ist.

Baumdiagramme und Vierfeldertafeln

6 Passt das Baumdiagramm zu diesem Zufallsexperiment? Begründe.

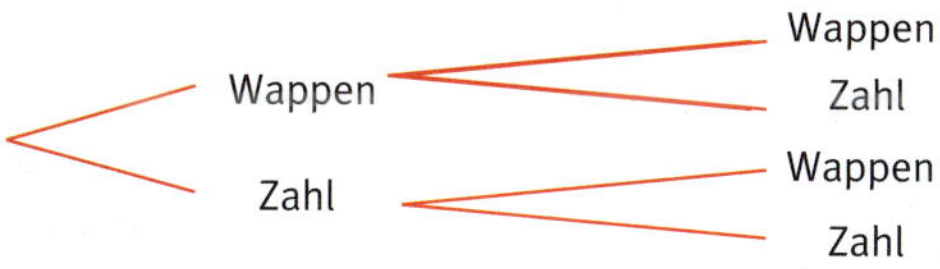

a) Eine Münze wird geworfen.

b) Eine Münze wird zweimal geworfen.

c) Zwei gleiche Münzen werden nacheinander geworfen.

d) Zwei gleiche Münzen werden gleichzeitig geworfen.

e) Zwei gleiche Münzen werden zweimal geworfen.

7 Die Vierfeldertafel zeigt die absoluten Häufigkeiten bei der wiederholten Durchführung eines Zufallsexperiments.

	Gewonnen	Verloren	Gesamt
Gewonnen	3	25	a
Verloren	b	245	c
Gesamt	d	e	300

a) Gib die entsprechenden Werte für a, b, c, d und e an. Erkläre dein Vorgehen.

b) Beschreibe das betreffende Zufallsexperiment. Findest du verschiedene Möglichkeiten?

c) Erkläre, wie man zum Erstellen der zugehörigen Vierfeldertafel mit relativen Häufigkeiten vorgehen muss.

8

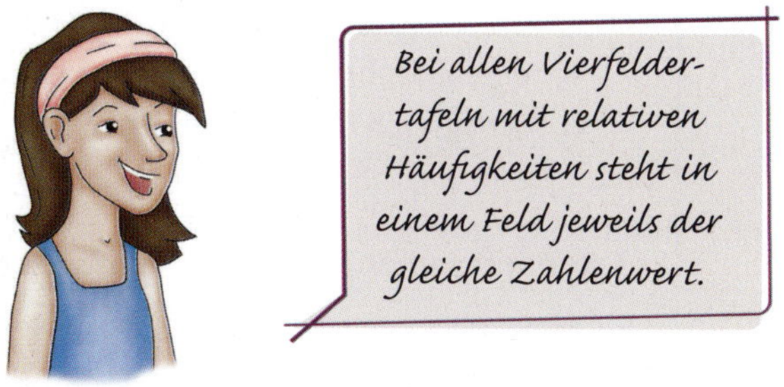

Nimm Stellung zu Annabelles Aussage.

Startklar

Winkel zeichnen und messen

1 Zeichne Winkel mit folgenden Maßen in dein Heft.

a) $\alpha = 35°$ **b)** $\beta = 110°$ **c)** $\gamma = 75°$ **d)** $\delta = 205°$ **e)** $\varepsilon = 300°$

2 Miss die Maße der Winkel.

a)

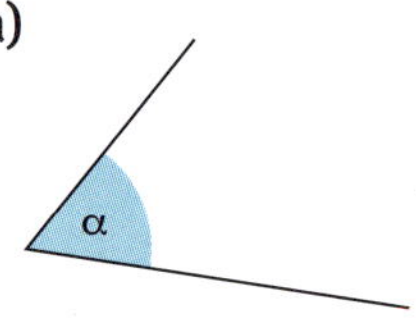

b)

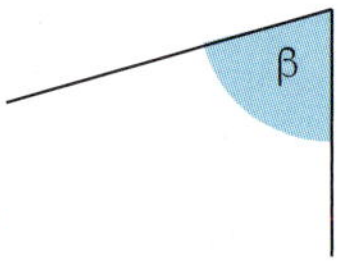

c)

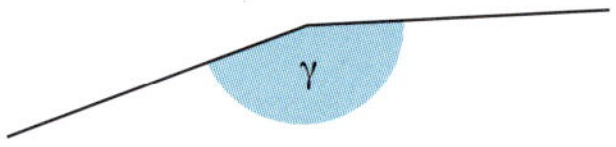

d)

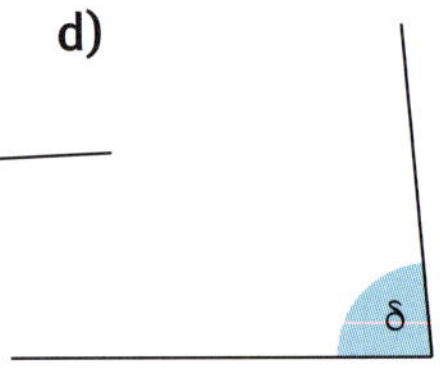

Innenwinkelsumme im Dreieck und Außenwinkelsatz

3 Berechne die fehlenden Winkelmaße im Dreieck ABC.

a) $\alpha = 25°;\ \beta = 80°$ **b)** $\alpha = 110°;\ \beta = 14°$ **c)** $\beta = 12{,}5°;\ \gamma = 123{,}5°$

d) $\alpha = \beta = 59°$ **e)** $\alpha = 16°;\ \beta = \gamma$ **f)** $\alpha = 2\beta;\ \gamma = 60°$

g) $\alpha' = 112°;\ \beta = 75°$ **h)** $\alpha' = \beta' = \gamma'$ **i)** $\alpha = 32°;\ \gamma = \frac{1}{2}\beta'$

Dreiecksarten und ihre Besonderheiten

4 Zeichne ein Dreieck mit ...

a) einem rechten Winkel. **b)** drei spitzen Winkeln.

c) einem stumpfen Winkel. **d)** zwei gleichen Schenkeln.

e) einem rechten Winkel und zwei gleich langen Schenkeln.

f) drei gleich langen Seiten.

Besondere Linien im Dreieck

5 Was gehört zusammen?

A	Winkelhalbierende schneiden sich ...
B	Mittelsenkrechte schneiden sich ...
C	Seitenhalbierende schneiden sich ...

1	im Schwerpunkt.
2	im Inkreismittelpunkt.
3	im Umkreismittelpunkt.

Die Lösungen zu dieser Seite stehen im Anhang.

2 Dreiecke und Vierecke

Einstieg

- Das Bild zeigt den Ausschnitt einer Wand eines thailändischen Tempels, die mit verschiedenen Formen gefliest wurde. Findest du Figuren, die in Form und Größe übereinstimmen?
- Wie kannst du entscheiden, ob die Figuren wirklich gleich sind?
- Wo begegnen dir sonst Formen und Figuren, die absolut identisch sind?

Ausblick

Am Ende dieses Kapitels hast du gelernt, …

- Zusammenhänge zwischen Seitenlängen sowie zwischen Seitenlängen und Winkelmaßen zu erkennen.
- wie man Dreiecke und Vierecke konstruiert.
- wie man geometrische Zusammenhänge begründen kann.
- Vierecke anhand ihrer Eigenschaften zu beschreiben.

2.1 Zusammenhänge im Dreieck entdecken

Entdecken

Nutze den Zugmodus des Geometrieprogramms.

Wenn du kein Geometrieprogramm zur Verfügung hast, kannst du auch beliebige Dreiecke in dein Heft zeichnen und die Aufgaben daran lösen.

Erstelle mit einem Geometrieprogramm ein beliebiges Dreieck und lass dir alle Winkelmaße und Seitenlängen anzeigen. Untersuche Zusammenhänge zwischen Seitenlängen und Winkelmaßen an verschiedenen Dreiecken. Übertrage dazu die Tabelle in dein Heft.

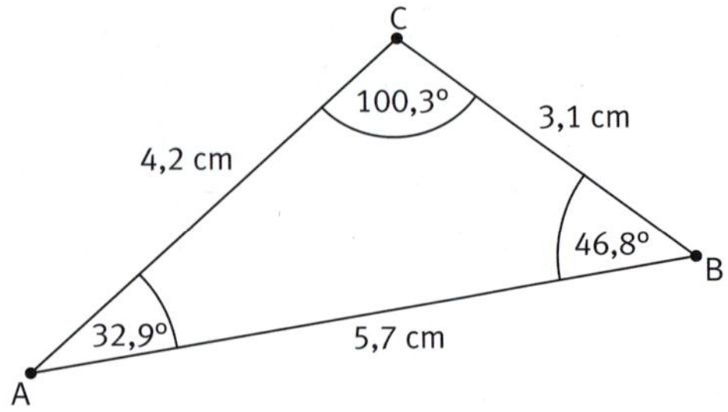

	a	α	b	β	c	γ
Dreieck $A_1B_1C_1$						
Dreieck $A_2B_2C_2$						
Dreieck $A_3B_3C_3$						

- Betrachte in jedem Dreieck die längste Seite und den größten Winkel. Was fällt dir auf? Überprüfe deine Vermutung an weiteren Dreiecken.
- Addiere in jedem Dreieck jeweils zwei Seitenlängen und vergleiche mit der dritten Seitenlänge. Welche Beziehung erkennst du?

Verstehen

In jedem Dreieck liegt der **größeren Seite** auch der **größere Winkel gegenüber**. Umgekehrt liegt auch dem größeren Winkel die größere Seite gegenüber (**Seite-Winkel-Beziehung**):

$a > b \Longrightarrow \alpha > \beta$ $\qquad a > c \Longrightarrow \alpha > \gamma \qquad \ldots$
$\alpha > \beta \Longrightarrow a > b$ $\qquad \alpha > \gamma \Longrightarrow a > c \qquad \ldots$

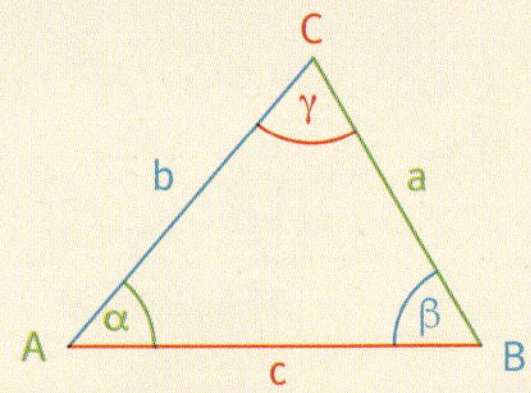

In jedem Dreieck ist die **Summe zweier Seitenlängen** stets **größer** als die **dritte Seitenlänge (Dreiecksungleichung)**:

$a + b > c$ $\qquad a + c > b$ $\qquad b + c > a$

Beispiele

I Überprüfe, ob ein Dreieck mit den gegebenen Maßen möglich ist. Falls nicht, begründe mithilfe eines geometrischen Zusammenhangs.

a) a = 3,6 cm; b = 4 cm; c = 5,8 cm
b) a = 1,5 cm; b = 4,8 cm; c = 6,9 cm
c) a = 6 cm; b = 4 cm; β = 100°

Lösung

a) Ein solches Dreieck ist möglich. Die Dreiecksungleichung ist erfüllt:
$a + b > c$; $a + c > b$; $b + c > a$

b) Dieses Dreieck ist nicht möglich, denn $a + b = 6{,}3\text{ cm} < 6{,}9\text{ cm} = c$.
Die Dreiecksungleichung ist nicht erfüllt.

Die Dreiecksungleichung ist nicht erfüllt, wenn bereits eine der drei Ungleichungen falsch ist.

c) Ein solches Dreieck ist nicht möglich, denn aufgrund des Innenwinkelsatzes muss β der größte Winkel im Dreieck sein. Die Seite a ist jedoch länger als b, sodass die Seite-Winkel-Beziehung im Dreieck nicht erfüllt ist.

II Betrachte das Dreieck ABC, in dem gilt: c > b.
Ein Kreis um A mit Radius r = b schneidet $\overline{AB}$ im Punkt D. Dadurch entsteht das gleichschenklige Dreieck ADC. Begründe hiermit die Seite-Winkel-Beziehung $\gamma > \beta$.

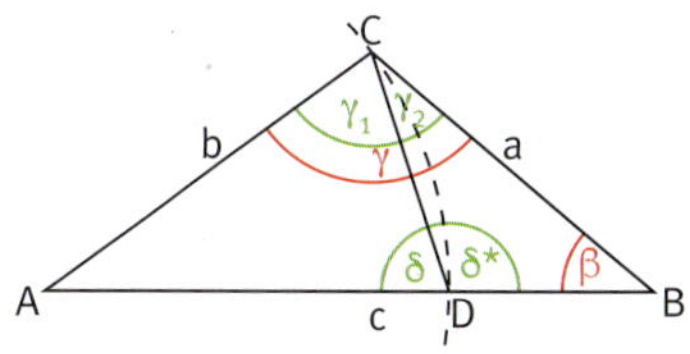

Lösung:
Da das ΔADC gleichschenklig ist mit $|\overline{AD}| = |\overline{AC}|$, gilt: $\delta = \gamma_1$ (1).
$\delta^* = 180° - \delta$ (Nebenwinkel von δ)
Im ΔDBC gilt: $\delta^* + \beta + \gamma_2 = 180°$ (Innenwinkelsumme im ΔDBC).
Einsetzen von δ^* liefert: $180° - \delta + \beta + \gamma_2 = 180°$. Somit folgt: $\delta = \beta + \gamma_2$ (2).

Es folgt: $\gamma = \gamma_1 + \gamma_2 \overset{(1)}{=} \delta + \gamma_2 \overset{(2)}{=} (\beta + \gamma_2) + \gamma_2 = \beta + 2\gamma_2 \quad \Longrightarrow \gamma > \beta$
Folglich gilt in diesem Fall die Seite-Winkel-Beziehung.

Nachgefragt

- Anna sagt: „Die Seite-Winkel-Beziehung könnte auch heißen: In jedem Dreieck liegt der kleinere Winkel der kleineren Seite gegenüber." Hat Anna Recht?
- Begründe, dass es eine „Dreiecksungleichung für Innenwinkel" nicht geben kann.

Aufgaben

1 Überprüfe, ob ein Dreieck mit den gegebenen Maßen möglich ist. Falls nicht, begründe mithilfe eines geometrischen Zusammenhangs.

a) a = 3,8 cm; b = 6,2 cm; c = 2,2 cm
b) a = 6,1 cm; b = 4,8 cm; c = 3,6 cm
c) a = 14,2 cm; b = 17,5 cm; c = 3,3 cm
d) a = 4,5 cm; b = 2,6 cm; c = 1,8 cm
e) a = 4,5 cm; b = 3,5 cm; $\alpha = 90°$
f) b = 7,8 cm; c = 6,3 cm; $\gamma = 120°$
g) a = 8,2 cm; b = 7,5 cm; $\beta = 72°$
h) c = 5,5 cm; $\beta = 110°$; $\gamma = 70°$
i) b = 7,4 cm; $\beta = 72°$; $\gamma = 35°$
j) $\alpha = 45°$; $\beta = 75°$; $\gamma = 50°$

2 In einem Dreieck ABC sind die Seitenlängen a = 5,5 cm und b = 7 cm gegeben. Welche Werte sind für c zulässig, wenn zusätzlich Folgendes gilt:

a) c > b **b)** b > c **c)** a > c **d)** c > a

3 Ergänze passend. Informiere dich dazu über die besonderen Seitenbezeichnungen im rechtwinkligen Dreieck.

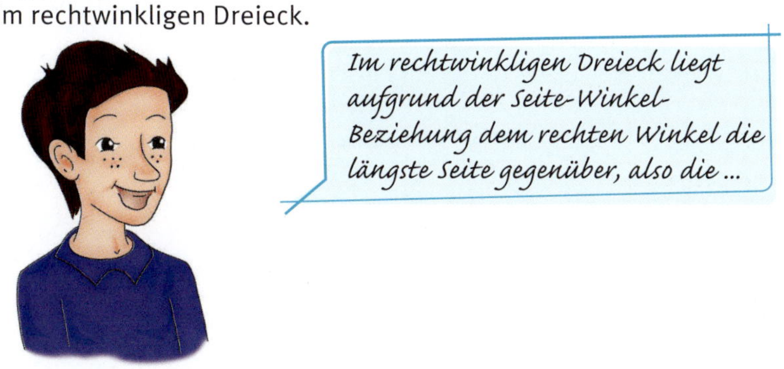

4 Begründe die Seiten-Winkel-Beziehung anhand des Vorgehens aus Beispiel II:

a) Wenn im Dreieck ABC gilt c > a, dann ist auch $\gamma > \alpha$.
b) Wenn im Dreieck ABC gilt a > b, dann ist auch $\alpha > \beta$.

2.1 Zusammenhänge im Dreieck entdecken

5

a) gleichseitiges Dreieck	**b)** rechtwinkliges Dreieck	**c)** gleichschenklig-rechtwinkliges Dreieck	**d)** gleichschenkliges Dreieck
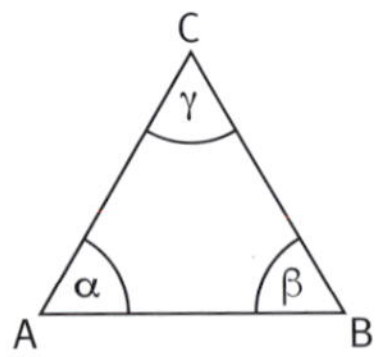	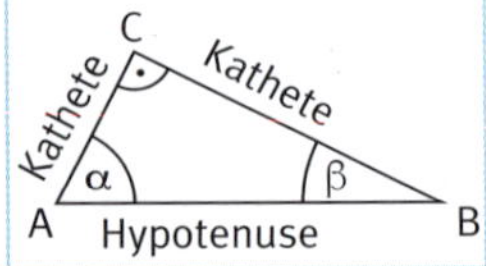	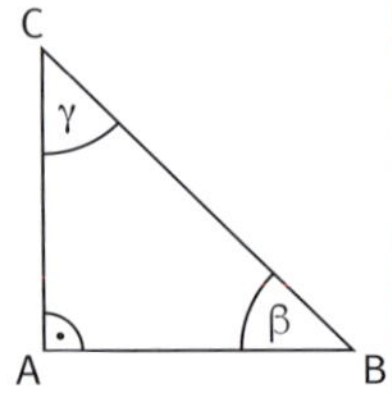	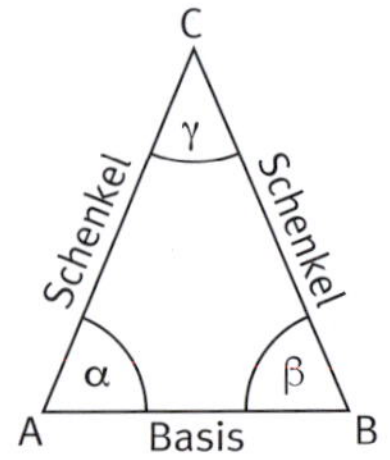

Überprüfe jeweils die Seite-Winkel-Beziehung und die Dreiecksungleichung. Welche Zusammenhänge erkennst du?

Beispiel: a) $a = b = c$, somit $\alpha = \beta = \gamma$
Dreiecksungleichung $a + b > c$; $a + c > b$; $b + c > a$ ist erfüllt.

6 **a)** Begründe die Aussage.

b) Wie lautet ein entsprechender Satz für Parallelogramme? Prüfe ihn auf Gültigkeit.

c) Trifft ein solcher Satz auch auf Rauten (symmetrische Trapeze, Quadrate) zu? Begründe deine Antwort.

In einem Rechteck sind die Diagonalen stets länger als jede Rechtecksseite.

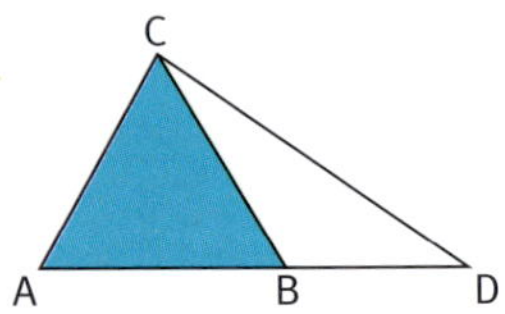

7 Betrachte das gleichseitige Dreieck ABC und das erweiterte Dreieck ADC. Begründe die folgenden Zusammenhänge:

a) $\overline{AD}$ ist die längste Seite von ΔADC.

b) $|\overline{DC}| > |\overline{AB}|$

8 Von einer Raute ist bekannt, dass eine der Diagonalen kürzer ist als eine Seite.

a) Fertige eine Skizze an.

b) Zeige, dass der Innenwinkel, der von dieser Diagonalen halbiert wird, mehr als doppelt so groß ist wie der andere Innenwinkel.

Du kannst auch ein dynamisches Geometrieprogramm verwenden. Erstelle für die variable Seitenlänge einen Schieberegler.

9 ①

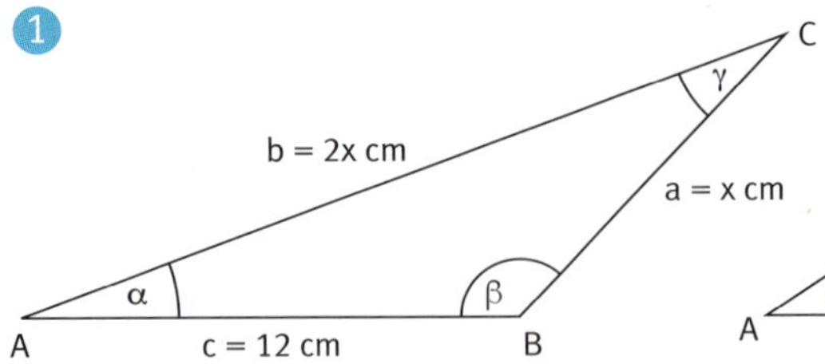

②

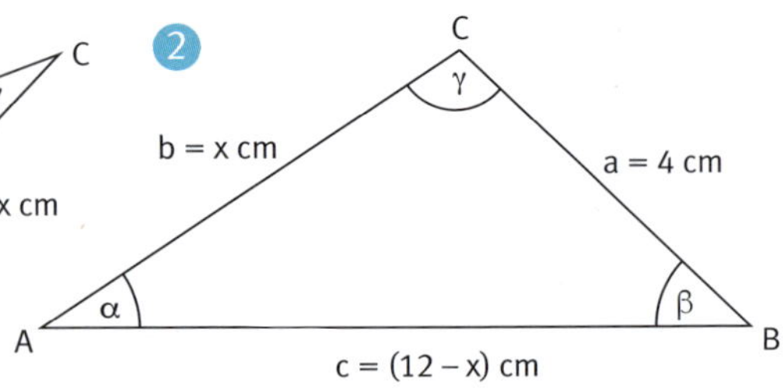

a) Überprüfe, ob gilt: $\alpha > \beta$.

b) Bestimme das Intervall für x, in dem die Dreiecke ABC existieren.

c) In welchem Bereich für x gilt: $\gamma > \beta$?

10 Im Dreieck ABC mit $\gamma = 90°$ teilt das Lot durch C auf die Strecke $\overline{AB}$ diese in zwei Hypotenusenabschnitte $\overline{AD}$ und $\overline{DB}$.

a) Zeichne den Sachverhalt ins Heft. Welcher Zusammenhang besteht zwischen den Maßen der Innenwinkel der Teildreiecke ADC bzw. DBC und denen des Dreiecks ABC?

b) Begründe: „Jede Kathete eines rechtwinkligen Dreiecks ist länger als der zu ihr gehörende Hypotenusenabschnitt."

c) Zeige: Für $\alpha > \beta$ gilt $|\overline{AD}| < |\overline{DC}| < |\overline{DB}|$.

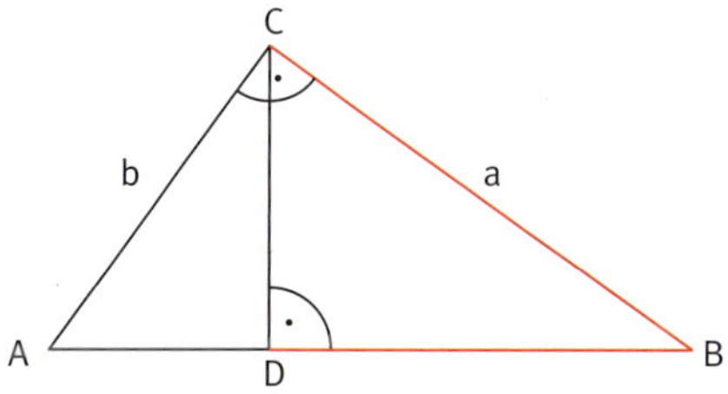

zu a gehörender Hypotenusenabschnitt $\overline{DB}$

Weitergedacht

Sind bei einem Dreieck zwei Größen bekannt, gibt es folgende Möglichkeiten:

Vorgabe zweier Seitenlängen:

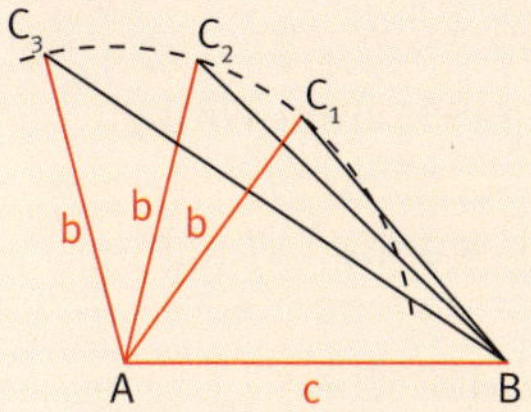

Vorgabe einer Seitenlänge und eines Winkelmaßes:

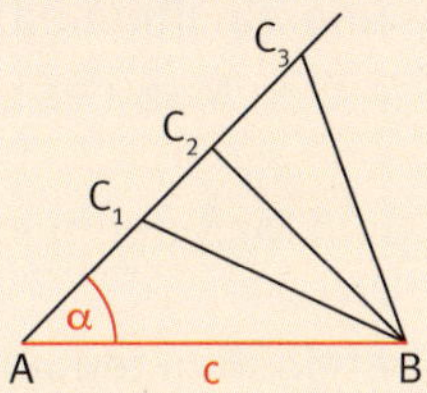

Vorgabe zweier Winkelmaße:

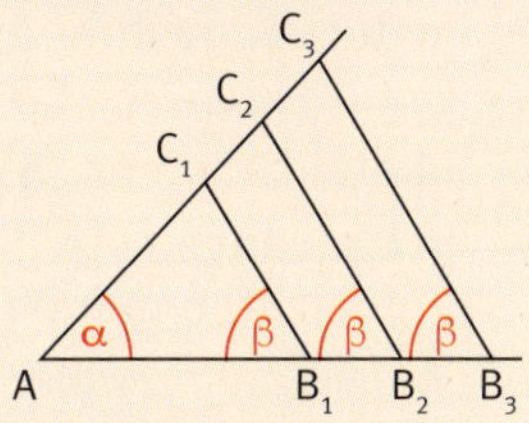

Längen und Winkelmaße, die eine geometrische Figur eindeutig festlegen, nennt man Bestimmungsstücke. Zwei Bestimmungsstücke reichen also nicht aus, um ein Dreieck eindeutig festzulegen.

11 a) Beschreibe, auf welche Weise bei den drei obigen Fällen jeweils eine Vielzahl von Dreiecken entstehen kann.

b) Begründe: Durch drei Winkelmaße ist ein Dreieck nicht eindeutig bestimmt.

c) Zeichne vier verschiedene Dreiecke, welche die beiden Bedingungen erfüllen.

(1) c = 5 cm; b = 4 cm (2) c = 6 cm; $\alpha = 50°$ (3) $\alpha = 60°$; $\beta = 80°$
(4) $\alpha = 40°$; $\gamma = 110°$ (5) $\alpha = 53°$; $\beta = 84°$ (6) $\alpha = 80°$; a = 4,5 cm

Bezeichne die Eckpunkte der Dreiecke passend.

12 Gegeben ist von einem Dreieck ABC die Seitenlänge c = 7 cm.

a) Zeichne das Dreieck, wenn zwei weitere Bestimmungsstücke bekannt sind.

(1) a = 4 cm; b = 5 cm (2) a = 6 cm; b = 2 cm (3) a = 3,5 cm; b = 4,5 cm
(4) $\alpha = 40°$; $\beta = 65°$ (5) $\alpha = 70°$; $\beta = 55°$ (6) $\alpha = 30°$; $\beta = 100°$

In Teilaufgabe 11 a) hast du das Vorgehen für zwei Bestimmungsstücke betrachtet. Dieses kann dir bei der Zeichnung mit drei gegebenen Größen helfen.

b) Untersuche die Anzahl verschiedener Dreiecke, wenn neben c = 7 cm noch folgende zwei Bestimmungsstücke gegeben sind.

(1) $\alpha = 40°$; a = 5 cm (2) $\alpha = 40°$; a = 4,5 cm (3) $\alpha = 40°$; a = 4 cm

c) Welche Feststellung kannst du aufgrund von a) und b) treffen?

13 Gegeben ist die Strecke $\overline{AB}$ durch die Punkte A (–2 | 1) und B (4 | 1).

a) Auf welcher Ortslinie liegt C, wenn das ΔABC gleichschenklig sein soll? Begründe und überprüfe zeichnerisch.

b) Kennzeichne die Bereiche auf der Ortslinie von a), auf denen das zugehörige Dreieck spitzwinklig (stumpfwinklig) ist.

2.2 Dreiecke konstruieren

Entdecken

Herr Biermann möchte Nistkästen für Höhlenbrüter mit einem gleichschenkligen Dreieck als Vorderseite bauen. Im Internet findet er zwei verschiedene Baupläne.

Bei Bauplan ① soll die Länge der Schenkel 24 cm und die der Basis 14 cm betragen.

- Zeichne die Vorderseite (verkleinert) in dein Heft. Beschreibe dein Vorgehen.
- Vergleiche deine Lösung mit der deiner Mitschüler. Sind die Dreiecke kongruent?

Bauplan ② gibt lediglich die Größe der Winkel an: Basiswinkel 70°, Scheitelwinkel 40°. Frau Biermann meint: „Da gibt es doch mehrere Lösungen."

- Zeichne auch hier eine Vorderseite. Beschreibe dein Vorgehen.
- Hat Frau Biermann Recht mit ihrer Behauptung?

Verstehen

Erklärvideo
unter 60112-03

Sind zwei Figuren, beispielsweise die Dreiecke ABC und DEF, kongruent, so schreibt man:
$\Delta ABC \cong \Delta DEF$

Zwei Dreiecke sind zueinander **kongruent** (**deckungsgleich**), wenn sie …

- in der Länge ihrer drei Seiten übereinstimmen (**SSS**).
- in der Länge zweier Seiten und dem Maß des eingeschlossenen Winkels übereinstimmen (**SWS**).
- in der Länge einer Seite und dem Maß der beiden anliegenden Winkel übereinstimmen (**WSW**).
- in der Länge zweier Seiten übereinstimmen und dem Maß des Winkels, der der längeren Seite gegenüberliegt (**SsW**).

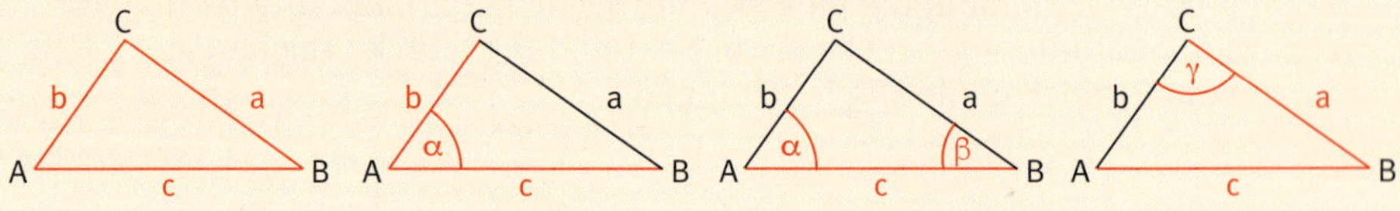

SSS SWS WSW SsW

SSW, SWS, WSW, und SsW bezeichnet man als **Kongruenzsätze**.

Beispiele

I Gib den entsprechenden Kongruenzsatz an, um das Dreieck ABC zu konstruieren. Führe dann die Konstruktion durch und beschreibe diese in Stichpunkten.

a) $a = 3$ cm; $b = 4$ cm; $c = 3{,}5$ cm
b) $a = 4$ cm; $c = 3$ cm; $\beta = 40°$
c) $b = 3$ cm; $\alpha = 90°$; $\gamma = 30°$
d) $c = 3{,}5$ cm; $a = 3$ cm; $\gamma = 60°$

Lösung

a) Schritte zur **Konstruktion**:

Die **Planfigur** (hier SSS) ist eine Skizze der Figur, in der die gegebenen Größen farbig markiert sind.

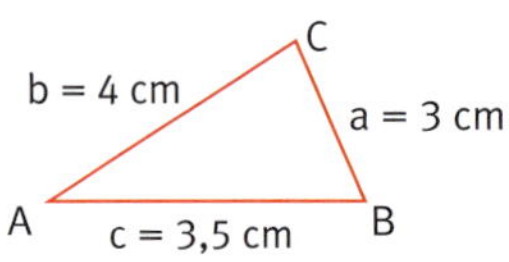

Die **Zeichnung** stellt die eigentliche Umsetzung der Konstruktion dar.

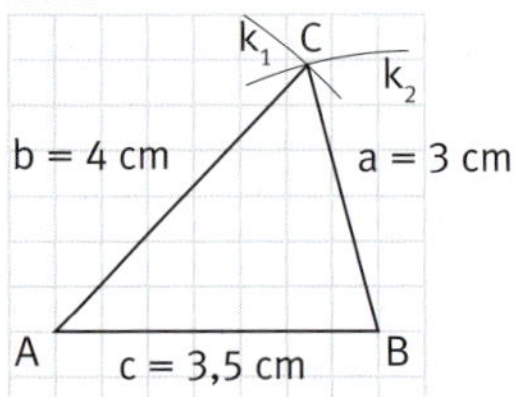

Die **Beschreibung** gibt in Stichworten an, mit welchen Schritten man die Zeichnung erhalten kann.

1. Festlegen der Strecke $\overline{AB}$ mit $c = 3{,}5$ cm
2. Zeichne k_1 (A; $r = b = 4$ cm).
3. Zeichne k_2 (B; $r = a = 3$ cm).
4. $k_1 \cap k_2 = \{C\}$

b) Planfigur (SWS):

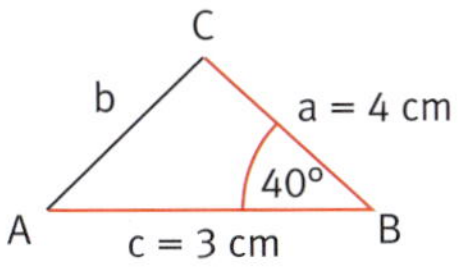

Zeichnung:

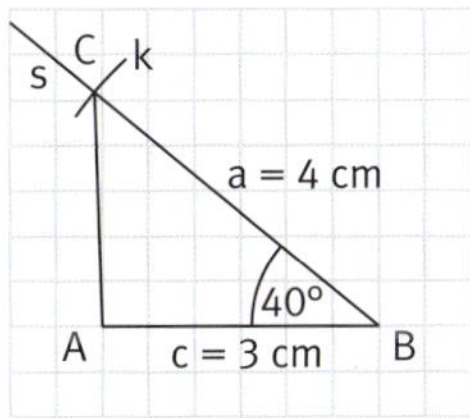

Beschreibung:

1. Festlegen der Strecke $\overline{AB}$ mit $c = 3$ cm
2. Antragen des Winkels mit $\beta = 40°$ in B an $\overline{AB}$, freier Schenkel s
3. Zeichne k (B; r = a = 4 cm).
4. $s \cap k = \{C\}$

c) Planfigur (WSW):

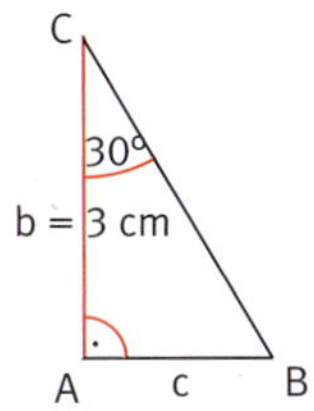

Zeichnung:

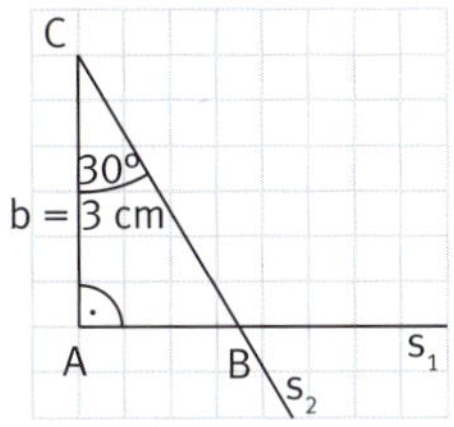

Beschreibung:

1. Festlegen der Strecke $\overline{AC}$ mit $b = 3$ cm
2. Antragen des Winkels mit $\alpha = 90°$ in A an $\overline{AC}$, freier Schenkel s_1
3. Antragen des Winkels mit $\gamma = 30°$ in C an $\overline{AC}$, freier Schenkel s_2
4. $s_1 \cap s_2 = \{B\}$

d) Planfigur (SsW):

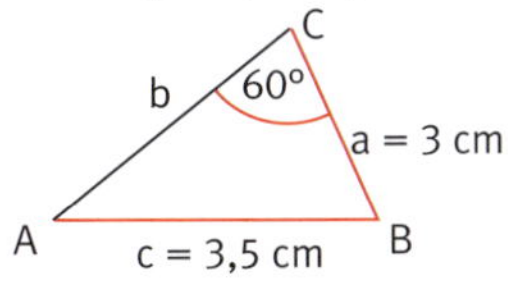

Zeichnung:

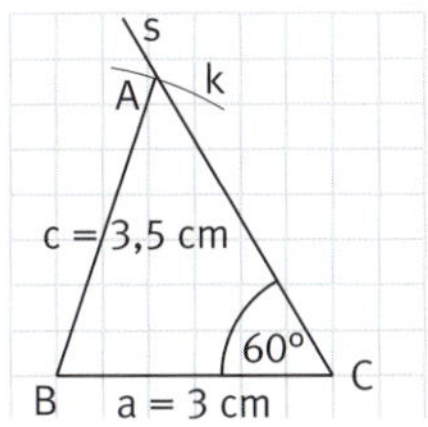

Beschreibung:

1. Festlegen der kürzeren Strecke $\overline{BC}$ mit $a = 3$ cm
2. Antragen des Winkels mit $\gamma = 60°$ in C an $\overline{BC}$, freier Schenkel s
3. Zeichne k (B; r = c = 3,5 cm).
4. $s \cap k = \{A\}$

Der griechische Mathematiker Euklid von Alexandria (ca. 300 v. Chr.) beschrieb die Kongruenzsätze für Dreiecke schon in seinen Werken über die „Elemente" der Mathematik vor über 2300 Jahren.

- Leon behauptet, dass man ein Dreieck auch dann eindeutig konstruieren kann, wenn alle drei Winkel gegeben sind. Stimmt das? Begründe.
- Ist die Summe der Länge zweier Seiten kleiner als die Länge der dritten Seite, ergibt die Konstruktion kein Dreieck. Ist die Aussage wahr? Begründe.

Nachgefragt

Erinnere dich an die Dreiecksungleichung.

Aufgaben

1 Zeichne die Dreiecke in ein Koordinatensystem (Einheit 1 cm). Überprüfe, ob die Dreiecke kongruent zueinander sind.

a) O (7 | 6); M (9 | 4); A (10 | 7) und O' (1 | 4); M' (3 | 2); A' (4 | 5)

b) U (1 | 1); L (3 | 5); F (1 | 5) und U' (5 | 3); L' (3 | –1); F' (5 | –1)

c) G (1 | 0); E (6 | 1); L (4 | 2) und G' (1 | 0); E' (2 | –2); L' (0 | –3)

d) P (–1 | 5); I (–4 | 6); N (–3 | 3) und P' (–5 | 5); I' (–6 | 2); N' (–3 | 3)

Achte auf einen geeigneten Ausschnitt des Koordinatensystems.

Erklärvideo unter 60112-04

2 Übertrage die Spiralfigur ins Heft. Beginne mit dem kleinsten Dreieck.

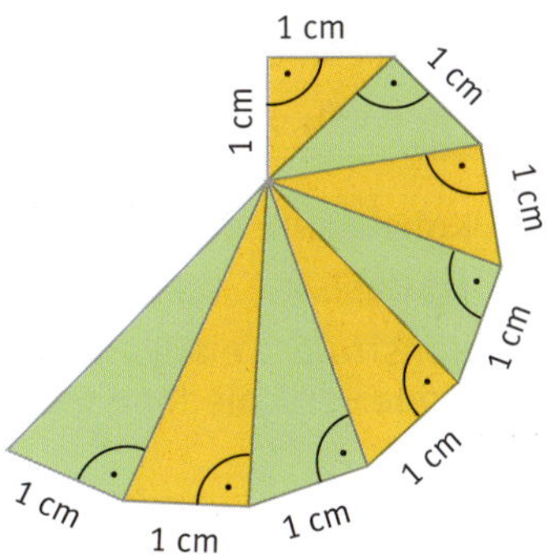

3 Konstruiere das Dreieck ABC mit dem angegebenen Kongruenzsatz .

a) SSS: ① $a = 4$ cm; $b = 3$ cm; $c = 5$ cm ② $a = 4{,}5$ cm; $b = 5$ cm; $c = 6$ cm ③ $a = 6$ cm; $b = 7$ cm; $c = 8$ cm ④ $a = 5{,}1$ cm; $b = 3{,}6$ cm; $c = 5{,}8$ cm

b) SWS: ① $a = 5$ cm; $c = 4$ cm; $\beta = 40°$ ② $a = 6$ cm; $c = 3{,}5$ cm; $\beta = 60°$ ③ $b = 3{,}5$ cm; $c = 3$ cm; $\alpha = 55°$ ④ $a = 7$ cm; $b = 4{,}5$ cm; $\gamma = 70°$

c) WSW: ① $b = 4$ cm; $\alpha = 80°$; $\gamma = 40°$ ② $b = 6{,}5$ cm; $\alpha = 45°$; $\gamma = 65°$ ③ $c = 8$ cm; $\alpha = 40°$; $\beta = 55°$ ④ $a = 4{,}2$ cm; $\beta = 63°$; $\gamma = 68°$

d) SsW: ① $a = 4$ cm; $c = 5$ cm; $\gamma = 50°$ ② $a = 5{,}5$ cm; $c = 7$ cm; $\gamma = 70°$ ③ $a = 3{,}5$ cm; $b = 6$ cm; $\beta = 65°$ ④ $a = 5{,}3$ cm; $b = 4{,}1$ cm; $\alpha = 45°$

4 Konstruiere das Dreieck ABC anhand der drei Schritte (Planfigur, Zeichnung, Beschreibung). Gib den verwendeten Kongruenzsatz an.

a) $a = 3{,}5$ cm; $b = 6{,}4$ cm; $c = 5{,}7$ cm **b)** $b = 3{,}9$ cm; $c = 7{,}3$ cm; $\alpha = 36°$
c) $c = 5{,}4$ cm; $\alpha = 44°$; $\beta = 72°$ **d)** $a = 5{,}2$ cm; $b = 6{,}6$ cm; $\gamma = 48°$
e) $a = 9$ cm; $b = 6$ cm; $c = 5$ cm **f)** $a = 12{,}3$ cm; $b = 5{,}5$ cm; $c = 9{,}2$ cm
g) $b = 6$ cm; $c = 4{,}5$ cm; $\beta = 60°$ **h)** $a = 3{,}5$ cm; $b = 4{,}5$ cm; $\gamma = 110°$
i) $b = 5$ cm; $c = 4$ cm; $\alpha = 75°$ **j)** $a = 7{,}4$ cm; $c = 4{,}7$ cm; $\beta = 35°$

5 Konstruiere das Dreieck ABC. Finde verschiedene Möglichkeiten zum Vorgehen und beschreibe sie jeweils.

a) $c = 5$ cm; $b = 7{,}5$ cm; $\beta = 90°$ **b)** $c = 6{,}5$ cm; $\beta = 25°$; $\gamma = 90°$

6

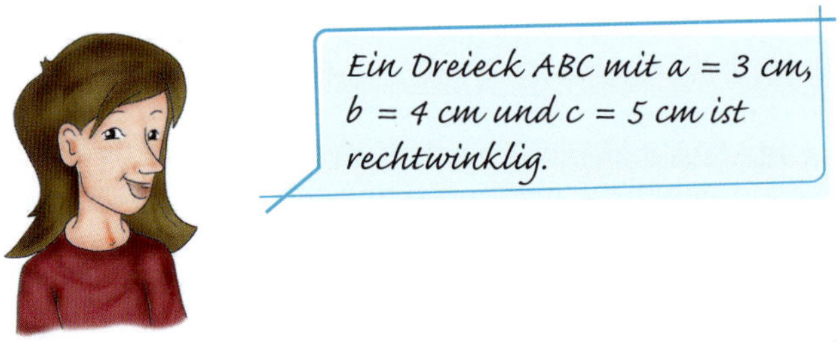

a) Überprüfe diese Aussage durch Konstruktion und Messung der Winkelmaße.

b) Verdopple, verdreifache, halbiere, usw. alle Seitenlängen des Dreiecks ABC und überprüfe jeweils, ob es sich um rechtwinklige Dreiecke handelt. Nutze ein dynamisches Geometrieprogramm.

7 Zeichne auf unliniertem Papier jeweils die beiden Dreiecke ABC und DEF und untersuche sie auf Kongruenz. Nenne den zugehörigen Kongruenzsatz.

a) $c = 4{,}5$ cm; $\beta = 50°$; $\gamma = 45°$ und $f = 4{,}5$ cm; $\delta = 50°$; $\varepsilon = 85°$

b) $b = 6$ cm; $c = 5$ cm; $\beta = 85°$ und $d = 5$ cm; $f = 6$ cm; $\varphi = 85°$

c) $c = 7$ cm; $\alpha = 60°$; $\beta = 35°$ und $f = 5{,}5$ cm; $\delta = 60°$ und $\varepsilon = 35°$

8 **a)** Konstruiere ein gleichschenkliges Dreieck ABC mit:

① Basis $c = 4{,}9$ cm und $\alpha = 71°$ ② Basis $a = 6{,}3$ cm und $\alpha = 84°$

b) Konstruiere ein gleichseitiges Dreieck ABC mit $a = 4{,}5$ cm ($a = 6{,}4$ cm). Finde verschiedene Möglichkeiten der Konstruktion.

Erklärvideo
unter 60112-05

Weitere griechische Buchstaben:
delta δ (d), epsilon ε (e), phi φ (f)

gleichschenkliges Dreieck
$\beta = \gamma$
$b = c$

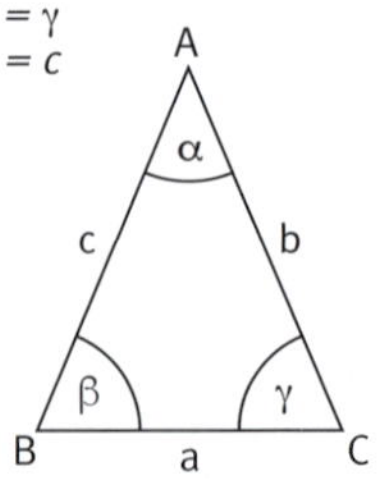

9 Gegeben ist ein gleichseitiges Dreieck ABC mit A (2 | 1) und B (7 | 1).

a) Zeichne mit einem dynamischen Geometrieprogramm das Dreieck ABC.

b) Zeichne nun ein weiteres Dreieck DEF mit D (4 | 1) so, dass $E \in \overline{BC}$ und $F \in \overline{CA}$. Weiterhin soll gelten: $|\overline{AD}| = |\overline{BE}| = |\overline{CF}|$.

c) Zeige mithilfe der Kongruenzsätze, dass die drei neu entstandenen Dreiecke ΔADF, ΔBED und ΔCFE kongruent zueinander sind.

d) Begründe, dass das Dreieck DEF gleichseitig ist.

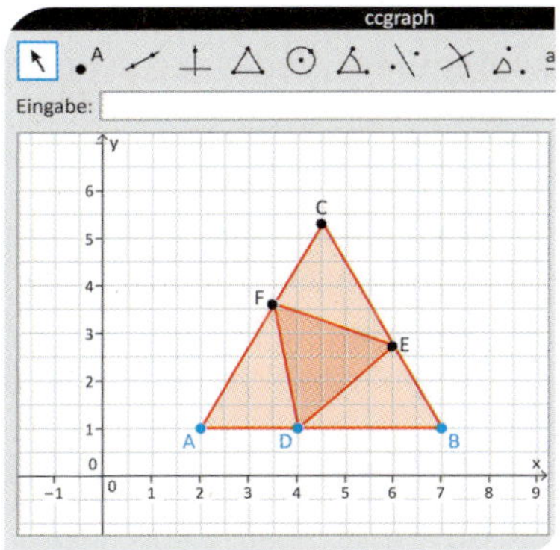

e) Zeichne ein weiteres Dreieck GHI mit G (0 | 5) und H (0 | 2), das zum Dreieck BED kongruent ist. Gib die Koordinaten des Punktes I möglichst genau an.

Findest du mehrere Lösungen?

10 In einem Taschenbuch für Motorflieger werden in einer Tabelle die Luftlinienentfernungen bayerischer Städte angegeben (Längen in km).

a) Für welche Städte stehen die Abkürzungen?

b) Erstelle eine Karte im Maßstab 1 : 2 000 000.

c) Übertrage die Tabelle in dein Heft und ergänze fehlende Angaben.

	A	M	N	R	WÜ
A					
M	57				
N	120	151			
R		105	89		
WÜ	172			179	

Beachte die Lage der Städte zueinander. Recherchiere gegebenenfalls.

11 Damit eine Arbeitsleiter sicher steht, darf der Anstellwinkel α nicht größer als 70° sein. Im Baumarkt werden Leitern in den Längen 4 m, 5 m und 6 m angeboten.

a) Bestimme anhand einer Zeichnung, bis zu welcher Höhe die Leitern unter der gegebenen Bedingung maximal reichen.

b) Ein Maurer möchte mit dem höchsten Punkt seiner Leiter auf 4,5 m gelangen. Wie lang muss die Leiter mindestens sein, wenn die Sicherheitsbestimmung eingehalten werden soll?

12 Durch einen Berg soll ein geradliniger Tunnel gebaut werden. Die Stellen, an denen die Eingangsportale des Tunnels geplant sind, sind von einem Punkt P aus unter einem Winkel von 42° sichtbar und von diesem Punkt 1200 m bzw. 1500 m entfernt. Bestimme die Länge des Tunnels mithilfe einer Zeichnung im Maßstab 1 : 20 000.

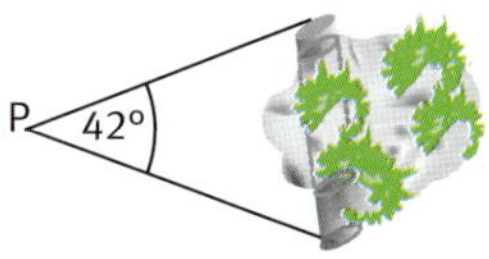

13 Bestimme zeichnerisch die Breite des Teichs zwischen A und C. Zeichne im Maßstab 1 : 100.

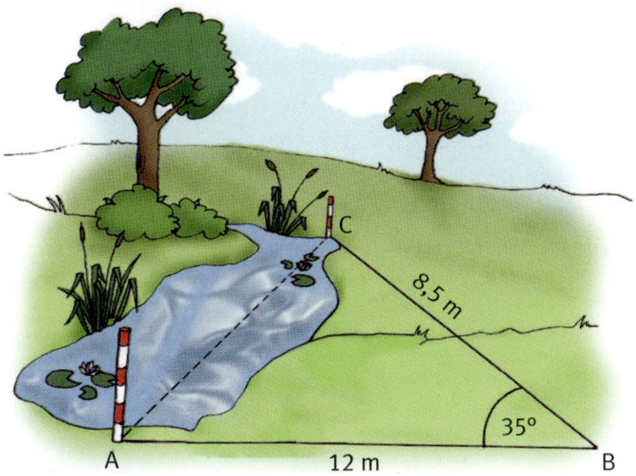

14 Begründe: Jedes rechtwinklige Dreieck, bei dem die Länge der Hypotenuse und einer Kathete gegeben sind, lässt sich eindeutig konstruieren.

Weitergedacht

Eine Konstruktion hat zwei Lösungen, wenn es zwei Dreiecke gibt, die nicht zueinander kongruent sind, die sich aber beide aus den Bestimmungsstücken konstruieren lassen.

Wenn bei einem Dreieck zwei Seiten und der Gegenwinkel zur kleineren Seite gegeben sind, dann hat die Konstruktion keine, eine oder zwei Lösung(en).

Beispiel: Im Dreieck ABC sind die beiden Seiten b = 4,5 cm, c = 3 cm und der Gegenwinkel zur kleineren Seite $\gamma = 35°$ gegeben.

Planfigur:

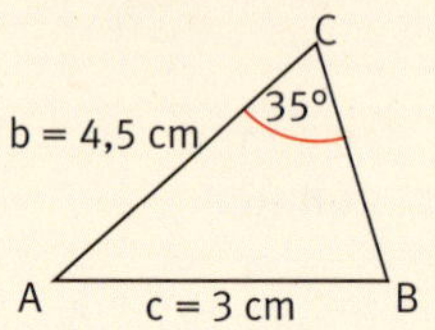

Zeichnung:

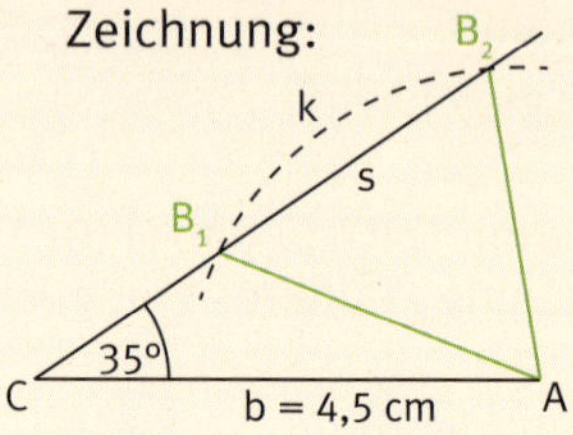

Beschreibung:
1. Festlegen der längeren Strecke $\overline{AC}$ mit b = 4,5 cm
2. Antragen des Winkels mit $\gamma = 35°$ in C an $\overline{AC}$, freier Schenkel s
3. Zeichne k (A; r = c = 3 cm).
4. $s \cap k = \{B_1; B_2\}$

15 a) Beschreibe das Vorgehen der Konstruktion bei „Weitergedacht".

b) Welches Dreieck ist eindeutig konstruierbar, welches nicht?

① a = 4 cm; b = 3 cm; $\alpha = 30°$ ② a = 3 cm; b = 4 cm; $\beta = 30°$
③ a = 4 cm; c = 3 cm; $\gamma = 30°$ ④ b = 3 cm; c = 4 cm; $\gamma = 30°$
⑤ b = 4 cm; c = 3 cm; $\gamma = 30°$ ⑥ b = 4 cm; c = 3 cm; $\gamma = 60°$

c) Konstruiere, wenn möglich, das Dreieck ABC (Planfigur, Zeichnung, Beschreibung). Wie viele Lösungen hat die Konstruktion?

① a = 3 cm; b = 6 cm; $\beta = 110°$ ② a = 5,2 cm; b = 4,8 cm; $\alpha = 55°$
③ b = 6,5 cm; c = 7 cm; $\gamma = 60°$ ④ a = 3,5 cm; c = 5,4 cm; $\alpha = 30°$
⑤ b = 6 cm; c = 4,3 cm; $\beta = 100°$ ⑥ a = 3,8 cm; b = 4,2 cm; $\alpha = 50°$

16 Von einer geraden Straße s aus soll eine möglichst kurze Stichstraße zu einem Fernsehturm gebaut werden. Bestimme die Länge dieser Straße anhand einer maßstäblichen Zeichnung.

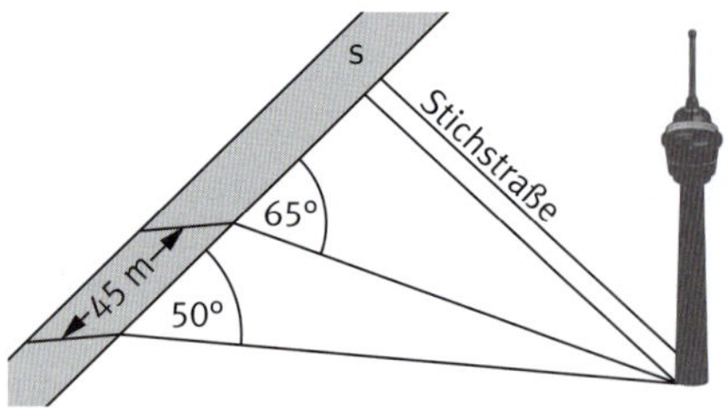

17 Von einem Dreieck ABC sind folgende Maße bekannt:
$|\overline{AB}| = 4$ cm; $h_c = 3,5$ cm; $|\overline{AC}| = 4,5$ cm
Nina hat dazu das nebenstehende Dreieck ABC konstruiert.

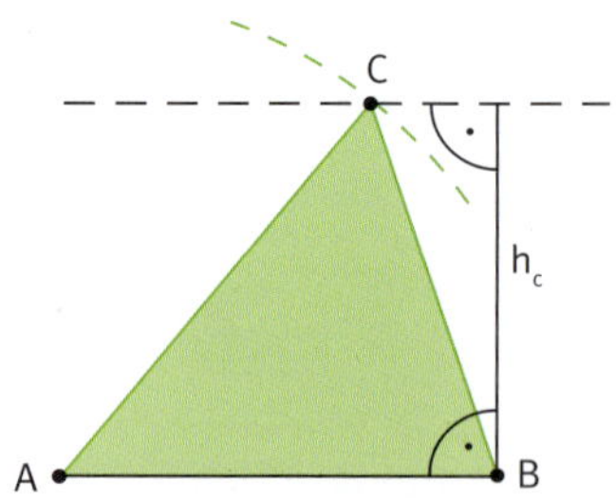

Hat Lean Recht? Begründe.

18 Um für Flugzeuge nachts die Wolkenhöhe zu bestimmen, strahlte man früher von der Erde aus die Wolkendecke mit einem Scheinwerfer S an. Von einem Punkt B aus wird der Lichtfleck an der Wolkenunterseite von einem Beobachter angepeilt. Wie hoch ist die Wolkendecke über der Erde, wenn der Beobachter 7 km vom Scheinwerfer entfernt ist und den Lichtfleck unter einem Winkel von $\alpha = 29°$ ($\alpha = 35°$) beobachtet? Löse mithilfe einer Konstruktion (1 km ≙ 1 cm).

19 Das Hochhaus Uptown in München gehört mit einer Höhe von 146 m zu den höchsten Gebäuden in Bayern.

a) Unter welchem Höhenwinkel sieht ein Beobachter ungefähr das Hochhausdach, wenn er etwa 80 m vom Gebäude entfernt steht? Löse mit einer Zeichnung und vernachlässige die Augenhöhe.

b) Wie weit steht ein Beobachter vom Hochhaus entfernt, wenn er dessen Spitze unter einem Winkel von 80° sieht?

Alltag

Landvermessung

Material:
- Winkelmesser (Schultheodolit, Blatt mit Winkelkreis)
- Maßband
- Fluchtstangen, Stifte, Nägel

Man kann Strecken und Entfernungen zwischen zwei (auch unzugänglichen) Punkten im Gelände bestimmen, ohne diese direkt abzumessen. Man geht dabei wie folgt vor:
Um beispielsweise die Entfernung zwischen dem Kirschbaum (K) und dem Nussbaum (N) zu bestimmen, wählt man zunächst eine Standlinie und markiert deren Endpunkte A und B mit zwei Fluchtstangen. Anschließend misst man die Länge von $\overline{AB}$.
Mit dem Winkelmesser / Theodoliten misst man dann von A aus die beiden Winkelmaße α und δ, von B aus β und γ. Nun kann man mithilfe des Kongruenzsatzes WSW die Dreiecke ABK und ABN konstruieren. Anschließend kann man die Länge der Strecke $\overline{NK}$ auf dem Papier ausmessen und mithilfe des gewählten Maßstabs den Abstand der beiden Bäume in Wirklichkeit bestimmen.

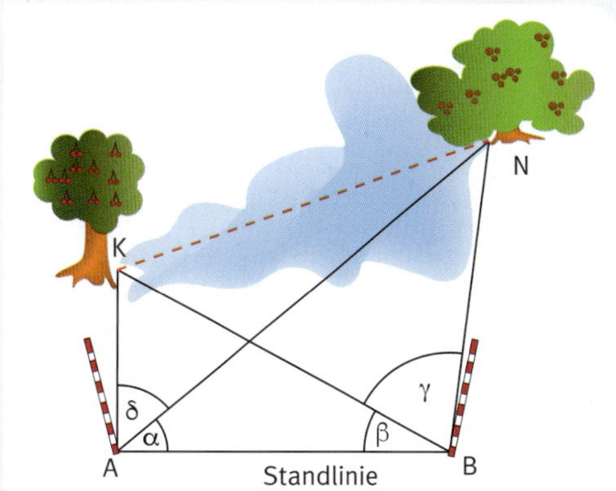

- Bestimme $|\overline{NK}|$ für folgende Größen. Wähle einen passenden Maßstab und zeichne.
  $\alpha = 49°$; $\delta = 63°$; $\beta = 41°$; $\gamma = 59°$; $|\overline{AB}| = 55$ m
- Ermittelt mit dieser Methode auch andere Längen und Entfernungen in eurer Umgebung (z. B. die Entfernung zwischen zwei besonderen Gebäuden) und überprüft eure Messungen mit Google Earth.

2.3 Vierecke konstruieren

Entdecken

Bezeichnungen im Viereck:

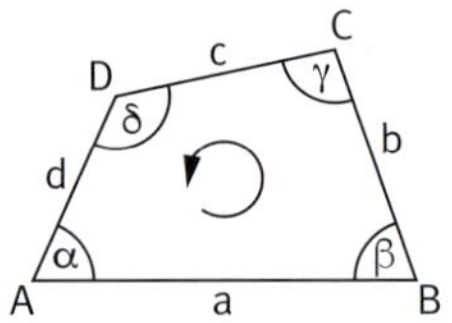

Bei einem Dreieck können drei Bestimmungsstücke ausreichen, um es eindeutig festzulegen. Wie sieht es bei einem Viereck aus?
Gegeben sind folgende Größen:
a = 5 cm; b = 1,8 cm; d = 4 cm; α = 40°

- Konstruiere mit einem Geometrieprogramm das Viereck. Beginne mit dem Teildreieck ABD. Was stellst du fest?
- Wie viele mögliche Vierecke erhältst du?

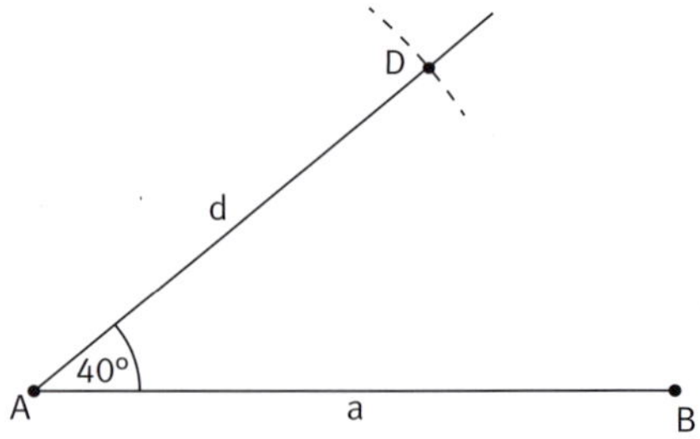

Verstehen

Man unterscheidet:
Konvexes Viereck
Die Diagonalen verlaufen im Innern des Vierecks.

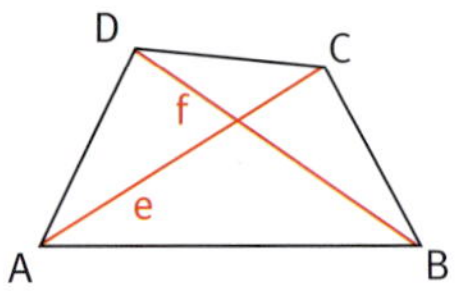

Konkaves Viereck
Eine der beiden Diagonalen verläuft nicht im Innern des Vierecks.

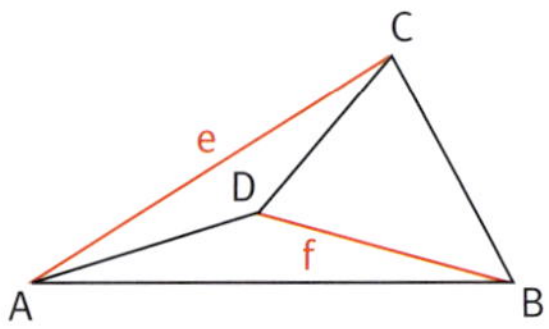

Du kennst bereits verschiedene Vierecke:

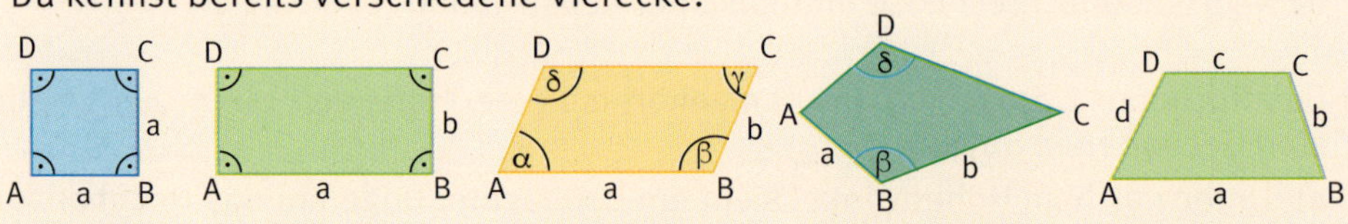

Verbindet man vier Punkte zu einem Viereck, das keine besondere Symmetrie aufweist, dann spricht man von einem **allgemeinen Viereck**.
Die Verbindungsstrecken nicht benachbarter Ecken nennt man Diagonalen.
Ihre Längen (und oft auch sie selbst) werden meist mit e und f bezeichnet.

Jedes **Viereck** kann durch eine Diagonale in **zwei Teildreiecke zerlegt** werden. Da für die Festlegung eines Dreiecks drei Bestimmungsstücke notwendig sind, benötigt man für ein Viereck **mindestens fünf Bestimmungsstücke**.

Konstruktion eines Vierecks:
1. Konstruktion eines Teildreiecks aus drei der fünf gegebenen Größen
2. Konstruktion der vierten Ecke (bzw. des zweiten Teildreiecks) aus den verbliebenen Größen

Beispiele

I Konstruiere das Viereck ABCD mit a = 5 cm, c = 3,5 cm, d = 2 cm, f = 6 cm und β = 45°.

Lösung

Planfigur:

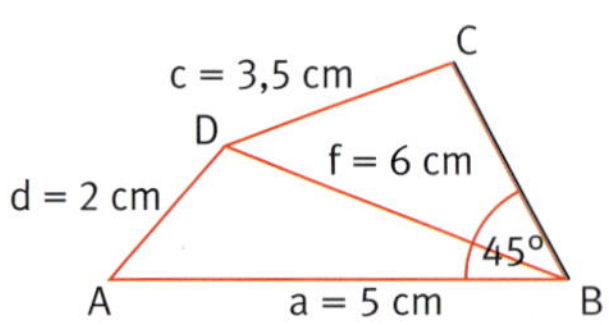

Zeichnung:

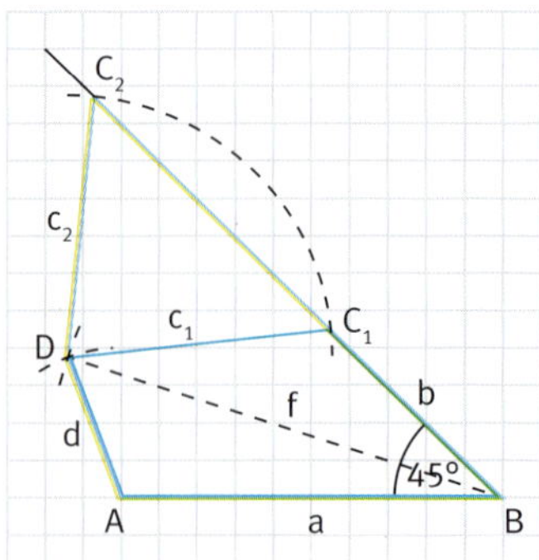

Beschreibung:
1. Konstruktion von ΔABD nach dem Kongruenzsatz SSS
2. Antragen des Winkels mit β = 45° in B an $\overline{AB}$, freier Schenkel s
3. Zeichne k (D; r = c = 3,5 cm).
4. $s \cap k = \{C_1; C_2\}$

Es gibt bei der Konstruktion zwei nicht kongruente Lösungen: ABC_1D und ABC_2D.

Nachgefragt

- Begründe durch die Zerlegung in Dreiecke, warum für die Festlegung eines Vierecks mindestens fünf Bestimmungsstücke notwendig sind.
- Finde ein Beispiel, bei dem fünf Bestimmungsstücke nicht ausreichen, um das Viereck eindeutig zu konstruieren.

Aufgaben

1 Gib an, auf wie viele Arten sich vier der fünf Punkte zu einem konvexen Viereck verbinden lassen. Probiere aus, indem du das Koordinatensystem in dein Heft überträgst.

a)

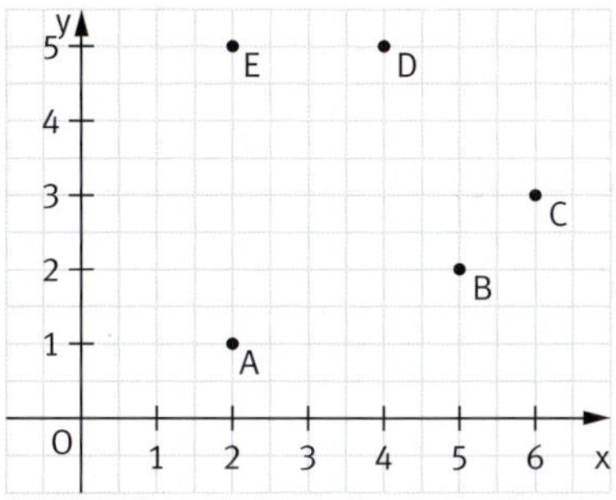

b)

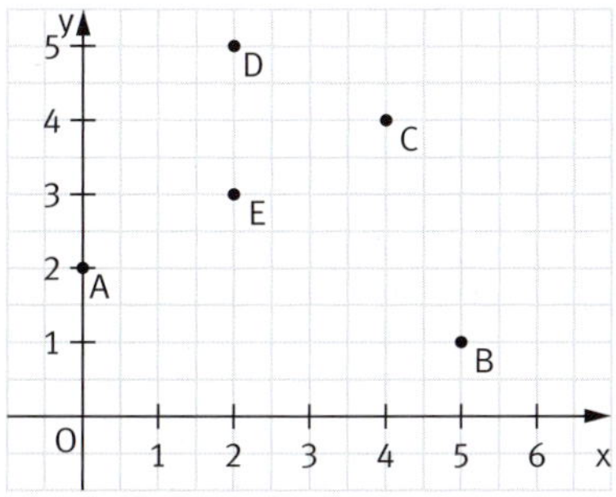

2 Konstruiere ein Viereck ABCD (Planfigur, Zeichnung, Beschreibung). Gibt es mehrere nicht kongruente Lösungen, so zeichne diese ein.

a) $a = 4{,}5$ cm; $b = 3$ cm; $d = 3$ cm; $f = 5$ cm; $\delta = 80°$

b) $a = 6$ cm; $b = 2{,}5$ cm; $d = 4{,}5$ cm; $\beta = 110°$; $\gamma = 80°$

c) $b = 7$ cm; $d = 3{,}6$ cm; $e = 7{,}2$ cm; $f = 9{,}2$ cm; $\alpha = 75°$

d) $a = 5{,}4$ cm; $b = 6$ cm; $\alpha = 95°$; $\beta = 70°$; $\gamma = 75°$

e) $a = 6$ cm; $b = 6{,}5$ cm; $c = 8{,}5$ cm; $e = 9$ cm; $f = 8$ cm

f) $a = 5$ cm; $b = 5{,}5$ cm; $c = 4{,}5$ cm; $d = 7$ cm; $\gamma = 115°$

g) $b = d = 4$ cm; $c = 6$ cm; $\gamma = \delta = 120°$

3 Vom Viereck CARO sind die Punkte C (–3 | –2), A (4 | –2) und R (4 | 4) bekannt. O liegt auf dem Umkreis des Dreiecks CAR und ist 6 cm von C entfernt. Konstruiere das Viereck CARO und bestimme die Koordinaten von O. Ordne das Viereck einer bekannten Form zu.

4 Gegeben sind die Gerade g = PQ mit P (–4 | 7) und Q (8 | 4) sowie die Strecke $\overline{AB}$ mit A (–3 | –4) und B (4 | –1). Für die Vierecke ABC_nD_n gilt:

$C_n \in g \wedge D_n\ (-3 \mid y_D)$ mit $y_D > -4$

a) Zeichne ein Viereck ABC_1D_1 in ein Koordinatensystem.

b) Unter den Vierecken gibt es ein Parallelogramm ABC_2D_2. Zeichne es ein und gib die Koordinaten von C_2 und D_2 an.

c) Gibt es ein Viereck ABC_3D_3 mit drei Seiten der Länge $|\overline{AB}|$? Wie viele findest du?

5 Am Sportplatz soll ein Fahrradunterstand gebaut werden. Konstruiere die Seitenansicht im Maßstab 1 : 50 und bestimme zeichnerisch die Länge $|\overline{AB}|$ der Dachbalken.

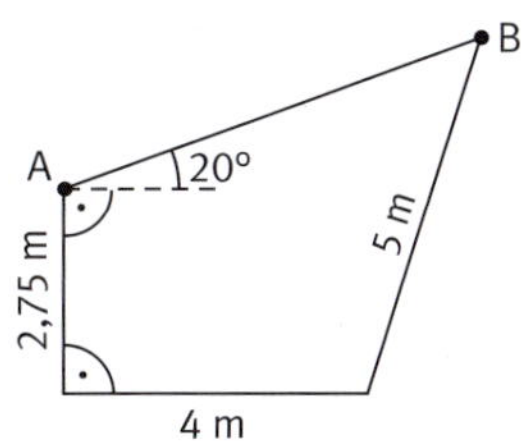

6 Konstruiere das angegebene Viereck ABCD.

	Viereck	Bestimmungsstücke
a)	Parallelogramm	a = 4,5 cm; b = 2,8 cm; $\alpha = 75°$
b)	Raute	b = 3,5 cm; $\gamma = 80°$
c)	Quadrat	e = 6 cm
d)	Rechteck	b = 3,2 cm; e = 6,5 cm
e)	gleichschenkliges Trapez (a ∥ c)	a = 5,6 cm; b = 3,8 cm; $\beta = 55°$
f)	Trapez (a ∥ c)	a = 4,5 cm; c = 2,5 cm; d = 5 cm; $\alpha = 100°$
g)	Drachenviereck	e = 6 cm; f = 3,8 cm; $\gamma = 100°$

7 Alex besucht seinen Freund Leo mit dem Fahrrad. Normalerweise fährt er entlang der Straße, aber da der Umweg recht groß ist, überlegt er, ob er nicht querfeldein entlang der Luftlinie fahren sollte. Wegen der Streckenverhältnisse muss er dabei einen Zeitzuschlag von 30 % kalkulieren.

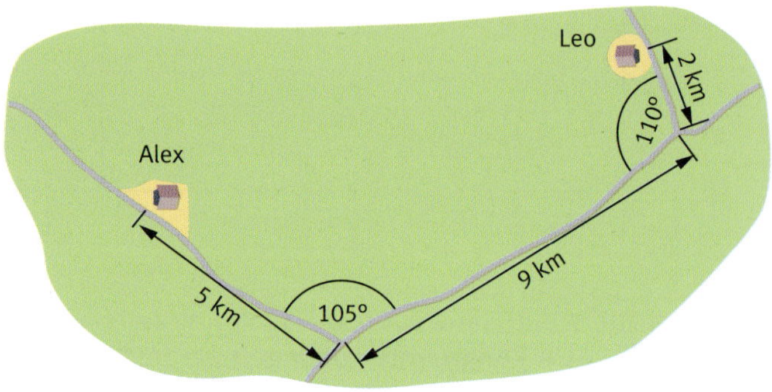

Konstruiere das Viereck und hilf Alex bei seiner Entscheidung.

8 a) Anna und Jonas wollen Vierecke konstruieren. Beurteile ihre Aussagen.

b) Skizziere das Viereck jeweils und finde heraus, mit wie wenig Bestimmungsstücken man auskommen kann, um es eindeutig konstruieren zu können. Gib Beispiele an (Seite a, Winkel γ, ...)

① Raute ② gleichschenkliges Trapez

9 a) Gegeben ist ein Drachenviereck ABCD mit der Symmetrieachse BD. Konstruiere das Viereck sowie seinen Inkreis. Es gilt:
$|\overline{BD}| = 10{,}5$ cm; $|\overline{AD}| = 3$ cm und $\delta = 90°$

b) Gegeben ist ein gleichschenkliges Trapez ABCD. Konstruiere das Viereck sowie seinen Umkreis. Es gilt: a = 2 cm; $h_a = 4$ cm; A = 14 cm²; a ∥ c .

10 a) Begründe mithilfe der Zerlegung in Teildreiecke: Die Summe der Innenwinkelmaße in einem Viereck beträgt 360°.

b) Berechne die fehlenden Winkelmaße im Viereck ABCD.

① $\alpha = 52°$; $\beta = 104°$; $\gamma = 85°$ ② $\beta = 4\alpha$; $\gamma = 3\alpha$; $\delta = \alpha$

11 Konstruiere ein allgemeines Viereck ABCD. Gib jeweils die Kongruenzsätze an, nach denen du die Teildreiecke konstruierst.

a) a = 6 cm; b = 7 cm; d = 5 cm; $\alpha = 100°$; $\gamma = 90°$

b) a = 7 cm; b = 5 cm; c = 5,5 cm; d = 6 cm; $\beta = 100°$

c) c = 6 cm; d = 4 cm; $\beta = 100°$; $\gamma = 50°$; $\delta = 90°$

d) a = 7,3 cm; b = 6,8 cm; c = 4,9 cm; $\gamma = 72°$; $\delta = 110°$

12 Konstruiere das angegebene Viereck ABCD. Beschreibe anhand der Planfigur zunächst die Eigenschaften des Vierecks, die du für die Konstruktion nutzt.

a) Rechteck

① a = 5 cm; e = 6 cm ② a = 3,5 cm; b = 6,2 cm

b) Raute

① e = 7 cm; f = 5 cm ② u = 24 cm; $\alpha = 50°$

13 Von einem Viereck sind bekannt: $\alpha = 50°$; $\beta = 100°$; $\gamma = 85°$ und e = 9 cm. Konstruiere ein solches Viereck. Zeichne zunächst irgendein Viereck, in dem nur die Winkel übereinstimmen. Wie viele Lösungen findest du?

14 Für die Vierecke $ABCD_n$ gilt A (1 | 4), B (1 | 1,5) und C (5 | 2). Konstruiere den fehlenden Eckpunkt D_n und gib seine Koordinaten an. Runde gegebenenfalls geeignet. Das Viereck ...

a) $ABCD_1$ ist ein gleichschenkliges Trapez.

b) $ABCD_2$ ist ein Parallelogramm.

c) $ABCD_3$ ist ein Drachenviereck.

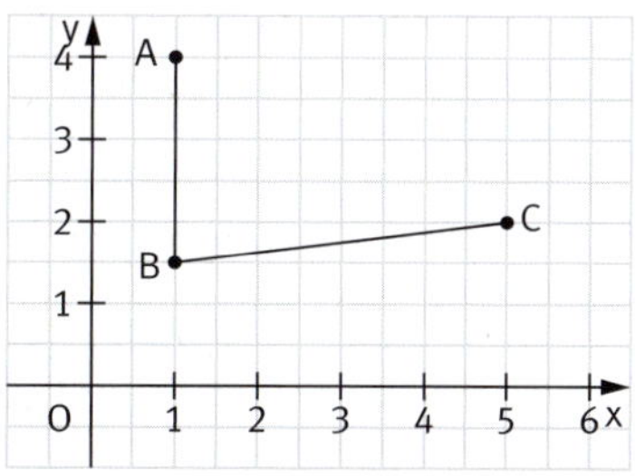

Du kannst die Aufgaben 14 und 15 auch mit einem dynamischen Geometrieprogramm bearbeiten.

Findest du mehrere Lösungen?

15 Bei den Vierecken $ABCD_n$ liegen die Punkte D_n auf der Geraden AE. Es gilt: A (0 | 2), B (3 | 1), C (5 | 2) und E (8 | 6). Bestimme die Koordinaten der Punkte D_n durch Konstruktion.

a) Das Viereck $ABCD_1$ ist ein gleichschenkliges Trapez.

b) Das Viereck $ABCD_2$ ist ein Parallelogramm.

c) Die Länge der Strecke $\overline{CD_3}$ soll möglichst klein sein.

d) Das Viereck $ABCD_4$ ist ein Trapez mit $|\overline{CD_4}| = 4$ LE.

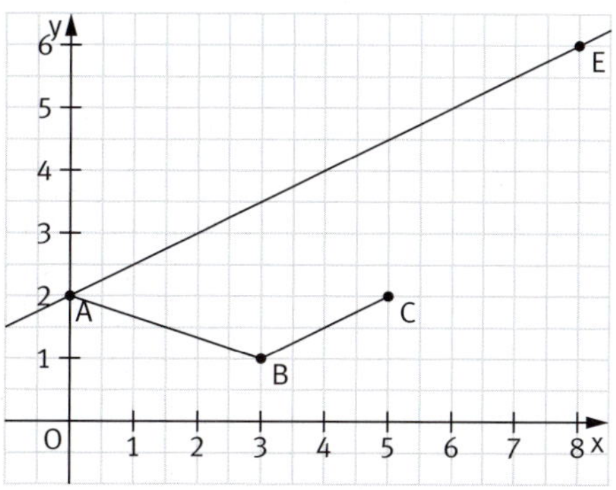

Lösungen zu 15: (4 | 4); (7 | 5,5); (2 | 3); (6 | 5); (1 | 2,5)

Findest du mehrere Lösungen?

2.4 Symmetrische Vierecke konstruieren

Entdecken

Am besten nimmst du Origami-Papier. Alternativ kannst du auch ein DIN-A4-Blatt vorher quadratisch zurecht schneiden.

Die Grafiken zeigen drei Faltanleitungen für Vierecke. Falte die Vierecke.

1
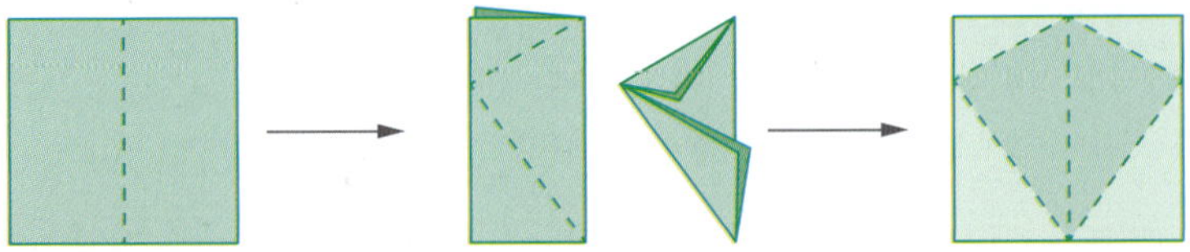

2
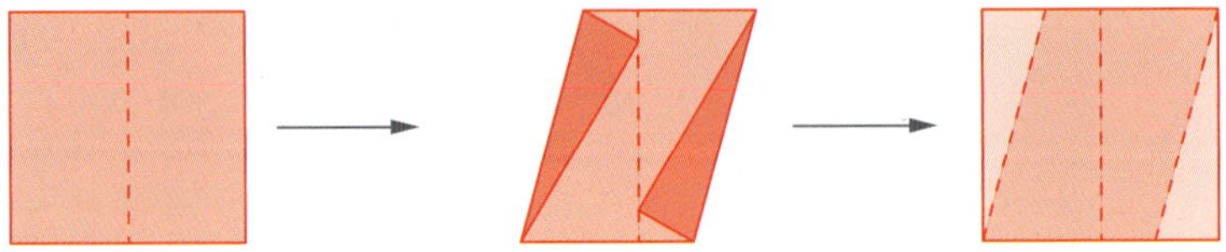

3
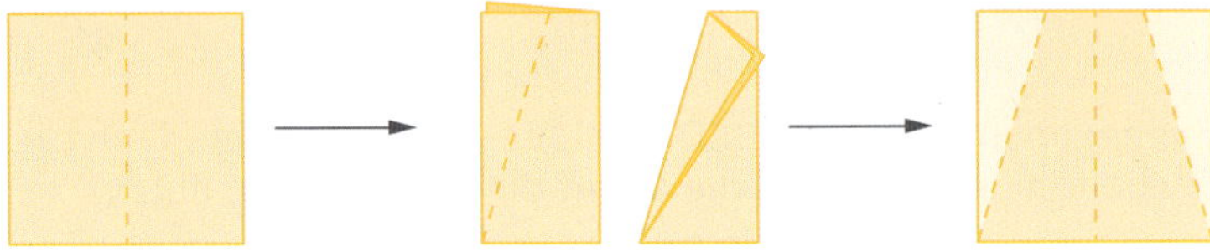

- Beschreibe jeweils Symmetrien des gefalteten Vierecks.
- Kannst du noch weitere Vierecke (z. B. eine Raute) falten?

Verstehen

Vierecke lassen sich anhand ihrer Symmetrie unterscheiden bzw. konstruieren.

Achsensymmetrische Vierecke: Diagonale als Symmetrieachse
Ein Viereck, bei dem eine Diagonale auf der Symmetrieachse liegt, bezeichnet man als **Drachenviereck** (oder kurz: Drachen).

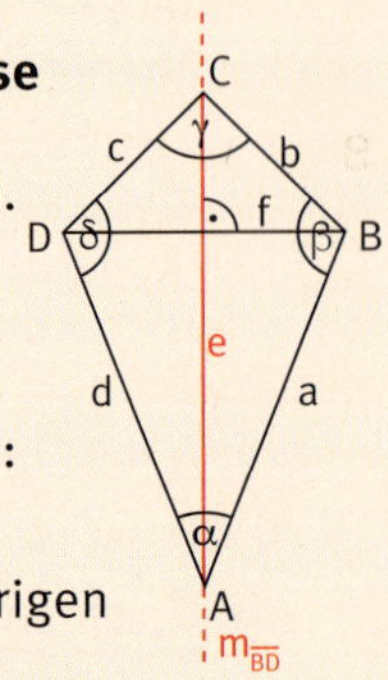

Eigenschaften beim abgebildeten Drachen:
1. Je zwei Seiten sind gleich lang: $a = d$; $b = c$
2. Eine Diagonale liegt auf der Mittelsenkrechten der anderen: $\overline{AC}$ liegt auf $m_{\overline{BD}}$.
3. Die Diagonale auf der Symmetrieachse halbiert die zugehörigen Winkel α und γ.

Achsensymmetrische Vierecke: Mittelsenkrechte als Symmetrieachse
Ein Viereck, bei dem eine Mittelsenkrechte Symmetrieachse ist, heißt **gleichschenkliges Trapez**.

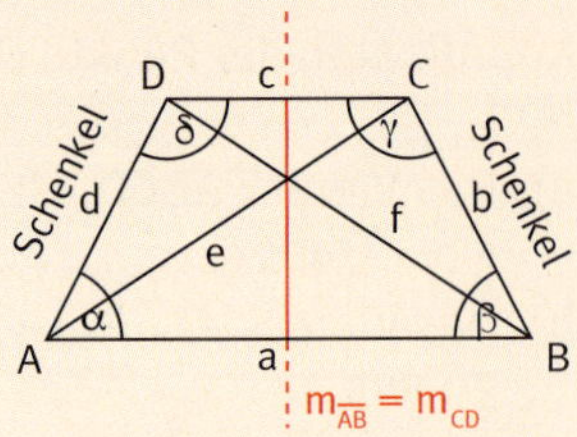

Eigenschaften beim abgebildeten Trapez:
1. Die Grundlinien sind zueinander parallel: $\overline{AB} \parallel \overline{CD}$
2. Die Winkel an den Grundlinien sind jeweils gleich groß: $\alpha = \beta$; $\gamma = \delta$
3. Die Schenkel sind gleich lang: $b = d$
4. Die Winkel an den Schenkeln ergänzen sich jeweils zu 180°: $\alpha + \delta = 180°$; $\beta + \gamma = 180°$
5. Die Diagonalen sind gleich lang: $e = f$

Beispiele

I Konstruiere ein gleichschenkliges Trapez ABCD mit a = 4 cm, d = 3 cm und $\alpha = 60°$.

Lösung

Planfigur:

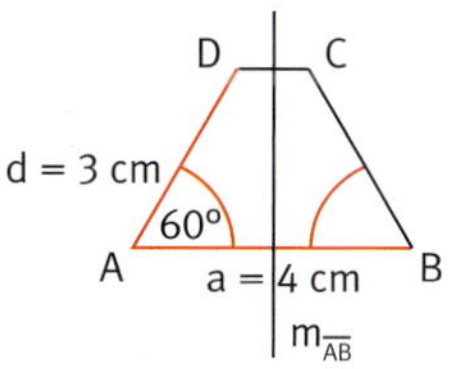

Zeichnung:

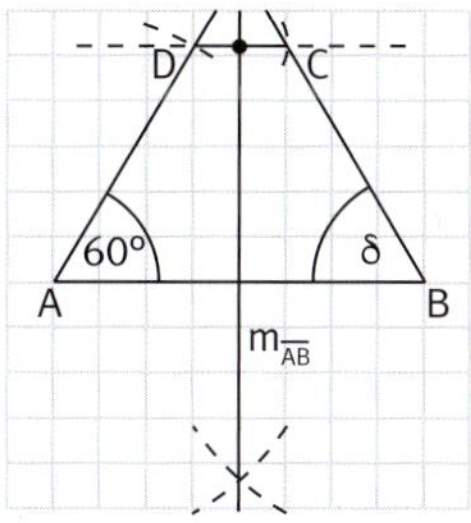

Beschreibung:
1. Konstruktion von ΔABD nach dem Kongruenzsatz SWS.
2. Konstruktion der Mittelsenkrechten $m_{\overline{AB}}$
3. $D \xmapsto{m_{\overline{AB}}} D' = C$

II Konstruiere eine Raute mit a = 2,5 cm und f = 3 cm.

Lösung

Planfigur:

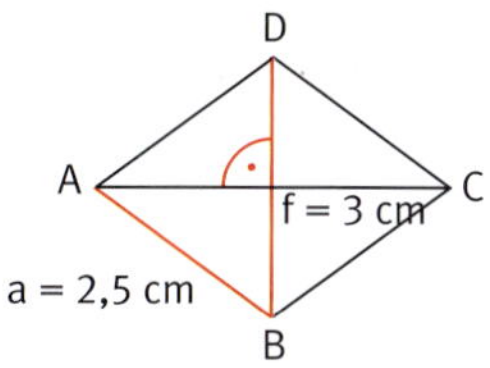

Zeichnung:

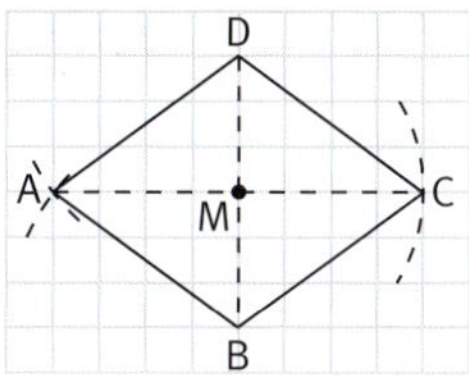

Beschreibung:
1. Konstruktion von ΔABD nach dem Kongruenzsatz SSS (a = d)
2. $A \xmapsto{BD} A' = C$

Nachgefragt

- Begründe jeweils die Eigenschaften der achsensymmetrischen Vierecke mithilfe der Eigenschaften der Achsenspiegelung.
- Beschreibe Unterschiede und Gemeinsamkeiten von Rechteck und Raute.

Aufgaben

1 Welche Eigenschaften treffen zu? Wenn du die Buchstaben der richtigen Lösungen aneinanderreihst, erhältst du ein Lösungswort.

	Quadrat	Rechteck	Raute	Parallelogramm	Drachenviereck	gleichsch. Trapez
Die Diagonalen sind gleich lang.	A	C	F	A	S	H
Die Diagonalen halbieren sich gegenseitig.	S	E	N	S	C	K
Gegenüberliegende Winkel sind maßgleich.	Y	M	M	E	H	I
Nebeneinanderliegende Winkel (an den Schenkeln) ergänzen sich zu 180°.	T	R	I	S	N	C
Mindestens eine Diagonale halbiert die zugehörigen Innenwinkel.	H	G	E	I	S	S
Die Diagonalen stehen senkrecht aufeinander.	V	T	I	K	E	L
Benachbarte Seiten stehen senkrecht aufeinander.	R	E	A	S	S	E
Alle Seiten sind gleich lang.	C	E	K	N	S	T

2 Konstruiere das angegebene achsensymmetrische Viereck ABCD aus den Bestimmungsstücken. Berechne, falls möglich, die fehlenden Innenwinkel.

a) Drachenviereck

① $a = 5$ cm; $e = 6$ cm; $\beta = 90°$ ② $a = 4{,}5$ cm; $e = 7$ cm; $\gamma = 60°$

③ $a = 4$ cm; $f = 4{,}5$ cm; $\gamma = 120°$ ④ $d = 5{,}5$ cm; $e = 7{,}6$ cm; $f = 6$ cm

b) gleichschenkliges Trapez

① $a = 5{,}5$ cm; $b = 3{,}5$ cm; $\alpha = 75°$ ② $a = 9$ cm; $b = 5{,}5$ cm; $e = 7{,}3$ cm

③ $b = 4{,}4$ cm; $e = 5{,}5$ cm; $\alpha = 60°$ ④ $b = 4$ cm; $c = 4$ cm; $e = 7$ cm

3 Können in einem gleichschenkligen Trapez die Diagonalen genauso lang sein wie ein Schenkel (eine der parallelen Seiten)? Begründe deine Antwort.

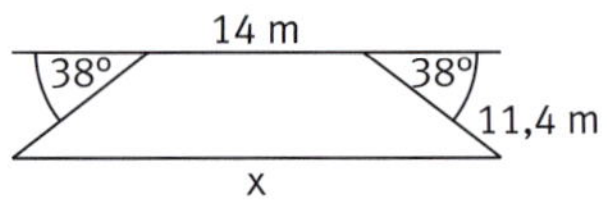

4 An einem Bahndamm mit trapezförmigem Querschnitt wurden nebenstehende Messungen durchgeführt. Konstruiere den Querschnitt des Bahndamms in einem geeigneten Maßstab und bestimme die Länge x der Dammsohle.

Weitergedacht

Eine Figur ist punktsymmetrisch, wenn sie durch Spiegelung an einem Symmetriepunkt auf sich selbst abgebildet wird.

Punktsymmetrische Vierecke: Diagonalenschnittpunkt als Symmetriepunkt
Ein punktsymmetrisches Viereck heißt **Parallelogramm**. Der Symmetriepunkt M ist der Schnittpunkt seiner Diagonalen.

Eigenschaften beim abgebildeten Parallelogramm:

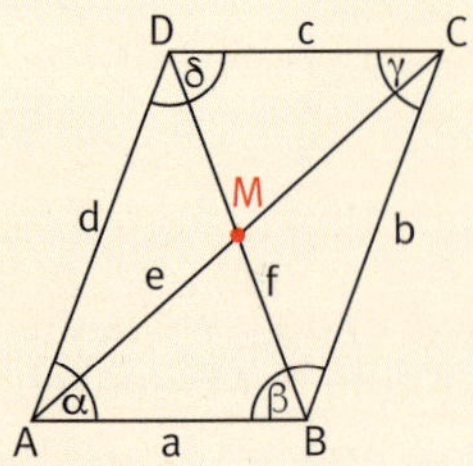

① Je zwei gegenüberliegende Seiten sind parallel und gleich lang: $\overline{AB} \parallel \overline{CD}$; $\overline{BC} \parallel \overline{AD}$; $a = c$; $b = d$

② Gegenüberliegende Winkel haben das gleiche Maß: $\alpha = \gamma$; $\beta = \delta$

③ Die Maße benachbarter Winkel ergänzen sich zu 180°: $\alpha + \beta = 180°$; $\beta + \gamma = 180°$; ...

④ Die Diagonalen halbieren sich gegenseitig im Diagonalenschnittpunkt M: $|\overline{AM}| = |\overline{MC}|$; $|\overline{BM}| = |\overline{MD}|$

Eine Planskizze hilft. Überlege bei f), wie sich die Diagonalen im Parallelogramm schneiden.

5 Konstruiere ein Parallelogramm ABCD mit den gegebenen Größen.

a) $a = 5$ cm; $b = 4{,}5$ cm; $\alpha = 70°$ **b)** $c = 6$ cm; $d = 3{,}6$ cm; $e = 7$ cm

c) $b = 5{,}5$ cm; $f = 7$ cm; $\alpha = 110°$ **d)** $a = 6{,}2$ cm; $b = 4{,}5$ cm; $\delta = 115°$

e) $a = 5{,}8$ cm; $d = 4{,}1$ cm; $f = 7{,}5$ cm **f)** $a = 3{,}5$ cm; $e = 4$ cm; $f = 5$ cm

6 Das gleichschenklige Trapez ist ein Sonderfall des allgemeinen Trapezes. Im **allgemeinen Trapez** sind zwei Seiten parallel. Die parallelen Seiten werden auch hier Grundlinien genannt und die anderen Seiten Schenkel.

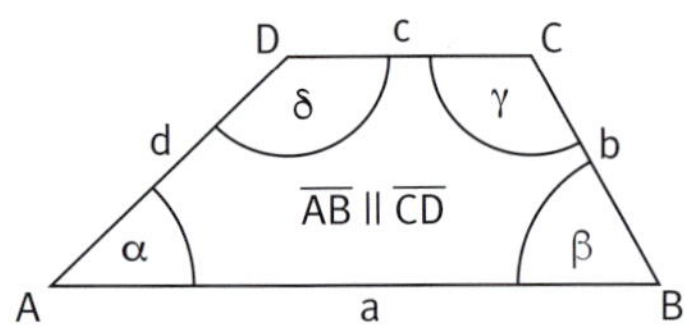

a) Untersuche an Beispielen, welche Eigenschaften eines gleichschenkligen Trapezes auch für ein allgemeines Trapez zutreffen.

b) Unterteile ein DIN-A4-Blatt durch Falten in nicht symmetrische Vierecke. Verwende dazu ...

① Trapeze. ② keine Trapeze.

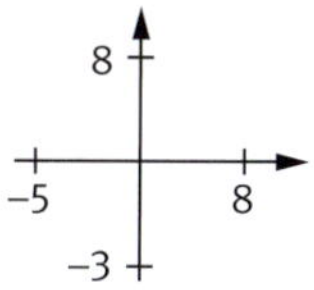

7 a) Überprüfe, ob das Viereck ABCD ein Parallelogramm ist. Zeichne erst dann.
① A (−2 | 1); B (5 | −3); C (3 | 2); D (−4 | 6) ② A (0 | −2); B (6 | 0); C (7 | 5); D (2 | 3)
b) Bestimme den fehlenden Punkt so, dass ABCD ein Parallelogramm wird. Zeichne anschließend das Parallelogramm.
① A (4 | 1); B (5 | 7); D (−1 | 1) ② B (0 | 2); C (0 | − 2); D (7 | 2)

8 Zeichne mit einem Geometrieprogramm ein beliebiges Trapez ABCD.
a) Ermittle den Mittelpunkt M_b der Seite $\overline{BC}$ und konstruiere $ABCD \xmapsto{M_b} A'BCD'$. Welche Eigenschaft hat die Gesamtfigur ADA'D?
b) Verfahre ebenso wie in a) mit dem Mittelpunkt M_d der Seite $\overline{DA}$.

9 Konstruiere das angegebene Viereck ABCD.

	Viereck	Bestimmungsstücke
a)	Parallelogramm	a = 6 cm; d = 4 cm; b = 115°
b)	Raute	① a = 4 cm; α = 70°
		② e = 4,6 cm; f = 6,8 cm
c)	gleichschenkliges Trapez (a ∥ c)	a = 7 cm; b = 3 cm; δ = 115°
d)	Trapez (a ∥ c)	① a = 6 cm; c = 3,5 cm; f = 7 cm; α = 80°
		② a = 6,5 cm; b = 5,5 cm; c = 4 cm; γ = 110°
e)	Drachenviereck	e = 6 cm; f = 4,5 cm; α = 50°

10 Beim Parallelogramm ABCD mit A (−1 | 0) und B (6 | 0) bewegt sich der Punkt C auf dem Kreis k (M; r = 2 cm) mit M (7 | 4).
a) Konstruiere einige Parallelogramme.
b) Wie viele Rechtecke ergeben sich?
c) Berechne mithilfe von Vektoren die Koordinaten von D, wenn C ganzzahlige Koordinaten hat.

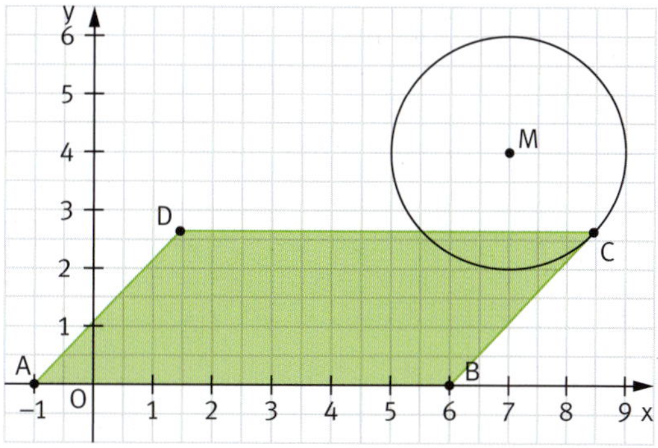

Du kannst auch ein Geometrieprogramm verwenden.

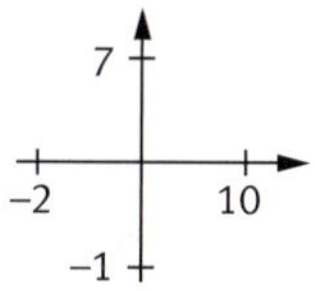

11 Durch die Punkte A, B und C_n ist das gleichschenklige Trapez ABC_nD_n festgelegt mit A (0 | −5), B (5 | 0) und C_n (x | x + 2).
a) Zeichne die zu x ∈ {1,5; 3} gehörenden Trapeze ABC_1D_1 und ABC_2D_2 und bestimme die Koordinaten von D_1 und D_2.
b) Zeige mithilfe von Vektoren, dass das Trapez ABC_1D_1 ein Parallelogramm ist. Lies dann die Koordinaten von D_1 ab.
c) Durch den Punkt P ∈ $\overline{AB}$ geht die gemeinsame Symmetrieachse s der Trapeze. Zeichne s in das Koordinatensystem und lies die Koordinaten von P ab. Überprüfe die Koordinaten von P rechnerisch.
d) Zeige rechnerisch, dass Q (−1 | 1) der gemeinsame Mittelpunkt von $\overline{C_1D_1}$ und $\overline{C_2D_2}$ ist.
e) Für welche x ∈ $\mathbb{Q}^+$ gilt: ① $|\overline{AB}| > |\overline{C_nD_n}|$ ② $\delta < 45°$

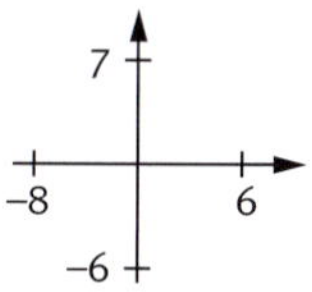

Überlege, was für x ≤ −1 passiert.

2.5 Vierecke ordnen

Entdecken

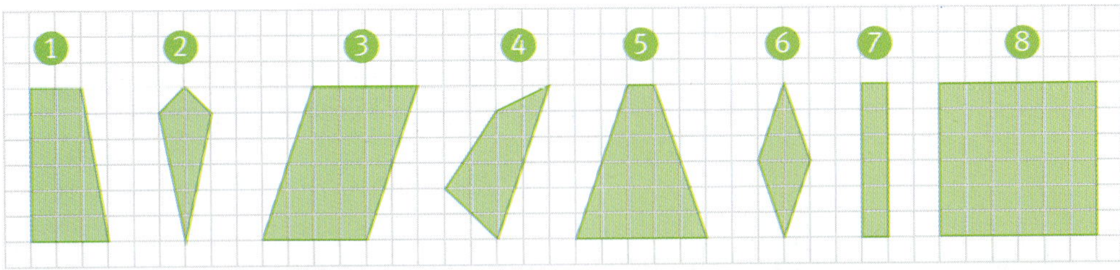

- Welche Symmetrien und Eigenschaften findest du in den abgebildeten Vierecken? Erstelle zu jedem Viereck einen kurzen Steckbrief.
- Verschiedene Vierecksarten teilen sich gemeinsame Eigenschaften. Kannst du die Vierecke ordnen?
  Erstelle dazu eine Mindmap ähnlich der abgebildeten.

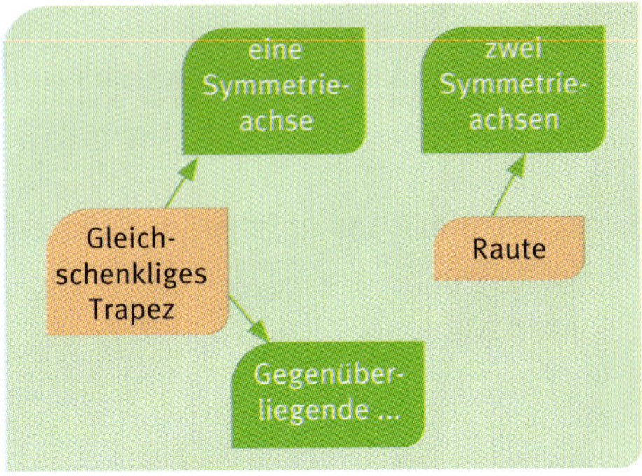

Verstehen

Vierecke lassen sich auf verschiedene Arten **ordnen**. Dabei sollen Zusammenhänge zwischen den Eigenschaften der Vierecke verdeutlicht werden.
Die Symmetrieeigenschaften sind dabei ein wichtiges Ordnungskriterium.

Häufig verwendet man **Mengendarstellungen**, um solche Zusammenhänge zu verdeutlichen.

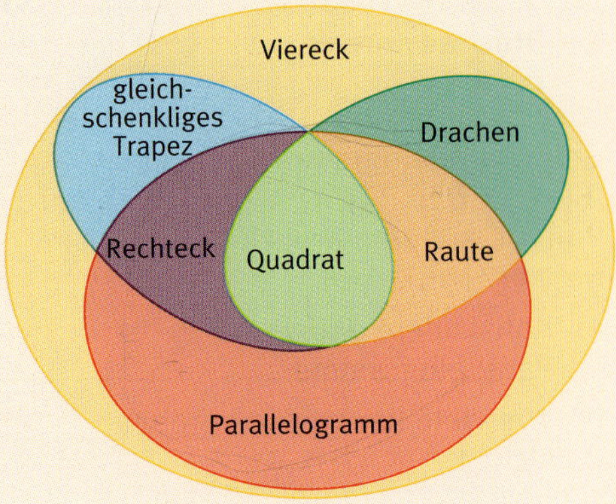

Beispiele

I Erkläre, weshalb sich das Quadrat in der Mengendarstellung in der Mitte befindet.

Lösung

In der Mitte befindet sich das Viereck mit den meisten Symmetrieeigenschaften: das Quadrat. Es besitzt vier Symmetrieachsen. Zudem gehört das Quadrat zu den achsensymmetrischen Vierecken und den Parallelogrammen.

Nachgefragt

- Erkläre anhand des Mengenbildes im Merkkasten: Ein Rechteck ist sowohl achsensymmetrisch als auch ein Parallelogramm.
- Benenne verschiedene Eigenschaften, nach denen sich Vierecke ordnen lassen.
- Erläutere die Aussage: Durch das Ordnen von Vierecken lassen sich Sonderformen einfach erkennen.

Aufgaben

1 Ordnet man die Vierecke nach ihren Eigenschaften, dann entsteht das sogenannte Haus der Vierecke. Vierecke mit vergleichbaren Eigenschaften bzw. gleicher Anzahl an Symmetrieelementen befinden sich auf dem gleichen Stockwerk.

a) Übertrage das Haus der Vierecke ins Heft.

b) Zeichne alle Symmetrieachsen und Symmetriezentren in die Vierecke ein. Beschreibe anhand der Symmetrien die Anordnung der Vierecke.

c) Das Viereck im 1. Stock ist nicht symmetrisch, trotzdem unterscheidet es sich vom allgemeinen Viereck im Erdgeschoss. Beschreibe.

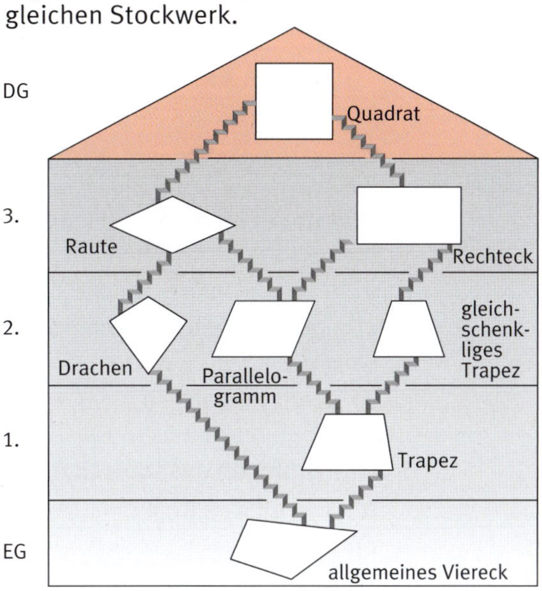

2 Im Haus der Vierecke sind die Vierecke durch Treppen verbunden. Man kann nur auf diesen Treppen von einem Viereck zum nächsten gelangen. Wenn man eine Treppe nach unten geht, verliert das Viereck eine Eigenschaft; geht man nach oben, so kommt eine Eigenschaft hinzu.

a) Katrin behauptet, dass jede Raute auch ein Trapez ist. Sie begründet es dadurch, dass man von der Raute direkt über zwei Treppen abwärts zum Trapez gelangt. Was sagst du zu dieser Begründung?

b) Warum ist ein Rechteck kein Drachen? Begründe.

c) Wie ändern sich die Eigenschaften der Seiten und Winkel der Vierecke ...

① auf dem Weg vom allgemeinen Viereck zum Rechteck?

② auf dem Weg vom allgemeinen Viereck zum Drachenviereck?

③ auf dem Weg vom Trapez zum Quadrat?

d) Beschreibe weitere Wege. Man kann auch von oben nach unten gehen.

3 a) Konstruiere mit einem Geometrieprogramm den Umkreis k_u eines beliebigen Dreiecks ABC. Ergänze einen Punkt D auf k_u. Welche symmetrischen Vierecke ABCD erhältst du, die einen Umkreis besitzen? Unterscheide dabei folgende Formen des Dreiecks ABC:

① spitzwinklig ② rechtwinklig ③ stumpfwinklig

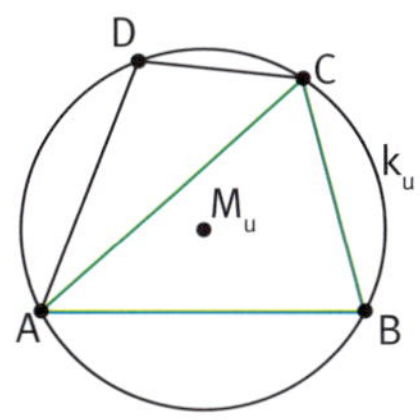

Nutze jeweils den Zugmodus des Geometrieprogramms, um verschiedene Vierecke zu untersuchen.

b) Zeichne mit einem Geometrieprogramm ein beliebiges Dreieck ABC. Ergänze das Dreieck zu einem Drachenviereck ABCD und konstruiere den Inkreis k_i dieses Vierecks.

c) Begründe aufgrund der Teilaufgaben a) und b) die folgenden Sätze:

① Jedes gleichschenklige Trapez besitzt einen **Umkreis**, dessen Mittelpunkt der Schnittpunkt aller Mittelsenkrechten des Trapezes ist.

② Jedes konvexe Drachenviereck besitzt einen **Inkreis**, dessen Mittelpunkt der Schnittpunkt aller Winkelhalbierenden des Vierecks ist.

d) Zeichne ein Haus der Vierecke, in dem neben der Symmetrie auch erkennbar ist, ob die Vierecke einen Umkreis bzw. Inkreis besitzen.

2.6 Vermischte Aufgaben

1 Welche Dreiecke sind zueinander kongruent?

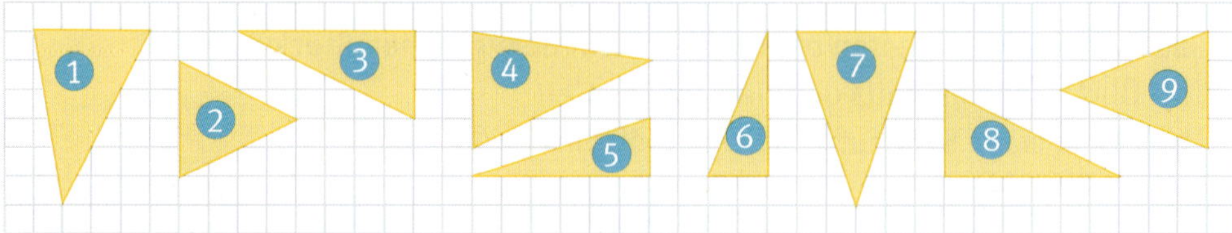

Erklärvideo
unter 60112-06

2 Überprüfe, ob ein Dreieck mit den gegebenen Maßen möglich ist. Begründe mithilfe eines geometrischen Zusammenhangs.

a) $a = 4{,}2$ cm; $b = 3{,}6$ cm; $c = 2{,}1$ cm **b)** $a = 3{,}5$ cm; $b = 4{,}1$ cm; $\beta = 90°$
c) $a = 4{,}1$ cm; $b = 3{,}5$ cm; $\beta = 90°$ **d)** $b = 3{,}1$ cm; $\beta = 70°$; $\gamma = 80°$
e) $a = 6{,}5$ cm; $\alpha = 120°$; $\beta = 60°$ **f)** $a = 6$ cm; $b = 4{,}2$ cm; $\beta = 85°$
g) $a = 1{,}9$ cm; $b = 3{,}2$ cm; $c = 5{,}2$ cm **h)** $b = 2{,}8$ cm; $\beta = 85°$; $\gamma = 95°$

3 Überprüfe, ob das Dreieck $A_1B_1C_1$ zum Dreieck $A_2B_2C_2$ kongruent sein kann.

a) $a_1 = c_2$; $c_1 = b_2$; $b_1 = a_1$ **b)** $b_1 = c_2$; $a_1 = b_2$; $\beta_1 = \alpha_1$
c) $c_1 = a_2$; $\beta_1 = \gamma_2$; $\alpha_1 = \beta_2$ **d)** $a_1 = b_2$; $c_1 = c_2$; $\alpha_1 = \alpha_2$
e) $b_1 + c_1 = b_2 + c_2$; $a_1 = a_2$; $\beta_1 = \beta_2$ **f)** $b_1 = a_2$; $\alpha_1 = \beta_2$; $\gamma_1 = \alpha_2$

4 Konstruiere das Dreieck. Gib den zugehörigen Kongruenzsatz an.

a) $a = 7$ cm; $b = 6$ cm; $c = 8$ cm **b)** $b = 5{,}5$ cm; $\alpha = 30°$; $\gamma = 100°$
c) $b = 6$ cm; $c = 4{,}5$ cm; $\alpha = 65°$ **d)** $a = 7$ cm; $c = 5{,}5$ cm; $\alpha = 90°$
e) $a = 6{,}4$ cm; $c = 3{,}7$ cm; $\beta = 37°$ **f)** $a = 6{,}3$ cm; $\beta = 45°$; $\gamma = 75°$

Lösungen zu 5:
−5; 3; 3; 3; 3,8; 5; 5,4; 7

5 Finde einen Punkt C’ so, dass die Dreiecke ABC und A’B’C’ kongruent sind.

a) A (2 | 2); B (6 | 4); C (1 | 4) und A’ (8 | 1); B’ (12 | 3); C’ (☐ | ☐)
b) A (4 | 5); B (6 | 7); C (2 | 7) und A’ (7 | 1); B’ (9 | 3); C’ (☐ | ☐)
c) A (−1 | −2); B (3 | 0); C (−1 | 2) und A’ (3 | 7); B’ (1 | 3); C’ (☐ | ☐)
d) A (1 | 4); B (5 | 0); C (7 | 2) und A’ (1 | 1); B’ (−3 | 5); C’ (☐ | ☐)

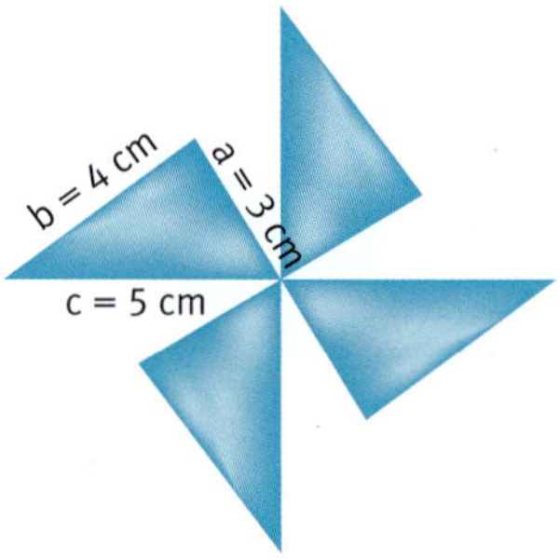

6 Konstruiere das nebenstehende Windrad. Beschreibe die Konstruktion.

7 **a)** Konstruiere folgende Dreiecke ABC.

(1) $|\overline{AB}| = 12$ cm; $|\overline{BC}| = 7$ cm; $\gamma = 90°$
(2) $a = 7{,}8$ cm; $b = 10{,}2$ cm; $\beta = 90°$
(3) gleichschenkliges Dreieck mit der Basis $c = 5$ cm und Basiswinkeln von 65°

b) Konstruiere mithilfe eines dynamischen Geometrieprogramms ein gleichseitiges Dreieck ABC mit $a = 6{,}5$ cm.

8 Gegeben ist ein Dreieck ABC mit $a = 5$ cm und $b = 6$ cm.

a) Konstruiere das Dreieck, falls zusätzlich Folgendes gilt:

(1) $\gamma = 55°$ (2) $\gamma = 90°$ (3) $\gamma = 110°$

b) Konstruiere den Umkreis (Inkreis) für die Dreiecke aus a). Welcher Zusammenhang besteht zwischen der Lage des Umkreismittelpunktes (Inkreismittelpunktes) und der Form des Dreiecks?

9 Konstruiere das angegebene Viereck ABCD.

	Viereck	Bestimmungsstücke
a)	Parallelogramm	$a = 4{,}5$ cm; $b = 2{,}8$ cm; $\alpha = 75°$
b)	Raute	$b = 3{,}5$ cm; $\gamma = 80°$
c)	gleichschenkliges Trapez (a ‖ c)	$a = 5{,}6$ cm; $b = 3{,}8$ cm; $\beta = 55°$
d)	Trapez (a ‖ c)	$a = 4{,}5$ cm; $c = 2{,}5$ cm; $d = 5$ cm; $\alpha = 100°$
e)	Drachenviereck	$e = 6$ cm; $f = 3{,}8$ cm; $\gamma = 100°$

10 Konstruiere ein Viereck ABCD aus den gegebenen Bestimmungsstücken.

a) $a = 6$ cm; $b = 4$ cm; $d = 3{,}5$ cm; $f = 6$ cm; $\gamma = 70°$

b) $b = 6{,}5$ cm; $d = 4$ cm; $e = 7{,}5$ cm; $f = 9$ cm; $\alpha = 65°$

c) $a = 7$ cm; $b = 5{,}5$ cm; $\alpha = 80°$; $\beta = 100°$; $\gamma = 90°$

d) $b = 4{,}5$ cm; $c = 4{,}3$ cm; $d = 3{,}1$ cm; $\beta = 60°$; $\gamma = 75°$

11 a) Im Quadrat ABCD mit A (−1 | 1), B (4 | 1), C (4 | 6) und D (−1 | 6) werden entgegen dem Uhrzeigersinn die jeweils x cm langen Strecken $\overline{AE}$, $\overline{BF}$, $\overline{CG}$ und $\overline{DH}$ abgetragen.

① Zeichne das Quadrat und ein Viereck EFGH. Gib eine sinnvolle Grundmenge für x an.

② Zeige, dass das Viereck EFGH ebenfalls ein Quadrat ist.

b) Im Parallelogramm ABCD mit A (−1 | 0), B (4 | 0), C (6 | 3) und D (1 | 3) erhält man ebenso wie in a) durch das Abtragen gleich langer Strecken die Punkte E, F, G und H. Zeige, dass das Viereck EFGH wieder ein Parallelogramm ist.

12 Haben Jana, Bülent und Lea Recht? Begründe deine Antwort.

13 Zeichne mit einem dynamischen Geometrieprogramm ein Viereck ABCD. Zeichne die Mittelpunkte M_n der Seiten und verbinde sie zu einem Mittenviereck $M_aM_bM_cM_d$.
Bezeichne die Viereckart, die als Mittenviereck entsteht. Begründe anhand der Eigenschaften. Verwende als Viereck ABCD ...

a) eine Raute.

b) ein Rechteck.

c) ein gleichschenkliges Trapez.

d) ein Parallelogramm.

e) ein Quadrat.

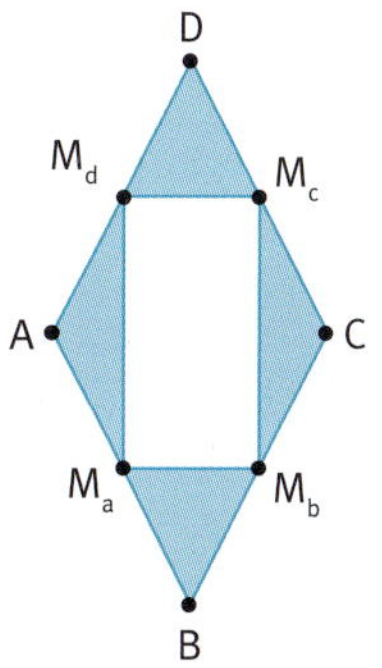

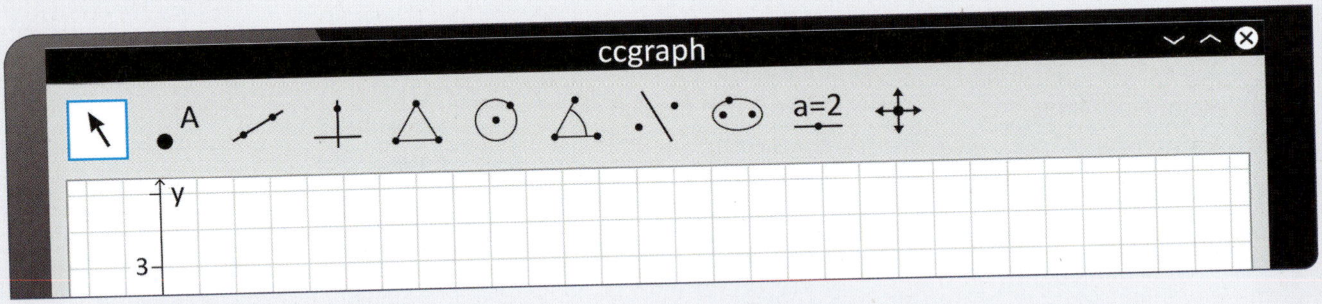

Vierecksforscher – Vorbereitung

Jeder Forscher hat ein Forschungslabor mit Geräten und Versuchsanordnungen. Ideal ist es, wenn du als Labor ein dynamisches Geometrieprogramm verwendest, denn dann kannst du mit dem Zugmodus viel schneller arbeiten. Alternativ kannst du auch mit Zirkel, Bleistift und Geodreieck experimentieren.

Wir beginnen damit, auf einen Kreis mit Mittelpunkt M und festem Radius vier Punkte Q, R, S und T mithilfe des Icons  zu setzen. Du kannst nachher diese Punkte nicht mehr frei auf der Zeichenebene, sondern nur noch auf der Kreislinie bewegen.
Nun zeichnen wir jeweils die Tangenten in diesen vier Punkten und bezeichnen sie mit t_Q, t_R, t_S und t_T. Am schnellsten geht es mit dem Tangentenwerkzeug .
Die Schnittpunkte der Tangenten bezeichnen wir mit A, B, C und D; sie bilden das sogenannte **Tangentenviereck** ABCD.

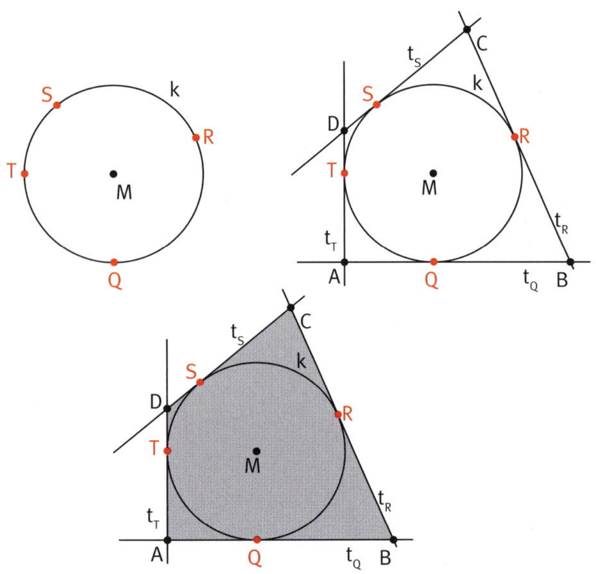

Experiment 1

Versuche nun, verschiedene dir bekannte Vierecke zu erzeugen, indem du die Punkte Q, R, S und T auf der Kreislinie bewegst.

a) Beginne beispielsweise damit, zunächst zwei Punkte auf einen Kreisdurchmesser zu legen.
  1 Welches Viereck erhältst du?
  2 Welche Vierecke ergeben sich, wenn die Punkte paarweise auf einem Kreisdurchmesser liegen?

b) Kannst du Drachenvierecke erzeugen? Zeige oder widerlege.

c) Wie müssen die Punkte liegen, damit du ein gleichschenkliges Trapez erhältst?

d) Recherchiere, was man genau unter einem Tangentenviereck versteht.

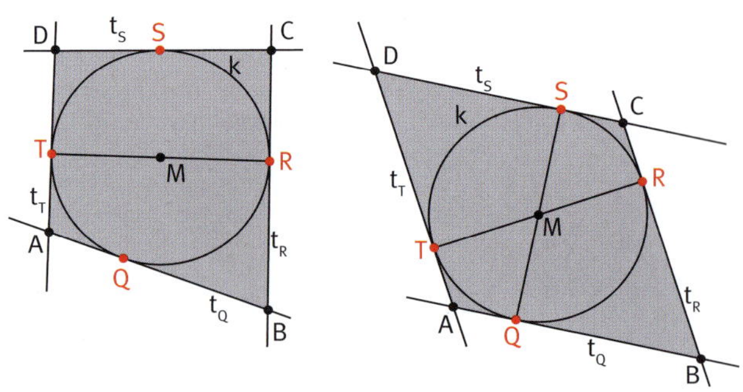

Experiment 2

a) Miss die Seitenlängen deines Tangentenvierecks beispielsweise mit [Werkzeug-Symbol] und addiere die Längen gegenübeliegender Seiten . Was fällt dir auf?

b) Ändere dein Viereck mithilfe des Zugmodus und beobachte die Summe der Seitenlängen. Überlege, wie du den entdeckten Zusammenhang beweisen kannst. Zerlege dabei die Vierecksseiten in Teilstücke und addiere geschickt.

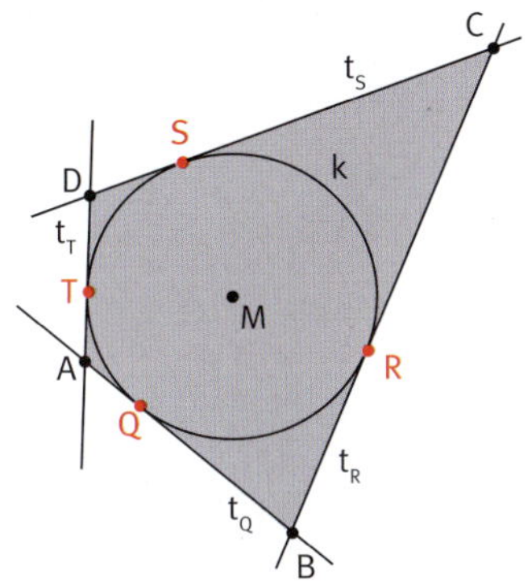

Experiment 3

Wir beginnen damit, auf einen Kreis vier Punkte A, B, C und D zu setzen. Diesmal verbinden wir die Punkte zu einem Viereck ABCD. Man erhält ein sogenanntes **Sehnenviereck**.

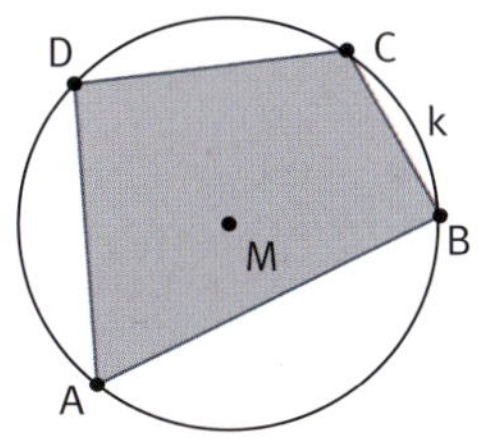

a) Bewege mithilfe des Zugmodus die Punkte auf der Kreislinie. Kannst du auf diese Weise ein Drachenviereck erzeugen? Welche Winkel muss das Drachenviereck haben?

b) Welche Vierecke kannst du noch erzeugen? Beachte dabei auch die Lage der Diagonalen.

c) Recherchiere, was man genau unter einem Sehnenviereck versteht.

Experiment 4

Erstelle zunächst ein Sehnenviereck ABCD wie in Experiment 3.

a) Verwende das Winkelmesswerkzeug [Werkzeug-Symbol] und miss alle vier Innenwinkel. Beachte dabei, dass Winkel gegen den Uhrzeigersinn gemessen werden.

b) Bewege mit dem Zugmodus nur einen Punkt des Vierecks auf dem Kreis. Welche Beobachtung machst du dabei? Was verändert sich, was bleibt gleich?

c) Welchen Zusammenhang vermutest du über die Winkel im Sehnenviereck? Begründe den Zusammenhang.

Beispiele:

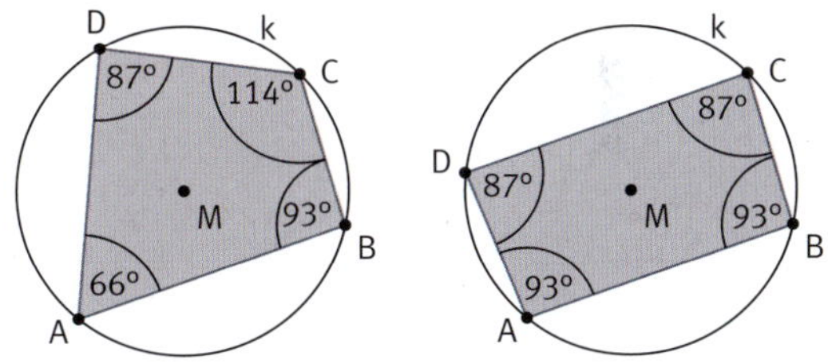

2.8 Das kann ich!

Die Lösungen zu dieser Doppelseite stehen im Anhang.

Aufgaben zur Einzelarbeit

① Teste dich! Bearbeite dazu die folgenden Aufgaben und bewerte die Lösungen mit einem Smiley.

② Hinweise zum Nacharbeiten findest du auf der folgenden Seite.

☺	😐	☹
Das kann ich!	Das kann ich fast!	Das kann ich noch nicht!

1 In einem Dreieck hat ein Winkel das Maß 105° und seine Gegenseite ist 7,5 cm lang. Was lässt sich über die anderen Winkelmaße und Seitenlängen aussagen?

2 Welche Länge kann die fehlende Seite im Dreieck ABC jeweils haben? Gib ein passendes Intervall an.

a) $a = 3{,}7$ cm; $b = 7$ cm **b)** $b = 6$ cm; $c = 5$ cm
c) $a = c = 5{,}6$ cm **d)** $a = 5{,}8$ cm; $b = 2$ cm

3 Zeichne drei verschiedene Dreiecke, die die gegebenen Bedingungen erfüllen.

a) $\alpha = 50°$; $\beta = 70°$ **b)** $\alpha = 60°$; $\gamma = 60°$
c) $\beta = 90°$; $\gamma = 40°$ **d)** $a = 5$ cm; $\beta = 50°$

4 Entscheide, welche Figuren zueinander kongruent sind.

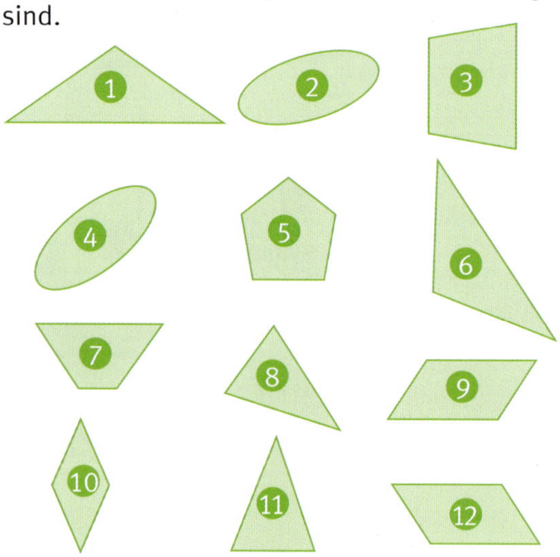

5 Schätze zunächst die Höhe des Felsens. Konstruiere anschließend und ermittle die Höhe zeichnerisch.

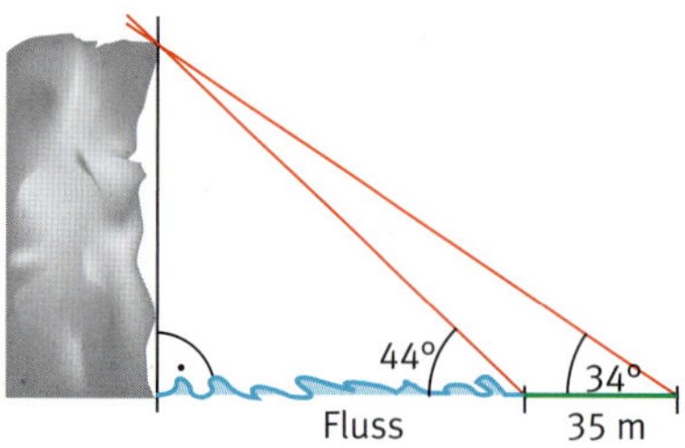

6 Konstruiere das Dreieck ABC mit den drei Schritten Planfigur, Zeichnung und Beschreibung unter Angabe des jeweiligen Kongruenzsatzes.

a) $c = 4{,}9$ cm; $\alpha = 53°$; $\beta = 87°$

b) $b = 5{,}4$ cm; $\alpha = 75°$; $\gamma = 59°$

c) $b = 7{,}5$ cm; $c = 9{,}2$ cm; $\alpha = 33°$

d) $a = 4{,}4$ cm; $b = 3{,}3$ cm; $c = 5{,}5$ cm

e) $a = 3{,}8$ cm; $c = 5{,}4$ cm; $\gamma = 70°$

7 **a)** Konstruiere ein Rechteck ABCD mit einer Seitenlänge $a = 4$ cm und einer Diagonale $e = 7$ cm.

b) Konstruiere ein Parallelogramm ABCD mit $a = 6$ cm, $b = 5$ cm und $\delta = 70°$.

c) Konstruiere eine Raute ABCD der Seitenlänge 4 cm mit $\alpha = 60°$.

8 Für welches Viereck trifft die Aussage zu? Das Viereck hat ...

a) genau zwei parallele Seiten.

b) vier gleich lange Seiten.

c) genau ein Paar gleich langer Seiten.

d) zwei Paar gleich langer Seiten.

e) vier rechte Winkel.

f) genau zwei gleich große Winkel.

9 Die Abbildung zeigt ein „Quadrat im Quadrat“.

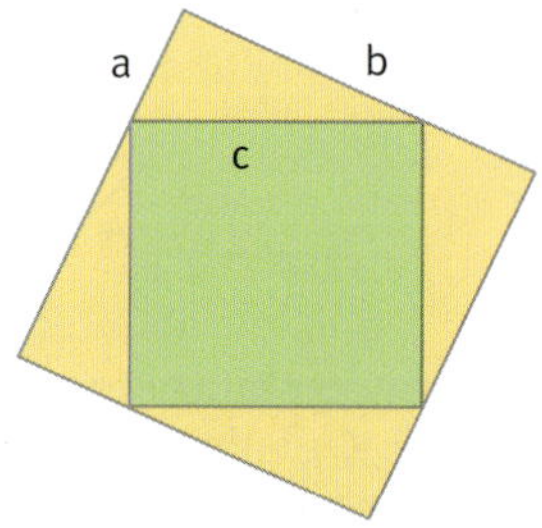

a) Konstruiere das innere Quadrat mit einer Diagonalenlänge von 4 cm.

b) Konstruiere ein passendes äußeres Quadrat ...

① mithilfe der Kongruenzsätze.

② mithilfe des Satzes von Thales.

c) Wie viele Lösungen findest du für ein äußeres Quadrat?

10 Betrachte folgende Ordnung der Vierecke.

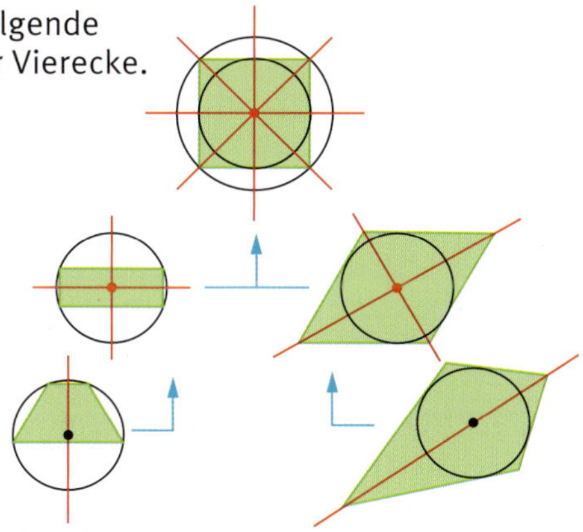

a) Bezeichne die abgebildeten Vierecke.

b) Erkläre den Aufbau der Ordnung.

c) An welcher Stelle müsste das Parallelogramm eingefügt werden? Begründe deine Antwort.

11 Die Spitze eines Kirchturms liegt 70 m über der (als Ebene angenommenen) Erdoberfläche. Konstruiere jeweils das passende Dreieck in einem geeigneten Maßstab.

a) Unter welchem Winkel treffen die Sonnenstrahlen auf die Erdoberfläche, wenn der Turm einen 100 m langen Schatten wirft?

b) Die Sonnenstrahlen treffen unter einem Winkel von 60° auf die Erdoberfläche. Bestimme die Schattenlänge.

Aufgaben für Lernpartner

1. Bearbeite die folgenden Aufgaben alleine.
2. Suche dir einen Partner und erkläre ihm deine Lösungen. Höre aufmerksam und gewissenhaft zu, wenn dein Partner dir seine Lösungen erklärt.
3. Korrigiere gegebenenfalls deine Antworten und benutze dazu eine andere Farbe.

Sind folgende Behauptungen **richtig** oder **falsch**? Begründe schriftlich.

A In jedem rechtwinkligen Dreieck ist die Hypotenuse die längste Seite.

B In jedem gleichschenkligen Dreieck ist die Basis die kürzeste Seite.

C In einem Dreieck ist jede Seite länger als die Summe der beiden anderen Seiten.

D Figuren sind zueinander kongruent, wenn sie in den Längen ihrer Seiten übereinstimmen.

E Ein Dreieck lässt sich nur dann eindeutig konstruieren, wenn drei Seiten gegeben sind.

F Ein Dreieck, von dem man alle drei Innenwinkel kennt, lässt sich eindeutig konstruieren.

G Ein Drachenviereck mit gleich langen Diagonalen ist eine Raute.

H Jedes Parallelogramm ist ein Trapez.

Aufgabe	Ich kann ...	Hilfe
1, 2, 3, A, B, C	Zusammenhänge zwischen Seitenlängen und Winkelmaßen in Dreiecken erkennen.	S. 36, 39
4, D	überprüfen, ob Dreiecke und andere Figuren zueinander kongruent sind.	S. 40
5, 6, 7, 9, 11, E, F	Dreiecke und Vierecke konstruieren und Konstruktionsbeschreibungen erstellen.	S. 40, 44, 46
5, 11	Dreieckskonstruktionen zur Lösung von Sachaufgaben nutzen.	S. 40, 44
8, 10, G, H	Vierecke anhand ihrer Eigenschaften und Symmetrien unterscheiden.	S. 50, 52, 54

Zusammenhänge im Dreieck

Seite 36

Seite-Winkel-Beziehung
In jedem Dreieck liegt der **größeren Seite** auch der **größere Winkel** gegenüber. Umgekehrt liegt auch dem größeren Winkel die größere Seite gegenüber.

$a > b \Longrightarrow \alpha > \beta$ ...
$\alpha > \gamma \Longrightarrow a > c$

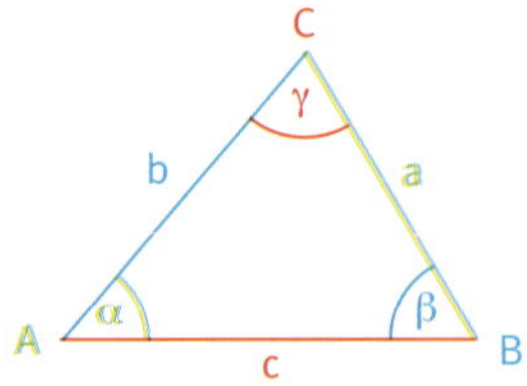

Dreiecksungleichung
In jedem Dreieck ist **die Summe zweier Seitenlängen** stets **größer** als die **dritte Seitenlänge**.

Kongruenzsätze für Dreiecke

Seite 40
Seite 44

Dreiecke sind genau dann kongruent, wenn sie ...
- in der Länge aller Seiten übereinstimmen (**SSS**).
- in der Länge zweier Seiten und dem Maß des eingeschlossenen Winkels übereinstimmen (**SWS**).
- in der Länge einer Seite und dem Maß beider anliegenden Winkel übereinstimmen (**WSW**).
- in der Länge zweier Seiten übereinstimmen sowie dem Maß des Winkels, der der längeren Seite gegenüberliegt (**SsW**).

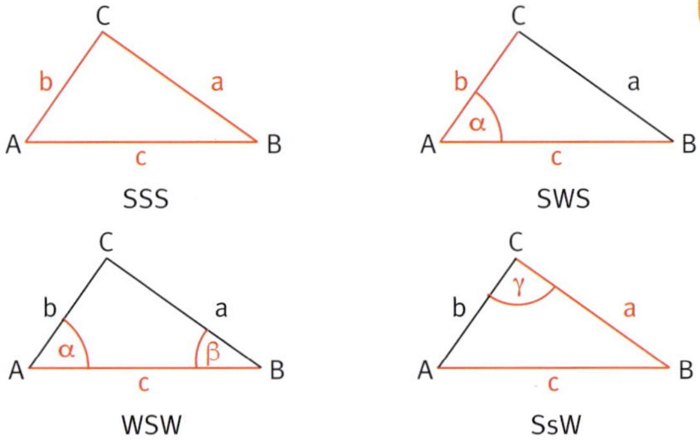

Symmetrische Vierecke

Seite 50
Seite 52

- Ein Viereck, bei dem eine **Diagonale** auf der Symmetrieachse liegt, bezeichnet man als **Drachenviereck**.
- Ein Viereck, bei dem eine **Mittelsenkrechte** Symmetrieachse ist, heißt **gleichschenkliges Trapez**.
- Ein Viereck ist **punktsymmetrisch**, wenn es durch Spiegelung an einem Symmetriepunkt auf sich selbst abgebildet wird. Ein punktsymmetrisches Viereck heißt **Parallelogramm**.

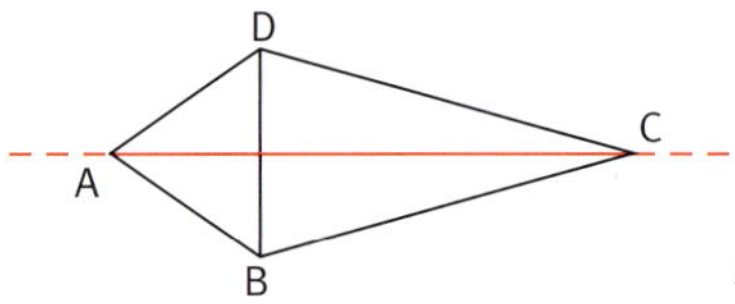

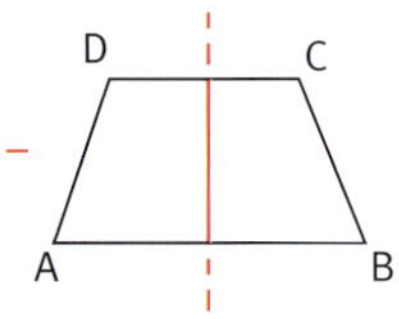

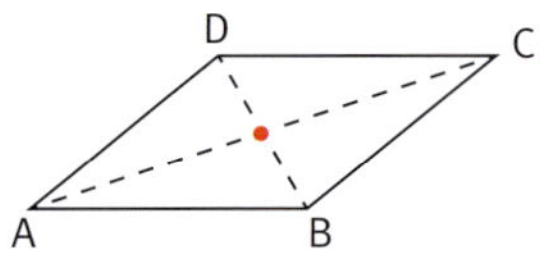

Vierecke ordnen

Seite 54

Beim Ordnen von Vierecken sollen Zusammenhänge zwischen den Eigenschaften der Vierecke verdeutlicht werden.
Die Symmetrieeigenschaften sind dabei ein wichtiges Ordnungskriterium.

Häufig verwendet man **Mengendarstellungen**, um solche Zusammenhänge zu verdeutlichen.

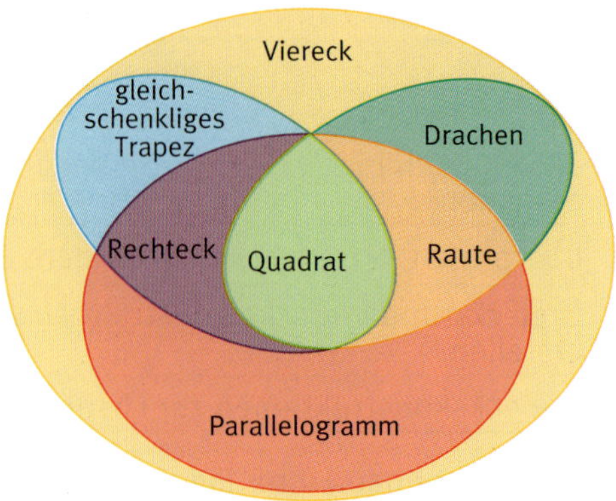

Dreiecke und Kongruenz

1 Angegeben ist das Maß α des Winkels BAC im Dreieck ABC.
Gib das Maß des zugehörigen Außenwinkels an.

a) 35° **b)** 111° **c)** 78° **d)** 46°
e) 67,8° **f)** 45,4° **g)** 9,25° **h)** 132,83°

2 Entscheide und begründe, ob es Dreiecke mit den angegebenen Maßen geben kann. Benenne gegebenenfalls die Dreieckssonderformen.

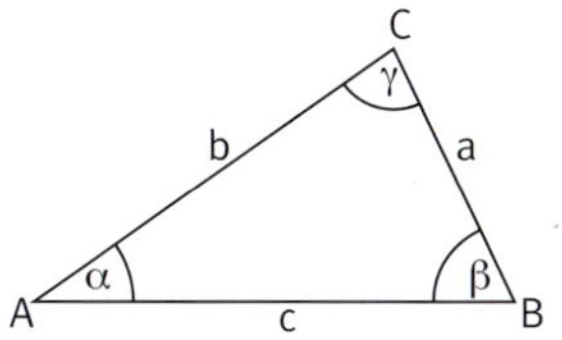

a) $\alpha = 60°$; $\beta = 60°$; a = 6 cm
b) $\gamma = 105°$; c = 7,5 m; a = 8 m
c) $\gamma = \beta = 85°$; a = 55 mm
d) $\alpha = 2\beta$; $\beta = 61°$; c = 6,04 dm
e) a = 45,3 cm; b = 87,9 cm; c = 113,7 cm
f) a = 983 mm; b = 1204 mm; c = 4020 mm
g) a = 101 cm; b = 101 dm; c = 10,1 m
h) a = 7,49 cm; b = 5,39 cm; c = 1,98 cm

3 Welche Figuren sind zueinander kongruent?

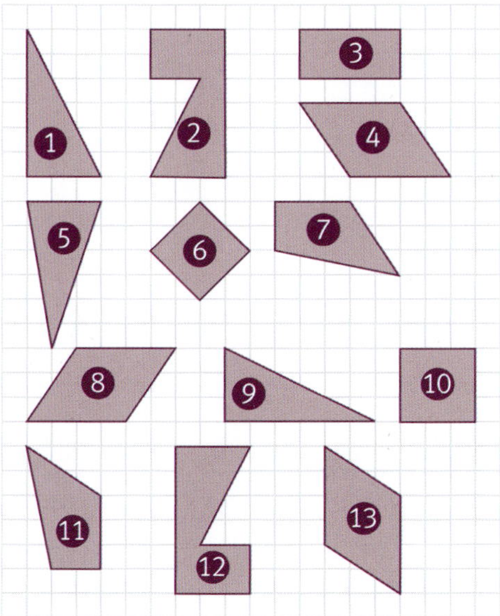

Vierecke

4 Welche Eigenschaften hat im Allgemeinen ...
a) ein Rechteck, die ein Drachenviereck nicht hat?
b) eine Raute, die ein Drachenviereck nicht hat?
c) ein Rechteck, die ein Trapez nicht hat?
d) eine Raute, die ein Trapez nicht hat?

5 Nenne drei Vierecksarten, deren ...
a) Symmetrieachse zugleich Mittelsenkrechte mindestens einer Seite ist.
b) Symmetrieachse zugleich Diagonale ist.
c) Symmetriezentrum zugleich Schnittpunkt der Symmetrieachsen ist.

6 Mit zehn Streichhölzern wurden drei Vierecke gelegt. Kannst du mit nur neun Streichhölzern drei Vierecke legen?

7 Wahr oder falsch? Begründe.
a) Jede Raute ist ein Parallelogramm.
b) Jedes Quadrat ist ein Drachenviereck.
c) Ein Rechteck hat zwei gleich lange Diagonalen.
d) Jedes Quadrat hat genau drei rechte Innenwinkelmaße.
e) Jedes Trapez hat zwei unterschiedlich lange Diagonalen.

8 Verbinde die Seitenmittelpunkte eines Rechtecks zu einem Viereck. Welches Viereck erhältst du? Begründe.

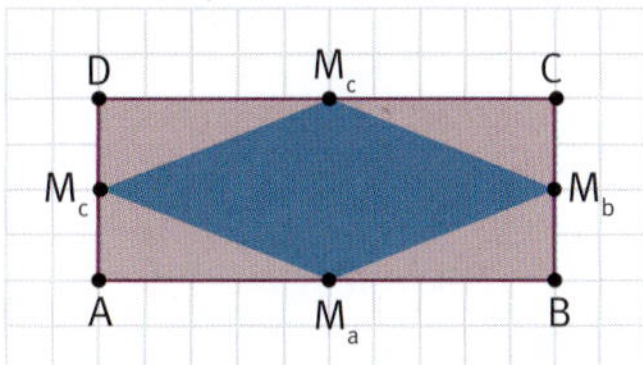

Startklar

Terme finden und vereinfachen

1 Finde zu den Termwerten den zugehörigen Term.

a)

x	−3	−2	−1	0	1	2	3
T (x)	−9	−6	−3	0	3	6	9

b)

x	−5	$-4\frac{1}{2}$	−4	$-3\frac{1}{2}$	−3	$-2\frac{1}{2}$	−2
T (x)	25	$\frac{81}{4}$	16	$\frac{49}{4}$	9	$\frac{25}{4}$	4

c)

x	−4	−2	−1	0	1	3	5
T (x)	−5	−1	1	3	5	9	13

d)

x	−3	−2	−1	0	1	2	3
T (x)	14	9	6	5	6	9	14

2 Vereinfache die Terme so weit wie möglich.

a) $12x - 27x$

b) $x + y - x + y$

c) $4{,}5x + 7{,}5y + 3{,}5x - 2{,}5y$

d) $2x + 3x^2 - x + 2x^2$

e) $12b + b \cdot 3 - 15b$

f) $7{,}1m + 3{,}4n - 7{,}5n + 6{,}1m$

3 Finde zu jedem blauen Term den dazugehörigen äquivalenten gelben Term.

$2x \cdot x$ $6x^2 : 2x$ $x + 3x$ $2x \cdot x^2$

$3x$ $2x^2$ $6x$ $4x$ $2x + 3$ $2x^3$

Gleichungen lösen

4 Übertrage in dein Heft und ergänze die Äquivalenzumformungen (G = ℚ).

a) $12x + 4 = 40 \quad | \square$
$\Leftrightarrow \quad 12x = 36 \quad | \square$
$\Leftrightarrow \quad x = 3$
$L = \{3\}$

b) $\frac{4}{7}x - 3{,}8 = 0{,}2 \quad | \square$
$\Leftrightarrow \quad \frac{4}{7}x = 4 \quad | \square$
$\Leftrightarrow \quad x = 7$
$L = \{7\}$

5 Bestimme die Lösungsmenge (G = ℚ).

a) $4x + 17 = 33$

b) $23 + 3x = 2$

c) $3x + 9 = 18$

d) $2y + 3y - 7 = 5$

e) $5x + 17 - 2x + 13 = 34 - 4$

f) $2{,}4x + \frac{3}{5}x + 2{,}7 = 6{,}4 - 6{,}7$

Die Lösungen zu dieser Seite stehen im Anhang.

3 Terme und Gleichungen

Einstieg

- Mit einer Balkenwaage kann man Massen durch Wiegen ermitteln. Stelle zunächst mithilfe eines Terms die Masse der linken Waagschale dar.
- Bilde anschließend einen Term für die Masse der rechten Waagschale.
- Versuche nun mithilfe der beiden Terme einen mathematischen Ausdruck zu formulieren, der angibt, dass sich die Balkenwaage im Gleichgewicht befindet.
- Finde heraus, wie viel ein rotes Gummibärchen wiegt.
- Wie verändert sich der mathematische Ausdruck, wenn von der linken Waagschale ein 2-g-Massestückchen entfernt wird?

Am Ende dieses Kapitels hast du gelernt, ...

- Terme mit verschiedenen Variablen und höheren Potenzen zu vereinfachen.
- Summenterme zu multiplizieren und zu faktorisieren und die binomischen Formeln anzuwenden.
- Extremwerte quadratischer Terme zu bestimmen.
- die Lösungsmenge von linearen Gleichungen mit Variablen auf beiden Seiten zu ermitteln.
- Textaufgaben mithilfe von linearen Gleichungen zu lösen.

3.1 Terme und Termwerte

Entdecken

Bei internationalen Fußballturnieren gibt es die Möglichkeit, drei, vier, fünf oder sechs Mannschaften in einer Gruppe zusammenzufassen. Dabei soll jeder gegen jeden in einem Hin- und einem Rückspiel antreten.

Wenn x die Anzahl der Mannschaften pro Gruppe ist, kann ich die Anzahl der Spiele einer Mannschaft immer mit dem Term $T_1(x) = 2 \cdot (x - 1)$ berechnen.

Sophia

Ich gebe die Anzahl der Spiele einer Mannschaft immer mit dem Term $T_2(x) = 2 \cdot x - 2$ an.

Karl

- Wer von beiden hat Recht? Erstelle eine numerische Wertetabelle für G = {3; 4; 5; 6}.
- Wie nennt man Terme wie T_1 und T_2?
- In der englischen Premier League gibt es 38 Spieltage. Wie viele Mannschaften spielen in dieser Liga?

Verstehen

Mit **Termen** kann man mathematische Zusammenhänge beschreiben. Sie bestehen aus Zahlen, Variablen (z. B. a, b, c, ..., x, y, z) oder sinnvollen Zusammenstellungen von Zahlen, Variablen und Rechenzeichen. Die **Grundmenge G** ist die Menge aller Zahlen, aus der die Werte für die Variable stammen.

Die Schreibweise **T (x)** (gelesen: **„T von x"**) bedeutet, dass **x** die **Variable** in dem angegebenen Term ist. Wird die Variable mit einem Element der Grundmenge belegt, so kann der zugehörige **Termwert** berechnet werden.

Zur besseren Übersicht kann man Termwerte in **numerischen** oder **grafischen Wertetabellen** darstellen.

Beispiele

Erklärvideo
unter 60112-07

I Berechne die Termwerte von T (a) = a + 7 über G = {0; 2; 4}.

Lösung

T (0) = 0 + 7 = 7 T (2) = 2 + 7 = 9 T (4) = 4 + 7 = 11

II Erstelle für den Term T (x) = 0,5x – 0,5 mit G = {–1; 0; 1; 2; 3} eine numerische und eine grafische Wertetabelle.

Lösung

numerische Wertetabelle:

x	–1	0	1	2	3
T (x) = 0,5x – 0,5	–1	–0,5	0	0,5	1

grafische Wertetabelle:

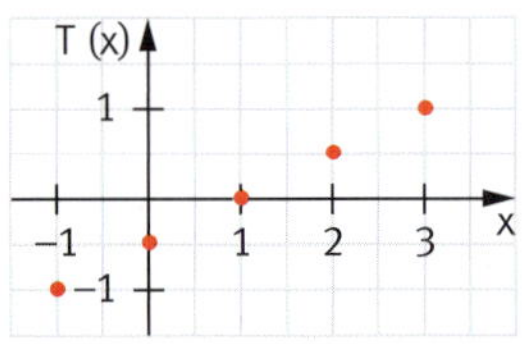

III Überprüfe, ob die Terme für G = {–1; 0; 1; 2; 3} äquivalent sind.
$T_1(x) = 27 + 6x$ $T_2(x) = 4{,}5\,(6 + x)$ $T_3(x) = 6\,(4{,}5 + x)$

Lösung

x	–1	0	1	2	3
$T_1(x)$	21	27	33	39	45
$T_2(x)$	22,5	27	31,5	36	40,5
$T_3(x)$	21	27	33	39	45

Somit: $T_1(x) = T_3(x)$, d. h. $T_1(x)$ und $T_3(x)$ sind äquivalente Terme.
$T_1(x) \neq T_2(x)$, $T_2(x) \neq T_3(x)$, d. h. $T_1(x)$ und $T_2(x)$ sowie $T_2(x)$ und $T_3(x)$ sind nicht zueinander äquivalent.

Sobald die Termwerte bei der Belegung der Variablen mit einer einzigen Zahl nicht übereinstimmen, sind die Terme nicht äquivalent.

Nachgefragt

- Welche Eigenschaften haben die Termwerte des Terms $T(b) = \frac{1}{b}$ für die Grundmenge G = ℕ? Beschreibe.
- Ist $T_1(5) = T_2(5) = 5$, so sind die Terme $T_1(x)$ und $T_2(x)$ über jeder beliebigen Grundmenge äquivalent zueinander. Stimmt das? Begründe.

Aufgaben

1 Berechne jeweils die Termwerte für die gegebene Belegung der Variablen. Wenn du die Termwerte der Größe nach ordnest, ergeben die Buchstaben den Namen eines Mathematikers. Beginne mit dem kleinsten Wert.

a) $T(x) = x + 5$
$T(2) \rightarrow$ O
$T(11) \rightarrow$ A

b) $T(a) = \frac{a}{2} + 3$
$T(0) \rightarrow$ I
$T(46) \rightarrow$ U

c) $T(z) = 5 - z + 10$
$T(-8) \rightarrow$ N
$T\left(\frac{2}{3}\right) \rightarrow$ N

d) $T(b) = \frac{3}{2} \cdot b + 5$
$T\left(4\frac{1}{2}\right) \rightarrow$ O
$T(-6) \rightarrow$ E

e) $T(y) = y^3$
$T(-2) \rightarrow$ R
$T(5) \rightarrow$ S

f) $T(x) = x \cdot (x - 2)$
$T(2{,}5) \rightarrow$ G
$T(-3) \rightarrow$ T

g) $T(x) = \frac{x^3}{x^2}$
$T(9) \rightarrow$ M

Der gesuchte Mathematiker wurde im unterfränkischen Königsberg geboren. Er wurde bekannt aufgrund seiner astronomischen Berechnungen im Mittelalter.

2 Erstelle zu jedem Term numerische und grafische Wertetabellen über den Grundmengen G_1 und G_2. Verwende für jede Teilaufgabe nur ein Koordinatensystem.

a) $T(x) = 0{,}5 \cdot x + 2$	$G_1 = \{-7; -6; -5; -4; -3; -2\}$	$G_2 = [-3; 5]$ und $x \in \mathbb{Z}$
b) $T(a) = \frac{1}{4} \cdot a^2 - 1$	$G_1 = \{a \mid a \leq 4\}$ und $a \in \mathbb{N}$	$G_2 = \{-4; -3; -2; -1; 0; 1\}$
c) $T(y) = -y^2 + 2y$	$G_1 = \left\{-\frac{7}{2}; -\frac{5}{2}; -\frac{3}{2}; -\frac{1}{2}; \frac{1}{2}; \frac{3}{2}; \frac{5}{2}\right\}$	$G_2 = [-4; 2]$ und $y \in \mathbb{Z}$

3 Stelle einen Term auf. Berechne die Termwerte für G = {–4; –1; 0; 2}.
a) Subtrahiere von der Summe aus x und 7 die Zahl 12.
b) Dividiere das Quadrat des Doppelten einer Zahl durch 4.
c) Addiere zum Fünffachen einer Zahl das Quadrat der Zahl.
d) Subtrahiere –4 vom Quadrat einer Zahl.
e) Multipliziere das Vierfache einer Zahl mit der Summe aus der Zahl und 1.

*Lösungen zu 3:
–9; –6; –5; –4; –4; –3; 0; 0; 0; 0; 1; 4; 4; 5; 8; 14; 16; 20; 24; 48*

3.2 Terme addieren und subtrahieren

Entdecken

Für den Bau einer Modelleisenbahn hat Frank drei verschiedene Gleisstücke, die unterschiedlich lang sind. Die Skizze zeigt den derzeitigen Aufbau der Anlage an.

Gleisstücke: Skizze der Anlage:

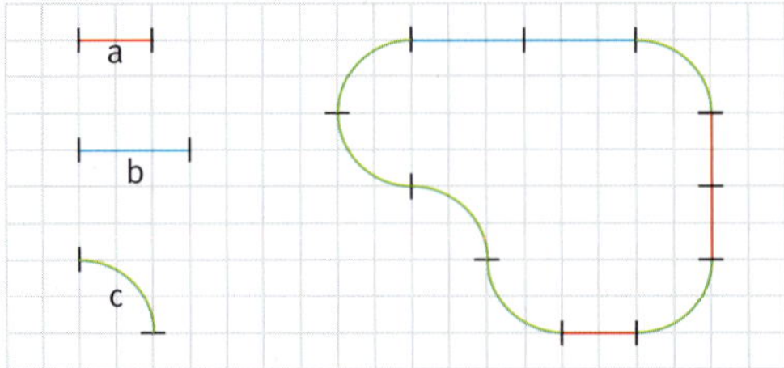

- Stelle einen Term für die Länge der gesamten Anlage auf, indem du die Längen der einzelnen Gleisstücke nacheinander addierst.
- Kannst du den erhaltenen Term kürzer schreiben?

Verstehen

3x

Koeffizient *Variable*

Erklärvideos *unter 60112-08*

Steht vor einem Term in der Klammer kein Vorzeichen, so handelt es sich um ein +.

Terme lassen sich mithilfe der bekannten Rechengesetze vereinfachen.

Gleichartige Summanden lassen sich zusammenfassen:
Beispiel: $2a^3 - 3b - 7a + 6b + 3a^3 = -7a + 2a^3 + 3a^3 - 3b + 6b = -7a + 5a^3 + 3b$

Addition einer Summe oder Differenz:
Steht ein **Plus vor einer Klammer**, kann man sie **weglassen**, ohne die Vorzeichen in der Klammer zu verändern.
Beispiel: $x + (-y + z) = x - y + z$

Subtraktion einer Summe oder Differenz:
Steht ein **Minus vor einer Klammer**, kann man sie weglassen, indem man **alle Vorzeichen in der Klammer umkehrt**:
Beispiel: $x - (y - z) = x - y + z$

Beispiele

I Vereinfache die Terme so weit wie möglich.

a) $2a^2b + 3ab - 4a^2b + 2ab^3 - ab^3 + 5ab$ **b)** $5xy - (-x + 2yx) + (4x - 6x^3)$

Lösung

a) $2a^2b + 3ab - 4a^2b + 2ab^3 - ab^3 + 5ab$
$= 2a^2b - 4a^2b + 3ab + 5ab + 2ab^3 - ab^3$
$= -2a^2b + 8ab + ab^3$

b) $5xy - (-x + 2yx) + (4x - 6x^3)$
$= 5xy + x - 2yx + 4x - 6x^3$
$= 5xy - 2xy + x + 4x - 6x^3$
$= 3xy + 5x - 6x^3$

Nach dem Kommutativgesetz der Multiplikation gilt: xy = yx

Nachgefragt

- Sind die Terme $5a^7b^3$ und $14b^3a^7$ bzw. $3x^9y^4$ und $7x^4y^9$ gleichartig? Begründe.
- Steht ein Minus vor einer Klammer, ist der Termwert stets negativ. Stimmt das? Begründe.

Aufgaben

1 Vereinfache die Terme so weit wie möglich.

a) $3x + 5x - 4x$ b) $5a - 2a + a$

c) $4z^2 - 3z^2 + z^2 + 3z^2$ d) $2{,}5xy + 1{,}5xy - 3xy$

e) $-a^2z + 3a^2z$ f) $1{,}2xy^2 + 2{,}2y^2x - 1{,}5xy^2 + y^2x$

g) $3x + 5y + x - 7y - 8y + 11x$ h) $5xy - 2yz + 10yx - 2xz + 2yz$

i) $4 + 3a + 37 + 22{,}5a - 7{,}2$ j) $\frac{e^2}{2} + \frac{3f}{4} - \frac{1}{4}e^2 + 0{,}25f$

k) $\left(\frac{1}{2}\right)^2x + 2^3y - \frac{5}{4}x + 2y - x$ l) $0{,}5^2ab - 0{,}25ab^2 + \frac{1}{4}ab^2 - ab$

m) $0{,}5a^2y + \frac{2}{6}a^2y^2 - \frac{1}{2}a \cdot ay - 0{,}5a^2y^2$ n) $\frac{1}{2}xy + \frac{1}{3}xz + 1\frac{1}{2}xy - \frac{4}{3}xz - \frac{5}{2}xy$

2 Löse die Klammern auf und fasse so weit wie möglich zusammen.

Lösungen zu 2:
$8a + 2b$; $4a - b$; $-4a + ab$; $-15b + 20$; $e + f$; $6e - f$; $r - 2s$; $2s - t$; $10x + 3y$; $-4x + 3y$; $-10x + 3y$; $-12x + 18y$; $-7x - 18y$; $-8z + 5$; $4z + 5$

a) $8x + (3y + 2x)$ b) $a + (3a - b)$ c) $-5z + (-3z + 5)$

d) $7e + (-e - f)$ e) $-8x + (3y + (-2x))$ f) $2z + (5 - (-2z))$

g) $3s - (s + t)$ h) $12y - (12x - 6y)$ i) $-a - (-ab + 3a)$

j) $-6x - (-2x - 3y)$ k) $17 - (15b + (-3))$ l) $-s - (-r - (-s))$

m) $(3a + 2b) + 5a$ n) $-(7x - 5y) - 23y$ o) $-(-e - f)$

3 Stelle einen Term zur Berechnung des Umfangs der Figur auf. Vereinfache den Term so weit wie möglich.

Alle Angaben in cm.

a)

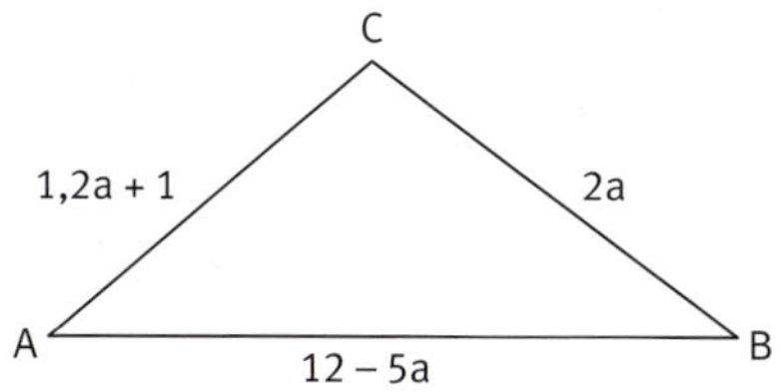

b)

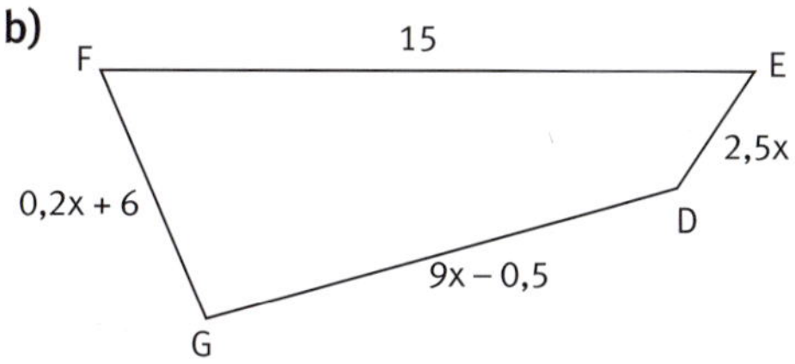

4 Vereinfache die Terme so weit wie möglich.

a) $3x^3y + 0{,}5x^2y^4 - 2{,}5x^3y - 3x^2y^4$ b) $12a^7 + 9{,}1a^7b + 1{,}8a^7b - 2{,}9a^7 + a^7b$

c) $x^5y^3 - x^3y^5 + 3y^3x^5 + 4x^5y^3 - 8y^3x^5$ d) $9ax^3 + 2{,}3ax^3a - 4{,}2a^2x^3 + 12{,}6x^2ax$

e) $3x^3 + (2x^3 + 5x^2 - 2z + 4z^2 + z)$ f) $0{,}5r^9 - (4s + 7r^9 + 5t^2) + 5t^2 - 4s$

g) $3a^2 - (3a + 1{,}5a^2 - 5{,}5) + 2a$ h) $-(7{,}5x^5 + 5{,}2y^5 - z) - 2z^5 + 1{,}7x^5 - 1{,}7y^5$

i) $-(12{,}3ac^4 + 3{,}7b^3c^2 - 8b^4a^5) - (6{,}5b^3c^2 + 9{,}1ac^4 - 3{,}2b^4a^5) + (5b^3c^2 + 7ac^4)$

j) $2{,}5x^6z - (2{,}4y^6x - 1{,}8zx^6) + (5{,}2z^2y^3 - 3{,}7xz^6) - 2{,}8z^2y^3 - (2z^3y^2 - 3{,}3xy^6 + 3{,}7xz^6)$

k) $2{,}5abc - 0{,}5a^2bc + 1{,}5ab^2c - 3{,}5abc^2 - 2a^2b^2c + 0{,}125a^2bc^2 + a^2b^2c^2 - 0{,}25ab^2c^2$

5 Stelle einen Term auf und vereinfache ihn so weit wie möglich.

a) Subtrahiere die Summe aus 3x und 4y von 9x.

b) Addiere die Differenz von 23a und 15b zu 17a.

c) Addiere zur Summe aus 3 und 3x die Summe aus 4 und 4x.

d) Subtrahiere von 1,3x die Differenz von 4,8x und –1,5y.

e) Addiere zum Negativen der Summe aus 0,5e und 1,5f die Differenz von 9,5f und 4,6e.

f) Subtrahiere von der Summe aus 3x und 4y die Differenz aus der Summe von x und y und der Summe von 2x und 2y.

g) Subtrahiere die Differenz aus 2,5x und 1,2y von der Summe aus 6x, –3,2y und dem Quadrat der Zahl 3.

Der Wert eines Steins ergibt sich aus der Summe der Terme der beiden darunter liegenden Steine.

6 Übertrage die Zahlenmauern in dein Heft und vervollständige sie.

a)

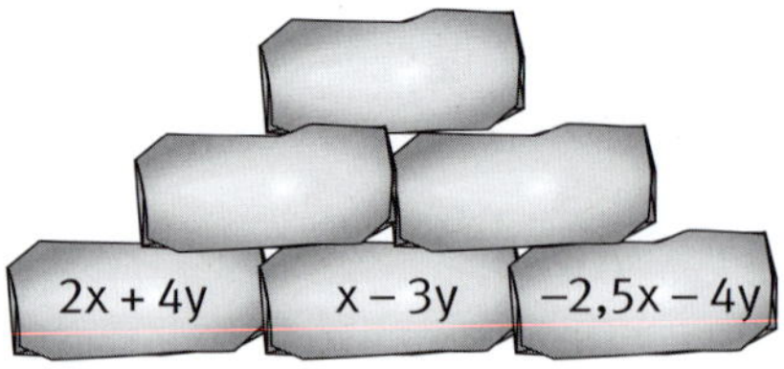

b)

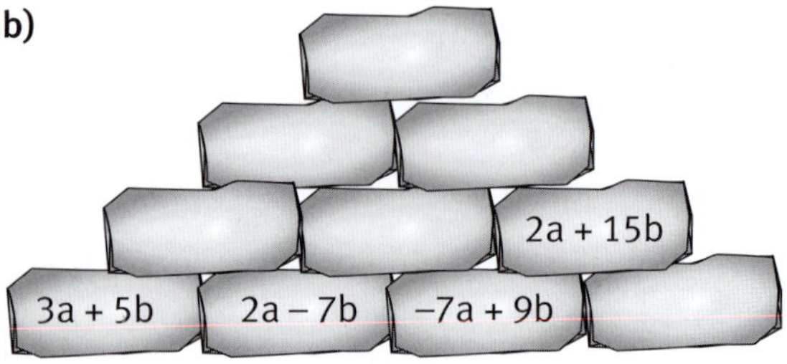

7 ① $13 - (x - z)$ ② $x - (-8 + 3x)$ ③ $3a + (4b - 5a)$
④ $(1{,}2x + 0{,}5y) + (0{,}9y - 1{,}1x)$ ⑤ $-(2s + 15r) - (5s - r)$

a) Beschreibe die Terme in Worten.

b) Löse die Klammern auf und vereinfache die Terme so weit wie möglich.

8 a) Erkläre die Richtigkeit der Aussage anhand der folgenden Gleichheit.
$-(2x - 4{,}5) = (-1) \cdot (2x - 4{,}5) = +(-2x + 4{,}5)$

Wenn ich das Minus vor der Klammer in ein Plus umwandle, drehen sich in der Klammer alle Vorzeichen um.

b) Wandle so um, dass ein Plus vor der Klammer steht, und vereinfache dann so weit wie möglich.

① $5{,}5 - (3{,}5a + 4{,}5)$ ② $1{,}8\,m - \left(\frac{4}{5}m + 3m\right)$ ③ $1{,}2x - (2{,}6 - 3{,}1x)$
④ $-\frac{4}{7}s - \left(0{,}8 - \frac{3}{7}s\right)$ ⑤ $3a^2 - (-1{,}9a + 0{,}2a^2)$ ⑥ $-5x^2 - \left(\frac{1}{5}x + 3x^2\right)$

Skizze

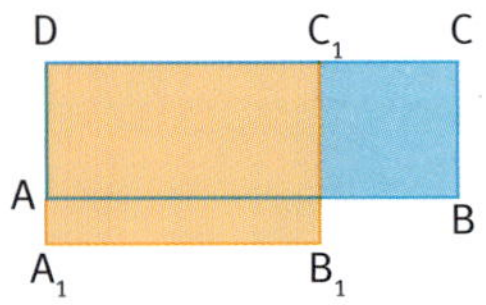

9 Gegeben ist ein Rechteck ABCD mit den Maßen $|\overline{AB}| = 12$ cm und $|\overline{BC}| = 4$ cm.

a) Zeichne das Rechteck in dein Heft und berechne seinen Umfang.

b) Die längere Seite des Rechtecks wird nun um $1{,}5 \cdot x$ cm verkürzt, während die kürzere Seite um $0{,}5 \cdot x$ cm verlängert wird.

① Ergänze die Zeichnung mit dem Rechteck $A_1B_1C_1D$ für $x_1 = 3$.

② Berechne den Umfang des neuen Rechtecks.

③ Gib das Intervall der Zahlen an, mit denen x belegt werden kann.

④ Gib einen Term u (x) für den Umfang der Rechtecke $A_nB_nC_nD$ in Abhängigkeit von x an.

⑤ Erstelle eine numerische Wertetabelle für die Länge und Breite der neuen Rechtecke. Verwende das Intervall aus ③.

⑥ Finde mithilfe der Tabelle aus ⑤ den Wert x heraus, für den das Rechteck ein Quadrat ist. Welchen Umfang hat dieses Quadrat?

Verwende nur ganzzahlige Belegungen für x.

10 Löse die Klammern auf und fasse so weit wie möglich zusammen.

a) $-x - (3x + 4y + 0{,}5z) + (2{,}5x + (-9y) - 0{,}5z) - (5{,}2y - 1{,}2z)$

b) $(3{,}7e - 5{,}9f) - (-4{,}3e - 7{,}1f) + (-7e + 2f)$

c) $-[x^2 + (x + 2x^2 - 6{,}5y^2) - 2y^2] + (y^2 - 2{,}5x)$

d) $2a + \{3b + [7c - (2b + a) + (4a + 2c)] - 5b\} - c$

e) $-(2x - 4) + (-3y + x - 5) - \left[\frac{1}{2}x - \left(-y + \frac{3}{4}x - 1\right) + 4\right] - \left(-\frac{2}{3}y + x\right)$

11 Denke dir eine Zahl, addiere 13 und subtrahiere 8. Vom Ergebnis subtrahierst du 25. Addiere anschließend die Summe aus deiner Zahl und 20. Du erhältst das Doppelte deiner gedachten Zahl. Wie geht das?

Findest du mehrere Möglichkeiten?

12 a) Wandle die Differenz $3a - (2a + 3b)$ in eine Summe um.
b) Wandle die Summe $c + (-c + d)$ in eine Differenz um.
c) Wandle die Differenz $(2x + 8y) - (-3x - 5y)$ in eine Summe um.

13 Erfinde zu den Termen geeignete Sachsituationen.
a) 247 € – (136 € + x · 5 €) **b)** 200 g + (500 g + y · 50 g)
c) 53 km – (12 km + 11 km + z · 10 km) **d)** 1200 g – (120 g + x · 85 g)

14 Bei einem einfachen Computerprogramm kann man eine Figur über eine Fläche wandern lassen. Für die Programmierung werden folgende Befehle verwendet:

ax: a Schritte nach rechts	–ax: a Schritte nach links
ay: a Schritte nach oben/hinten	–ay: a Schritte nach unten/vorne

Für das Wandern der Figur nebenan muss also folgender Programmcode eingegeben werden: $-4y + 3x - 2y + 2x + 4y + 3x$.

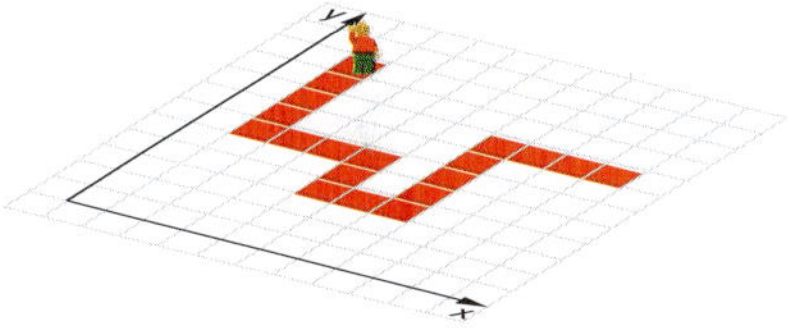

a) Beschreibe den Weg der Figur nebenan in Worten. Finde auch eine Abkürzung zum Endpunkt. Wie lautet der zugehörige Term?
b) Die Figur geht folgenden Weg: $3x - y + 2x - 3y - 5x + 4y$.
Zeichne den Weg in dein Heft. Erkläre, wie man anhand des Terms erkennen kann, dass die Figur wieder an ihren Ausgangspunkt zurückkehrt.
c) Die Figur startet in der Draufsicht nebenan beim roten Punkt.

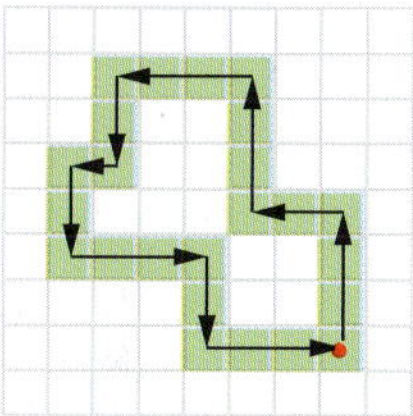

1. Beschreibe den Weg der Figur durch einen Term.
2. Verwende eine andere beliebige Startposition der Figur auf dem Weg und stelle für diese Position einen Term des Weges auf.
3. Begründe: Die Terme sind für beliebige Startpositionen der Figur äquivalent.
4. Begründe: Warum ist die Vereinfachung der Terme zur Bewegung der Figur nicht sinnvoll?

d) Stelle einen Term für die Bewegung einer Figur auf und lasse die Bewegung von einem Mitschüler zeichnen.

15

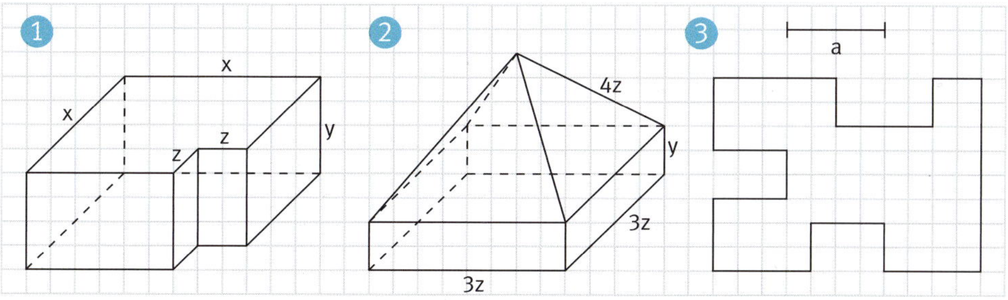

a) Beschreibe die Gesamtkantenlänge der Körper bzw. den Umfang der Figur mit einem möglichst einfachen Term.
b) Berechne die Gesamtkantenlänge bzw. den Umfang für folgende Werte:

A a = 5 cm	x = 6 cm	y = 1,5 cm	z = 2,5 cm
B a = 9 cm	x = 13 cm	y = 4 cm	z = 5 cm

3.3 Terme multiplizieren und faktorisieren

Entdecken

Familie Huber möchte einen Stellplatz für Fahrräder nach folgendem Muster pflastern.

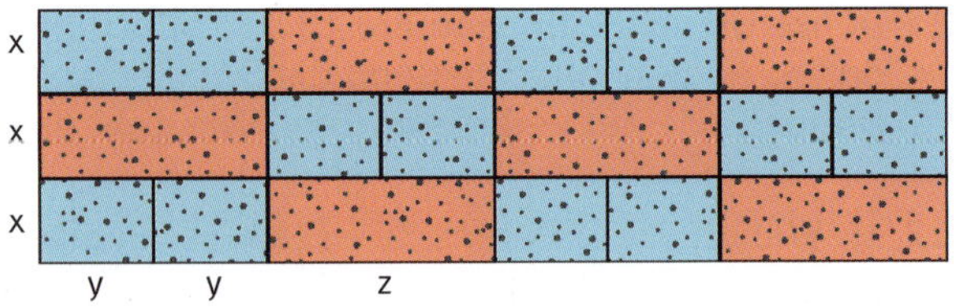

- Übertrage das Muster ins Heft. Färbe alle Flächen $x \cdot y$ blau und alle Flächen $x \cdot z$ rot.
- Stelle unterschiedliche Terme zur Berechnung des Flächeninhalts der Fahrradstellfläche auf. Überprüfe, ob die Terme äquivalent sind, indem du für x, y und z konkrete Werte einsetzt.

Verstehen

Wenn die Faktoren eines Produktes selbst **Produkte** sind, die **nur aus Zahlen und Variablen** bestehen (keine Summen!), dann lässt sich dieses Produkt vereinfachen, indem man die **Koeffizienten und** jeweils **gleiche Variablen multipliziert**, z. B.: $2x \cdot 3x = 2 \cdot 3 \cdot x \cdot x = 6x^2$.

Mithilfe des Distributivgesetzes kann man Zahlen und einzelne Variablen **ausmultiplizieren**.
Wird eine Summe mit einem Faktor multipliziert, dann wird **jeder Summand mit dem Faktor (aus-)multipliziert**. Die einzelnen Produkte werden unter Berücksichtigung ihrer Vorzeichen addiert.

$a \cdot (b + c) = a \cdot b + a \cdot c$

Erklärvideos unter 60112-09

Beispiele

I Vereinfache die Terme so weit wie möglich.

a) $3x \cdot 6x \cdot x^3$

b) $-y \cdot 5z^2 \cdot 7y^3 \cdot \frac{2}{5}z$

Lösung

a) $3x \cdot 6x \cdot x^3$
$= 3x \cdot 6x \cdot 1x^3$
$= 3 \cdot 6 \cdot 1 \cdot x \cdot x \cdot x^3$
$= 18x^5$

b) $-y \cdot 5z^2 \cdot 7y^3 \cdot \frac{2}{5}z$
$= (-1)y \cdot 5z^2 \cdot 7y^3 \cdot \frac{2}{5}z$
$= (-1) \cdot 5 \cdot 7 \cdot \frac{2}{5} \cdot y \cdot y^3 \cdot z^2 \cdot z$
$= -14y^4z^3$

Beachte die Potenzgesetze. Steht vor einer Variablen kein Koeffizient, dann ist auch hier die Zahl 1 als Koeffizient zu ergänzen.

II Vereinfache den folgenden Term so weit wie möglich.
$2 \cdot (-3x + 4) + 2x - 5$

Lösung

$2 \cdot (-3x + 4) + 2x - 5$
① Multipliziere die Klammer aus: $= 2 \cdot (-3x) + 2 \cdot 4 + 2x - 5$
$= -6x + 8 + 2x - 5$
② Ordne nach gleichartigen Termen: $= -6x + 2x + 8 - 5$
③ Fasse gleichartige Terme zusammen: $= -4x + 3$

Nachgefragt

- Begründe mithilfe eines Rechengesetzes, dass die Terme $2 \cdot (a + 2b)$ und $2a + 4b$ äquivalent sind.
- Den Term $4 \cdot (2x + 3x)$ kannst du auf zwei verschiedene Arten vereinfachen. Erkläre.

Aufgaben

In den Termen werden die Variablen meist alphabetisch geordnet. Zahlen stehen am Schluss.

1 Multipliziere aus und vereinfache so weit wie möglich.

a) $7 \cdot (4x + 2)$ **b)** $(-3b + a) \cdot 5$ **c)** $1{,}7 \cdot (2c + a)$

d) $2x \cdot (x + 2{,}5)$ **e)** $y \cdot (15 - x)$ **f)** $3z\,(3z + 4)$

g) $\frac{1}{3}k \cdot (6k + 1)$ **h)** $\left(-\frac{3}{4}l\right) \cdot (4l - 12)$ **i)** $\frac{4}{5}s \cdot \left(0{,}75t - \frac{3}{2}u\right)$

j) $(-1{,}5a + 4{,}9b) \cdot (-c)$ **k)** $(-3k + 0{,}2l) \cdot (-3m)$ **l)** $(-2{,}4s^2 + 3{,}6ts) \cdot (4s)$

m) $(-3b) \cdot \left(2b - \frac{1}{6}bc\right)$ **n)** $(2{,}3a - 3{,}9ab) \cdot a$ **o)** $\left(\frac{2}{3}fg - \frac{5}{9}f^2g\right) \cdot (-2g)$

p) $2{,}4x \cdot (x - y) \cdot z$ **q)** $(-4{,}8st^3 - 0{,}5st) \cdot st$ **r)** $\frac{1}{4}f^2 \cdot \left(\frac{2}{3}g - \frac{4}{5}fh\right) \cdot h^2$

2 Löse die Klammern auf und vereinfache.

a) $12 \cdot (12x + 5y)$ **b)** $(-5c - 2d) \cdot 10$ **c)** $(51c - 9) \cdot 3$ **d)** $(3x + 8) \cdot 16$

e) $\frac{1}{4} \cdot (12 - 4v)$ **f)** $b \cdot (-1{,}4r - 2{,}2y)$ **g)** $(2g - h) \cdot (-1)$ **h)** $(10{,}2x + 3{,}4) \cdot 17$

i) $\frac{1}{8} \cdot \left(-16 - \frac{4}{5}t\right)$ **j)** $(-3{,}6 + 2x) \cdot (-4)$ **k)** $(2m - 5n) \cdot 5$ **l)** $(9z^3 - 6z^5) \cdot 3z^2$

m) $-\frac{3}{7}z^3 \cdot \left(\frac{14}{9}z - \frac{2}{3}\right)$ **n)** $\frac{x}{2} \cdot (2x + 4)$ **o)** $\frac{a^5}{4} \cdot \left(4 - \frac{8}{2a^5}\right)$ **p)** $4\frac{1}{7}x \cdot \left(\frac{7}{2}x^2 - 7x^{-1}\right)$

q) $3xy \cdot (4x + 5y - 6xy)$ **r)** $\frac{2x}{y} \cdot \left(xy - 3y + \frac{1}{2}y\right)$

s) $(15ab + 20b + 100a) \cdot 23a^2b$ **t)** $-4yz \cdot \left(-0{,}25yz - \frac{1}{16}y + 4^{-1}z\right)$

Lösungen zu 2:
$a^5 - 1$; $345a^3b^2 + 2300a^3b + 460a^2b^2$; $-1{,}4br - 2{,}2by$; $153c - 27$; $-50c - 20d$; $-2g + h$; $10m - 25n$; $-\frac{1}{10}t - 2$; $-v + 3$; $48x + 128$; $173{,}4x + 57{,}8$; $-8x + 14{,}4$; $x^2 + 2x$; $14\frac{1}{2}x^3 - 29$; $144x + 60y$; $-18x^2y^2 + 12x^2y + 15xy^2$; $2x^2 - 5x$; $y^2z^2 + \frac{1}{4}y^2z - yz^2$; $-18z^7 + 27z^5$; $-\frac{2}{3}z^4 + \frac{2}{7}z^3$

3 **a)** Begründe anhand der Beispiele, dass die Division einer Summe oder Differenz durch einen Divisor in eine Multiplikation umgewandelt werden kann.

Beispiele:

① $(3x - 6y) : 3 = (3x - 6y) \cdot \frac{1}{3} = \frac{1}{3} \cdot 3x - \frac{1}{3} \cdot 6y = x - 2y$

② $(8x - 4y) : \frac{1}{4} = (8x - 4y) \cdot 4 = 4 \cdot 8x - 4 \cdot 4y = 32x - 16y$

③ $(5xy - 10y) : (-5y) = (5xy - 10y) \cdot \left(-\frac{1}{5y}\right) = 5xy \cdot \left(-\frac{1}{5y}\right) - 10y \cdot \left(-\frac{1}{5y}\right) = -x + 2$

b) Wandle zunächst in eine Multiplikation um und vereinfache dann.

① $(x + y + z) : 2$ ② $(5a - 2b + c) : \frac{1}{10}$ ③ $(4r^2 - 8r^3 + 2r^4) : \frac{8}{7}$

④ $(-1{,}2e + 8{,}4f^2) : \left(-\frac{1}{5}\right)$ ⑤ $(-3z^4 - z^5) : (-7)$ ⑥ $-(2a + 4b) : (-2)$

4 Welche Termumformung ist richtig? Übertrage das Kreuzworträtsel in dein Heft und trage die Lösungsworte ein.

a) $-2 \cdot (-m - n)$	**b)** $(3x - y) \cdot (-2)$	**c)** $(8m - 14n) : (-2)$	**d)** $(2s + st) : 2s$
$2m + 2n$ (Sonne)	$6x - 2y$ (Ziel)	$7n - 4m$ (Kreis)	$t + 1$ (Basis)
$-2m - 2n$ (Summe)	$2y - 6x$ (Zahl)	$4m - 7n$ (Kreuz)	$0{,}5t + 1$ (Bruch)

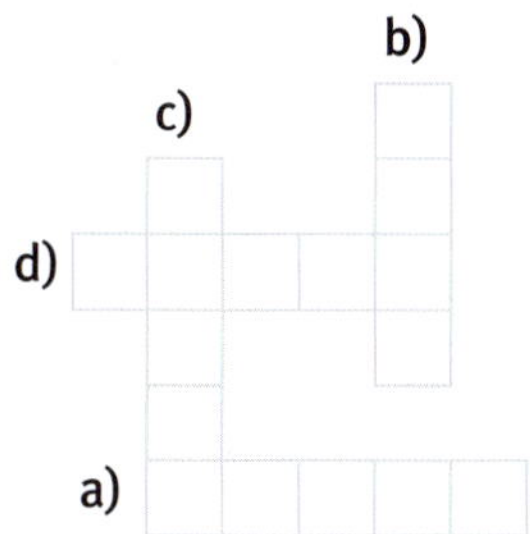

5 Wende erst das Kommutativgesetz an und vereinfache dann die Terme.
Beispiel: $2 \cdot (2a + 3b) \cdot 3 = 2 \cdot 3 \cdot (2a + 3b) = 6 \cdot (2a + 3b) = 12a + 18b$

a) $4 \cdot (5x - 7y) \cdot 1{,}5$ **b)** $2 \cdot (r^2 + s^3 - t) \cdot 7{,}5$

c) $(-1) \cdot (0{,}5p + 2{,}5q) \cdot 3$ **d)** $-125 \cdot \left(-\frac{17}{5}x^3 - x^2 - \frac{x}{25}\right) \cdot \frac{1}{25}$

e) $ef \cdot (-3e + 3f - 3ef) \cdot (2ef)^2$ **f)** $x^2y^2 \cdot (0{,}22x^2 - 0{,}33y + 0{,}98y) \cdot 0{,}1$

g) $375a^2b^3 \cdot (3{,}75ab^{-1} + a^{-2}b^{-2} - ab) : 75ab^2$

h) $3\frac{1}{2}mn \cdot \left(4\frac{1}{4}m^{-1} - \frac{2}{mn} + 1\right) : 2\frac{1}{2}m$

Erklärvideo *unter 60112-10*

Weitergedacht

Erklärvideo
unter 60112-11

Umgekehrt kann man Terme mit gemeinsamen Faktoren durch **Ausklammern faktorisieren**, also als Produkt schreiben.

Beispiele:

a) $5ab + 7a - 3ac$ b) $12xy + 4xz + 8vx$ c) $7m^2n + m^2$

Lösung:

a) $5ab + 7a - 3ac$
$= a \cdot (5b + 7 - 3c)$
a ist der gemeinsame Faktor aller Summanden.

b) $12xy + 4xz + 8vx$
$= 3 \cdot 4xy + 4xz + 2 \cdot 4vx$
$= 4x \cdot (3y + z + 2v)$
In den Summanden lassen sich 4 und x als Faktoren ausklammern. Der gemeinsame Faktor ist 4x.

c) $7m^2n + m^2 = 7m^2n + 1m^2$
$= m^2 \cdot (7n + 1)$
m^2 ist der gemeinsame Faktor.

6 Faktorisiere die Terme, indem du gemeinsame Faktoren ausklammerst.

a) $\frac{1}{2}ax + 3x - 7xy$ b) $a^2bc - ab^2 + 3{,}2abc$ c) $6mn + 4km + 8m$
d) $2{,}5s^2f - 1{,}5s^2t + 12s^2$ e) $-35rs + 21r - 49rs^2$ f) $1{,}2gh + 0{,}3g - 1{,}5gk$
g) $\frac{2}{3}d^2 - 1\frac{1}{3}cd + d$ h) $0{,}8k^2l^2 - 1{,}6kl^2 + mkl^2$ i) $1{,}9x^3y - 4{,}6x^2y^2 + x^2y^3$
j) $3x^2z + 1{,}5xz^2 - 9x^3z^3$ k) $\frac{3}{4}abc - \frac{1}{4}a^2c + 1\frac{3}{4}bc^2$ l) $6s^2tu - 3s^2tu^2 + 9s^2u^2$

7 Faktorisiere jeweils, indem du den größten gemeinsamen Faktor ausklammerst.

a) $12xy + 8x$ b) $14xy - 21xyz$ c) $42a^2b - 28ab^2$
d) $75rs^2t - 50r^2st$ e) $48x + 24xy - 12x^2$ f) $39ef + 26f - 13e$
g) $45ab + 81ac - 108ad$ h) $5{,}5xy - 0{,}5xz - 9{,}5xy^2$ i) $6t^2 - 36t$
j) $21xy + 35x^2y - 84xy^2 + 14x^2y^2$ k) $42e^2f^2 - 84ef^3 + 21e^3f^2$
l) $\frac{2}{7}a - \frac{1}{14}b + 2\frac{5}{7}c - \frac{13}{14}d$ m) $96a^2b^3 - 56ab^2 + 40ab^4 - 104a^3b$
n) $16 \cdot (ef)^2 + 28e^3f^4 - 40efef$ o) $12rs - 24sr - \frac{24}{12}rs + 36sr$

Lösungen zu 8:
–6; –5xy; 2; 3; 4; 7; 7; 10; 28; b; 2,5x

8 Ergänze die Lücken so, dass eine wahre Aussage entsteht.

a) $4 \cdot (6x + 7y) = 24x + \square \cdot y$ b) $\square a \cdot (2b - 4a) = 6ab - 12a^2$
c) $\frac{1}{3}xy \cdot (\square xy + 15y) = -2x^2y^2 + 5xy^2$ d) $-5ab \cdot (-10a\square + 2) = 50a^2b^2 - \square ab$
e) $2{,}2a \cdot (\square a - 3{,}1b) = 8{,}8a^2 - 6{,}82ab$ f) $(14ab^3 + 7a^2b^3) : \square ab^2 = 2b + ab$
g) $\square pq^2 \cdot (3{,}5p - 1{,}75q) = \square p^2q^2 - 3{,}5pq^3$ h) $(-25xy^3 - 12{,}5x^2y) : \square = 5y^2 + \square$

9 Die Grafiken zeigen zwei Quadernetze.

a) Erstelle je einen Term für die Fläche des Netzes und vereinfache ihn.
b) Vergleiche die Terme aus a) miteinander. Was fällt dir auf?
c) Berechne die Quaderoberfläche, indem du die Variablen mit den folgenden Werten belegst: a = 2,5 cm; b = 4 cm; c = 7 cm.

10 Oftmals haben nicht alle Summanden einen gemeinsamen Faktor. Trotzdem kann es sich lohnen, den gemeinsamen Faktor einiger Summanden auszuklammern.

Beispiel: $12ab + 8a + 5b$
$= 4 \cdot 3 \cdot a \cdot b + 4 \cdot 2 \cdot a + 5b$
$= 4a \cdot (3b + 2) + 5b$

Klammere ebenso aus.

a) $16a + 12b + 7c$
b) $\frac{1}{2}ab + 0{,}5bc + 7d$
c) $13a + 12b + 6b^2$
d) $0{,}25xy + \frac{1}{3}y + 0{,}75xz$
e) $12p^2 - 15pq + 6qr - 18r^3$
f) $7{,}5a^2b + 15a - 12bc^2 + c^2$
g) $1{,}5\,(ab)^2 - 5cd^2 + 4{,}5ab - 2{,}5dc - 7{,}5a^3b^3$
h) $kl + lm + mn + no + op$

Findest du mehrere Möglichkeiten?

11 Gib den Flächeninhalt der Figur in Abhängigkeit von z an. Bestimme dafür die einzelnen Teilflächeninhalte, schreibe den Term als Summe und wandle ihn anschließend durch Faktorisieren in ein Produkt um.

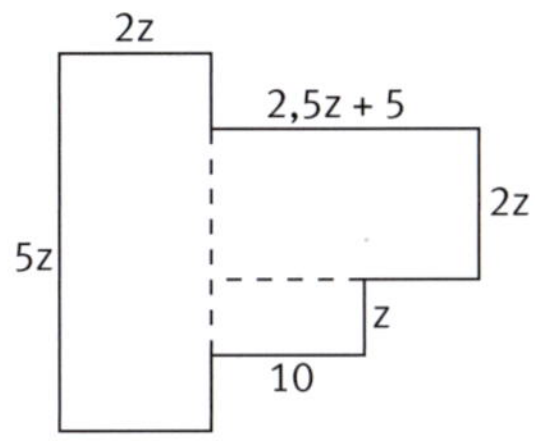

12 Hier stimmt doch was nicht. Finde den Fehler und verbessere die Rechnung.

a) $2x - (3x + 4) = -x + 4$
b) $3 \cdot (4a + 7) = 12a + 7$
c) $b + (2y + 4z) = 2by + 4bz$
d) $(8g - 14r) : 2 = 8g - 7r$
e) $6y - 3yz = 3y \cdot (2 - yz)$
f) $10x \cdot (xz + 2yz) = 10xz + 20xz$
g) $2u \cdot (3v + 6w) \cdot 2v = 6uv + 12vw$
h) $2x + (3x + y) = 5x^2 + 2xy$
i) $8s \cdot (4r + s) = 32rs + 9s$
j) $(9a + 5b) \cdot 0{,}5b = 4{,}5ab + 5{,}5b^2$

13 Bei einem Würfel der Kantenlänge a wird eine Kante um x cm verlängert. Gib für den Oberflächeninhalt und das Volumen des neu entstandenen Quaders jeweils einen Term als Summe und als Produkt an.

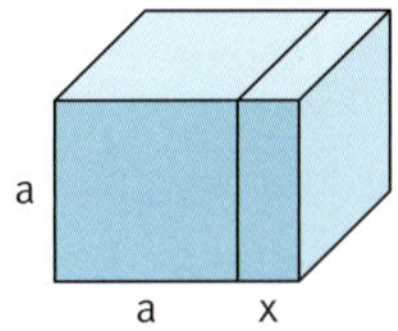

14 Vereinfache die Terme so weit wie möglich.

a) $6 \cdot (3a + 2b) + 7 \cdot (4b - 7a) - 13b$
b) $5x \cdot (3xy - 2y) - 3y \cdot (2x - 6y)$
c) $\frac{1}{2}ab + 3b \cdot \left(\frac{1}{2}a - 7\right) - \frac{2}{3}b \cdot \left(\frac{1}{2}a + \frac{3}{2}\right)$
d) $2 \cdot [6x \cdot (3y - 2x) - (xy + x) \cdot 0{,}5x] \cdot 2x$
e) $5{,}4ab - [ab - (10c + 6ab + 2x)] - [2x - (3c + 3{,}5ab) + 9ab]$
f) $2p + 0{,}2q \cdot (3{,}5q - 0{,}3) - [-0{,}48q - (0{,}5r - 3{,}6) \cdot 2r] - [-5p \cdot (0{,}2p - 0{,}3)]$
g) $0{,}4a \cdot [0{,}6a - 1{,}2b - 0{,}9] - [-0{,}36a - (1{,}6a + 0{,}8b) \cdot 0{,}3b]$
h) $1{,}3x - (0{,}5y - 0{,}4z) - \{0{,}6y - [0{,}2z - (1{,}2x - 1{,}3y) - 0{,}5y] - 0{,}6z\}$

15 Die Kalkulation der Kosten für den Neubau eines Hauses kann über die Kubatur (= Volumen) des Hauses erfolgen. Architekt Baugern hat verschiedene Häuser mit Flachdach im Angebot, die so geplant sind, dass die Länge des Hauses um 2,5 m größer ist als die Breite. Die Höhe richtet sich nach den Wünschen der Bauherren.

a) Erstelle einen Term zur Berechnung der Baukosten, wenn 1 m^3 umbauter Raum mit 250 € veranschlagt wird.
[Ergebnis: $(250x^2y + 625xy)$ €]

b) Berechne die Kosten, wenn das Haus 11 m breit und 6,5 m hoch ist.

c) Wie hoch ist ein 13 m breites Haus, wenn die kalkulierten Baukosten 483 600 € betragen?

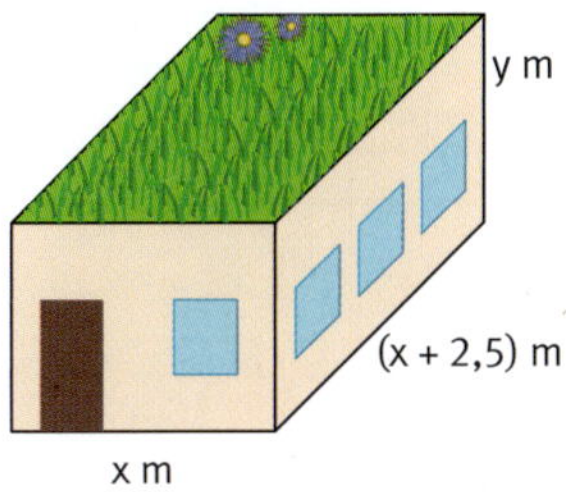

3.4 Summenterme multiplizieren

Entdecken

Familie Bade will ein Haus bauen. Sie wissen noch nicht, wie groß es werden soll, aber die Grundfläche soll quadratisch sein. Da sie gerne im Freien sind, wollen sie eine große Terrasse, einen Garten und einen Pool so anordnen, wie in der Skizze dargestellt.

- Stelle die Maßzahl des Flächeninhalts des benötigten Grundstücks auf zwei verschiedene Arten dar.
- Wie kannst du zeigen, dass die beiden Terme äquivalent sind?

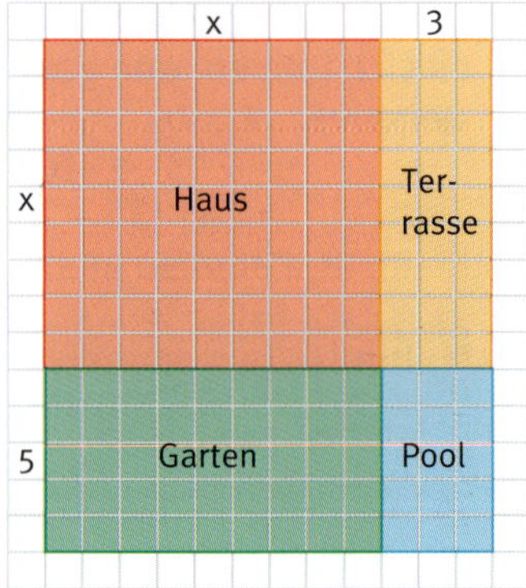

Verstehen

Zwei Summen werden miteinander multipliziert, indem man jeden Summanden **der ersten Summe** mit **jedem Summanden der zweiten Summe** multipliziert. Die entstandenen Produkte werden dann mit ihrem Vorzeichen addiert.

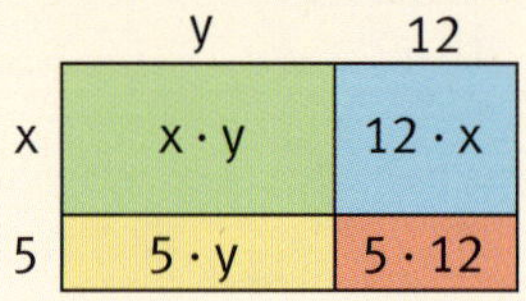

$(x + 5) \cdot (y + 12) = x \cdot y + 12 \cdot x + 5 \cdot y + 5 \cdot 12$

Beispiele

I Berechne das Produkt $(3x + 7) \cdot (4x - 5)$ mithilfe einer Verknüpfungstabelle. Vereinfache so weit wie möglich.

Lösung

$(3x + 7) \cdot (4x - 5)$
$= 12x^2 \underbrace{- 15x + 28x} - 35$
$= 12x^2 + 13x - 35$

·	4x	−5
3x	$12x^2$	−15x
7	28x	−35

II Multipliziere den Term $(2a - 3b) \cdot (12 - 6a)$ aus und vereinfache so weit wie möglich.

Lösung

$(2a - 3b) \cdot (12 - 6a)$
$= 2a \cdot 12 + 2a \cdot (-6a) + (-3b) \cdot 12 + (-3b) \cdot (-6a)$
$= 24a - 12a^2 - 36b + 18ab$

Nachgefragt

- Für welche Belegung von x hat das Produkt $(x - 0{,}5) \cdot (1 + x)$ den Wert 0?
- Begründe die Multiplikation von Summentermen anhand des folgenden Vorgehens: $(a + b) \cdot (c + d) = a \cdot (c + d) + b \cdot (c + d)$

Aufgaben

1 Berechne das Produkt mithilfe einer Verknüpfungstabelle. Vereinfache so weit wie möglich.

a) $(x + 2) \cdot (x + 3)$ **b)** $(r + s) \cdot (r - 1)$ **c)** $(-2a + 5) \cdot (1{,}2y - 0{,}4)$
d) $(-2x + 7) \cdot (x - y)$ **e)** $\left(0{,}4k - \frac{2}{3}\right) \cdot (-l + 8)$ **f)** $(-3{,}2a + 0{,}5b) \cdot (a - 2b)$
g) $(1{,}4y + 1{,}8) \cdot (-x + y)$ **h)** $(-s^2 + 2t) \cdot (s - 0{,}6)$ **i)** $(2k - t^2) \cdot (1{,}6 - 0{,}3t)$

2 Multipliziere aus und vereinfache so weit wie möglich.

a) $(x + 3) \cdot (x + 5)$ **b)** $(z + 2) \cdot (z - 10)$ **c)** $(v - 3) \cdot (3 + v)$
d) $(y - 5) \cdot (y - 3)$ **e)** $(-c + 3) \cdot (3 + c)$ **f)** $(4 + 3r) \cdot (-r + 3)$
g) $(a + 3) \cdot (2b + 5)$ **h)** $\left(\frac{1}{2}u - \frac{1}{5}v\right) \cdot \left(\frac{3}{2}v + \frac{5}{7}u\right)$ **i)** $(0{,}2a^2 + 1{,}2a) \cdot (0{,}5a - 3)$

3 a) Der Flächeninhalt der Figur in der Randspalte wurde auf zwei Arten berechnet. Erkläre das Vorgehen.

① $A = 6\text{ cm} \cdot 12\text{ cm} + 6\text{ cm} \cdot 6\text{ cm} + 2\text{ cm} \cdot 12\text{ cm} + 2\text{ cm} \cdot 6\text{ cm} = 144\text{ cm}^2$

② $A = (6\text{ cm} + 2\text{ cm}) \cdot (12\text{ cm} + 6\text{ cm}) = 8\text{ cm} \cdot 18\text{ cm} = 144\text{ cm}^2$

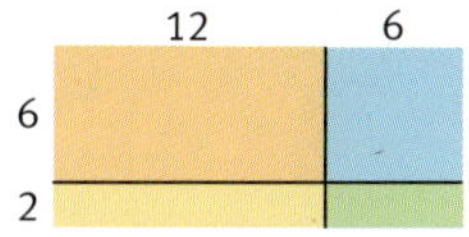

Alle Maßangaben in cm

b) Beschreibe analog zu a) den Flächeninhalt auf zwei verschiedene Arten.

①
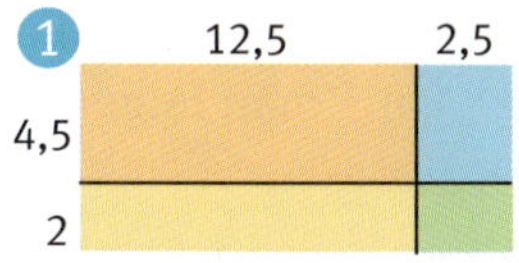

②
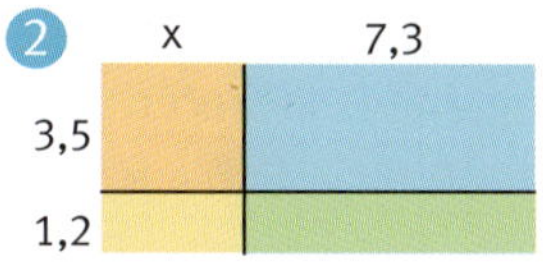

③
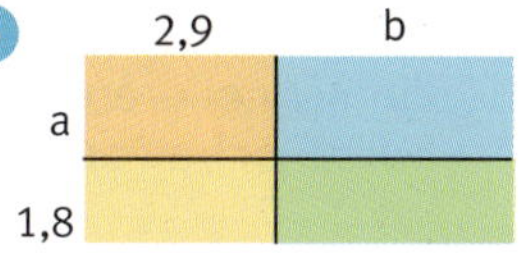

4 Man kann mithilfe einer Verknüpfungstabelle auch Produkte von Summen mit mehr als zwei Summanden bestimmen.

a) Erkläre das Vorgehen im Beispiel.

b) Berechne ebenso.

① $(2a - 3b + 7) \cdot (3a + b - 8)$

② $(-x + 4y + z) \cdot (x - y + 4)$

c) Wie kann eine Tabelle für $(2x + 4) \cdot (x - 3 + y)$ aussehen? Begründe und berechne.

Beispiel:

	$2x$	$3y$	-5
x	$2x^2$	$3xy$	$-5x$
$-y$	$-2xy$	$-3y^2$	$+5y$
1	$2x$	$3y$	-5

$(x - y + 1) \cdot (2x + 3y - 5)$
$= 2x^2 + 3xy - 5x - 2xy - 3y^2$
$\quad + 5y + 2x + 3y - 5$
$= 2x^2 - 3y^2 - 3x + 8y + xy - 5$

5 Berechne.

a) $(2a^2 + 1{,}5a - 1) \cdot (4a + 3)$ **b)** $(2 - 0{,}3f + 0{,}75f^2) \cdot (f + f^2)$
c) $(-1 - m) \cdot (-m^2 + 2m + 2)$ **d)** $(7 + 42b^2 - 63b) \cdot (0{,}7 + b)$
e) $(x + 1) \cdot (x + 2) \cdot (x - 3)$ **f)** $(2 + 2z) \cdot (z - 1) \cdot (0{,}5z + 0{,}5)$

Beachte das Assoziativgesetz:
$(T_1) \cdot (T_2) \cdot (T_3) =$
$= [(T_1) \cdot (T_2)] \cdot (T_3)$
$= \quad (T_4) \quad \cdot \quad (T_3)$

Weitergedacht

Umgekehrt kann man Terme durch **mehrfaches Ausklammern faktorisieren**, also zu einem Produkt aus Summentermen machen.
Beispiel: $30 + 6y - 20x - 4xy = 3 \cdot 10 + 3 \cdot 2y + (-2)\,x \cdot 10 + (-2)\,x \cdot 2y$
$= 3 \cdot (10 + 2y) + (-2)\,x \cdot (10 + 2y)$
$= (3 - 2x) \cdot (10 + 2y)$

6 Faktorisiere folgende Terme.

a) $35 + 21b + 10a + 6ab$ **b)** $2 - f + 2e - ef$ **c)** $6vw - 12v - 9w + 18$
d) $60xy + 25x + 108y + 45$ **e)** $x^2 - 4x + bx - 4b$ **f)** $13a + 169ab - 1 - 13b$

3.5 Binomische Formeln

Entdecken

1 Herr Bud will ein Haus mit quadratischer Grundfläche in ein quadratisches Grundstück bauen und das restliche Grundstück wie abgebildet mit zwei rechteckigen Rasenflächen und einem quadratischen Pool nutzen.

- Gib den Flächeninhalt des Grundstücks mithilfe von a und b auf zwei verschiedene Arten an.

2 Der Architekt hat zur Bestimmung der Flächeninhalte eine andere Beschriftung gewählt. Für ihn ist besonders der Grundflächeninhalt des Hauses interessant.

- Bestimme den Grundflächeninhalt des Hauses mithilfe der Variablen a und b auf zwei verschiedene Arten.
  Tipp: Eine Möglichkeit hat die Form:
  $\square^2 - 2 \cdot \square \cdot \square + \square^2$

1
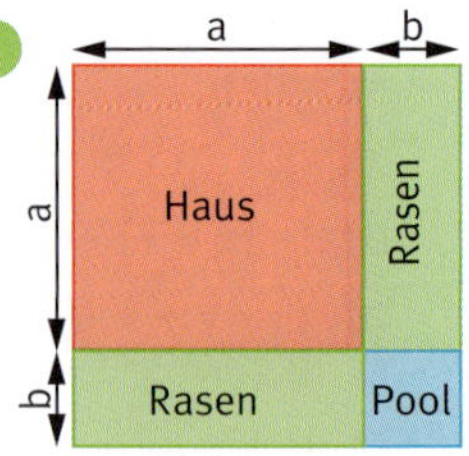

2
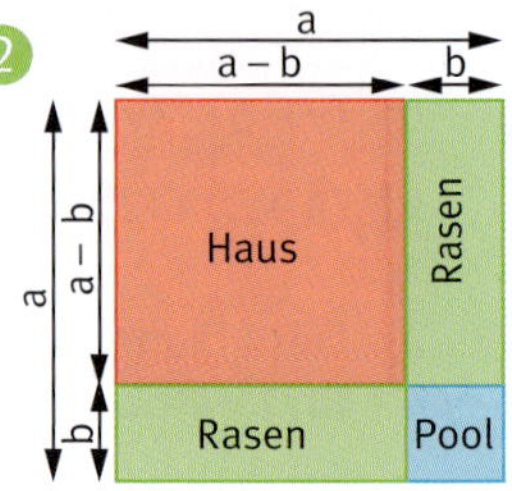

Verstehen

bi (lat.): zwei

Die binomischen Formeln lassen sich in beide Richtungen anwenden: ausmultiplizieren oder faktorisieren.

Terme der Form a + b oder a – b nennt man **Binome** („zweigliedrige" Terme). Zur schnelleren Berechnung von Quadraten von Binomen kann man folgende **binomische Formeln** anwenden:

1. binomische Formel: $(a + b)^2 = a^2 + 2ab + b^2$
2. binomische Formel: $(a - b)^2 = a^2 - 2ab + b^2$

Erklärvideo
unter 60112-12

Beispiele

I Löse die Klammer mithilfe der 1. bzw. 2. binomischen Formel auf.

a) $(x + 3)^2$ b) $(3a + 4b)^2$ c) $(x - 2y)^2$

Lösung

a) $(x + 3)^2 = x^2 + 2 \cdot x \cdot 3 + 3^2 = x^2 + 6x + 9$

b) $(3a + 4b)^2 = (3a)^2 + 2 \cdot 3a \cdot 4b + (4b)^2 = 9a^2 + 24ab + 16b^2$

c) $(x - 2y)^2 = x^2 - 2 \cdot x \cdot 2y + (2y)^2 = x^2 - 4xy + 4y^2$

II Fasse mithilfe der binomischen Formeln zusammen und schreibe mit Klammer.

a) $x^2 + 8x + 16$ b) $36x^2 - 6ax + \frac{1}{4}a^2$

Überlegungen:
1. Quadrierte Terme: Welchen Term muss ich quadrieren, um den gewünschten zu erhalten?
2. Zerlege den „gemischten Term" in ein Produkt der Form 2 · a · b.

Lösung

a) $x^2 + 8x + 16 = x^2 + 2 \cdot 4 \cdot x + 4^2 = (x + 4)^2$

b) $36x^2 - 6ax + \frac{1}{4}a = (6x)^2 - 2 \cdot 6x \cdot \frac{1}{2}a + \left(\frac{1}{2}a\right)^2 = \left(6x - \frac{1}{2}a\right)^2$

Nachgefragt

- Für die Terme $(-a + b)^2$ und $(-a - b)^2$ sind keine weiteren binomischen Formeln notwendig. Begründe.
- Im Term $x^2 + 2x + 4$ ist keine binomische Formel anwendbar. Begründe.

Aufgaben

1 Löse die Klammer mithilfe der 1. bzw. 2. binomischen Formel auf.

a) $(x + y)^2$ **b)** $(v - w)^2$ **c)** $(3 + z)^2$ **d)** $(7 - m)^2$
e) $(2u + v)^2$ **f)** $(a - 5b)^2$ **g)** $(4x - 5y)^2$ **h)** $(p - 3)^2$
i) $(a + 0{,}5)^2$ **j)** $(0{,}7 - b)^2$ **k)** $\left(s + \frac{1}{2}\right)^2$ **l)** $\left(\frac{8}{9} - t\right)^2$
m) $\left(x + 2\frac{3}{4}\right)$ **n)** $(x^2 + 5)^2$ **o)** $(a^4 - 15)^2$ **p)** $(3a^2 + 2b^3)^2$

2 Ergänze die Lücke so, dass du eine binomische Formel anwenden kannst. Schreibe dann mit Klammern.

Lösungen zu 2: *0,09; $\frac{1}{4}$; $\frac{1}{4}$; $\frac{4}{3}$; 2,25; 3; 9; 14; 18; 36; 64; 121*

a) $x^2 + 6x + \square$ **b)** $x^2 - 16x + \square$ **c)** $x^2 - 22x + \square$
d) $x^2 - x + \square$ **e)** $x^2 + 0{,}6x + \square$ **f)** $x^2 + 3x + \square$
g) $x^2 - \square x + 49$ **h)** $x^2 + \square x + 2{,}25$ **i)** $x^2 - \square x + \frac{4}{9}$
j) $x^2 - 2 \cdot 6x + \square$ **k)** $x^2 - \square x + 81$ **l)** $\square x^2 - \frac{1}{8}x + \frac{1}{64}$

3 **a)** Löse die Aufgabe mithilfe der ersten binomischen Formel.
b) Begründe, dass du diese Aufgabe schneller lösen kannst.
c) Erkläre, wann eine binomische Formel notwendig ist, und wann nicht.

Weitergedacht

Auch die 3. binomische Formel kann man geometrisch über Flächeninhalte zeigen. Der blau eingefärbte Flächeninhalt lässt sich auf zwei Arten beschreiben.

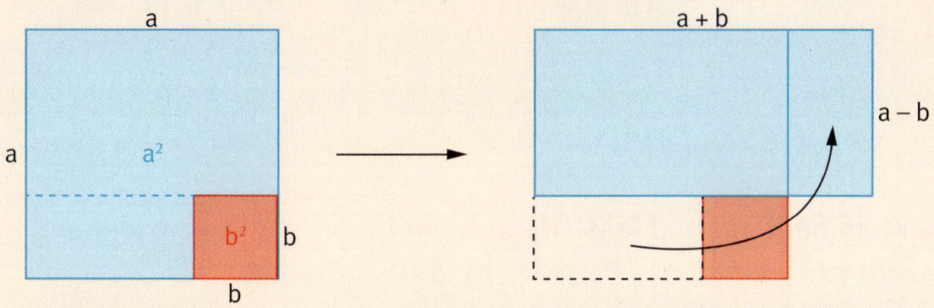

$A = a^2 - b^2$ $A = (a + b) \cdot (a - b)$

3. binomische Formel: $(a + b) \cdot (a - b) = a^2 - b^2$

4 Vereinfache mithilfe der 3. binomischen Formel.

Beachte: $a + b = b + a$

a) $(x + 2) \cdot (x - 2)$ **b)** $(x - 3) \cdot (3 + x)$ **c)** $(y - 4) \cdot (y + 4)$
d) $(6 - x) \cdot (6 + x)$ **e)** $\left(y + \frac{2}{5}\right) \cdot \left(y - \frac{2}{5}\right)$ **f)** $\left(\frac{4}{9} - x\right) \cdot \left(\frac{4}{9} + x\right)$
g) $(x + y) \cdot (x - y)$ **h)** $(x + 3) \cdot (x - 3)$ **i)** $(y - 2) \cdot (y + 2)$
j) $(3 + b) \cdot (3 - b)$ **k)** $(a - 0{,}5) \cdot (0{,}5 + a)$ **l)** $\left(x^2 + \frac{7}{2}\right) \cdot \left(x^2 - \frac{7}{2}\right)$

5 Vereinfache so weit wie möglich mithilfe der binomischen Formeln.

a) $(5s + 9t) \cdot (5s - 9t)$ **b)** $(7u - 3v)^2$ **c)** $(3x + 2y)^2$
d) $(12x - 15y)^2$ **e)** $(8p - 13q) \cdot (13q + 8p)$ **f)** $(9a + 12b)^2$
g) $(0{,}1a - 0{,}3b)^2$ **h)** $(0{,}9a + 0{,}9b) \cdot (0{,}9a - 0{,}9b)$ **i)** $(2{,}5v + 3{,}5w)^2$
j) $\left(\frac{5}{7}u + \frac{7}{5}v\right)^2$ **k)** $\left(\frac{7}{4}a - 1{,}75b\right) \cdot \left(\frac{7}{4}a + 1{,}75b\right)$ **l)** $\left(\frac{18}{27}p - 1\frac{2}{5}q\right)^2$

6 Ordne zu. Welche Terme sind äquivalent?

① $x(4 + x)$	② $(x - 2)^2$	Ⓐ $x^2 - 4$	Ⓑ $x^2 + 4x + 4$
③ $(2 - x)(2 + x)$	④ $(x - 4)(4 + x)$	Ⓒ $x^2 - 4x + 4$	Ⓓ $x^2 + 4x$
⑤ $(2 + x)^2$	⑥ $(x + 2)(x - 2)$	Ⓔ $-x^2 + 4$	Ⓕ $x^2 - 16$

7 Löse die Klammern auf und vereinfache so weit wie möglich.

a) $(-3x - 7y)^2$ **b)** $(-9a + 8b)^2$ **c)** $-(5a + 2{,}5b)^2$
d) $(5{,}2c - 2{,}5d)^2 \cdot (-1)$ **e)** $(x + 2y) \cdot (-2y + x)$ **f)** $p \cdot (2p + 9)^2$
g) $-u \cdot (1{,}1u - 2{,}2v)^2$ **h)** $4x \cdot (2x + 6y)^2$ **i)** $z^2 \cdot (3 + 3z) \cdot (3 - 3z)$
j) $(xy + yz)^2$ **k)** $(-5vw + 2uv) \cdot (2uv + 5vw)$ **l)** $(0{,}5ab - 3c^2)^2$
m) $(0{,}2x^2 + 3x)^2$ **n)** $(2{,}25a - 2b^2) \cdot (2{,}25a + 2b^2)$ **o)** $(p^2q^3 + pq^2)^2$
p) $\left(\frac{2}{3}x + y^5\right)^2$ **q)** $(1{,}5x - 2{,}5y) \cdot (-2{,}5y + 1{,}5x)$ **r)** $(ab + cde)^2$

8 „Das Quadrat einer Differenz ergibt die Differenz aus dem Quadrat des Minuenden und dem doppelten Produkt aus Minuend und Subtrahend addiert zum Quadrat des Subtrahenden."

a) Welche binomische Formel wird hier beschrieben?

b) Beschreibe ebenso in Worten die beiden anderen binomischen Formeln.

Lösungen zu 9:
$\frac{4}{25}$; 0,25; 0,5; $\frac{3}{4}$; $\frac{3}{4}$; 2,5; 5; 5; 6,25; 6,25; 8; $56\frac{1}{4}$; 144; $4a^2$; $\frac{1}{4}m$; $\frac{1}{16}m^2$; $1\frac{1}{5}r$; $\frac{3}{2}r$; 16x; x^2; x^2; $9x^2$; 2z; 10z

9 Übertrage in dein Heft und fülle die Lücken aus.

a) $(x + \square)^2 = \square + \square + 64$ **b)** $(x - \square)^2 = \square - 5x + \square$
c) $(2a + \square)^2 = \square + 2a + \square$ **d)** $(\square - 12)^2 = \square - 6m + \square$
e) $(3x - \square) \cdot (3x + \square) = \square - 25$ **f)** $\left(\square - \frac{2}{5}\right)^2 = 2\frac{1}{4}r^2 - \square + \square$
g) $(\square + 2{,}5)^2 = 4z^2 + \square + \square$ **h)** $\left(\square t - 7\frac{1}{2}\right) \cdot \left(\square t + 7\frac{1}{2}\right) = \frac{9}{16}t^2 - \square$

10 Löse die Klammern auf und fasse dann so weit wie möglich zusammen.

a) $a + b + (a + b)^2$ **b)** $a + b - (a - b)^2$
c) $(x + y)^2 + (x - y)^2$ **d)** $(x + y)^2 + (x - y)^2 + (x - y) \cdot (x + y)$
e) $z \cdot (x - y)^2 + 5xyz - zy^2$ **f)** $-0{,}5 \cdot (2a + 6b) \cdot (2a - 6b) + 5ab - b^2$

11 Klammere geschickt aus und schreibe dann als binomische Formel. Ordne deinen Ergebnissen der Reihe nach einen Buchstaben zu. Wie lautet das Lösungswort?
Beispiel: $2x^2 + 8x + 8 = 2(x^2 + 4x + 4) = 2(x + 2)^2$

Ⓞ $-12 \cdot (a + 3b)^2$	Ⓘ $8 \cdot (x + 3y)^2$	Ⓒ $5 \cdot (3a^2 + 7b) \cdot (3a^2 - 7b)$
Ⓜ $0{,}5 \cdot (a + 4b)^2$	Ⓢ $\frac{1}{3} \cdot (2x + 5y) \cdot (2x - 5y)$	Ⓑ $3 \cdot (y - 5)^2$
Ⓘ $100 \cdot (5 + b) \cdot (5 - b)$	Ⓝ $5 \cdot (u - 2v) \cdot (u + 2v)$	Ⓗ $10 \cdot (5u - 4v)^2$

a) $3y^2 - 30y + 75$ **b)** $8x^2 + 48xy + 72y^2$ **c)** $5u^2 - 20v^2$
d) $-12a^2 - 72ab - 108b^2$ **e)** $\frac{1}{2}a^2 + 4ab + 8b^2$ **f)** $2500 - 100b^2$
g) $\frac{4}{3}x^2 - 8\frac{1}{3}y^2$ **h)** $-245b^2 + 45a^4$ **i)** $250u^2 - 400uv + 160v^2$

12 Fasse, wie in Beispiel II, mithilfe binomischer Formeln zusammen.

a) $x^2 + 22x + 121$ b) $a^2 - 26a + 169$ c) $25 - y^2$
d) $1 + 2x + x^2$ e) $\frac{1}{4}t^2 - st + s^2$ f) $4a^2 - 36a + 81$
g) $9x^2 + 30xy + 25y^2$ h) $\frac{1}{4}s^2 - s + 1$ i) $36k^2 - 144m^2$
j) $0{,}64a^2 + 6{,}4a + 16$ k) $\frac{4}{9}x^2 - \frac{4}{15}x + \frac{1}{25}$ l) $0{,}49r^2 - \frac{121}{169}$
m) $36x^2 - 48xy + 16y^2$ n) $8mn + 4m^2 + 4n^2$ o) $2{,}25c^2 - 12{,}25d^2$
p) $\frac{1}{9}s^4 - 256t^2$ q) $9a^2 - 24abc + 16b^2c^2$ r) $\frac{49}{289}z^4 - \frac{81}{169}z^2$

13 Die Zahlen 1,5; 2,5; 3,5; ... lassen sich folgendermaßen quadrieren:
$(n + 0{,}5)^2 = n \cdot (n + 1) + 0{,}25$ n ist dabei die natürliche Zahl vor dem Komma.

Beispiele: $1{,}5^2 = 1 \cdot 2 + 0{,}25 = 2{,}25$
$2{,}5^2 = 2 \cdot 3 + 0{,}25 = 6{,}25$

a) Berechne mithilfe der Formel.
① $3{,}5^2$ ② $5{,}5^2$ ③ $8{,}5^2$ ④ $10{,}5^2$ ⑤ $15{,}5^2$ ⑥ $20{,}5^2$

b) Überprüfe die Gültigkeit der Formel.

14 Prüfe, ob man den Term mithilfe einer binomischen Formel zusammenfassen kann.

a) $3x^2 + 8x + 4$ b) $25x^2 - 15x + 2$ c) $36x^2 + 36x + 9$ d) $49x^2 - 81$
e) $-x^2 + 4x - 4$ f) $25 - 144x^2$ g) $9 - 6x + x^2$ h) $4 + 2x - 2x^2$
i) $9x^2 + 40xy + 49y^2$ j) $64x^2 - 240xy + 225y^2$ k) $144x^2 - 196y^2$
l) $\frac{1}{4}x^2 + \frac{1}{4}xy + \frac{1}{16}y^2$ m) $144x^2 + 330xy + 196y^2$ n) $0{,}81x^2 - 0{,}0121y^2$
o) $0{,}16x^2 - 0{,}44xy + 0{,}36y^2$ p) $\frac{25}{144}x^2 - \frac{7}{18}xy + \frac{49}{225}y^2$

Geschichte

Faktorisieren nach Viète

Bestimmte Summen kann man in ein Produkt umformen (faktorisieren), obwohl ihre Summanden keinen gemeinsamen Faktor enthalten und ihre Struktur auch keiner binomischen Formel entspricht. François Viète hat dafür ein Verfahren mittels einer Verknüpfungstabelle angegeben:

François Viète (1540 – 1603)
Französischer Mathematiker

Beispiel: $x^2 - 2x - 15$

·	x	−5
x	x^2	−5x
3	3x	−15

Die Terme x^2 und −15 kann man sofort in die weißen Felder der Verknüpfungstabelle eintragen, ebenso die beiden x in der ersten Spalte bzw. Zeile.
In die beiden orangenen Felder müssen Faktoren der Zahl −15 so eingetragen werden, dass deren Summe −2 ergibt.
Unter mehreren Möglichkeiten findet man die Lösungen 3 und −5 durch Probieren.
Also gilt: $x^2 - 2x - 15 = x^2 - 5x + 3x - 15$
$= x \cdot (x - 5) + 3 \cdot (x - 5) = (x + 3) \cdot (x - 5)$

- Faktorisiere ebenso.

a) $x^2 - 2x - 8$ b) $x^2 + 7x + 6$
c) $x^2 + 3x - 18$ d) $x^2 + 3x - 40$
e) $x^2 - 5x + 6$ f) $x^2 + 5x - 36$
g) $4x^2 + 2x - 12$ h) $\frac{1}{4}x^2 - x - 24$

3.6 Extremwerte bei quadratischen Termen

Entdecken

Die mit × markierten Werte kannst du in der grafischen Wertetabelle auch weglassen.

Wir untersuchen Terme, bei denen die Variable als höchste Potenz eine 2 hat.

	T (x)	−3	−2	−1	0	1	2	3
1	$x^2 - 2$	7	2	−1	−2			
2	$-x^2 - 2$	×						×
3	$2x^2 - 4x - 4$	×	×					
4	$-2x^2 + 4x + 3$	×	×					

- Übertrage die Wertetabelle in dein Heft und bestimme die fehlenden Termwerte.
- Stelle die Terme 1 und 2 sowie die Terme 3 und 4 jeweils paarweise in einer grafischen Wertetabelle dar. Verwende verschiedene Farben.
- Vergleiche die Terme. Beschreibe Gemeinsamkeiten und Unterschiede.
- Vergleiche die grafischen Wertetabellen mit dem Term. Woran erkennt man am Term, ob er einen kleinsten oder einen größten Termwert besitzt?

Verstehen

Quadratische Terme sind Terme, deren Variablen die Zahl 2 als höchste Potenz haben. Sie lassen sich schreiben als $\mathbf{T(x) = ax^2 + bx + c}$, mit $x \in G$, $a, b, c \in \mathbb{Q}$, $a \neq 0$.

Quadratische Terme haben stets einen **Extremwert**. Wir können zwei Formen quadratischer Terme unterscheiden:

1 $b = 0$: $T(x) = ax^2 + c$	2 $b \neq 0$: $T(x) = ax^2 + bx + c$
Man kann den Extremwert direkt ablesen: Für $x = 0$ hat der Term den Extremwert c.	Der Extremwert ist nicht sofort ablesbar. Er kann anhand von numerischen oder grafischen Wertetabellen bestimmt werden.

Der Koeffizient a bestimmt, ob der Extremwert ein **Minimum** $\mathbf{T_{min}}$ (d. h. der kleinste Termwert des quadratischen Terms) oder ein **Maximum** $\mathbf{T_{max}}$ (d. h. der größte Termwert des quadratischen Terms) ist:

$a > 0$: Minimum **$a < 0$: Maximum**

Beispiele

I Erstelle zu dem Term $T(x) = 2x^2 - 12x + 20$ eine numerische und grafische Wertetabelle in $G = \{0; 1; 2; ...; 6\}$. Lies den Extremwert ab. Um welche Art von Extremwert handelt es sich?

Lösung

Am Term erkennt man, dass $a = 2 > 0$ ist, also hat der Term ein Minimum.

numerische Wertetabelle:

x	0	1	2	3	4	5	6
T (x)	20	10	4	2	4	10	20

Minimum $T_{min} = 2$ bei $x = 3$

grafische Wertetabelle:

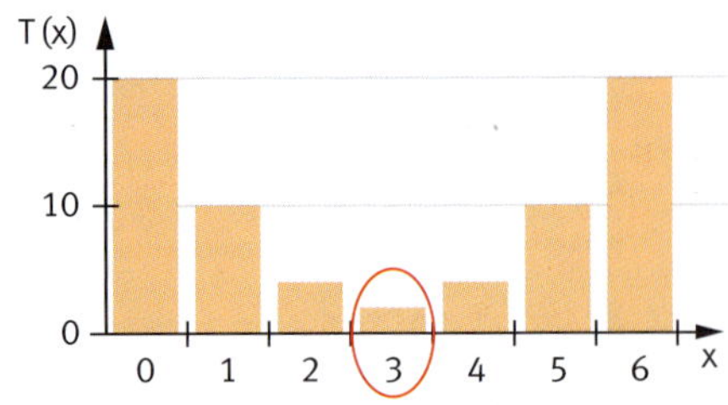

Mit dem Koeffizienten a lässt sich die Art des Extremwerts bestimmen. In der Wertetabelle muss man dann noch nach dem extremen Termwert suchen.

Nachgefragt

- Welchen Extremwert hat der Term $T(x) = x^2$ bzw. $T(x) = -x^2$? Um welche Art von Extremwert handelt es sich jeweils?
- Begründe, dass der Term $T(x) = -2x^2 + 8$ bei $x = 0$ ein Maximum besitzt.

Aufgaben

Mithilfe der numerischen Wertetabelle kann man den Platzbedarf für die grafischen Wertetabellen bestimmen.

1 Erstelle eine numerische und grafische Wertetabelle. Bestimme den Extremwert sowie die Art des Extremwerts für G = {−3; −2; …; 2; 3}.

a) $T(x) = \frac{1}{2}x^2$ **b)** $T(x) = -x^2$ **c)** $T(x) = -\frac{2}{3}x^2$

d) $T(x) = \frac{1}{4}x^2 + 3$ **e)** $T(x) = -1{,}5x^2 + 7$ **f)** $T(x) = 1\frac{1}{4}x^2 - 4$

g) $T(x) = -3x^2 - 3$ **h)** $T(x) = 3x^2 - 3$ **i)** $T(x) = -\frac{1}{3}x^2 - 3$

2 Gib die Art des Extremwerts ohne Rechnung an.

a) $T(x) = 3x^2 + 4x - 7$ **b)** $T(x) = -3{,}5x^2 + 6$ **c)** $T(x) = 1{,}3x^2 - 4x + 3{,}4$

d) $T(x) = -\frac{3}{4}x^2 + \frac{3}{8}$ **e)** $T(x) = -0{,}1x^2 - 4x$ **f)** $T(x) = \frac{3}{5}x^2 + \frac{1}{3}x - 0{,}8$

g) $T(x) = -x^2 + 3x - 6$ **h)** $T(x) = -4x + 2x^2 - 3$ **i)** $T(x) = \frac{2}{3}x - 7 - 0{,}2x^2$

3 **a)** Ordne jedem Term seinen Extremwert richtig zu.

① $T(x) = -3x^2 + 4$ ② $T(x) = x^2 - 4$ ③ $T(x) = -2x^2 - 4$ ④ $T(x) = \frac{1}{2}x^2 + 4$

Ⓐ Maximum $T_{max} = 4$ bei $x = 0$ Ⓑ Maximum $T_{max} = -4$ bei $x = 0$

Ⓒ Minimum $T_{min} = 4$ bei $x = 0$ Ⓓ Minimum $T_{min} = -4$ bei $x = 0$

b) Bestimme die Art des Extremwerts und den Extremwert selbst.

① $T(x) = \frac{2}{3}x^2 - 5$ ② $T(x) = -3{,}5x^2 + 4$ ③ $T(x) = 0{,}6x^2 - 1$

④ $T(x) = 1{,}2x^2 - 0{,}5$ ⑤ $T(x) = -\frac{1}{4}x^2 - 6$ ⑥ $T(x) = -0{,}2x^2 + 0{,}3$

⑦ $T(x) = 4 - 2{,}5x^2$ ⑧ $T(x) = -3{,}2 + x^2$ ⑨ $T(x) = \frac{1}{8} - 0{,}1x^2$

c) Finde einen quadratischen Term, der an der Stelle $x = 0$ den angegebenen Extremwert hat.

Findest du mehrere Möglichkeiten?

① $T_{min} = -2$ ② $T_{min} = \frac{3}{5}$ ③ $T_{max} = -4{,}5$ ④ $T_{min} = \frac{1}{3}$ ⑤ $T_{max} = -0{,}4$

4 Bestimme die Art des Extremwerts und den Wert selbst über der gegebenen Grundmenge mithilfe einer numerischen Wertetabelle.

	T (x)	G		T (x)	G
a)	$x^2 + 6x + 10$	{−6; −5; …; 0}	b)	$-x^2 - 2x - 5$	{−4; −3; …; 4}
c)	$0{,}5x^2 - 2x - 1$	{−1; 0; …; 5}	d)	$-3x^2 - 30x - 68$	{−8; −7; …; −2}
e)	$-10x^2 + 20x - 10$	{−4; −3; …; 3}	f)	$x^2 + 2x$	{−3; −2; …; 2}

5 Bestimme den Extremwert mithilfe einer grafischen Wertetabelle. Handelt es sich um ein Maximum oder ein Minimum? Erstelle zuerst eine numerische Wertetabelle und wähle dann eine geeignete Skalierung.

a) $T(x) = x^2 + 4x + 1$ $x \in [-6; 2]$ mit $x \in \mathbb{Z}$

b) $T(x) = -3x^2 - 24x - 45$ $x \in [-6; -2]$ mit $x \in \mathbb{Z}$

c) $T(x) = -4 \cdot (x - 3)^2 + 1$ $x < 7$ mit $x \in \mathbb{N}$

Lösungen zu 5:
$T_{max} = 3$ für $x = -4$
$T_{min} = -3$ für $x = -2$
$T_{max} = 1$ für $x = 3$

3.7 Extremwerte bestimmen

Entdecken

Erstelle für die Terme $T_1(x) = -2 \cdot (x-4)^2 + 3$ und $T_2(x) = 2 \cdot (x+1)^2 - 5$ jeweils eine numerische und eine grafische Wertetabelle.

- Lies aus den Wertetabellen jeweils den Extremwert und die zugehörige Belegung für x ab.
- Betrachte dann jeweils den zugehörigen Term. Was fällt dir auf?

Verstehen

Bei **quadratischen Termen** der **Form** $T(x) = a \cdot (x + p)^2 + q$ kann man den **Extremwert** sofort ablesen. Der Extremwert ist q für den x-Wert, bei dem die Klammer 0 wird. Kurz:

$a > 0$: Minimum
$T_{min} = q$ für $x = -p$

$a < 0$: Maximum
$T_{max} = q$ für $x = -p$

Hat der quadratische Term eine andere Form, kann er durch eine **binomische Formel** und ggf. **quadratische Ergänzung** auf die gewünschte Form gebracht werden.

Vorgehen	Beispiel
$T(x) = ax^2 + bx + c$	$2x^2 - 20x + 4$
① Klammere den Koeffizienten a aus, falls $a \neq 1$.	$2 \cdot [x^2 - 10x + 2]$
② Nun muss aus den beiden Termen mit x eine binomische Formel konstruiert werden. Hierfür wird im gemischten Term der Faktor 2 ausgeklammert.	$2 \cdot [x^2 - 2 \cdot 5 \cdot x + 2]$
③ Anschließend wird mit dem zweiten Faktor „quadratisch ergänzt". Um den Termwert nicht zu verändern, muss das Ergänzte gleich wieder subtrahiert werden.	$2 \cdot [x^2 - 2 \cdot 5 \cdot x + 5^2 - 5^2 + 2]$
④ Nun ist in der Klammer eine **binomische Formel** entstanden. Diese wird „rückwärts" angewandt.	$2 \cdot [(x-5)^2 - 5^2 + 2]$
⑤ Der restliche Term in der eckigen Klammer kann vereinfacht werden.	$2 \cdot [(x-5)^2 - 23]$
⑥ Die eckige Klammer wird ausmultipliziert.	$2 \cdot (x-5)^2 - 46$
⑦ Der Extremwert kann abgelesen werden.	$T_{min} = -46$ für $x = +5$

Beispiele

I Bestimme den Extremwert des Terms und die zugehörige Belegung für x.

a) $x^2 - 8x - 5$

b) $-3x^2 - 15x + 18$

Lösung

a) $x^2 - 8x - 5$
$= x^2 - 2 \cdot 4 \cdot x - 5$
$= x^2 - 2 \cdot 4 \cdot x + 4^2 - 4^2 - 5$
$= (x - 4)^2 - 4^2 - 5$
$= 1 \cdot (x - 4)^2 - 21$

$T_{min} = -21$ für $x = +4$

b) $-3x^2 - 15x + 18$
$= -3 \cdot [x^2 + 5x - 6]$
$= -3 \cdot [x^2 + 2 \cdot 2{,}5 \cdot x - 6]$
$= -3 \cdot [x^2 + 2 \cdot 2{,}5 \cdot x + 2{,}5^2 - 2{,}5^2 - 6]$
$= -3 \cdot [(x + 2{,}5)^2 - 2{,}5^2 - 6]$
$= -3 \cdot [(x + 2{,}5)^2 - 12{,}25]$
$= -3 \cdot (x + 2{,}5)^2 + 36{,}75$

$T_{max} = 36{,}75$ für $x = -2{,}5$

Das Vorzeichen vor bx gibt an, mit welcher binomischen Formel verglichen wird.

Nachgefragt

- „Quadratisch ergänzen ist nicht schwer, man muss nur die Hälfte des Faktors vor dem x quadrieren." Erkläre.
- Richtig oder falsch? $T(x) = (x - 3)^2 + 5$ hat bei $x = -5$ das Minimum $T_{min} = -3$.

Aufgaben

1 Ergänze die Lücke so, dass eine binomische Formel entsteht.

a) $a^2 + 12a + \square$ b) $b^2 - 8b + \square$ c) $c^2 + 4c + \square$
d) $d^2 - \square d + 49$ e) $e^2 + \square e + 25$ f) $f^2 - \square f + 2{,}25$

Lösungen zu 1:
3; 4; 10; 14; 16; 36

2 Führe eine quadratische Ergänzung für die gegebenen Terme durch.

a) $x^2 + 12x$ b) $x^2 - 8x$ c) $x^2 + 26x$ d) $x^2 - 0{,}2x$
e) $x^2 + 8x + 6$ f) $x^2 - 6x - 4$ g) $x^2 - 5x + 9$ h) $x^2 + 2x - 8$
i) $8x^2 + 48x + 16$ j) $3x^2 - 27x + 12$ k) $-4x^2 + 12x - 24$ l) $-0{,}5x^2 + 5x + 3$
m) $5x^2 - 4x + 6$ n) $-10x^2 + 8x + 5$ o) $-x^2 + \frac{1}{2}x - 4$ p) $-2{,}5x^2 + 12{,}5x + 1$

3 Bestimme den Extremwert und die Art des Extremwerts wie in Beispiel I.

a) $x^2 + 8x + 8$ b) $-a^2 - 4a - 3$ c) $x^2 + 10x$ d) $-z^2 + 4z - 1$
e) $x^2 - 18x$ f) $-z^2 - z + 2{,}25$ g) $a^2 - 0{,}4a$ h) $y^2 + \frac{5}{2}y + \frac{9}{16}$

4 Bestimme den Extremwert und den zugehörigen Wert für x wie in Beispiel I.

a) $6x^2 + 60x + 138$ b) $-3x^2 + 48x - 201$ c) $17x^2 + 34x + 16$
d) $0{,}5x^2 + 6x + 21$ e) $-x^2 - 8x + 1$ f) $5x^2 - 2x + 5$
g) $1{,}2x^2 + 0{,}96x + 0{,}992$ h) $-10x^2 + 8x - 7$ i) $\frac{1}{2}x^2 - 12x + 16$
j) $3x^2 + 15x$ k) $-2x^2 + 9$ l) $0{,}25x^2$

Lösungen zu 4:
$T_{min} = -56$ für $x = 12$
$T_{min} = -18{,}75$ für $x = -2{,}5$
$T_{min} = -12$ für $x = -5$
$T_{min} = -1$ für $x = -1$
$T_{min} = 0$ für $x = 0$
$T_{min} = 0{,}8$ für $x = -0{,}4$
$T_{min} = 3$ für $x = -6$
$T_{min} = 4{,}8$ für $x = 0{,}2$
$T_{max} = -9$ für $x = 8$
$T_{max} = -5{,}4$ für $x = 0{,}4$
$T_{max} = 9$ für $x = 0$
$T_{max} = 17$ für $x = -4$

5 Bringe den Term auf die Form $ax^2 + bx + c$ und bestimme anschließend den Extremwert sowie die zugehörige Belegung für x.

a) $2x(x - 3) + 14$ b) $x(4x + 8) - 13$ c) $2x^2 + 2x(12 + 3x)$
d) $0{,}5x(6x - 6) - 5$ e) $(5 + 3x)^2 + x^2$ f) $(3 + 2x)(3 - 2x) - 16x$
g) $-65x + (5x - 6)^2$ h) $2x(3x - 2) - (4 + 2x)^2$ i) $(12 - 2x)(12 + 2x) - (4x + 7)^2 + 46x$

6 Nimm Stellung zu Ullas Aussage.

Wenn anstelle eines der beiden Minuszeichen im Term $x^2 - 8x - 5$ ein Pluszeichen stehen würde, dann würde sich als Extremwert kein Minimum, sondern ein Maximum ergeben.

3.7 Extremwerte bestimmen

Weitergedacht

Wird die Länge von Strecken nicht eindeutig festgelegt, kann man sie in **Abhängigkeit von einer Variablen** (z. B. x oder y) angeben.

Beispiel:
(alle Angaben in cm)

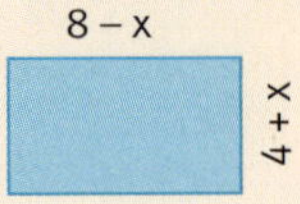

$A(x) = (8 - x) \cdot (4 + x)$
$= 32 + 8x - 4x - x^2$
$= -x^2 + 4x + 32$

Der Term A (x), der den Flächeninhalt in Abhängigkeit von x angibt, ist ein **quadratischer Term**. Folglich hat er einen **Extremwert**.

$A(x) = -x^2 + 4x + 32$
$= -1 \cdot [x^2 - 4x - 32]$
$= -1 \cdot [x^2 - 2 \cdot 2 \cdot x + 2^2 - 2^2 - 32]$
$= -1 \cdot [(x - 2)^2 - 36]$
$= -1 \cdot (x - 2)^2 + 36$
$A_{max} = 36\ cm^2$ für $x = 2$

6 Ein rechteckiges Grundstück ist 90 m lang und 60 m breit. Der Eigentümer muss x m von der Länge seines Grundstücks abgeben und darf dafür die Breite um 2x m verlängern. Um wie viele Meter sollte er die Länge des Grundstücks verringern, wenn er den größtmöglichen Flächeninhalt haben möchte? Welchen Flächeninhalt hat sein Grundstück dann?

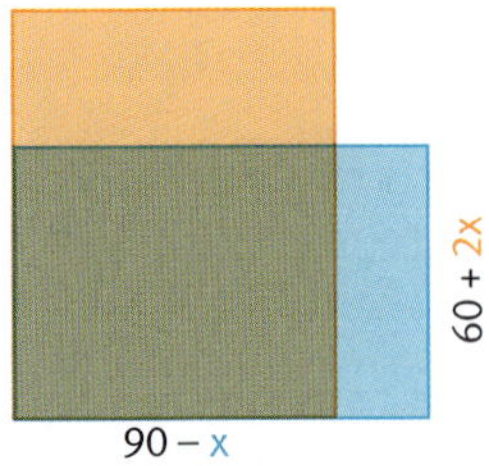

Alle Angaben in m

7 Eine Raute ABCD ist durch $|\overline{AC}| = 7$ cm und $|\overline{BD}| = 4$ cm gegeben.

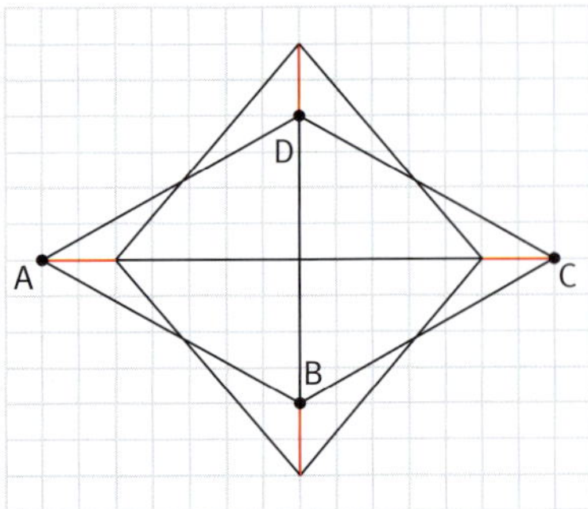

a) Zeichne die Raute ABCD.

b) Es entstehen neue Rauten $A_nB_nC_nD_n$, wenn man $\overline{AC}$ von A und C aus jeweils um x cm verkürzt und $\overline{BD}$ über B und D hinaus jeweils um x cm verlängert. Zeichne eine neue Raute $A_1B_1C_1D_1$ für x = 2,5 und berechne den Flächeninhalt der beiden Rauten.

c) Für welche Werte von x existieren Rauten?

d) Für welchen Wert von x ist die Raute ein Quadrat?

e) Bestimme den Flächeninhalt der Rauten $A_nB_nC_nD_n$.

f) Unter den Rauten $A_nB_nC_nD_n$ hat die Raute $A_0B_0C_0D_0$ den größtmöglichen Flächeninhalt. Ermittle diesen Flächeninhalt und den zugehörigen Wert für x.

Lösung zu 7 e):
$A(x) = (-2x^2 + 3x + 14)\ cm^2$

Überprüfe dein Ergebnis mit einem Geometrieprogramm.

8 Die Grundlinie $\overline{AB}$ eines gleichschenkligen Dreiecks ABC ist 6 cm und ihre zugehörige Höhe 10 cm lang. Die Form des Dreiecks wird nun so verändert, dass die Höhe um x cm verkürzt wird, während gleichzeitig die Grundlinie in jeder Richtung um x cm verlängert wird. Es entstehen Dreiecke $A_nB_nC_n$.

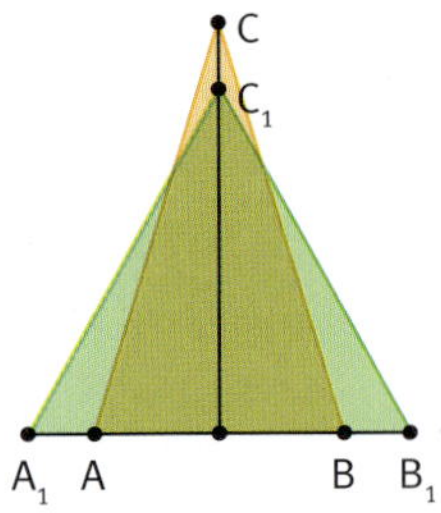

a) Zeichne das Dreieck ABC und die neuen Dreiecke für $x \in \{1{,}5;\ 3\}$.

b) Welche Werte darf x annehmen?

c) Stelle den Flächeninhalt der Dreiecke $A_nB_nC_n$ in Abhängigkeit von x dar.

d) Unter den Dreiecken $A_nB_nC_n$ hat das Dreieck $A_0B_0C_0$ den maximalen Flächeninhalt. Ermittle diesen Flächeninhalt und den zugehörigen Wert für x.

Lösung zu 8 c):
$A(x) = (-x^2 + 7x + 30)\ cm^2$

9 ①

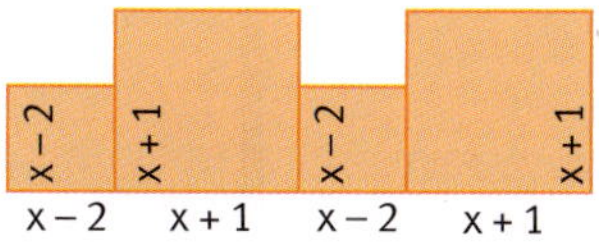

$A(x) = 4x^2 - 4x + 10$

②

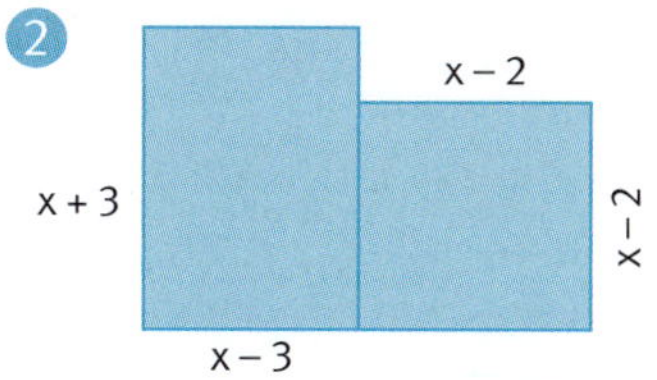

$A(x) = 2x^2 - 4x - 5$

③

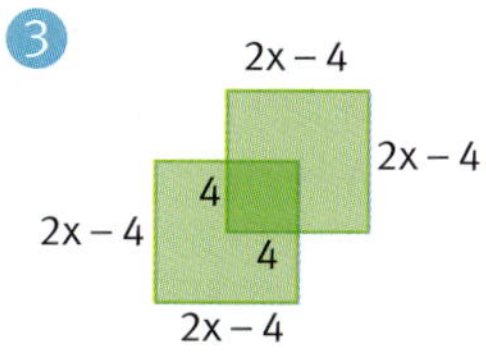

$A(x) = 8 \cdot (x^2 - 4x + 2)$

a) Zeige, dass sich der Flächeninhalt durch den gegebenen Term darstellen lässt.

b) Für welchen Wert von x ist der Termwert am kleinsten? Begründe, dass der gefundene Wert für x kein Minimum des Flächeninhalts ist.

10 Punkte D_n $(x|-0{,}25x^2 + 2x + 3)$ sind für $-2 < x < 8$ zusammen mit den Punkten A (−2|−2) und C (8|3) sowie den Punkten B_n die Eckpunkte von Drachenvierecken AB_nCD_n mit der gemeinsamen Symmetrieachse g, welche durch die Punkte A (−2|−2) und C (8|3) verläuft. Im Koordinatensystem eingezeichnet sind das Drachenviereck AB_1CD_1 für x = −0,5 und das Drachenviereck AB_2CD_2, bei dem die Seite $\overline{AB_2}$ parallel zur x-Achse verläuft und die Länge 11,1 LE hat. Für den Flächeninhalt der Drachenvierecke AB_nCD_n wurde der Term $A(x) = (-2{,}5x^2 + 15x + 40)$ FE ermittelt.

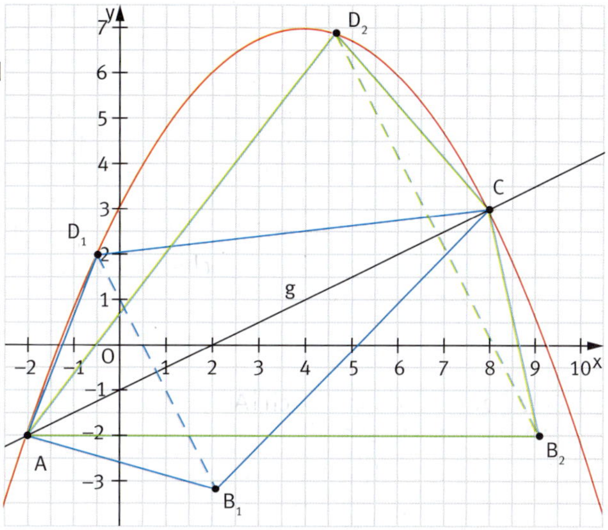

a) Erkläre das Vorgehen zum Einzeichnen des Drachenvierecks AB_1CD_1 (AB_2CD_2).

b) Unter den Drachenvierecken AB_nCD_n besitzt das Drachenviereck AB_0CD_0 den maximalen Flächeninhalt. Berechne den Flächeninhalt des Drachenvierecks AB_0CD_0 und den zugehörigen Wert für x.

11 Unter den Trapezen $A_nB_nC_nD_n$ mit Flächeninhalt $A(x) = (-0{,}75x^2 + 9x - 8{,}25)$ FE besitzt das Trapez $A_0B_0C_0D_0$ den maximalen Flächeninhalt. Bestimme den Flächeninhalt des Trapezes $A_0B_0C_0D_0$ und den zugehörigen Wert für x.

Lösung zu 11:
A = 18,75 FE (für x = 6)

12 Für die Diagonalen von Rauten $A_nB_nC_nD_n$ gilt $|\overline{A_nC_n}| = (0{,}25x^2 - x + 2{,}25)$ LE. Unter den Diagonalen $\overline{A_nC_n}$ hat die Diagonale $\overline{A_0C_0}$ die minimale Länge. Berechne den zugehörigen Wert von x und die Länge von $\overline{A_0C_0}$.

Lösung zu 12:
$|\overline{A_0C_0}| = 1{,}25$ LE für x = 2

13 Das Volumen V der Pyramiden $A_nBC_nDS_n$ lässt sich in Abhängigkeit von x wie folgt darstellen:
$V(x) = (-1{,}5x^2 + 9x + 108)\ \text{cm}^3$
Unter den Pyramiden $A_nBC_nDS_n$ besitzt die Pyramide $A_0BC_0DS_0$ das maximale Volumen. Berechne den zugehörigen Wert für x und das Volumen der Pyramide $A_0BC_0DS_0$.

Lösung zu 13:
$V = 121{,}5\ \text{cm}^3$ für x = 3

3.8 Lineare Gleichungen lösen

Entdecken

- Die Waage ist im Gleichgewicht. Jedes der abgebildeten Massestücke wiegt 1 kg.
  Finde heraus, wie schwer einer der roten Backsteine ist.
- Beschreibe deinen Lösungsweg.

Verstehen

Gleichungen, die Variablen nur in der ersten Potenz (z. B. x, y) enthalten, nennt man **lineare Gleichungen**. Die **Lösungsmenge** einer linearen Gleichung kann man mithilfe von **Äquivalenzumformungen** bestimmen.

Vorgehen	Beispiel
$G = \mathbb{Z}$	$7 + 3 \cdot (x + 5) = 2 - (15 + 2x)$
① Löse die **Klammern** auf, falls es welche gibt.	$\Leftrightarrow\ 7 + 3x + 15 = 2 - 15 - 2x$
② Fasse auf beiden Seiten **gleichartige Terme** zusammen.	$\Leftrightarrow\ 3x + 22 = -2x - 13 \quad \vert + 2x$
③ Bringe durch Äquivalenzumformungen alle **Variablen** auf die eine Seite und alle **Zahlen** auf die andere.	$\Leftrightarrow\ 5x + 22 = -13 \quad \vert - 22$ $\Leftrightarrow\ 5x = -35 \quad \vert : 5$
④ **Dividiere** durch den Koeffizienten, der vor der Variable steht.	$\Leftrightarrow\ x = -7$
⑤ Gib die **Lösungsmenge** an. Achte auf die Grundmenge.	$L = \{-7\}$

Erklärvideo
unter 60112-13

Beispiele

I Bestimme die Lösungsmenge ($G = \mathbb{Z}$).

a) $8x + 3 = 4x + 33$

b) $(x - 3)^2 = (x + 2) \cdot (x - 2) - 5$

Lösung

Achte auf binomische Formeln.

Prüfe immer, ob das Lösungselement auch in der Grundmenge ist.

a)

$$
\begin{aligned}
& 8x + 3 = 4x + 33 && \vert - 4x \\
\Leftrightarrow\ & 4x + 3 = 33 && \vert - 3 \\
\Leftrightarrow\ & 4x = 30 && \vert : 4 \\
\Leftrightarrow\ & x = 7{,}5 \\
& L = \emptyset,\ \text{da } 7{,}5 \notin \mathbb{Z}
\end{aligned}
$$

b)

$$
\begin{aligned}
& (x - 3)^2 = (x + 2) \cdot (x - 2) - 5 \\
\Leftrightarrow\ & x^2 - 6x + 9 = x^2 - 4 - 5 && \vert - x^2 \\
\Leftrightarrow\ & -6x + 9 = -9 && \vert - 9 \\
\Leftrightarrow\ & -6x = -18 && \vert : (-6) \\
\Leftrightarrow\ & x = 3 \\
& L = \{3\}
\end{aligned}
$$

Nachgefragt

- Bei Äquivalenzumformungen darf man beide Seiten einer Gleichung mit einer beliebigen Zahl multiplizieren, Hauptsache es ist die gleiche. Stimmt das?
- Erkläre, warum es nach dem Lösen einer Gleichung notwendig ist, die Lösungsmenge anzugeben. Worauf muss man dabei achten?

1 Alle Waagen sind im Gleichgewicht. Stelle jeweils für das erste Bild eine Gleichung auf und beschreibe die Äquivalenzumformungen von ① nach ③.

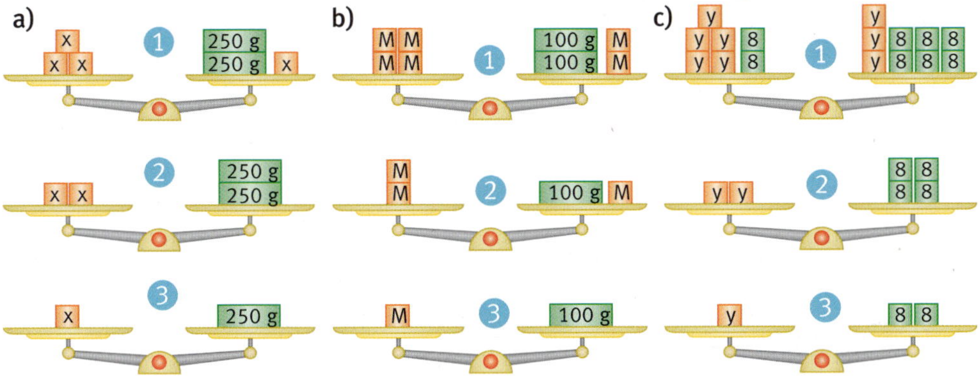

2 In jedem Becher wurde die gleiche Anzahl an Würfeln versteckt, weitere Würfel wurden neben die Becher gelegt, und zwar so, dass Orange und Blau insgesamt gleich viele Würfel haben.

a) Begründe, welche Grundmenge hierbei sinnvoll ist, und gib diese an.

b) Stelle eine Gleichung auf und löse sie.

3 In jeder Streichholzschachtel sind gleich viele Streichhölzer. Einzelne Streichhölzer liegen aber auch neben den Schachteln.

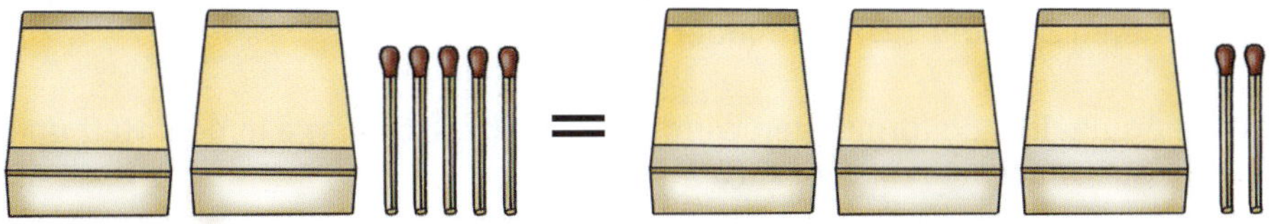

a) Gib eine sinnvolle Grundmenge an.

b) Stelle eine Gleichung auf und löse sie.

c) Bei der Darstellung einer anderen Gleichung liegen auf der linken Seite drei Schachteln und fünf Streichhölzer, auf der rechten Seite zwei Schachteln und zwei Streichhölzer. Stelle die Gleichung auf und löse sie. Was stellst du fest?

d) Zeichne für einen Partner eine eigene Aufgabe mit Schachteln und Streichhölzern auf. Löse sie zunächst selbst, um zu überprüfen, dass sich eine Lösungsmenge ungleich der leeren Menge ergibt.

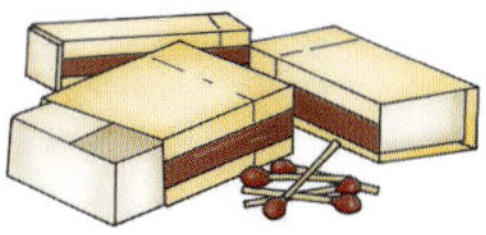

Lösungen zu 4 in G = $\mathbb{Q}$:
$L = \{-0{,}04\}$; $L = \left\{\frac{1}{12}\right\}$;
$L = \{5{,}5\}$; $L = \left\{-2\frac{1}{13}\right\}$;
$L = \{3{,}6\}$; $L = \{-1\}$;
$L = \{-7\}$; $L = \{4{,}1\}$;
$L = \left\{1\frac{37}{108}\right\}$; $L = \{1{,}2\}$;
$L = \{-2{,}2\}$; $L = \{-4\}$;
$L = \{249{,}2\}$

4 Bestimme die Lösungsmenge in ① $G = \mathbb{Z}$ und ② $G = \mathbb{Q}$.

a) $2x + 7 = x$
b) $18 - 2x = 3x$
c) $4 - 8y = 2y - 8$
d) $5a + 10 = 2a - 2$
e) $c = 8 + (3 - c)$
f) $\frac{1}{2} \cdot (6e - 0{,}72) = 12e$
g) $26b + 142 = 27b + 143$
h) $8{,}2x = (-3)^3 - 4{,}8x$
i) $3\,(y + 4) = 13 - 9y$
j) $7{,}1 - (w - 4{,}3) = 32 - (7w - 4)$
k) $3{,}47r + 16{,}83 = -4{,}18r$
l) $5^4 + \frac{2}{5} \cdot (t + 3) = -(21{,}72 - 3t)$
m) $0{,}2m + 11 = 31{,}4 - 21{,}4m + 8{,}6$

Weitergedacht

Erklärvideos
unter 60112-14

Bei manchen Gleichungen ergeben sich Sonderfälle. Ist eine Gleichung für **alle Elemente der Grundmenge lösbar**, nennt man sie **allgemeingültig**. Ist eine Gleichung für **kein Element der Grundmenge lösbar**, nennt man sie **unlösbar**.

allgemeingültig: ($G = \mathbb{Q}$)

$4x + 2 = 0{,}5\,(4 + 8x)$
$\Leftrightarrow\ 4x + 2 = 2 + 4x \quad |-4x$
$\Leftrightarrow\ 2 = 2 \quad (w)$
$L = G = \mathbb{Q}$

unlösbar: ($G = \mathbb{Q}$)

$2\,(3x + 60) = 4x + 12 + 2x$
$\Leftrightarrow\ 6x + 120 = 6x + 12 \quad |-6x$
$\Leftrightarrow\ 120 = 12 \quad (f)$
$L = \emptyset$

5 a) Bestimme die Lösungsmenge der folgenden Gleichungen ($G = \mathbb{Q}$).

① $4 = 7x + 2 \cdot (2 - 3{,}5x)$
② $x \cdot (6 - 4x) = -4 \cdot (x^2 - 2{,}5x) - 2 \cdot (2x + 9)$
③ $9x = 9 \cdot \left(x - \frac{1}{3}\right) + 3$
④ $5x - 11 = -(6 - 5x)$
⑤ $x - 4x + 11 + 3x = 0$
⑥ $9 + x = 3 \cdot \left(3 + \frac{1}{3}x\right)$

b) Erfinde eine allgemeingültige und eine unlösbare Gleichung. Rechne sie zunächst selbst durch und lass sie dann von deinem Nachbarn lösen.

6 Stelle eine passende Gleichung auf und löse sie ($G = \mathbb{Q}$).

a) Die siebenfache Summe aus einer rationalen Zahl und 2,4 ist genauso groß wie die doppelte Differenz aus 12 und der rationalen Zahl.

b) Die um 2,3 vermehrte dreifache Differenz aus 145 und einer rationalen Zahl ist genauso groß wie die Summe aus 53 und der vierfachen Summe aus 1,75 und der rationalen Zahl.

c) Wird das 3,5-Fache einer rationalen Zahl zum 8,4-Fachen dieser Zahl addiert, so ergibt sich der gleiche Wert, wie wenn man das Zehnfache des Nachfolgers der rationalen Zahl um 1,07 vermindert.

7 Welche Äquivalenzumformungen wurden gemacht? Übertrage in dein Heft und ergänze die Umformungsschritte ($G = \mathbb{Q}$).

a)
$8 + 3x = x + 7$
$\Leftrightarrow\ 3x = x - 1$
$\Leftrightarrow\ 2x = -1$
$\Leftrightarrow\ x = -\frac{1}{2}$

$-\frac{1}{2} \in \mathbb{Q}$; $L = \left\{-\frac{1}{2}\right\}$

b)
$2{,}6s - 9{,}2 = 0{,}4s + 18{,}3$
$\Leftrightarrow\ 2{,}6s = 0{,}4s + 27{,}5$
$\Leftrightarrow\ 2{,}2s = 27{,}5$
$\Leftrightarrow\ s = 12{,}5$

$12{,}5 \in \mathbb{Q}$; $L = \{12{,}5\}$

c)
$5{,}2x + 2 \cdot 1{,}7 = 6{,}8 \cdot (3 - x)$
$\Leftrightarrow\ 5{,}2x + 3{,}4 = 20{,}4 - 6{,}8x$
$\Leftrightarrow\ 12x + 3{,}4 = 20{,}4$
$\Leftrightarrow\ 12x = 17$
$\Leftrightarrow\ x = 1\frac{5}{12}$

$1\frac{5}{12} \in \mathbb{Q}$; $L = \left\{1\frac{5}{12}\right\}$

8 Betrachte die Gleichung $(x - 2) \cdot (3x - 9) = 0$.
Durch geschicktes Vorgehen kann die Gleichung relativ schnell und leicht gelöst werden. Beschreibe, wie.

Wann ist der Wert eines Produkts aus zwei Faktoren null? Wenn einer der Faktoren …

9 Bestimme die Lösungsmenge der Gleichung für $G = \mathbb{Q}$.

a) $2 \cdot (a + 1) = a + 3 \cdot (a - 5)$ **b)** $2 \cdot (b - 3) - (b + 1) = 8$
c) $3c = 8 + \left(4 - \frac{c}{3}\right)$ **d)** $(3d - 6) : 3 = 13 - (d + 1)$
e) $\frac{1}{2} \cdot (6e - 7) = 12$ **f)** $-0{,}2 \cdot (8f + 7) = 8 - (0{,}6f - 0{,}6)$
g) $3g - 7 = g - 1 + 2 \cdot (g + 4)$ **h)** $-8{,}5 + 3h + 2{,}4 = 3 \cdot (2 + h) - 5$

Lösungen zu 9:
$L = \emptyset$; $L = \emptyset$; $L = \{-10\}$; $L = \{3{,}6\}$; $L = \left\{5\frac{1}{6}\right\}$; $L = \{7\}$; $L = \{8{,}5\}$; $L = \{15\}$

10 Nicole hat in der Hausaufgabe Gleichungen gelöst. Überprüfe Nicoles Arbeit und gib die Umformungen an, die Nicole gemacht hat. Notiere jeweils einen Tipp für Nicole, wie sie gemachte Fehler vermeiden kann.

a)
$$13 + 0{,}8y = -\frac{2}{5}y - 4$$
$$\Leftrightarrow \quad 0{,}8y = -\frac{2}{5}y - 9$$
$$\Leftrightarrow \quad 0{,}8y + \frac{2}{5}y = -9$$
$$\Leftrightarrow \quad 0{,}8y + 0{,}2y = -9$$
$$\Leftrightarrow \quad y = -9$$

b)
$$(x + 4) \cdot 2 = \frac{1}{3}x - 2$$
$$\Leftrightarrow \quad x + 8 = \frac{1}{3}x - 2$$
$$\Leftrightarrow \quad x = \frac{1}{3}x - 10$$
$$\Leftrightarrow \quad \frac{2}{3}x = -10$$
$$\Leftrightarrow \quad x = -\frac{20}{3}$$

11 In der angegebenen Gleichung fehlt eine Zahl.
$9 \cdot x - 13 + \square \cdot x = 7 - x$ $G = \mathbb{Q}$

a) Bestimme die fehlende Zahl so, dass sich als Lösungsmenge ergibt:
① $L = \{1\}$ ② $L = \{5\}$ ③ $L = \{100\}$

b)

Setzt man für die fehlende Zahl … ein, so besitzt die Gleichung keine Lösung.

Vervollständige Jacobs Aussage so, dass sie mathematisch richtig ist.

c) Ist es möglich, die fehlende Zahl so zu bestimmen, dass die Gleichung unendlich viele Lösungen besitzt? Begründe.

12 Bestimme die Lösungsmenge ($G = \mathbb{Q}$).

a) $7{,}4 - (x + 2)^2 = (4 + x) \cdot (4 - x)$ **b)** $-(2x + 3)^2 = \left(\frac{2}{5}x + 1\right) \cdot (5 - 10x)$
c) $(2{,}3x - 4) \cdot (3 + 1{,}7x) = 3{,}91x^2 + 2^5$ **d)** $\frac{2}{9}x \cdot \left(3x + \frac{1}{4}\right) = \left(1\frac{2}{3}x - 2\right) \cdot \frac{2}{5}x$
e) $(1{,}7 + b)^2 = b^2 + 2{,}89 + 17b \cdot 0{,}2$ **f)** $1{,}35x \cdot \left(2{,}7x - \frac{1}{7}\right) = \left(1{,}215x + \frac{3}{5}\right) \cdot 3x$
g) $(x + 0{,}5)^2 - 2 \cdot (3x + 4) = (2x + 2{,}5) \cdot (0{,}5x - 3)$
h) $(4y - 1)^2 - (5y + 2)^2 + 106y = (6 + 3y) \cdot (6 - 3y)$
i) $(x - 4) \cdot (x - 4) + 3{,}7 = (2x + 1) \cdot (0{,}5x - 4{,}25)$
j) $\left(\frac{1}{3}x + 2{,}5\right)^2 - 17{,}\overline{1} \cdot (x^2 - 2{,}7) = (-17x + 1{,}5) \cdot x$

Lösungen zu 12:
$L = \emptyset$; $L = \{-314{,}7\}$; $L = \left\{-3\frac{1}{2}\right\}$; $L = \{-3{,}15\}$; $L = \{-1\}$; $L = \{0\}$; $L = \{0\}$; $L = \left\{\frac{1}{2}\right\}$; $L = \{440\}$; $L = \mathbb{Q}$

13 a) Erfinde durch Äquivalenzumformungen eine „schwierige" Gleichung.
Beispiel: $x = -2 \longrightarrow 2x = -4 \longrightarrow 2x - 5x = -4 - 5x \longrightarrow -3x = -4 - 5x \longrightarrow \ldots$
① $x = 3$ ② $x = -6$ ③ $x = 0{,}8$ ④ $x = -\frac{3}{8}$ ⑤ $x = -4{,}7$

b) Erfinde auf ähnliche Weise wie in a) eigene Gleichungen und lasse sie von einem Partner lösen, während du seine Gleichungen löst.

3.9 Vermischte Aufgaben

1 Klammere aus den Termen jeweils den angegebenen Faktor aus.

	Term	Faktor		Term	Faktor
a)	$5ax + 25bx$	$5x$	**b)**	$24p^2 + 16pq$	$4p$
c)	$34y^4 - 17y^2$	$17y^2$	**d)**	$12kl^2 - 18k^2l$	$6kl$
e)	$115rs^2t^2 - 207r^2st^2$	$23rst^2$	**f)**	$15b^2 + 3b - 2ab$	b
g)	$4ab + 6a^2b - 8ab^2$	$2ab$	**h)**	$52x^2y^3 - 26x^3y + 65x^4y^3$	$13x^2y$

2 Vereinfache so weit wie möglich.

a) $(0{,}7a - 2{,}3b) - (2{,}3a + 0{,}7b)$ **b)** $(x - 4y + 9z) + (-y + 2x)$
c) $(-44s - 13t + 29) + (-28 + 22s + 11t)$ **d)** $(23p + 3q - 1) - (2q + 22p - 1)$
e) $(-30x^2 + 5xy - 19y^2) - (x^2 - y^2) + (11x^2 - 80xy - 7y^2)$
f) $17 - 9s - (18s + 14) - 14t + (-14t + 8s) + 27$
g) $\left[\frac{3}{4}x - \left(\frac{7}{8}x + \frac{1}{2}z\right) + 2\frac{1}{3}z\right] - \left[\left(\frac{2}{3}z - \frac{1}{8}x\right) - \left(2\frac{1}{3}x - \frac{7}{8}z\right) - 2\frac{2}{3}x\right] + 33$

Lösungen zu 3:
$-7; -5; -5; -4; -3; -2{,}5; -2; -1; -\frac{2}{3}$; keine Lösung; $\frac{1}{8}; \frac{2}{7}; 0{,}5; \frac{3}{2}; 2; 2; 2{,}5; 3; 3; 6; 9$

3 Für welche Belegung der Variablen hat der Term den Wert 0? Gibt es mehrere Möglichkeiten?

a) $T(x) = x + 5$ **b)** $T(x) = (x + 5)^2$ **c)** $T(x) = (x - 9)^2$
d) $T(x) = x^2 - 9$ **e)** $T(x) = x^2 + 9$ **f)** $T(x) = (x + 7)\,(x - 6)$
g) $T(z) = (z - 2) \cdot (z - 0{,}5)$ **h)** $T(y) = (0{,}5y + 1)\,(y - 2)$ **i)** $T(x) = \left(x - \frac{3}{2}\right) \cdot \left(\frac{2}{3} + x\right)$
j) $T(z) = (3z + 3) \cdot (4z - 0{,}5)$ **k)** $T(a) = (a - 3) \cdot (2a + 5) \cdot (7a - 2)$
l) $T(p) = 4p^2 - 20p + 25$ **m)** $T(x) = 0{,}25x^2 + 2x + 4$

4 **a)** Gib je zwei verschiedene Terme für die Oberfläche und das Volumen des Körpers an.

b) Überprüfe die Äquivalenz der Terme ...

① mit einer Belegung der Variablen ($G = \mathbb{N}$).

② durch Umformen des Terms.

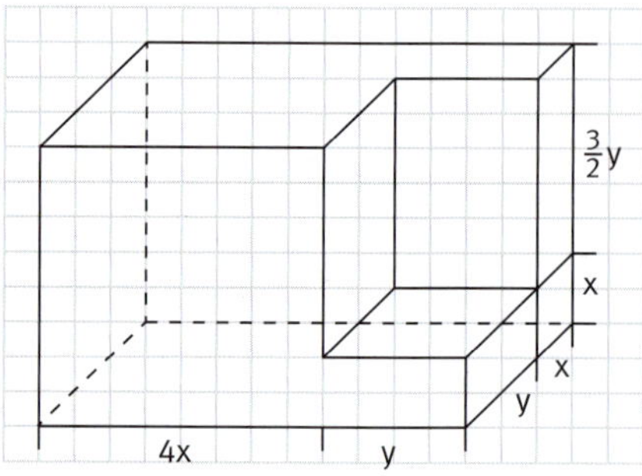

5 Übertrage die Aufgaben ins Heft und ergänze so, dass die Rechnung stimmt.

a) $2 \cdot \left(\square + \frac{2}{5}v\right) = \frac{1}{12}u + 0{,}8v$ **b)** $3{,}5ab + 14a^2b = \square \cdot \left(\frac{1}{2} + 2a\right)$
c) $\square : 5 + 2r + 3 = 27r + 3$ **d)** $81p - 15q = \square \cdot (\square p - 5q)$
e) $\square \cdot \frac{4}{3}q + \frac{2}{9} = 12q + \square$ **f)** $\square + 2{,}5x^2 - x = x \cdot (4x^2 + 2{,}5x - \square)$

6 Multipliziere aus und vereinfache so weit wie möglich.

a) $(x + 5) \cdot (x - 4)$ **b)** $(x + y) \cdot (y - 2x)$ **c)** $(6 - x) \cdot (6 - y)$
d) $(x - 3) \cdot (2x - 6)$ **e)** $(-2x + 3y) \cdot (x - 5y)$ **f)** $(5{,}5x + 2{,}6) \cdot (4x - 1{,}2y)$
g) $\left(4\frac{1}{10}x + \frac{3}{5}\right) \cdot (y - 2)$ **h)** $(x - 1{,}3y) \cdot (-1{,}3x + y)$ **i)** $\left(\frac{1}{2}x^2 - 4x\right) \cdot \left(\frac{1}{5}x - y\right)$

7 Multipliziere aus und vereinfache so weit wie möglich.

a) $(3 + 2x) \cdot (4y - 1)$
b) $(2a + 13) \cdot (11 - 6b)$
c) $(21d - c) \cdot (c + d)$
d) $(9k - 3m) \cdot (5m + 1)$
e) $(x - 3y) \cdot (3x + 0{,}5y) + (2{,}5x - 2y)^2$
f) $z^2 - z \cdot (z + 1) + (4z - 2)^2$
g) $(x - 4)^2 - (x + 3)^2$
h) $\left(x + \frac{1}{2}\right)^2 + (x - 2{,}5)^2$
i) $(3x - 7)^2 + (4x + 3)^2 - (5x - 6)^2$
j) $(1{,}5s - 3t)^2 - (1{,}7s + 3t)^2$

8 Gegeben ist ein Rechteck ABCD mit $|\overline{AB}| = 12$ cm und $|\overline{BC}| = 5$ cm.

a) Zeichne das Rechteck ABCD.
b) $\overline{AB}$ wird um x cm verkürzt, während $\overline{BC}$ um x cm verlängert wird. Ergänze deine Zeichnung um ein neues Rechteck und gib für x ein passendes Intervall an.
c) Für welchen Wert von x erhält man das Rechteck mit dem größten Flächeninhalt? Wie groß ist dieser?
d) Welchen Umfang haben die neuen Rechtecke?

9 Gegeben sind Rechtecke mit der Länge x cm und der Breite (x – 6) cm sowie ein Quadrat mit der Seitenlänge 3 cm.

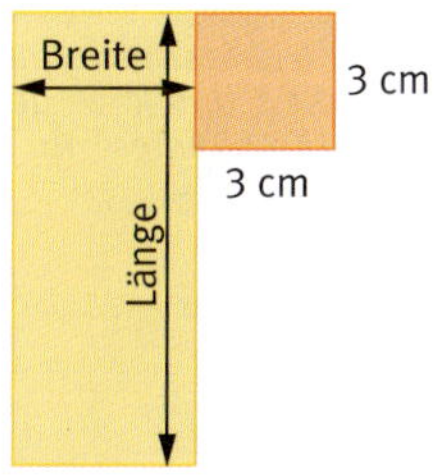

a) Zeichne das Rechteck für x = 10 cm in dein Heft und füge das Quadrat an.
b) Zeichne ein Quadrat in dein Heft, das denselben Flächeninhalt hat wie die beiden Figuren in a) zusammen.
c) Bestimme in Abhängigkeit von x die Seitenlänge eines Quadrats, dessen Flächeninhalt so groß ist wie der Flächeninhalt der gegebenen Figuren.

10 a) Betrachte die Quadratzahlen nebenan.

① Setze die Reihe um mindestens drei Schritte fort. Welche Gesetzmäßigkeiten erkennst du?

② Wie lautet allgemein ein Term $(10 + n)^2$, wenn man für n natürliche Zahlen einsetzt? Wie sieht es bei $(10 - n)^2$ aus?

$11^2 = (10 + 1)^2$
$= 100 + 20 + 1$

$12^2 = (10 + 2)^2$
$= 100 + 40 + 4$

$13^2 = (10 + 3)^2$
$= 100 + 60 + 9$

$14^2 = \ldots$

b) Beschreibe, wie man Quadratzahlen der Form $(20 + n)^2$ und $(30 + n)^2$ berechnen kann. Überprüfe zunächst an Beispielen.
c) Wie kann man allgemein einen Term $(a + n)^2$ berechnen, wenn a ein Vielfaches von 10 ist? Beschreibe in Worten.
Erkläre den Zusammenhang mit einer Verknüpfungstabelle.
d) Berechne ohne Taschenrechner, indem du die bisherigen Zusammenhänge nutzt.

① 18^2 ② 24^2 ③ 26^2 ④ 35^2 ⑤ 41^2 ⑥ 44^2 ⑦ 57^2 ⑧ 61^2 ⑨ 73^2

11 In einem Dachstudio soll an der 12 m breiten Giebelwand ein bodentiefes, rechteckiges Kunstwerk so installiert werden, dass zwei Ecken mit der Bodenkante zusammenfallen und die beiden anderen Ecken mit den Dachschrägen.
Um möglichst große Gestaltungsfreiheit zu haben, möchte der Künstler für sein Kunstwerk den größtmöglichen Flächeninhalt haben.

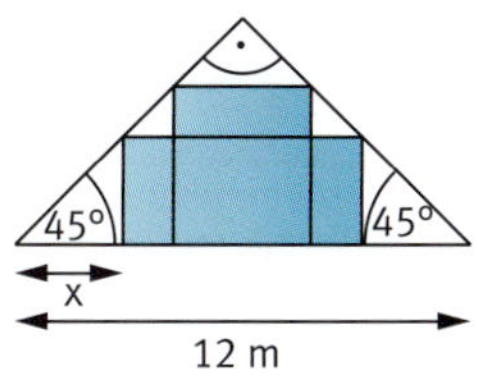

a) Bestimme den Flächeninhalt des Kunstwerks in Abhängigkeit von x.
b) Begründe, dass für x = 0 und x = 6 der Termwert für den Flächeninhalt null ist.
c) Berechne x für den größten Flächeninhalt und gib diesen an.
d) Finde mit einer Wertetabelle den x-Wert, für den das Kunstwerk quadratisch ist.
e) Berechne, um wie viel Prozent die quadratische Fläche kleiner ist als die größte rechteckige Fläche.

3.9 Vermischte Aufgaben

12 Bestimme die Lösungsmenge der Gleichungen für …

① $G = \mathbb{Q}$. ② $G = \mathbb{Z}$.

a) $22 \cdot (z + 3{,}5) - 1{,}5z = -27{,}34 + z \cdot (-3)$

b) $3{,}2x - 2{,}5^2 + 4{,}5 \cdot (-3 - 2x) + 0{,}06 = -4{,}87 - 1{,}6 \cdot (x - 3{,}6)$

c) $\frac{3}{4} \cdot (3 - 4x) + \frac{1}{3}x = 1{,}\overline{3}x - \frac{1}{4} \cdot (x - 3)$

d) $4 \cdot (-7{,}5x + 3{,}875) - (3 - 3{,}5x) \cdot 7 = 0$

e) $5{,}2 \cdot (y - 18) = 3{,}7y + 4{,}5 \cdot (9 - y)$

f) $16 \cdot \left(\frac{1}{4}w - \frac{3}{4}\right) + 7{,}8 = 9 \cdot \left(\frac{2}{3}w - \frac{4}{3}\right) - 11$

g) $4^3 \cdot (-x + 2^3) - 5 = -3 \cdot (1 - 7x) \cdot (-5) - 9x$

h) $0{,}6 \cdot [6 - 5 \cdot (x + 3) - 5] + 0{,}4 \cdot [1 - 7 \cdot (x - 1)] = -(x - 2{,}5) \cdot 5$

Verfahre so:

1. *Belege die Anzahl der Cowboykostüme mit der* ***Variable x****.*
2. *Drücke die Anzahl der anderen Kostüme* ***mithilfe der Variable x*** *aus.*
3. *Stelle eine* ***Gleichung*** *für die Einnahmen des Kostümhändlers auf.*

13 Ein Kostümhändler verkaufte in dieser Saison 147 Faschingskostüme für insgesamt 3647 €. Am häufigsten entschieden sich die Kunden für den Cowboy. Die Prinzessin wurde 36-mal weniger oft als der Cowboy und der Pirat 45-mal weniger oft als der Cowboy gekauft. Berechne, wie viele Piraten-, Prinzessinnen- und Cowboykostüme verkauft wurden.

Cowboy
25 €

Prinzessin
15 €

Pirat
37 €

14 Familie Reiselust will sich für ihren nächsten Schwedenurlaub ein Wohnmobil mieten. Dafür hat sie zwei Angebote vorliegen:

Vermietung A:

Übergabepauschale 90 €
Tagespreis inkl. aller km: 79,50 €

Vermietung B:

Übergabepauschale 157,50 €
Tagespreis inkl. aller km: 75 €

a) Herr Reiselust prüft, ab wie vielen Reisetagen sich das Angebot B lohnt.

b) Familie Reiselust beschließt, das Wohnmobil für 16 Tage zu mieten. Die Vermietung A gewährt ab einer Mietdauer von mehr als 2 Wochen einen Rabatt von 0,75 % auf den gesamten Mietpreis. Frau Reiselust behauptet, dass dann der Mietpreis bei beiden Vermietungen gleich sei. Hat Frau Reiselust Recht? Begründe durch Rechnung.

15 Die drei Geschwister Maya, Tim und Sandro sind zusammen doppelt so alt wie ihr Nachbar Marlon. In acht Jahren werden sie 2,5-mal so alt wie Marlon sein.

Setze für Marlons jetziges Alter die Variable x.

a) Berechne das Alter von Marlon.

b) Wie alt sind die drei Geschwister jetzt, wenn Tim und Sandro die zwei Jahre älteren Zwillingsbrüder von Maya sind?

16 Für den Gymnastikkurs an der Volkshochschule werden insgesamt 17 Bälle – Gymnastik- und Hüpfbälle – im Wert von 335 € angeschafft. Dabei kostet ein Gymnastikball 15 € und ein Hüpfball 25 €.

Setze für die Anzahl an Gymnastikbällen die Variable x.

a) Ermittle mithilfe einer Gleichung, wie viele Bälle jeder Art gekauft werden.

b) Eric hat die Aufgabe etwas anders gelöst. Erkläre seinen Lösungsweg.

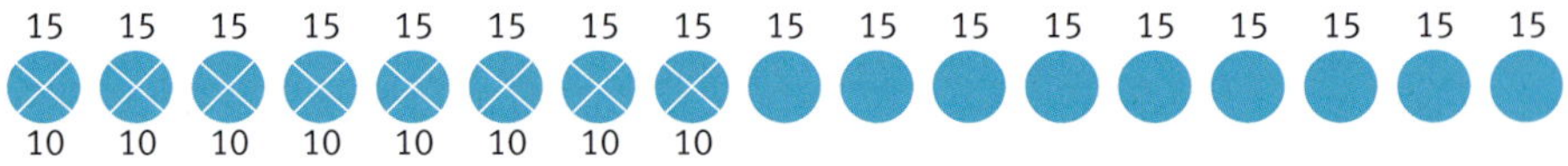

17 Bauer Heinrich hat am Ortsrand eine rechteckige Weidekoppel für Pferde, deren Länge der 2,5-fachen Breite entspricht. Er kann diese um 416 m^2 vergrößern, da sein Kollege Schäfer Max einen Teil seines Grundbesitzes veräußert. Mit dem Kauf vergrößert sich die Länge der bisherigen Weidekoppel um 9 m und die Breite um 4 m.

a) Berechne den Flächeninhalt der bisherigen Weidekoppel.

b) Welchem prozentualen Anteil entspricht die zugekaufte Fläche an der bisherigen?

18 Stelle eine passende Gleichung auf und löse sie.

a) Für die gesuchte ganze Zahl gilt: Die dreifache Differenz aus einer Zahl und 41 ist gleich dem Vierfachen der Zahl vermehrt um 19.

b) Gesucht ist eine dreistellige natürliche Zahl mit folgenden Eigenschaften:
– Zwei der drei Ziffern der Zahl sind gleich, die dritte Ziffer ist doppelt so groß.
– Die Quersumme der Zahl ist gleich der Summe aus der dritten Ziffer und 6.

19 Ein Landgasthof verfügt insgesamt über 45 Zimmer, darunter sind Einzel- und Doppelzimmer. Wenn der Landgasthof ausgebucht ist, können 78 Gäste beherbergt werden. Finde mithilfe von Überlegungen wie in Aufgabe 16 b) heraus, über wie viele Einzel- und Doppelzimmer der Landgasthof verfügt.

20 Familie Pupama möchte ihr rechteckiges Grundstück rundum mit Ausnahme der Zugänge zum Haus und zur Garage mit einer Buchshecke umzäunen (siehe Abbildung).

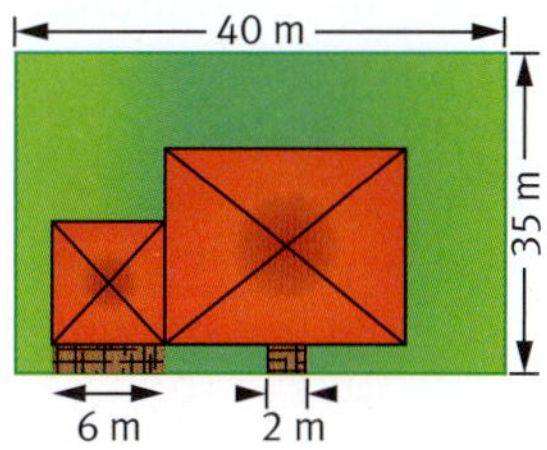

Angebot A: 6,80 € pro Pflanze (40–60 cm hoch); 3 Pflanzen pro m

Angebot B: 5,10 € pro Pflanze (40–60 cm hoch); 4 Pflanzen pro m

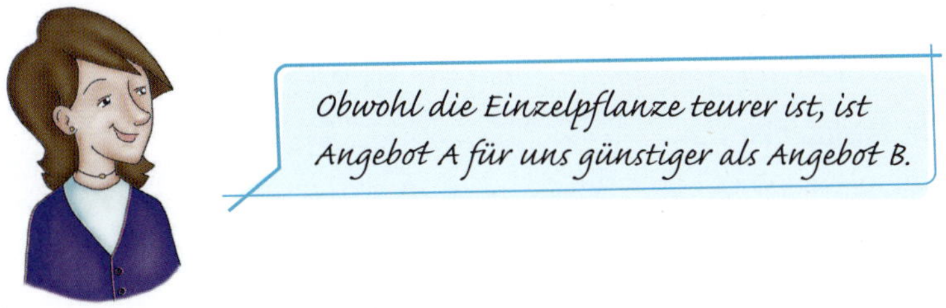

Hat Frau Pupama Recht? Begründe.

21 Der Umfang eines Dreiecks ABC ist um 17 cm länger als die Länge der Seite a. Die Seite b besitzt die dreifache Länge der Seite a und die Seite c hat eine Länge von 8 cm. Welchen Umfang besitzt das Dreieck ABC?

22 Bestimme die Lösungsmenge für $G = \mathbb{Q}$.

a) $(y + 3{,}5) \cdot (y - 9) + 0{,}1 = (y - 2) \cdot (y + 4{,}5)$

b) $\left(\frac{4}{7}x - \frac{3}{5}\right)^2 = \left(\frac{3}{7}x + 2\right)^2 + \frac{7}{49}x^2$

c) $(4x - 2)^2 - 7x \cdot (x + 6) = (3x - 4) \cdot (3x + 12)$

d) $(w - 3)^2 + (w + 2)(w - 2) + (w + 6)^2 = (w + 4)^2 + 2w^2 - 87$

3.10 Toolbox: Grafikfähiger Taschenrechner

Den Taschenrechner erkunden

Der grafikfähige Taschenrechner (GTR) bietet Erleichterungen für viele mathematische Bereiche an.

Zunächst sind folgende Funktionen hilfreich:

normaler Taschenrechner	RUN
grafische Darstellung von Termen und Funktionen	GRAPH
Erstellen von numerischen Wertetabellen	TABLE
Lösung von Gleichungen	EQUA

Öffne für die folgenden Aufgaben den Menüpunkt für die normalen Taschenrechnerfunktionen.
Ein Tipp vorweg: Falscheingaben, sogenannte „Syntaxfehler", lassen sich durch [EXIT] bzw. [AC/ON] beseitigen.

a) Suche an deinem Taschenrechner die Tasten mit den Grundfunktionen für Rechnungen rund um die Grundrechenarten. Probiere auch die weiteren Funktionen rund um Brüche, Quadratzahlen, Potenzen und verschiedene Klammerebenen aus. Mit der zweiten Tastenfunktion und den Funktionstasten hast du noch mehr Möglichkeiten.

b) Überprüfe anhand der Beispiele, ob der GTR die Rechenregeln „Klammer zuerst" und „Punkt vor Strich" beachtet.

① $25 - 3 - 5$ ② $4 + 4 \cdot 4$
③ $100 - 5 \cdot 2$ ④ $4 \cdot (25 + 15)$

c) Was zeigt der Taschenrechner an, wenn du durch 0 dividierst? Erkläre.

d) ① Finde anhand der folgenden Eingabe die Funktion der Taste [Ans] ([SHIFT] [(−)]) heraus.
$13 + 49$ [EXE]
$157 -$ [Ans] [EXE]

② Simon behauptet: „Wenn man direkt ein Rechenzeichen drückt, dann wird als Startwert für die Rechnung der letzte Displaywert verwendet." Stimmt das? Überprüfe.

Arbeiten mit Brüchen und Potenzen

a) Brüche werden mit der Taste [a b/c] eingegeben.
Beispiele: $\frac{2}{15} \rightarrow 2$ [a b/c] 15; $3\frac{1}{5} \rightarrow 3$ [a b/c] 1 [a b/c] 5
Gib die folgenden Brüche ein. Beende deine Eingabe mit [EXE]. Was beobachtest du jeweils?
① $\frac{3}{5}$ ② $\frac{15}{5}$ ③ $\frac{3}{15}$ ④ $7\frac{2}{4}$

b) Du kannst mit der Taste [F↔D] Brüche in Dezimalzahlen und mit ($a\frac{b}{c} \leftrightarrow \frac{d}{c}$) ([SHIFT] [F↔D]) unechte Brüche in gemischte Schreibweise umwandeln.
Beispiele:
① $\frac{2}{5}$ [EXE] [F↔D] $\rightarrow 0{,}4$ ② $\frac{3}{4}$ [EXE] [F↔D] $\rightarrow 0{,}75$
③ $\frac{47}{8}$ [EXE] ($a\frac{b}{c} \leftrightarrow \frac{d}{c}$) $\rightarrow 5\frac{7}{8}$ ④ $5{,}875$ [EXE] ($a\frac{b}{c} \leftrightarrow \frac{d}{c}$) $\rightarrow 5\frac{7}{8}$
Führe zu jedem Beispiel mindestens fünf eigene Umrechnungen durch.

c) Potenzen lassen sich mit [^] berechnen.
Beispiel: $3^4 \rightarrow 3$ [^] $4 \rightarrow 81$
Berechne. Findest du für Quadrate auch noch eine kürzere Berechnungsmöglichkeit?
① 17^2 ② 7^9 ③ $0{,}5^4$
④ $0{,}1^{-5}$ ⑤ 2^{12} ⑥ $\left(\frac{2}{3}\right)^2$

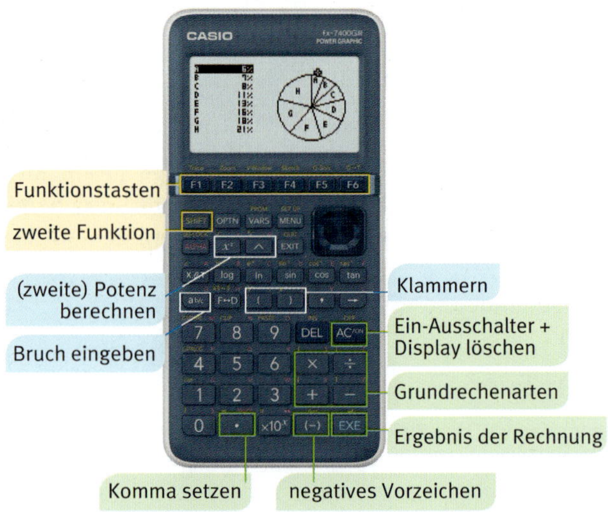

Mit Wertetabellen arbeiten

Zum Erstellen einer numerischen Wertetabelle musst du den Menüpunkt TABLE mit EXE aufrufen.

1 Gib zunächst einen Term, z. B. 0,5x −1, ein und bestätige mit EXE. Die Variable x erhältst du mit X,θ,T.

2 Über die Funktionstaste F5 (SET) kannst du den Start- und Endwert der Belegung für x einstellen und die Schrittweite der Tabelle festlegen.

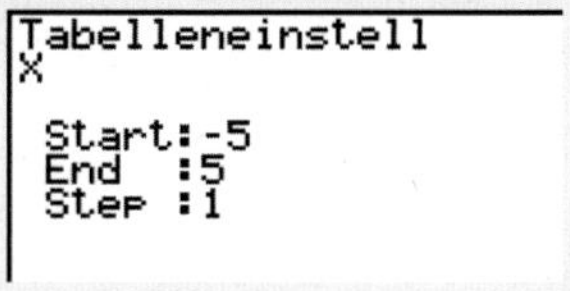

3 Gib die Tabelle mit F6 (TABL) aus.

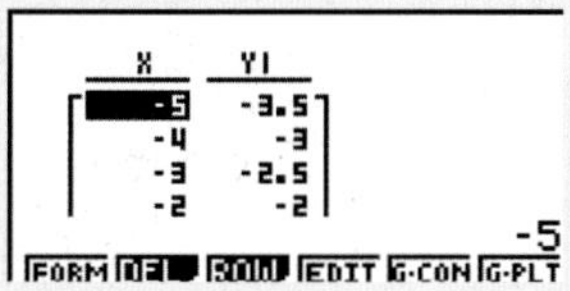

a) Erstelle für die folgenden Terme eine numerische Wertetabelle im angegebenen Bereich.

1 $T(x) = 2x;\ x \in [-5; 5];\ \Delta x = 1$

2 $T(z) = 0{,}5z - 2;\ z \in [-4{,}5; 6];\ \Delta z = 1{,}5$

3 $T(x) = x^2 + 2x + 2;\ x \in [-3; 1];\ \Delta x = 0{,}5$

b) Erstelle für die angegebenen Terme eine numerische Wertetabelle im angegebenen Bereich. Gib anschließend den zugehörigen Graphen aus und passe das Koordinatensystem den Werten optimal an.
Mit SHIFT F3 (V-Window) kann man das Betrachtungsfenster einstellen, F6 (G-PLT) erzeugt den Graphen.

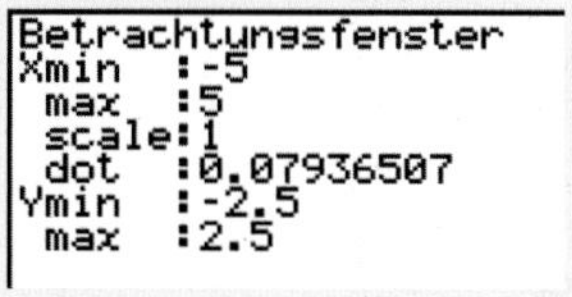

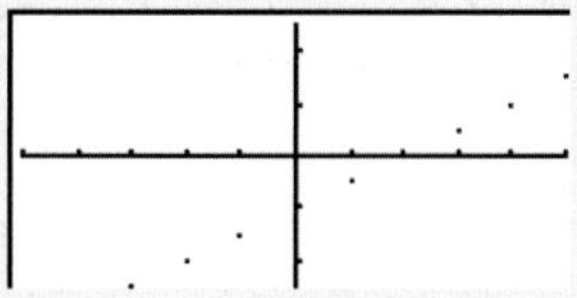

1 $T(x) = (x + 3) \cdot (x - 3);\ x \in [-8; 10];\ \Delta x = 1$

2 $T(y) = (y + 9) \cdot (y + 10);\ y \in [-6; 7];\ \Delta y = 1$

3 $T(x) = 0{,}5 \cdot (x - 5)^2 - 3;\ x \in [0; 12];\ \Delta x = 1$

c) Zeichne Graphen für folgende Terme.

1 $T(x) = 3x + 1{,}5$ 2 $T(x) = -0{,}5x^2 - 3x + 9$

Äquivalente Terme

Überprüfe anhand von numerischen und grafischen Wertetabellen die Äquivalenz der Terme in $\mathbb{Z}$ im Intervall [−4; 4].

a) $T_1(x) = (x + 5)^2;\ T_2(x) = x^2 + 10x + 25$

b) $T_1(x) = 15{,}5x - 26;\ T_2(x) = -(2x + 6) - 2{,}5 \cdot (8 - 7x)$

c) $T_1(x) = (3x + 1) \cdot (2x - 2);\ T_2(x) = 6x^2 - 4x - 2$

d) $T_1(x) = 0{,}5x \cdot (0{,}5x + 2{,}5);\ T_2(x) = 0{,}25x^2 + 1{,}5x$

Extreme Werte

Wertetabellen können auch bei der Untersuchung quadratischer Terme helfen.

a) Bestimme für die folgenden Terme den Extremwert und die zugehörige Belegung von x ausschließlich mit einer numerischen Wertetabelle ($G = \mathbb{Q}$).

1 $T(x) = -3x^2 - 36x - 115;\ x \in [-15; 0]$

2 $T(x) = -0{,}5x^2 + 20{,}5x - 200{,}125;\ x \in [15; 30]$

3 $T(x) = 7x^2 + 17{,}5x + 7{,}4375;\ x \in [-10; 5]$

b) Kontrolliere deine Ergebnisse aus a), indem du mit GRAPH jeweils einen Graphen erstellst. Das Minimum bzw. Maximum kannst du berechnen lassen, indem du zunächst SHIFT F5 (G-SLV) drückst und anschließend F2 (MAX) bzw. F3 (MIN).

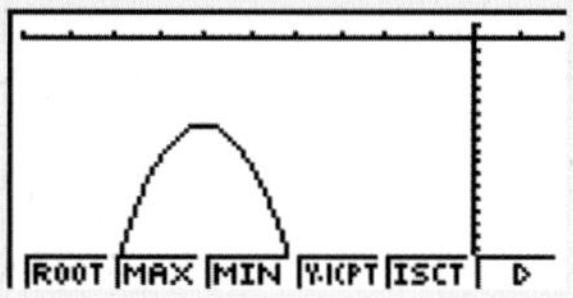

3.11 Das kann ich!

Die Lösungen zu dieser Doppelseite stehen im Anhang.

Aufgaben zur Einzelarbeit

1. Teste dich! Bearbeite dazu die folgenden Aufgaben und bewerte die Lösungen mit einem Smiley.
2. Hinweise zum Nacharbeiten findest du auf der folgenden Seite.

☺	😐	☹
Das kann ich!	Das kann ich fast!	Das kann ich noch nicht!

1 Bestimme die jeweiligen Termwerte zu der angegebenen Belegung der Variablen.

a) $T(x) = 3x + 3$
$x_1 = 7$ $x_2 = 19{,}5$ $x_3 = -5$

b) $T(z) = z \cdot (z - 4)$
$z_1 = 3$ $z_2 = -3$ $z_3 = -2{,}5$

c) $T(y) = (y - 5) \cdot (y + 9)$
$y_1 = 3$ $y_2 = \frac{1}{2}$ $y_3 = -\frac{5}{2}$

d) $T(x) = x^2 \cdot (x^2 - 5) : x^2$
$x_1 = 1{,}5$ $x_2 = 4\frac{1}{2}$ $x_3 = -2$

2 Vereinfache die Terme so weit wie möglich.

a) $3x + 5x - 4x$ **b)** $-17c + 9c + 12c$
c) $1{,}5a^2 + 2{,}5a - 4a^2$ **d)** $4a^3x + 2xa^3 - 3axa^2$
e) $9{,}3x^2y^5 + 6xy^3 - 5{,}8 - 11{,}11xy^3 + 2{,}7x^2y^5$
f) $-\frac{1}{3}a^2b - \frac{1}{6}ab^2 - \frac{1}{9}a^2b - \frac{1}{12}ab^2$

3 Löse die Klammern auf und vereinfache die Terme so weit wie möglich.

a) $8c + (c + 3)$ **b)** $7x - (x^2 - 2x)$
c) $-(-3c + d) - 5d$ **d)** $\frac{1}{2}x - \left(-1 - \frac{1}{2}x + \frac{x^2}{x}\right)$
e) $(2x + 4y) + (x - y)$ **f)** $(8x - 9y + 7) - (8 - 8y)$
g) $-(5a + 3b) - (3a - 5b)$
h) $-5x + (6y + 9x) - (2x - 4y) + y$
i) $3a + (7a + 5b) + 2b - (2a - 5b)$
j) $(6{,}2x + 2{,}1y - 1{,}9z) - (5{,}5y - 4{,}1z - 1{,}8x)$

4 Multipliziere aus.

a) $3 \cdot (x + 3)$ **b)** $\frac{1}{4} \cdot (8y - 28)$
c) $(8y - 28) : 4$ **d)** $0{,}5 \cdot (a + 3)$
e) $\frac{2}{3}e \cdot (39ef - 12f)$ **f)** $\frac{1}{5} \cdot (2{,}5m - 7{,}5n)$
g) $0{,}25x \cdot (4x + 12y) \cdot 2$ **h)** $10a \cdot (0{,}5a + 0{,}7b) : 5a$

5 Klammere den in Klammern angegebenen Faktor aus.

a) $3x + 9y$; (3) **b)** $15 + 135x$; (15)
c) $32a + 256b^2$; (16) **d)** $3x - 6x^2$; $(3x)$
e) $21x^2y + 3y$; $(3y)$ **f)** $7ab^2 + 5a^2b^2$; (ab^2)

6 Multipliziere aus und vereinfache, wenn möglich.

a) $(3 + x) \cdot (4 - y)$ **b)** $(2 - a) \cdot (b + 3a)$
c) $(3 + a) \cdot (a + b - c)$ **d)** $(9 + x - y) \cdot (z + 5 - a)$
e) $(8 - x) \cdot (-2 + x)$ **f)** $(a + b) \cdot (2a + 4b)$
g) $(2xy + 8) \cdot (1{,}5x - xy)$ **h)** $(6 - a) \cdot (b + 5 - a)$

7 Wende die binomischen Formeln an.

a) $(u - v)^2$ **b)** $(2 + z)^2$
c) $(2x - 3y)^2$ **d)** $(c + 3d) \cdot (c - 3d)$
e) $(x^2 + y^3)^2$ **f)** $(3z^4 - 7) \cdot (3z^4 + 7)$

8 Forme in eine binomische Formel um.

a) $x^2 + 8x + 16$ **b)** $4x^2 - 4xy + y^2$
c) $49a^2 - 81y^2$ **d)** $36x^2 - 36xy + 9y^2$
e) $0{,}25u^2 + 0{,}3uv^2 + 0{,}09v^4$
f) $0{,}81s^4 - 81t^2$

9 Bestimme den Extremwert und die zugehörige Belegung der Variablen durch quadratische Ergänzung.

a) $T(x) = 2x^2 + 8x + 5$ **b)** $T(z) = -0{,}5z^2 + 2z + 1$
c) $T(x) = \frac{1}{3}x^2 - 6x + 7$ **d)** $T(y) = y^2 + 3y + 9$
e) $T(y) = 1{,}5y^2 + 3y$ **f)** $T(x) = -4x^2 + 4$

10 Bestimme die Lösungsmenge für $G = \mathbb{Q}$.

a) $3{,}4w - 3{,}1 = -4{,}1w + 0{,}65$
b) $\frac{1}{5}y = \frac{1}{25} \cdot (y - 3)$
c) $8 \cdot (3x + 2) = 8 \cdot (x - 1) + 23$
d) $z \cdot (7z - 3) - 6z^2 = z \cdot (z + 1{,}5)$
e) $(x + 0{,}3)^2 = (x - 0{,}7)^2$

11 Gib eine Gleichung ($G = \mathbb{Q}^+$) an, bei der die Variable x im Links- und im Rechtsterm vorkommt. Die Gleichung soll …

a) genau eine Lösung besitzen.
b) keine Lösung besitzen.
c) unendlich viele Lösungen besitzen.

12 Johanna und Georg unterhalten sich über ihr Alter. Johanna sagt: „Wenn du zu meinem Alter das Doppelte der Summe aus meinem Alter und sieben addierst, erhältst du mein vierfaches Alter vermehrt um 1.“
Berechne Johannas Alter mithilfe einer Gleichung.

13 Durch Verkürzen bzw. Verlängern der Seiten um x m hat ein rechteckiges Grundstück G_1 eine Breite von (17 + x) m und eine Länge von (39 – x) m. Das Grundstück G_2, das auch einen rechteckigen Zuschnitt besitzt, ist (22 + x) m breit und (28 – x) m lang.

a) Gib eine geeignete Grundmenge für die Variable x an.

b)

Hat Anna Recht? Begründe.

c) Ermittle für jedes der Grundstücke die Belegung von x, für die sich der maximale Flächeninhalt A_{max} ergibt, und gib diesen an.

Aufgaben für Lernpartner

1. Bearbeite die folgenden Aufgaben alleine.
2. Suche dir einen Partner und erkläre ihm deine Lösungen. Höre aufmerksam und gewissenhaft zu, wenn dein Partner dir seine Lösungen erklärt.
3. Korrigiere gegebenenfalls deine Antworten und benutze dazu eine andere Farbe.

Sind folgende Behauptungen **richtig** oder **falsch**? Begründe schriftlich.

A Der Term $T(x) = x^2 - 1$ kann für $x \in \mathbb{N}$ ($x \in \mathbb{Z}$) negative Termwerte haben.

B Aus einer Summe kann man auch die Zahl 0 ausklammern.

C Der Term $T(x) = 4x^2 + 13x + 9$ kann nicht mithilfe einer binomischen Formel umgeformt werden.

D Der Term $7 - (x + 3)^2$ hat ein Maximum.

E Es gibt Gleichungen, die für unterschiedliche Grundmengen unterschiedliche Lösungsmengen besitzen.

F Die Multiplikation beider Seiten einer Gleichung mit null ist eine Äquivalenzumformung.

G Die Lösungsmenge einer Gleichung kann niemals leer sein.

Aufgabe	Ich kann ...	Hilfe
1, A	Termwerte berechnen.	S. 66
2, 3, 4, 6	Terme vereinfachen.	S. 68, 72, 76
5, B	Terme faktorisieren.	S. 74, 77
7, 8, C	die binomischen Formeln anwenden.	S. 78, 79
9, 13, D	Extremwerte quadratischer Terme bestimmen.	S. 82, 84
10, 11, 12, 13, E, F, G	Gleichungen mit Variablen auf beiden Seiten aufstellen und lösen.	S. 88, 90

3.12 Auf einen Blick

Terme addieren und subtrahieren

Seite 68

Gleichartige Terme können zusammengefasst werden.
Steht ein **Plus vor einer Klammer**, kann die Klammer weggelassen werden.
Steht ein **Minus vor einer Klammer**, müssen beim Weglassen der Klammer alle Vorzeichen in der Klammer umgekehrt werden.

$T_1(x) = 2x + 3y - y + 5x$
$= 7x + 2y$
$T_2(x) = x + (y - z)$
$= x + y - z$
$T_3(x) = x - (y + z)$
$= x - y - z$

Terme multiplizieren und faktorisieren

Seite 72

Terme werden **multipliziert**, indem alle Koeffizienten multipliziert werden und gleiche Variablen mithilfe der Potenzschreibweise zusammengefasst werden.
Terme werden **faktorisiert**, indem gemeinsam vorkommende Faktoren ausgeklammert werden.

$T(x) = 2x^2 \cdot 7y \cdot 2 \cdot 4y$
$= 2 \cdot 7 \cdot 2 \cdot 4 \cdot x^2 \cdot y \cdot y$
$= 112x^2y^2$

$T(x) = 12a + 9ab - 6ac$
$= 4 \cdot 3 \cdot a + 3 \cdot 3 \cdot a \cdot b - 2 \cdot 3 \cdot a \cdot c$
$= 3a \cdot (4 + 3b - 2c)$

Summenterme multiplizieren

Seite 76

Beim **Multiplizieren von Summentermen** muss **jeder Summand** der ersten **mit jedem Summanden** der zweiten Klammer **multipliziert** werden.

$(x + 5) \cdot (y + 12) = x \cdot y + 12x + 5y + 5 \cdot 12$

Binomische Formeln

Seite 78
Seite 79

Mithilfe der **binomischen Formeln** können bestimmte Produkte direkt in Summen umgewandelt werden und umgekehrt.

1. binomische Formel: $(a + b)^2 = a^2 + 2ab + b^2$
2. binomische Formel: $(a - b)^2 = a^2 - 2ab + b^2$
3. binomische Formel: $(a + b) \cdot (a - b) = a^2 - b^2$

Extremwerte quadratischer Terme

Seite 82

Terme der Form $\mathbf{ax^2 + bx + c}$, $a \neq 0$, nennt man **quadratische Terme**. Sie haben stets einen **Extremwert**. Es gilt:
$a > 0$: Minimum T_{min} $a < 0$: Maximum T_{max}
Quadratische Terme kann man stets so **quadratisch ergänzen**, dass man sie mithilfe der binomischen Formeln umformen kann. Der Extremwert ist dann direkt ablesbar.

$x^2 + 6x + 7 = x^2 + 2 \cdot 3 \cdot x + 7$
$= \underbrace{x^2 + 2 \cdot 3 \cdot x + 3^2} - 3^2 + 7$
$= (x + 3)^2 - 2$
$= +1 \cdot (x + 3)^2 - 2$
Minimum $T_{min} = -2$ für $x = -3$

Lineare Gleichungen

Seite 88
Seite 90

Gleichungen, die die Variablen nur in der ersten Potenz enthalten, werden **linear** genannt. Ihre Lösungsmenge bestimmt man durch **Äquivalenzumformungen**.

$8x + 4 = 4x + 12 \quad | -4x \qquad G = \mathbb{Q}$
$\Leftrightarrow 4x + 4 = 12 \quad | -4$
$\Leftrightarrow 4x = 8 \quad | :4$
$\Leftrightarrow x = 2$
$L = \{2\}$

Terme

1 Berechne die Termwerte für die angegebene Grundmenge im Kopf.

a) $T(x) = 2x + 7x^2$; $G = \{0; 2; 4\}$

b) $T(x) = 27 + 4x - x^2$; $G = \{1; 3; 5\}$

c) $T(x) = 4x^2 - 2 \cdot 2x^2$; $G = \{1\}$

2 Bastle aus Pappe oder Papier 14 Kärtchen und beschrifte sie wie angegeben.

Lege mit den Kärtchen einen mathematisch sinnvollen Term und seine Umformung. Es müssen alle Kärtchen verwendet werden (Achtung: Für Malpunkte gibt es keine Kärtchen).

3 Finde waagrecht, senkrecht und diagonal Terme, die man mithilfe einer binomischen Formel faktorisieren kann.

$+x^2$	-1	$+9x^2$	$+16$	$+x^2$
$+6x$	$-4x$	$+4x$	$-6x$	$+2x$
$+6$	$+16x$	$+4$	$+25x^2$	$+1$
$-x^2$	$+x^2$	$-20x$	$+30x$	-36
$-3x$	-4	$+25x^2$	$+9$	$+16x^2$
-9	$+x^2$	$-2x$	$+1$	-25
$+2$	$+8x$	$+4x^2$	$-25x$	$+25x^2$
$+4x^2$	$+32x$	$+64$	$+5x^2$	-49

Gleichungen

4 Bestimme die Lösungsmenge im Kopf ($G = \mathbb{Z}$).

a) $4x + 3 = 2x + 9$ b) $9x - 7 = 2x + 21$

c) $13 - 2x = -3x + 14$ d) $-x - 7 = -4x - 1$

5 Gegeben ist die Gleichung $-7x + 7 = ?$ mit $G = \mathbb{N}$. Wie könnte die „rechte Seite" der angegebenen Gleichung lauten, wenn ...

a) die Lösungsmenge $L = \{1\}$ ist?

b) die Lösungsmenge $L = \mathbb{N}$ ist?

6 Notiere für jedes Zahlenrätsel eine Gleichung und löse sie im Kopf.

a) Multipliziere die gesuchte Zahl mit 5 und subtrahiere 4. Das Ergebnis ist 6.

b) Wird zum Vierfachen einer Zahl die Zahl 7 addiert, erhält man das Dreifache der Zahl vermehrt um 5.

c) Subtrahiert man vom Quotienten aus 18 und 3 die Summe aus dem Doppelten einer Zahl und 3, so erhält man die Zahl selbst.

7 Gib für jede Gleichung eine Grundmenge G_1 so an, dass $L = \emptyset$ und eine Grundmenge G_2 so, dass eine Lösungsmenge existiert. Gib in diesem Fall die Lösungsmenge an.

a) $x + 7 = 2x + 9$ b) $14x - 8 = x - 8$

c) $5x + 12 = 3x + 15$ d) $x^2 + 4x = x \cdot (x + 3) - 1$

8 Aus einem 2,16 m langen Drahtstück werden Würfel gebastelt.

a) Es wird nur ein Würfel hergestellt. Welches Volumen hat er maximal?

b) Wie lang kann eine Würfelkante höchstens sein, wenn aus dem vorhandenen Draht auch noch ein zweiter Würfel mit halb so langer Kantenlänge hergestellt werden soll?
Löse mithilfe einer Gleichung.

Startklar

Mit Brüchen umgehen

1 Was versteht man unter einem Bruch? Erläutere.

2 Erweitere die Brüche mit der angegebenen Zahl.

a) mit 3: $\frac{1}{6}$; $\frac{2}{7}$; $\frac{7}{9}$; $\frac{4}{13}$; $\frac{11}{17}$; $\frac{21}{19}$; $4\frac{3}{5}$ **b)** mit 12: $\frac{1}{2}$; $\frac{6}{7}$; $\frac{5}{8}$; $\frac{0}{9}$; $\frac{32}{33}$; $\frac{99}{50}$; $1\frac{1}{6}$

3 Kürze die Brüche mit der angegebenen Zahl und wandle anschließend – falls möglich – in eine gemischte oder natürliche Zahl um.

a) mit 2: $\frac{4}{8}$; $\frac{12}{14}$; $\frac{14}{18}$; $\frac{66}{100}$; $\frac{32}{6}$; $\frac{48}{24}$; $\frac{1002}{22}$

b) mit 7: $\frac{7}{28}$; $\frac{63}{77}$; $\frac{35}{56}$; $\frac{14}{84}$; $\frac{21}{154}$; $\frac{770}{91}$; $\frac{7000}{707}$

4 **a)** Vervollständige.

b) In welchen Situationen kann es sinnvoll sein, den Hauptnenner zweier Brüche zu ermitteln?

Terme umformen

5 Schreibe als Produkt.

a) $x^2 - 4x$ **b)** $3x + 6$ **c)** $x^2 - 6x + 9$ **d)** $25x^2 - 64$ **e)** $4x^2 + 8x + 4$

Gleichungen lösen

6 Bestimme die Lösungsmenge der Gleichung für $G = \mathbb{N}$.

a) $\frac{x}{35} = \frac{1}{5}$ **b)** $\frac{x}{62} = \frac{11}{186}$ **c)** $\frac{95}{115} = \frac{x}{23}$ **d)** $\frac{28}{384} = \frac{x}{96}$ **e)** $\frac{x+1}{5} = \frac{6}{15}$

7 Ermittle durch Äquivalenzumformungen die Lösungsmenge der Gleichung für $G = \mathbb{Q}$.

a) $2 \cdot (x + 3) = 5 \cdot x$ **b)** $6 \cdot (x - 4) = 3 \cdot (x + 1)$ **c)** $(x + 7) \cdot (x + 4) = (x - 2) \cdot (x + 5)$

Die Lösungen zu dieser Seite stehen im Anhang.

4 Bruchterme und Bruchgleichungen

Einstieg

- Untersuche die Terme $T_1(x) = \frac{5}{x+2}$ und $T_2(x) = \frac{2}{x-1}$:
  1. Worin unterscheiden sich die Terme von denen, die du bisher kennst?
  2. Für welche rationale Zahl lässt sich jeweils kein Termwert bestimmen? Begründe.
- Für welche Belegung von x ist die Gleichung $\frac{5}{x+2} = \frac{2}{x-1}$ erfüllt? Probiere aus und beschreibe dein Vorgehen.

Ausblick

Am Ende dieses Kapitels hast du gelernt, ...

- was Bruchterme sind.
- wie man Gleichungen mit Bruchtermen lösen kann.

4.1 Bruchterme

Entdecken

Auch im Nenner können bei Termen Variablen auftauchen. Setze die Werte auf den Zahlenkärtchen in die Terme ein.

- Welche Zahlen darf man einsetzen, welche nicht? Begründe.
- Für welche Zahlen ist der Wert des Terms am größten (kleinsten)?
- Erstelle selbst Terme mit Variablen im Nenner und probiere aus.

Verstehen

Beispiele für Bruchterme:

$\frac{1}{x}$; $\frac{3}{x-4}$; $\frac{a+3}{a-4}$

$D \subseteq G$

Terme, die im Nenner wenigstens eine Variable enthalten, nennt man **Bruchterme**.

Bei Bruchtermen darf **keine Zahl** in den Term eingesetzt werden, für die der **Nenner null** wird. Zur **Definitionsmenge D** eines Bruchterms bezüglich seiner Grundmenge G gehören diejenigen Elemente aus G, für die der Termwert berechenbar ist.

Beispiele: 1 $\frac{3}{x}$; $G = \mathbb{Q}$; $D = \mathbb{Q}\setminus\{0\}$ 2 $\frac{3}{x-4}$; $G = \mathbb{Q}$; $D = \mathbb{Q}\setminus\{4\}$

Der Bruchstrich wirkt in einem Term zusätzlich zur Division wie eine Klammer um Zähler und Nenner:

$\frac{2x+1}{x-3} = (2x+1) : (x-3)$

Bruchterme lassen sich wie Brüche **erweitern und kürzen**. Vor dem Kürzen ist es oft günstig, zunächst gemeinsame Faktoren in Zähler und Nenner auszuklammern. Dabei können die binomischen Formeln helfen.

Erweitern	Kürzen	Ausklammern und kürzen
$\frac{5}{x-2} = \frac{5 \cdot x}{(x-2) \cdot x} = \frac{5x}{x^2-2x}$	$\frac{10x}{15x^2} = \frac{\overset{2}{\cancel{10}} \cdot \cancel{x}}{\underset{3}{\cancel{15}}x \cdot \cancel{x}} = \frac{2}{3x}$	$\frac{x-2}{x^2-4} = \frac{(x-2)}{(x-2) \cdot (x+2)} = \frac{1}{x+2}$

Beispiele

Zur Bestimmung von D setzt man den Nennerterm gleich null. Faktorisieren kann helfen. Denke an die binomischen Formeln.

I Bestimme die Definitionsmenge in $G = \mathbb{Q}$.

a) $\frac{3-x}{x+3}$ b) $\frac{x+2}{x^2-4x}$ c) $\frac{a}{a^2-8a+16}$

Lösung

a) $x + 3 = 0$
$D = \mathbb{Q}\setminus\{-3\}$

b) $x^2 - 4x = 0$
$\Leftrightarrow x\,(x-4) = 0$
$D = \mathbb{Q}\setminus\{0; 4\}$

c) $a^2 - 8a + 16 = 0$
$\Leftrightarrow (a-4)^2 = 0$
$D = \mathbb{Q}\setminus\{4\}$

II Vereinfache so weit wie möglich. Bestimme D vor und nach dem Kürzen.

a) $\frac{2x}{6x^2}$; $G = \mathbb{Q}$ b) $\frac{2x^2+4x}{10x^2-8x}$; $G = \mathbb{Q}$

Lösung

a) $\frac{2x}{6x^2} = \frac{\cancel{2x}}{3 \cdot x \cdot \cancel{2x}} = \frac{1}{3x}$

$D_{vor} = \mathbb{Q}\setminus\{0\}$

$D_{nach} = \mathbb{Q}\setminus\{0\}$

b) $\frac{2x^2+4x}{10x^2-8x} = \frac{\cancel{2x} \cdot (x+2)}{\cancel{2x} \cdot (5x-4)} = \frac{x+2}{5x-4}$

$D_{vor} = \mathbb{Q}\setminus\left\{0; \frac{4}{5}\right\}$

$D_{nach} = \mathbb{Q}\setminus\left\{\frac{4}{5}\right\}$

*Der ursprüngliche und der umgeformte Term sind nur bei **gleicher Definitionsmenge äquivalent**.*

Nachgefragt

- Warum darf der Nennerterm eines Bruchterms nicht den Wert Null annehmen? Erkläre an einem Beispiel.
- „Aus Differenzen und Summen kürzen nur die Dummen!“
  Erkläre anhand von Beispielen, was mit dieser Eselsbrücke gemeint ist.

Aufgaben

1 Bestimme in ① $G = \mathbb{Q}$ und ② $G = \mathbb{N}$ die Definitionsmenge der Terme.

a) $\frac{6}{2x}$ b) $\frac{3}{4x-2}$ c) $\frac{1-x}{x-2}$ d) $\frac{x+1}{x^2-3x}$

e) $\frac{2+3x-4}{9x}$ f) $\frac{0{,}5x-3}{\frac{1}{3}x+4}$ g) $\frac{3}{x^2-6x}$ h) $\frac{2x-7}{9x^2+4{,}5x}$

i) $\frac{1}{x^2+5x+6{,}25}$ j) $\frac{2x}{x^2-2{,}4x+1{,}44}$ k) $\frac{2x-4}{(2x-5)\cdot(x+6)}$ l) $\frac{7}{x^2-121}$

2 Erweitere mit dem angegebenen Term. Bestimme D nach dem Erweitern ($G = \mathbb{Q}$).

	a)	b)	c)	d)	e)	f)	g)
T (x)	$\frac{3}{7x}$	$\frac{13}{5x-2}$	$\frac{3x}{4x+5}$	$\frac{5}{x-7}$	$\frac{x+3}{x-4}$	$\frac{x+3}{x-4}$	$\frac{x+2}{x}$
erweitern mit	$3x$	$4x^2$	$2x$	$x+7$	$x+3$	$x-4$	$x-2$

3 Finde den Erweiterungsterm und vervollständige.

Lösungen zu 3: Erweiterungsterme: −1; 6x; x + 2; 2x + 4; 6x; x − 4; 0,5x − 4; x² − 4x; x − 9

a) $\frac{3}{x} = \frac{\square}{6x^2}$ b) $\frac{x+4}{5x} = \frac{6x^2+24x}{\square}$ c) $\frac{2}{x-4} = \frac{\square}{x^2-8x+16}$

d) $\frac{-2x}{5-x} = \frac{\square}{x-5}$ e) $\frac{x-7}{x+8} = \frac{(x-7)\cdot(0{,}5x-4)}{\square}$ f) $\frac{6}{x+9} = \frac{\square}{x^2-81}$

g) $\frac{\square}{x+2} = \frac{x^2-4}{x^2+4x+4}$ h) $\frac{4x+x^2}{4+x} = \frac{x^4-16x^2}{\square}$ i) $\frac{1{,}5x}{2x+4} = \frac{3x^2+6x}{\square}$

4 Vereinfache so weit wie möglich. Bestimme D vor und nach dem Kürzen ($G = \mathbb{Q}$).

a) $\frac{14}{21x}$ b) $\frac{56x^2}{49x^5}$ c) $\frac{2{,}8x}{1{,}96x^3}$ d) $\frac{15x}{25-10x}$

e) $\frac{15x^2}{25x^2-10x}$ f) $\frac{8x^2-12x}{8x-12}$ g) $\frac{x-1}{x^2-1}$ h) $\frac{x+2}{x^2-4}$

i) $\frac{x+1{,}5}{x^2+3x+2{,}25}$ j) $\frac{2x+1{,}4}{2x^2-0{,}98}$ k) $\frac{x^2-12x}{x^2-24x+144}$ l) $\frac{x^2+0{,}6x+0{,}09}{x^2-0{,}09}$

5 Finde zueinander äquivalente Terme in $G = \mathbb{Q}$. Gib die Definitionsmenge an, in der die Terme äquivalent sind.

$\frac{4-2x}{2x-x^2}$ $\frac{12x}{6x^2}$ $\frac{(x+2)\cdot(x+3)}{x^2-9}$ $\frac{x+4}{x^2+8x+16}$ $\frac{6}{x}$

$\frac{x+2}{x-3}$ $\frac{(x+3)\cdot(x+2)}{(x+3)\cdot(x-3)}$ $\frac{3x+6}{3x-9}$ $\frac{x-4}{x^2-16}$ $\frac{0{,}5x+2}{0{,}5x^2+4x+8}$

$\frac{3}{0{,}5x}$ $\frac{(x+2)^2}{x^2-6x+9}$ $\frac{1}{x+4}$ $\frac{2}{x}$ $\frac{x+4}{x^2+16}$ $\frac{1+x}{x+4}$

4.2 Bruchgleichungen

Entdecken

In einer Fischzuchtanlage müssen die Fische während des Wachstums mehrmals ihre Fischbecken wechseln. Ein Fischbecken hat zwei Abläufe.
Die Tabelle zeigt, in welchen Zeiten ein Ablauf das Fischbecken leeren kann.

- Welche Bedeutung hat die Variable x in der Gleichung $\frac{1}{3} + \frac{1}{2} = \frac{1}{x}$, wenn beide Abläufe gleichzeitig geöffnet werden?
- Bestimme eine Lösung für x im Bereich der rationalen Zahlen. Probiere aus.

	Ablaufzeit in h	Ablauf des Beckens pro h als Anteil
Ablauf 1	3	$\frac{1}{3}$
Ablauf 2	2	$\frac{1}{2}$

Verstehen

Gleichungen, die mindestens einen Bruchterm enthalten, nennt man **Bruchgleichungen**. Man **löst** Bruchgleichungen, indem man zunächst die Gleichung mit einem **gemeinsamen Nenner (z. B. Hauptnenner) multipliziert**, sodass anschließend ohne Bruchstrich weitergerechnet werden kann.

Eine Bruchgleichung der Form $\frac{T_1}{T_2} = \frac{T_3}{T_4}$ mit $T_2, T_4 \neq 0$ nennt man **Verhältnisgleichung**.

Die **Definitionsmenge D** von Bruchgleichungen ist so zu wählen, dass alle Bruchterme (in der Ausgangsgleichung) definiert sind.

Erklärvideo
unter 60112-15

Beispiele

I Gib die Definitionsmenge in $G = \mathbb{Q}$ an.

a) $\frac{x+4}{5x} = 15$ b) $\frac{2x-3}{x+1} = 3x$ c) $\frac{2 \cdot (x-2)}{3} = 0$

Lösung

a) $5x = 0$
$\Leftrightarrow x = 0$
$D = \mathbb{Q}\setminus\{0\}$

b) $x + 1 = 0$
$\Leftrightarrow x = -1$
$D = \mathbb{Q}\setminus\{-1\}$

c) $3 \neq 0$
$D = \mathbb{Q}$

II Bestimme für $\frac{3}{x-2} = \frac{2}{x+4}$ die Definitionsmenge in $G = \mathbb{Q}$ und löse die Gleichung.

Lösung

Definitionsmenge bestimmen	$\frac{3}{x-2} = \frac{2}{x+4}$	$D = \mathbb{Q}\setminus\{-4; 2\}$
mit gemeinsamem Nenner (hier: HN) multiplizieren	$\frac{3}{x-2} = \frac{2}{x+4}$	$\vert \cdot (x-2) \cdot (x+4)$
Gleichung lösen	$3 \cdot (x+4) = 2 \cdot (x-2)$ … $\Leftrightarrow x = -16$	
Lösungsmenge bestimmen	$-16 \in D$; $L = \{-16\}$	
Probe	l. S.: $\frac{3}{-16-2} = \frac{3}{-18} = -\frac{1}{6}$; r. S.: $\frac{2}{-16+4} = \frac{2}{-12} = -\frac{1}{6}$	

Die Multiplikation mit den Nennern beider Bruchterme nennt man auch „über Kreuz multiplizieren“:

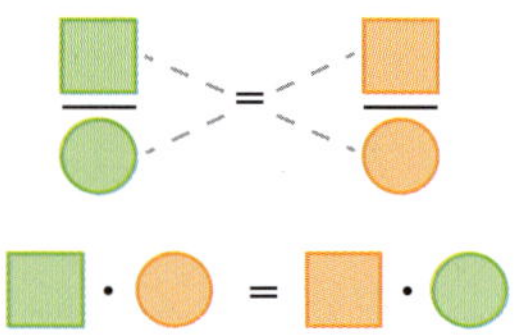

Nachgefragt

- Erkläre, ob die Multiplikation mit dem Hauptnenner stets das Gleiche wie die Multiplikation „über Kreuz“ ist.
- Multipliziere eine Verhältnisgleichung der Form $\frac{T_1}{T_2} = \frac{T_3}{T_4}$ mit $T_2, T_4 \neq 0$ „über Kreuz“ aus.

Aufgaben

1 Welche rationalen Zahlen dürfen eingesetzt werden? Bestimme D.

a) $\frac{2x-6}{x} = 22$ b) $\frac{x+3}{x-1} - 3 = \frac{1}{2}x$ c) $\frac{3-5x}{12} = \frac{2}{3}$ d) $\frac{3x^2-4x}{4-x} = \frac{3x}{4}$

e) $\frac{x+5}{x-3} = \frac{4}{x}$ f) $\frac{3}{x} + \frac{17}{6x} = 0$ g) $\frac{6}{6+3x} + \frac{4}{x} = 1$ h) $\frac{21}{2x(x-2)} = 3$

i) $\frac{1{,}5x}{(x-3)} = \frac{6}{5x+25}$ j) $\frac{2x}{x-1} = \frac{5}{x^2-4}$ k) $\frac{1}{(x-3)^2} = \frac{5x}{x+9}$ l) $\frac{2}{3x(x-5)} = \frac{1}{4}$

2 Bestimme die Definitionsmenge im Bereich der rationalen Zahlen. Wie lautet die Lösungsmenge?

a) $\frac{1}{x} = 5$ b) $\frac{3}{x} = -2$ c) $\frac{15}{x} = 3$ d) $-\frac{6}{x} = -4$ e) $\frac{25}{x+3} = -5$

Lösungen zu 2:
$L = \{-8\}$; $L = \{-1{,}5\}$;
$L = \left\{\frac{1}{5}\right\}$; $L = \{1{,}5\}$; $L = \{5\}$

3 Bestimme die Definitionsmenge in G = ℚ. Löse die Gleichungen.

a) $\frac{4}{x+6} = \frac{8}{22}$ b) $\frac{36}{x+4} = \frac{2}{3}$ c) $\frac{6}{x+3} = 0$ d) $\frac{6}{x} = \frac{9}{x}$

e) $\frac{6x}{x-4} = \frac{3x}{0{,}5}$ f) $\frac{2}{x-4} = \frac{3}{x+5}$ g) $\frac{0{,}8}{x-0{,}5} = \frac{4}{x+3}$ h) $\frac{4}{x-3} = \frac{8}{x-7}$

i) $\frac{17+x}{11-x} = 3$ j) $\frac{x-6}{x+4} = 6$ k) $\frac{6x+3}{2x-8} = 0$ l) $\frac{2{,}5-x}{-x+3{,}5} = \frac{5}{3}$

m) $\frac{8}{x+2} = \frac{12}{x+1}$ n) $\frac{3}{x-5} = \frac{5}{6}$ o) $\frac{10x+0{,}5}{80x+4} = \frac{3}{8}$ p) $\frac{5x-3}{3{,}7-x} = 2{,}25$

4 Löse die Gleichung in G = ℚ. Beachte die Definitionsmenge.

a) $\frac{x-3}{x+5} = \frac{x+6}{46+x}$ b) $\frac{x+4}{x-9} = \frac{x+2}{x-3}$ c) $\frac{x(x-1{,}5)}{3{,}5x} = \frac{2x}{7}$

d) $\frac{x-22}{7-x} = \frac{x+14}{1-x}$ e) $\frac{x+2}{x} = \frac{x}{x-3}$ f) $\frac{2x-4}{4x+6} = \frac{3x-5{,}5}{3+6x}$

g) $\frac{2x-6}{0{,}5x+2{,}75} = \frac{4x-15}{x+0{,}5}$ h) $\frac{x+6}{x-4} = \frac{x+4}{x+6}$ i) $\frac{2x-1{,}4}{5x+1} = \frac{0{,}4x+3}{x+1}$

Lösungen zu 4:
$L = \emptyset$; $L = \{-6\}$;
$L = \left\{-4\frac{1}{3}\right\}$; $L = \{-0{,}75\}$;
$L = \left\{-\frac{11}{37}\right\}$; $L = \{1{,}5\}$;
$L = \{4\}$; $L = \{4{,}5\}$;
$L = \left\{5\frac{1}{4}\right\}$

5 Begründe oder widerlege durch ein Gegenbeispiel.

Die Definitionsmenge einer Verhältnisgleichung $\frac{T_1}{T_2} = \frac{T_3}{T_4}$ ändert sich nicht, wenn man Zähler und Nenner auf beiden Seiten zugleich vertauscht: $\frac{T_2}{T_1} = \frac{T_4}{T_3}$.

6 a) Überprüfe, ob du in den Term jede rationale Zahl einsetzen darfst.

① $\frac{1}{x^2+4}$ ② $\frac{1}{x^2}$ ③ $\frac{3x}{(x+2)^2}$ ④ $\frac{5x}{(x-2)^2}$ ⑤ $\frac{7}{2x^2+3}$

b) Finde selbst Terme mit Variablen im Nenner, für die du jede rationale Zahl einsetzen darfst. Worauf achtest du? Beschreibe.

7 Carmen und Koko lösen eine Gleichung in G = ℚ auf zwei verschiedene Arten.

Carmen

$\frac{5}{x+3} = \frac{2}{x-3}$ $D = \mathbb{Q} \setminus \{-3; 3\}$

$\Leftrightarrow \frac{x+3}{5} = \frac{x-3}{2}$ $| \cdot 5 \cdot 2$

$\Leftrightarrow 2 \cdot (x+3) = 5 \cdot (x-3)$

$\Leftrightarrow 2x + 6 = 5x - 15$

$\Leftrightarrow -3x = -21$

$\Leftrightarrow x = 7$

$7 \in D$; $L = \{7\}$ Probe: $\frac{5}{10} = \frac{2}{4}$ ✓

Koko

$\frac{5}{x+3} = \frac{-2}{x-3}$ $D = \mathbb{Q} \setminus \{-3; 3\}$

$\Leftrightarrow 5(x-3) = 2 \cdot (x+3)$

$\Leftrightarrow 5x - 15 = 2x + 6$

$\Leftrightarrow 3x - 15 = 6$

$\Leftrightarrow 3x = 21$

$\Leftrightarrow x = 7$

$7 \in D$; $L = \{7\}$ Probe: $\frac{5}{10} = \frac{2}{4}$ ✓

a) Beschreibe jeweils die einzelnen Umformungsschritte.

b) Vergleiche die Rechenwege miteinander.

c) Löse ebenso auf zwei verschiedene Arten (G = ℚ).

① $\frac{1}{x-5} = \frac{4}{3+x}$ ② $\frac{4}{3x} = \frac{5}{2x+2}$ ③ $\frac{7}{\frac{1}{2}x-4} = \frac{6}{x-1{,}4}$

④ $\frac{2}{x} = \frac{5}{x+3}$ ⑤ $\frac{4}{x-2} = 2$ ⑥ $\frac{3}{x} = \frac{2}{x-2}$

8 Du kannst das Vorgehen aus der vorigen Aufgabe auch nutzen, wenn keine Variablen im Nenner sind.
Bestimme die Lösungsmenge wie im Beispiel.
Es gilt G = ℚ.

a) $\frac{x+4}{3} = x - 6$ b) $\frac{2y-5}{2} = 12{,}5 + 6y$

c) $\frac{x-9}{5} = 3x + 4$ d) $\frac{3x+7}{4} = -5 + 2x$

e) $\frac{z-7}{3} = \frac{-2{,}5z+5}{30}$ f) $\frac{2x+3}{5} = \frac{14+4x}{2}$

Beispiel

$\frac{7y-3}{6} = 6{,}5y + 7{,}5$ $| \cdot 6$

$7y - 3 = (6{,}5y + 7{,}5) \cdot 6$

$7y - 3 = 39y + 45$ $| -39y$

$-32y - 3 = 45$ $| +3$

$-32y = 48$ $| : (-32)$

$y = \frac{-48}{32} = -\frac{3}{2}$

$-\frac{3}{2} \in \mathbb{Q}$; $L = \left\{-\frac{3}{2}\right\}$

Lösungen zu 9:
$L = \{-13{,}5\}$; $L = \{-13\}$;
$L = \{-3{,}5\}$; $L = \left\{-2\frac{1}{3}\right\}$;
$L = \{-1{,}2\}$; $L = \left\{-\frac{5}{7}\right\}$;
$L = \left\{\frac{1}{2}\right\}$; $L = \left\{\frac{1}{2}\right\}$;
$L = \{1\frac{1}{4}\}$; $L = \left\{2\frac{1}{5}\right\}$;
$L = \{15\}$; $L = \mathbb{Q} \setminus \{2\}$

9 Löse die Gleichungen in G = ℚ. Bestimme zunächst D. Kürze rechtzeitig.

Beispiel: $\frac{1}{3x+4} = \frac{5}{10x+15} \Leftrightarrow \frac{1}{3x+4} = \frac{\overset{1}{\cancel{5}}}{\underset{1}{\cancel{5}}(2x+3)} \Leftrightarrow \ldots$

a) $\frac{x-3}{x^2-9} = -2$ b) $\frac{7+x}{x^2+14x+49} = \frac{3}{14}$ c) $\frac{1}{6x-8} = \frac{3}{3x+9}$

d) $\frac{x+4}{x-5} = \frac{x+5}{x-3}$ e) $\frac{x^2-9}{x^2+6x+9} = \frac{2}{3}$ f) $\frac{x^2+6x-7}{2x+8} = \frac{3x-4}{6}$

g) $\frac{7x+5}{-9x+13} = \frac{0}{3x+3}$ h) $\frac{x^2-6x}{x^2-36} = \frac{x^2+3x+2{,}25}{x^2+1{,}5x}$ i) $\frac{(x+4)^2}{(x-2)^2} = \frac{-x^2-8x-16}{-x^2+4x-4}$

j) $\frac{3x-0{,}5}{x-4{,}5} = \frac{6x-3}{2x-7}$ k) $\frac{x-6}{x^2-36} = \frac{2x-3}{x^2-3x+2{,}25}$ l) $\frac{1}{x-4} = \frac{x+1}{x^2+x-6}$

Setze die Variable x für den Nenner. Der Zähler ist um 2 kleiner als der Nenner, also schreibe dafür x − 2 …

10 Gibt es eine Zahl, die Folgendes erfüllt? Finde ein Beispiel oder widerlege.

Bei einem Bruch ist der Zähler um 2 kleiner als der Nenner. Addiert man im Zähler des Ausgangsbruchs 2, so entsteht ein neuer Bruch. Dieser hat denselben Wert wie der Bruch, der entsteht, wenn man im Nenner des Ausgangsbruchs 2 abzieht.

11 Stelle eine Gleichung auf und löse sie. Wie lautet D?

Setze an: $\frac{24}{x}$ = ...

a) Der Quotient aus der Zahl 24 und einer natürlichen Zahl ist gleich dem Quotienten aus der Zahl 28 und dem Nachfolger der natürlichen Zahl.

b) Addiert man zu Zähler und Nenner von $\frac{5}{12}$ dieselbe Zahl, so erhält man $\frac{4}{5}$.

c) Dividiert man die Summe aus 27 und einer natürlichen Zahl durch die Differenz aus der natürlichen Zahl und 5, so ist das Ergebnis gleich 17.

d) Der Nenner eines Bruchs ist um zwei größer als der Zähler. Addiert man zum Zähler 12 und zum Nenner 6, so erhält man einen Bruch, dessen Wert gleich dem des ursprünglichen Bruchs ist.

e) Bei einem Bruch ist der Nenner dreimal so groß wie der Zähler. Vermehrt man den Nenner um 1 und verringert den Zähler um 17, dann erhält man 2.

f) Bei einem Bruch ist der Zähler viermal so groß wie der Nenner. Verringert man den Nenner um 1 und vergrößert den Zähler um 2, so erhält man 3.

12 a) Xaver tankt Benzin und bezahlt dafür 29,00 €. Maximilian tankt von der gleichen Sorte 8 l mehr und zahlt 40,60 €. Wie teuer ist ein Liter Benzin?

b) Für x kg einer Sorte Tomaten zahlt man (x + 18) €. Für (x + 8) kg zahlt man (x + 38) €. Ermittle den Preis pro Kilogramm für diese Tomatensorte.

13 Zahlenfolgen lassen sich durch Terme beschreiben. n steht jeweils für eine natürliche Zahl.

Beispiel: $\frac{1}{3}; \frac{2}{4}; \frac{3}{5}; \frac{4}{6}; \ldots$ lässt sich als $\frac{n}{n+2}$ schreiben.

a) Ordne die Terme den Zahlenfolgen zu.

A $\frac{1}{1}; \frac{1}{4}; \frac{1}{9}; \frac{1}{16}; \ldots$	B $\frac{1}{1}; \frac{2}{4}; \frac{3}{9}; \frac{4}{16}; \ldots$	1 $\frac{n-1}{3n}$	2 $\frac{1}{n^2}$
C $\frac{2}{4}; \frac{4}{5}; \frac{6}{6}; \frac{8}{7}; \ldots$	D $\frac{2}{5}; \frac{3}{6}; \frac{4}{7}; \frac{5}{8}; \ldots$	3 $\frac{n}{2n+1}$	4 $\frac{2n}{n+3}$
E $\frac{1}{3}; \frac{2}{5}; \frac{3}{7}; \frac{4}{9}; \ldots$	F $\frac{0}{3}; \frac{1}{6}; \frac{2}{9}; \frac{3}{12}; \ldots$	5 $\frac{n+1}{n+4}$	6 $\frac{n}{n^2}$

b) Erfinde selbst Zahlenfolgen und lasse einen Partner den Term finden.

14 Gib eine Gleichung zu der gegebenen Definitionsmenge an.

Findest du verschiedene Möglichkeiten?

a) $D = \mathbb{Q} \setminus \{0\}$ **b)** $D = \mathbb{Q} \setminus \{-9\}$ **c)** $D = \mathbb{Q} \setminus \{0; 3\}$ **d)** $D = \mathbb{Q} \setminus \{-5; 5\}$

15 Vor allem in ländlichen Gegenden werden manchmal noch Löschteiche verwendet. Eine einstufige Pumpe kann bei voller Leistung den Teich in 10 Stunden leer pumpen, die zweistufige Pumpe braucht dazu nur 6 Stunden.

Die Angabe der Definitionsmenge darf auch bei Textaufgaben nicht vergessen werden.

a) Wie viel Wasser des Teichs schafft jede Pumpe in einer Stunde? Bestimme als Anteil.

b) Wie lange brauchen beide Pumpen bei voller Leistung, um den Teich leer zu pumpen? Nutze die Ergebnisse aus a).

16 Wenn Lady Pi und ihr Gärtner gemeinsam Unkraut jäten, dann brauchen sie 10 Stunden, bis die ganze Parkanlage unkrautfrei ist. Wie lange braucht der Gärtner allein, wenn Lady Pi allein 30 Stunden braucht?

Du kannst die Aufgabe auch lösen, indem du dir überlegst, welchen Anteil Lady Pi in einer bzw. 10 Stunden schafft und welchen Anteil folglich ihr Gärtner schafft.

4.3 Vermischte Aufgaben

1 Setze aus den folgenden Termen verschiedene Bruchterme zusammen und gib jeweils die Definitionsmenge an.

$x - 4$ $2x - 8$ $x + 3$ $4 - x$ $12 + x$ $0{,}5x + 4$

2 Vereinfache so weit wie möglich. Bestimme die Definitionsmenge ($G = \mathbb{Q}$).

a) $\frac{24}{18x - 12}$ b) $\frac{3 - 6x}{2 - 4x}$ c) $\frac{6x - 4x^2}{2x + 8}$ d) $\frac{x^3 + 2x^2}{3x^2 + 6x}$

e) $\frac{3{,}5x^2 + 4{,}2x}{1{,}4x^2 - 6{,}3x}$ f) $\frac{(9 - x)(x + 15)}{4x + 60}$ g) $\frac{3(x - 1{,}5) - x(x - 1{,}5)}{3 - x}$

3 Erweitere auf den angegebenen Nenner.

	a)	b)	c)	d)	e)	f)
Term	$\frac{3x}{5y}$	$\frac{4a}{7b}$	$\frac{5u}{3vw}$	$\frac{2ax}{3by}$	$\frac{5}{x + 1}$	$\frac{2 - x}{x + 6}$
Nenner	$30xy$	$28b^2$	$12v^2w^2$	$15ab^2y$	$(x + 1)^2$	$x^2 - 36$

4 Mache die Brüche gleichnamig. Bestimme die Definitionsmenge in $G = \mathbb{Q}$.

a) $\frac{1}{x + 5}; \frac{2}{2x + 10}; \frac{-4}{3x + 15}$ b) $\frac{5}{2x + 1}; \frac{-3}{2x + 1}; \frac{2}{1 + 2x}$

c) $\frac{3x}{2x + 8}; \frac{2x}{3x + 12}; \frac{x}{5x + 15}$ d) $\frac{x + 1}{2x^2 - 4x}; \frac{2x + 4}{x^2 - 4}; \frac{3}{4x - 8}$

e) $\frac{x + 3}{3x^2 - 9x}; \frac{2x - 5}{2x - 6}; \frac{x - 1}{6x^2 + 18x}$ f) $\frac{-1}{x^2 - 2x}; \frac{x}{3x + 9}; \frac{1 - x}{(x - 2)^2}$

Findest du mehr als eine Möglichkeit?

5 a) Eine Bruchgleichung ($G = \mathbb{Q}$) der Form $\frac{T_1(x)}{T_2(x)} = \frac{T_3(x)}{T_4(x)}$ besteht aus den Termen $(x + 3)$, $(x - 5)$, $(x - 1)$ und $(x + 23)$. Für die Lösungsmenge der Gleichung gilt: $L = \{7\}$. Wie lautet die Bruchgleichung?

b) Welche anderen Lösungen lassen sich auf diese Weise noch erzeugen?

Lösungen zu 6:
$L = \varnothing$; $L = \varnothing$; $L = \{-9{,}125\}$; $L = \{-4\}$; $L = \{-1\frac{1}{3}\}$; $L = \{-1{,}25\}$; $L = \{-\frac{3}{7}\}$; $L = \{-\frac{5}{16}\}$; $L = \{-\frac{1}{4}\}$; $L = \{0\}$; $L = \{0\}$; $L = \{0{,}5\}$; $L = \{1\}$; $L = \{1\}$; $L = \{12\}$

6 Gib die Definitionsmenge der Bruchgleichungen an und löse sie ($G = \mathbb{Q}$).

a) $\frac{1}{x - 3} = \frac{1}{2x + 1}$ b) $\frac{3}{x + 1{,}5} = \frac{2}{x - 3}$ c) $\frac{2}{3x - 1} = \frac{4}{6x + 3}$

d) $\frac{1{,}5}{x - 7} = \frac{1{,}2}{2{,}4x + 9}$ e) $\frac{x + 1{,}5}{x - 1{,}5} = \frac{x + 2}{x - 2}$ f) $\frac{x + 2{,}5}{x - 3} = \frac{x + 3}{x - 2{,}5}$

g) $\frac{x + 2}{x - 4} = \frac{x - 3}{x + 1}$ h) $\frac{x + 2}{x - 3} = \frac{x - 4}{x + 1}$ i) $\frac{x - 2}{x + 2} = \frac{x + 3}{x + 1}$

j) $\frac{x^2 - 10x + 25}{x^2 - 25} = \frac{x^2 + 5x + 6{,}25}{x^2 - 6{,}25}$ k) $\frac{x - 5}{x + 5} = \frac{x + 3{,}5}{x - 2{,}5}$ l) $\frac{x - 5}{x + 5} = \frac{x - 2{,}5}{x + 3{,}5}$

m) $\frac{x + 3}{x + 4} = \frac{x - 4}{x - 5}$ n) $\frac{-2x}{3x + 1} = -\frac{4x + 4}{6x}$ o) $\frac{(x + 1{,}5)(x - 6)}{x^2 - 12x + 36} = \frac{x}{3 + x}$

7 Bestimme die gesuchte Zahl mithilfe einer Bruchgleichung ($G = \mathbb{Q}$).

a) Der Quotient aus einer Zahl und der Differenz aus dieser Zahl und 4 ergibt $\frac{3}{5}$.

b) Addiert man zum Zähler von $\frac{2}{5}$ eine Zahl und zieht dieselbe Zahl vom Nenner ab, so erhält man 6.

c) Addiert man zum Nenner und Zähler von $\frac{3}{7}$ dieselbe Zahl, so erhält man 13.

d) Subtrahiert man vom Zähler und Nenner von $\frac{2}{9}$ dieselbe Zahl, so erhält man 8.

e) Der Quotient aus 7 und der Summe aus einer Zahl und 2 ergibt 2,8.

8 Löse mithilfe einer Bruchgleichung. Bestimme D in $G = \mathbb{Q}$.

a) In einer Schulklasse gibt es vier Mädchen mehr als Buben. Nach den Ferien haben zwei Buben und ein Mädchen die Klasse verlassen. Der Anteil der Buben an der Gesamtschülerzahl der Klasse beträgt nun 40 %.
Wie viel Buben und Mädchen waren vor den Ferien in der Klasse?

c) Auf einem Bauernhof gibt es 5 Hühner mehr als Kaninchen. Der Anteil der Hühnerbeine ist 40 % vom Anteil aller Beine beider Tierarten. Bestimme die Anzahl der Hühner und Kaninchen.

9 Mischungsverhältnisse begegnen uns oft im Alltag.
Löse in $G = \mathbb{Q}$.

a) Julia mischt Limo und Cola im Verhältnis 4 : 7.
Sie hat 1,5 l Cola mehr als Limo. Wie viel Liter Spezi erhält sie?

b) Max mischt Sirup mit Mineralwasser. Zu 0,5 l Sirup gibt er x l Wasser. Zu 1,8 l Sirup müsste er (x + 6,5) l Wasser geben. Wie viel Liter Wasser gibt er hinzu? In welchem Verhältnis stehen die Volumen von Sirup und Wasser?

10 Eine als Bauland ausgewiesene Fläche besteht aus 11 gleich großen Grundstücken und einem Grundstück, das 40 m² kleiner ist als die anderen. Das kleinere Grundstück nimmt 8,0 % der gesamten Fläche ein. Berechne den Flächeninhalt der einzelnen Grundstücke.

11 Stimmt das? Begründe.

Bei der Gleichung $\frac{x}{x+1} = \frac{2x}{2x+2}$ entspricht die Lösungsmenge stets der Grundmenge.

Klarer Durchblick

Durch Linsen lassen sich Bilder von Gegenständen auf eine Wand oder einen Schirm projizieren, wie es etwa bei einem Tageslichtprojektor oder Fotoapparat der Fall ist. Dabei gilt: $\frac{B}{G} = \frac{b}{g}$

Die Größen sind dabei folgendermaßen definiert:
G: Höhe des Gegenstandes
B: Höhe des Bildes
g: Abstand des Gegenstandes von der Linse
b: Abstand des Bildes von der Linse

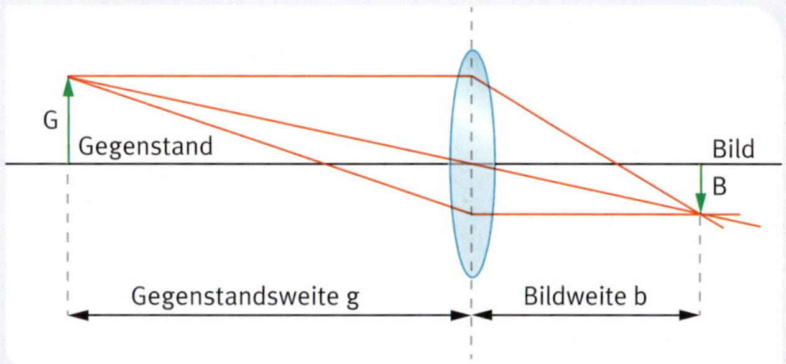

a) Löse die Gleichung nach allen vorkommenden Variablen auf.

b) Übertrage die Tabelle ins Heft und vervollständige sie. Bei welchen Abbildungen liegt eine Vergrößerung (Verkleinerung) vor?

	Linse 1			Linse 2		
	1	2	3	4	5	6
G	100	100	100	40	40	40
g in mm		100	150	200	300	
B in mm	200		50	40		80
b in mm	150	100			150	300

4.4 Das kann ich!

Die Lösungen zu dieser Doppelseite stehen im Anhang.

Aufgaben zur Einzelarbeit

1 Teste dich! Bearbeite dazu die folgenden Aufgaben und bewerte die Lösungen mit einem Smiley.

2 Hinweise zum Nacharbeiten findest du auf der folgenden Seite.

☺	😐	☹
Das kann ich!	Das kann ich fast!	Das kann ich noch nicht!

1 Bestimme die Definitionsmenge des Bruchterms …
1 in $G = \mathbb{N}$. 2 in $G = \mathbb{Q}$.

a) $\frac{x-3}{x+3}$ b) $\frac{1}{2x-1}$ c) $\frac{5}{4-4x}$

d) $\frac{2}{x^2-16}$ e) $\frac{2x}{2x^2-18}$ f) $\frac{6}{6x-36}$

g) $\frac{x+3}{x^2+6x+9}$ h) $\frac{6x}{x^2-4}$ i) $\frac{x-2}{x^2-2x}$

2 Finde zu den folgenden Definitionsmengen jeweils mindestens einen passenden Bruchterm.

a) $\mathbb{Q}\setminus\{0\}$ b) $\mathbb{Q}\setminus\{0{,}5\}$ c) $\mathbb{Q}\setminus\{-0{,}5\}$

d) $\mathbb{Q}\setminus\{1{,}44\}$ e) $\mathbb{Q}\setminus\{-3;\ 3\}$ f) $\mathbb{Q}\setminus\{-2;\ 0{,}8\}$

g) $\mathbb{Q}\setminus\left\{-\frac{5}{7};\ \frac{5}{7}\right\}$ h) $\mathbb{Q}\setminus\{0{,}9;\ 3\}$ i) $\mathbb{Q}\setminus\{-3{,}6\}$

3 Erweitere die Bruchterme jeweils mit den Termen 1 bis 5 ($G = \mathbb{Q}$). Gib vor und nach dem Erweitern die Definitionsmenge der Bruchterme an.

1 x 2 $4x$ 3 $x+3$ 4 $x-3$ 5 $x+5$

a) $\frac{3}{x}$ b) $\frac{x}{x-3}$ c) $\frac{2}{2{,}5x}$

d) $\frac{3}{x-5}$ e) $\frac{5}{x+3}$ f) $\frac{x-3}{x+3}$

4 Gib die Definitionsmenge in $G = \mathbb{Q}$ an. Kürze dann den Bruchterm so weit wie möglich.

a) $\frac{16}{36x}$ b) $\frac{6+3x}{4+3x}$

c) $\frac{7x+56}{3x+24}$ d) $\frac{5x^2+10x+5}{7x^2+14x+7}$

e) $\frac{5x^2-5}{7x^2+14x+7}$ f) $\frac{x^2-32x+256}{x+16}$

g) $\frac{x^2-32x+256}{x-16}$ h) $\frac{x^2-32x+256}{x^2-256}$

i) $\frac{3{,}5x^3-21x^2+31{,}5x}{14x^3-17{,}5x^2}$ j) $\frac{2x^4-72x^2}{12x^3-72x^2}$

5 Bei einem Bruch ist der Nenner um zwei größer als der Zähler. Verringert man den Zähler um drei und den Nenner um zwei, so hat der neu entstandene Bruch den gleichen Wert wie der ursprüngliche. Wie heißt der Bruch?

6 a) Auf dem Fahrradplatz einer Schule stehen Mountainbikes und Trekkingräder. Es gibt 24 Trekkingräder weniger als Mountainbikes. Der Anteil der Mountainbikes beträgt 55 %. Wie viele Fahrräder von jeder Art stehen dort?

b) Gabi bekommt 10 € weniger Taschengeld als Lisa. Hätten beide Mädchen jeweils 10 € weniger, hätte Lisa doppelt so viel Taschengeld. Berechne, wie viel Taschengeld die beiden jeweils bekommen.

7 Bestimme die Lösungsmenge. Gib zuvor die Definitionsmenge in $G = \mathbb{Q}$ an.

a) $\frac{3{,}5}{2x} = \frac{7}{6}$ b) $\frac{8}{x+1} = 9$

c) $\frac{11}{3x-6} = \frac{121}{9}$ d) $\frac{12}{x-4} = \frac{0{,}75}{x+2}$

e) $\frac{2{,}5}{2x+9} = \frac{6}{3x+4}$ f) $\frac{2x}{0{,}5x-2} = \frac{8x+6}{2x+1}$

g) $\frac{2{,}5x-3}{7{,}5x+1{,}5} = \frac{4x-10}{12x+12}$ h) $\frac{1{,}5x-1}{4x-4} = \frac{x+3}{2{,}5x-2{,}5}$

8 Welche Gleichung passt zum Text?

Der Zähler eines Bruchs ist um 5 kleiner als der Nenner. Wird der ursprüngliche Nenner vervierfacht, erhält man einen Bruch mit dem Wert 1.

1 $\frac{x+1}{4x} = 1$ 2 $\frac{x-5}{4x} = 1$ 3 $\frac{-5}{4x} = 1$

Löse die entsprechende Gleichung.

9

Stimmt das? Verbessere gegebenenfalls.

10 Ein Rechteck hat den Flächeninhalt 75 cm^2 und ist x cm breit ($x \in \mathbb{Q}^+$). Ein zweites Rechteck hat den Flächeninhalt 90 cm^2 und ist $(x + 1)$ cm breit. Bei beiden Rechtecken ist die Länge gleich.
Stelle eine zum Sachverhalt passende Verhältnisgleichung auf und löse sie.

11 Löse die Bruchgleichung ($G = \mathbb{Q}$). Faktorisiere gegebenenfalls Zähler und Nenner. Kürze wenn möglich vor dem Lösen.

a) $\frac{12 \cdot (x^2 - 3)}{4x^2 - 12x + 9} = 3$

b) $\frac{6x}{x^2 - 1} = \frac{3 \cdot (2x + 12)}{(x - 3) \cdot (x + 1)}$

c) $\frac{(x + 1{,}5) \cdot (x - 3)}{x^2 + 3x + 2{,}25} = \frac{x^2 + 6x + 9}{(x - 1{,}5) \cdot (x + 3)}$

d) $\frac{x^2 - 2{,}25}{(x - 1{,}5) \cdot (x - 2)} = \frac{x^2 + 1{,}5x - 4{,}5}{(x - 1{,}5) \cdot (x + 2)}$

Aufgaben für Lernpartner

1. Bearbeite die folgenden Aufgaben alleine.
2. Suche dir einen Partner und erkläre ihm deine Lösungen. Höre aufmerksam und gewissenhaft zu, wenn dein Partner dir seine Lösungen erklärt.
3. Korrigiere gegebenenfalls deine Antworten und benutze dazu eine andere Farbe.

Sind folgende Behauptungen **richtig** oder **falsch**? Begründe schriftlich.

A Wird ein Bruchterm erweitert oder gekürzt, kann ein Term mit neuer Definitionsmenge entstehen.

B Beim Faktorisieren des Nenners eines Bruchterms kann sich die Definitionsmenge ändern.

C Die Terme $T_1(x)$ und $T_2(x)$ sind äquivalent.

$T_1(x) = \frac{6x^2 - 3}{3x}$ $T_2(x) = \frac{2x - 3}{1}$

D Als Hauptnenner zweier Bruchterme bezeichnet man das Produkt der beiden Nennerterme.

E Jede Gleichung, die auf wenigstens einer Seite aus einem Quotienten besteht, ist eine Bruchgleichung.

F Die Definitionsmenge einer Bruchgleichung ist die Grundmenge ohne die Zahl Null.

G Vertauscht man auf beiden Seiten einer Bruchgleichung die Zähler mit den Nennern, so ändert sich die Lösungsmenge nicht.

H Bei der Gleichung $\frac{x}{4} = \frac{9}{12}$ handelt es sich um eine Verhältnisgleichung.

Aufgabe	Ich kann ...	Hilfe
1, 2, B	die Definitionsmenge von Bruchtermen angeben.	S. 104
3, 4, A, C, D	Bruchterme erweitern und kürzen.	S. 104
5, 6, 7, 8, 9, 10, 11, E, F, G, H	Bruchgleichungen lösen.	S. 106

Bruchterme

Seite 104

Terme, die im Nenner eine Variable enthalten, nennt man **Bruchterme**.
Die **Definitionsmenge D** eines Bruchterms bezüglich seiner Grundmenge G ist die Menge aller Elemente aus G, für die der Termwert des Nennerterms nicht null ist.

Beispiele für Bruchterme in $G = \mathbb{Q}$:

$\frac{1}{x}$ $\quad D = \mathbb{Q}\setminus\{0\}$

$\frac{2}{x+5}$ $\quad D = \mathbb{Q}\setminus\{-5\}$

Bruchterme kann man **erweitern** oder **kürzen**, indem man Zähler und Nenner des Bruchterms mit dem gleichen Term multipliziert oder durch den gleichen Term dividiert. Der **Erweiterungs-** oder **Kürzungsterm** darf dabei niemals den Wert Null annehmen.
Der Ausgangsterm und der umgeformte Term sind nur über der gemeinsamen Definitionsmenge äquivalent.

Erweitern:
$$\frac{x+2}{x-4} = \frac{(x+2)\cdot(x+4)}{(x-4)\cdot(x+4)} = \frac{x^2+6x+8}{x^2-16}$$

Kürzen:
$$\frac{x^2+6x+8}{x^2-16} = \frac{(x+2)\cdot(x+4)}{(x-4)\cdot(x+4)} = \frac{x+2}{x-4}$$

Bruchgleichungen

Seite 106

Gleichungen, die wenigstens einen Bruchterm enthalten, nennt man **Bruchgleichungen**.
Man **löst** Bruchgleichungen, indem man zunächst die Gleichung mit einem **gemeinsamen Nenner multipliziert**.
Die **Definitionsmenge D** von Bruchgleichungen ist so zu wählen, dass alle Bruchterme definiert sind.

Beispiel für eine Bruchgleichung in $G = \mathbb{Q}$:

$\frac{4}{x-5} = \frac{-3}{x+2}$ $\qquad D = \mathbb{Q}\setminus\{-2; 5\}$

Eine Bruchgleichung der Form $\frac{T_1}{T_2} = \frac{T_3}{T_4}$ mit $T_2, T_4 \neq 0$ nennt man **Verhältnisgleichung**.
Man kann sie lösen, indem man „über Kreuz“ multipliziert.

$\frac{4}{x-5} = \frac{-3}{x+2}$ $\qquad D = \mathbb{Q}\setminus\{-2; 5\}$

$\Leftrightarrow 4 \cdot (x+2) = -3 \cdot (x-5)$
$\Leftrightarrow \quad 4x + 8 = -3x + 15$
$\Leftrightarrow \quad 7x = 7$
$\Leftrightarrow \quad x = 1$
$1 \in D$; $L = \{1\}$

Bruchterme

1 a) Ein Schüler der Klasse 8c behauptet, dass der Bruchterm $\frac{x}{x^2 + 64}$ für jede Belegung aus der Grundmenge $\mathbb{Q}$ einen Termwert besitzt. Stimmt das? Begründe.

b) Wie lautet die Antwort beim Nenner $x^2 - 64$?

c) Welcher der Bruchterme hat für jede Belegung aus der Grundmenge $\mathbb{Q}$ einen Termwert? Erkläre.

① $\frac{x}{x^3 + 27}$ ② $\frac{x}{x^3 - 27}$ ③ $\frac{x}{x^4 + 16}$ ④ $\frac{x}{x^4 - 16}$

2 Vereinfache so weit wie möglich. Bestimme D vor und nach dem Kürzen (G = $\mathbb{Q}$).

a) $\frac{10x}{25x^2}$ b) $\frac{x^2 + 3x}{7x - 2x^2}$ c) $\frac{x - 3}{x^2 - 9}$ d) $\frac{3x + 1{,}5}{4x^2 + 1 + 4x}$

3 Sind die beiden Terme $\frac{1}{x - 1}$ und $\frac{x + 1}{x^2 - 1}$ äquivalent in G = $\mathbb{N}$ (G = $\mathbb{Q}$)? Begründe.

4

Beschreibe, welchen Fehler Belinda gemacht hat. Verbessere.

5 Erweitere auf den betreffenden Zähler bzw. Nenner. Gib die Zahl an, mit der erweitert wird.

a) $\frac{4}{7x} = \frac{20}{\square}$ b) $\frac{4 + x}{7x} = \frac{\square}{35x}$ c) $\frac{x - 1}{x + 1} = \frac{2x - 2}{\square}$

6 Gib zur Definitionsmenge mindestens einen passenden Bruchterm an.

a) $\mathbb{Q}\setminus\{2\}$ b) $\mathbb{Q}\setminus\{-8; 13\}$ c) $\mathbb{Q}\setminus\{-10; 10\}$

Bruchgleichungen

7 Löse folgende Bruchgleichungen. Vergiss nicht, D und L anzugeben (G = $\mathbb{Q}$).

a) $\frac{x + 3}{x^2 - 5x + 16} = 0$ b) $\frac{x + 5}{x^2 + 10x + 25} = 1$

c) $\frac{x + 2}{x - 12} = \frac{x + 12}{x - 2}$ d) $\frac{1{,}5x}{x - 4} = \frac{2 + 3x}{2x - 6}$

8 Setze aus den folgenden Termen mindestens eine Bruchgleichung zusammen, deren Definitionsmenge D = $\mathbb{Q}\setminus\{-4; 1\}$ ist.

$2x + 4$ $6 - x$ $0{,}5x + 2$ $x - 1$

9 Gib die zugehörige Bruchgleichung an und löse sie (G = $\mathbb{N}$):

Verringert man den Nenner des Bruchs $\frac{6}{x}$ um 3, so erhält man $\frac{3}{7}$.

10 Wenn Kevin sein Zimmer allein aufräumt, dann braucht er dazu 20 Minuten.

a) Hilft ihm sein Zwillingsbruder Konrad dabei, dann schaffen sie es zusammen in zehn Minuten. Wie lange braucht Konrad allein, um Kevins Zimmer aufzuräumen?

b) Wenn Kevin sein Zimmer zusammen mit seiner großen Schwester aufräumt, dann brauchen sie gemeinsam nur vier Minuten. Wie lange braucht Kevins große Schwester allein, um sein Zimmer aufzuräumen?

11 In einem Abendkurs sind zu Beginn doppelt so viele Mädchen wie Jungen. Während des Kurses treten zwei Mädchen aus und ein Junge kommt hinzu. Nun verhält sich die Anzahl der Jungen zur Anzahl der Mädchen wie 2 : 3. Wie viele Jungen waren zu Beginn im Kurs?

Startklar

Terme darstellen und damit rechnen

1 Gib zur numerischen bzw. grafischen Wertetabelle je einen passenden Term an.

a)

x	0	1	2	3
T (x)	1	4	7	10

b)

x	0	1	2	3
T (x)	0	−2	−4	−6

c)

x	0	2	4	6
T (x)	0	0,5	1	1,5

d)

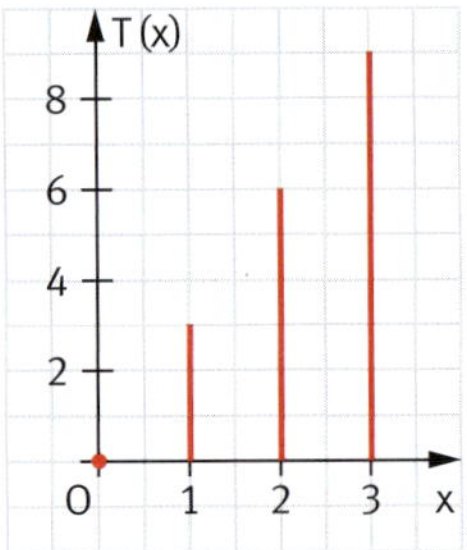

e)

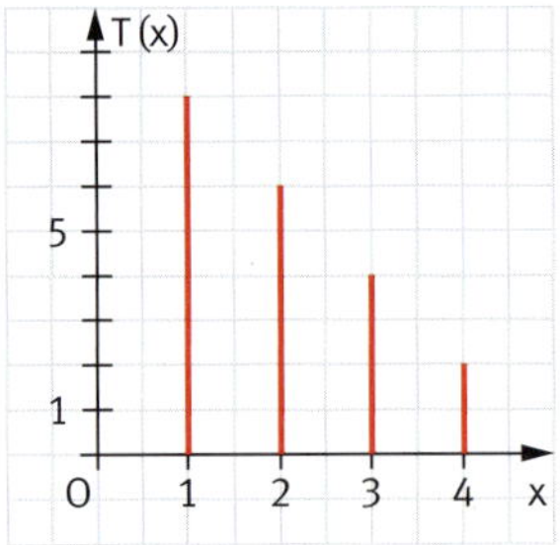

f)

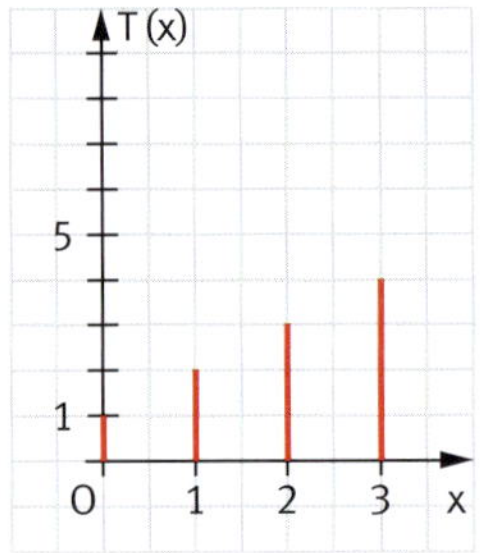

2 Berechne die Termwerte von T (x) über G = {−9; −5; −3; −2; 0; 1; 4; 8}.

a) $T(x) = 0{,}5x - 4$ **b)** $T(x) = -1{,}5x + 0{,}2$ **c)** $T(x) = \frac{4}{5}x - 1$

3 Überprüfe jeweils, welche Terme bezüglich G = {1; 2; 3; 4; 5} äquivalent sind.

a) $T_1(x) = 2x + 3 \cdot (x - 5)$
$T_2(x) = 10x - 2 \cdot (2{,}5x - 7{,}5)$
$T_3(x) = -15 + 5x$
$T_4(x) = 5x^{-1} \cdot (-3 + x^2)$

b) $T_1(x) = (x + 3) \cdot (7x - 9) + 7 \cdot (1 - x) \cdot x$
$T_2(x) = 4 \cdot (3x - 5{,}25)$
$T_3(x) = (x + 3) \cdot (x - 3) - (x + 3) \cdot (x + 4) + 19x$

Zuordnungen erkennen und darstellen

4 Lean kauft sich beim Metzger 325 g Gelbwurst für 3,90 €.

a) Wie viel hätte er für 1 kg dieser Wurst bezahlt?

b) Gib eine Gleichung an, mit der man den Preis y € für x kg Gelbwurst berechnen kann.

c) Begründe, dass es sich bei der Zuordnung *Masse Gelbwurst in kg* ⟼ *Preis in €* um eine direkte Proportionalität handelt.

d) Stelle die Zuordnung *Masse Gelbwurst in kg* ⟼ *Preis in €* grafisch dar und beschreibe den Verlauf des Graphen.

Die Lösungen zu dieser Seite stehen im Anhang.

5 Funktionen

Einstieg

- Beschreibe den Verlauf der untenstehenden Graphen und ihre Bedeutung für diesen Sachverhalt.
- Welches Angebot ist günstiger?
- Stelle mithilfe des Graphen zu Angebot 1 einen Term auf, mit dem der Preis (y €) für eine beliebige Anzahl an SMS (x) berechnet werden kann.

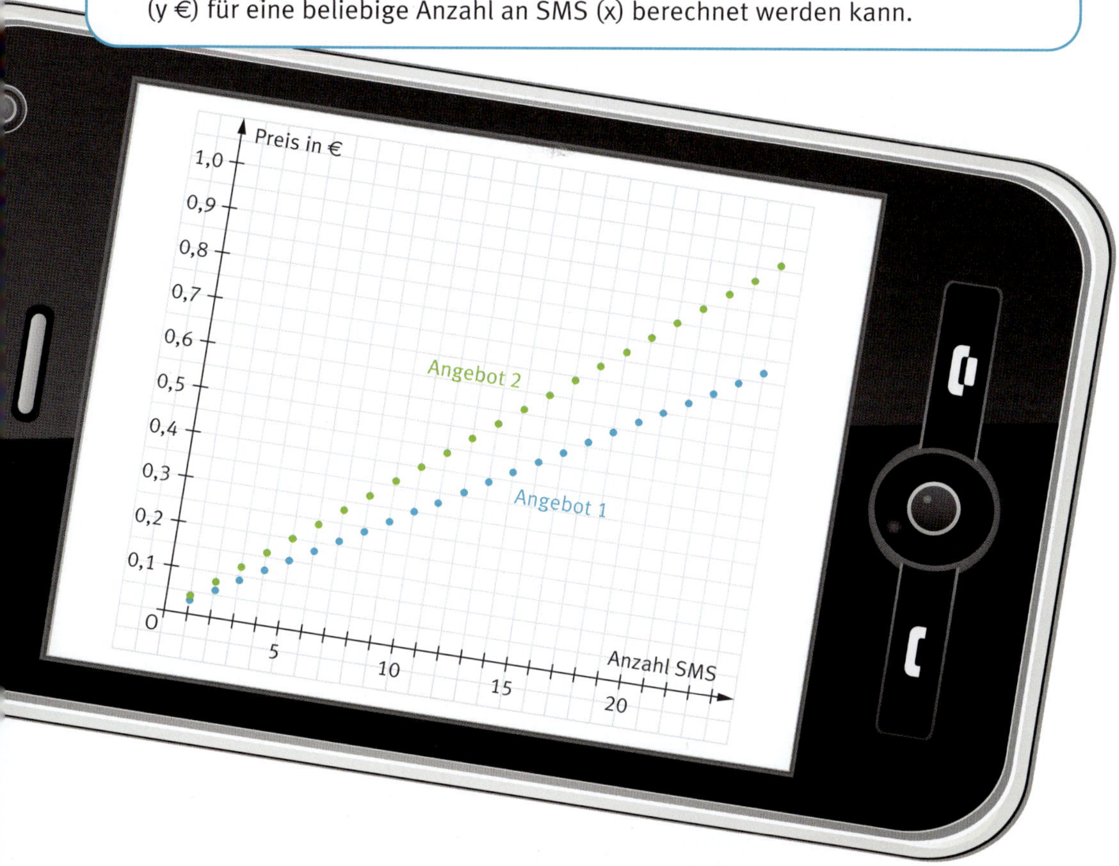

Ausblick

Am Ende dieses Kapitels hast du gelernt, ...

- welche Eigenschaften Funktionen besitzen.
- wie man Funktionen darstellen kann.
- mit Funktionen umzugehen.

5.1 Funktionen

Entdecken

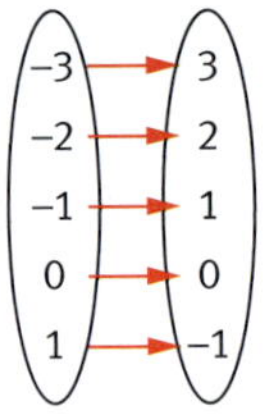

Pfeildiagramm zu 1

Dargestellt sind die Graphen zweier Zuordnungen.

- Gib jeweils die zugehörige Vorschrift für die Zuordnungen an.
- Erstelle das zur Zuordnung 2 gehörende Pfeildiagramm analog zum Pfeildiagramm der Zuordnung 1.
- Beschreibe den Unterschied der beiden Zuordnungen anhand der grafischen Darstellung und der Pfeildiagramme.

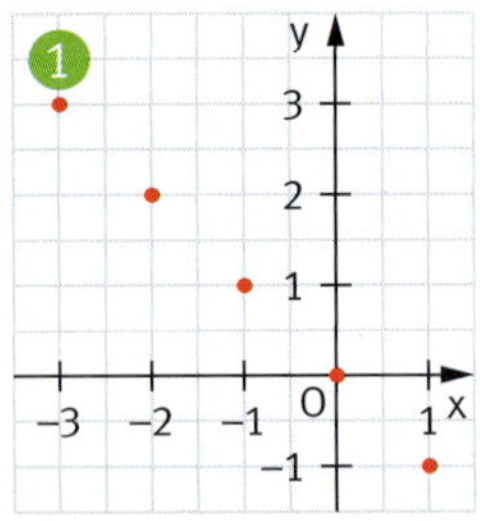

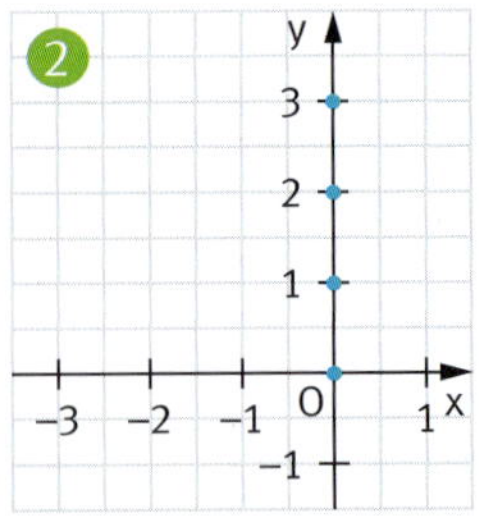

Verstehen

Die Definitionsmenge D wird aus der Menge aller ersten Komponenten der Zahlenpaare der Zuordnung gebildet, die Wertemenge W aus der Menge aller zweiten Komponenten.

Eine Zuordnung, die jedem Element x aus der **Definitionsmenge D** jeweils **genau ein Element** y aus der **Wertemenge W zuordnet**, heißt **Funktion**.
Eine Funktion wird durch eine **Funktionsgleichung** der Form y = f (x) festgelegt.
Der Funktionsterm f (x) ordnet jedem $x \in D$ einen **Funktionswert** (Termwert) zu.

Die x-Koordinate des Schnittpunkts des Graphen einer Funktion mit der x-Achse (d. h. **f (x) = 0**) bezeichnet man als **Nullstelle**.

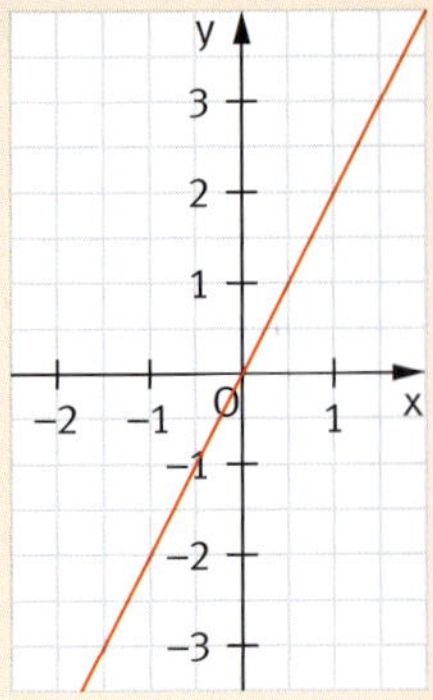

Alle geordneten Paare (x | y) mit $x \in \mathbb{Q}$ und $y \in \mathbb{Q}$ bilden die Menge $\mathbb{Q} \times \mathbb{Q}$ (lies: „Q kreuz Q“).

Beispiel:
Die Gleichung y = 2x mit $G = \mathbb{Q} \times \mathbb{Q}$ beschreibt eine Funktion.
Funktionsterm f (x) = 2x
Funktionswert für x = 1,5: f (1,5) = 2 · 1,5 = 3
Nullstelle der Funktion: f (x) = 0 $\Longrightarrow$ 2x = 0 | : 2
$\Longleftrightarrow$ x = 0

Erklärvideo
unter 60112-16

Beispiele

I Gegeben ist die grafische Darstellung einer Zuordnung.

a) Gib die geordneten Zahlenpaare sowie die Definitions- und Wertemenge der Zuordnung an.

b) Stellt die Zuordnung eine Funktion dar? Begründe.

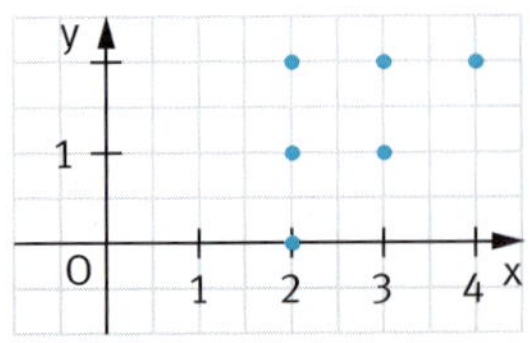

Lösung

a) Geordnete Zahlenpaare der Zuordnung: (2 | 0); (2 | 1); (2 | 2); (3 | 1); (3 | 2); (4 | 2)
D = {2; 3; 4}; W = {0; 1; 2}

b) Die Zuordnung ist keine Funktion, da den x-Werten 2 und 3 jeweils mehrere y-Werte zugeordnet sind.

Erkennungsmerkmale einer Funktion:
- *Eine Parallele zur y-Achse schneidet den Graphen in höchstens einem Punkt.*
- *Jedem Element x aus D ist jeweils genau ein Element y aus W zugeordnet.*

II Die Gleichung y = 0,5x mit $G = \mathbb{Q} \times \mathbb{Q}$ beschreibt eine Funktion.

a) Tabellarisiere die Funktion für $x \in [-2; 3]_{\mathbb{Q}}$ und Δx = 1.

b) Ermittle die Nullstelle der Funktion.

Δx = 1 bedeutet „1er-Schritte“.

Lösung

a)

x	−2	−1	0	1	2	3
y	−1	−0,5	0	0,5	1	1,5

b) f (x) = 0 $\Longrightarrow$ 0,5x = 0 | · 2
$\Longleftrightarrow$ x = 0
Die Funktion hat bei x = 0 eine Nullstelle.

Nachgefragt

- Nimm Stellung: „Jede Funktion besitzt eine Nullstelle.“
- Wie lässt sich herausfinden, ob der Graph einer Funktion die y-Achse schneidet? Beschreibe dein Vorgehen.

Aufgaben

1 Liegt eine Funktion vor? Begründe.

a)

x	1	2	3	3	4
y	0	2	4	6	7

b) $\{(0|1); (1|2); (2|3); (3|4)\}$

c)

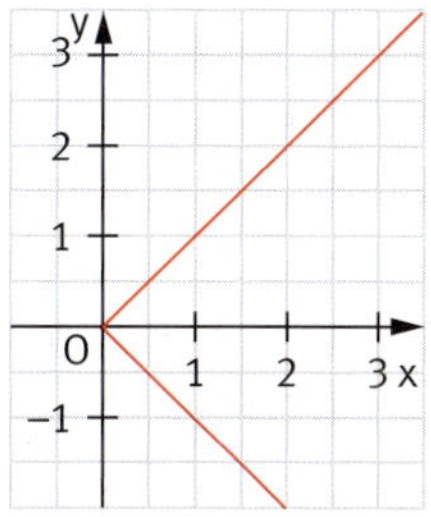

d) $\{(-4{,}5|1); (-3|1{,}5); (-2{,}5|2); (-1|2{,}5); (0|2{,}5)\}$

e)

x	$-\frac{1}{4}$	$-0{,}25$	$-\frac{1}{8}$	$-\frac{1}{16}$	$-\frac{1}{32}$
y	4	3	8	16	32

f) $\{(-2{,}1|-1{,}9); (-1{,}9|-1{,}9); (-1{,}8|-1{,}6); (-1{,}5|-1); (-1{,}0|-0{,}8); (-1|-0{,}7)\}$

2 Abgebildet ist der Graph der Funktion f mit $G = [-3; 3]_{\mathbb{Z}} \times \mathbb{Z}$.

a) Gib die geordneten Zahlenpaare sowie die Definitions- und Wertemenge von f an.

b) Nenne die Nullstellen der Funktion f.

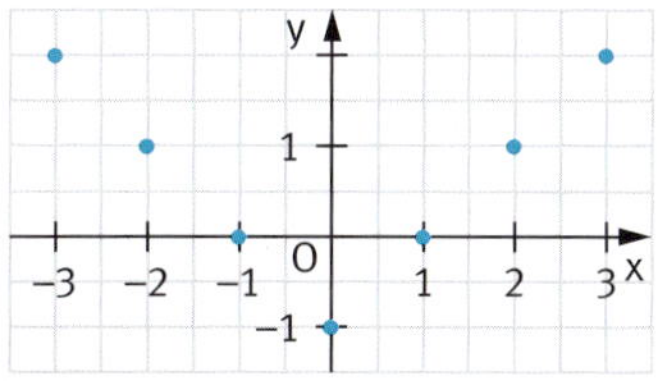

3 **a)** Hat Leila Recht? Begründe.

Die Funktion mit der Gleichung $x = 1000y$ hat genau eine Nullstelle.

b) Beschreibe den Verlauf des Graphen einer Funktion, die unendlich viele Nullstellen besitzt.

4 Drei Becken werden gleichmäßig mit Wasser befüllt.

a) Welcher Graph gehört zu welchem Becken? Begründe.

b) Erstelle für jedes Becken eine Tabelle. Lies dazu die Füllhöhe nach jeweils 5 s so genau wie möglich ab.

c) Wie ändert sich pro Sekunde die Füllhöhe in jedem Becken? Bestimme.

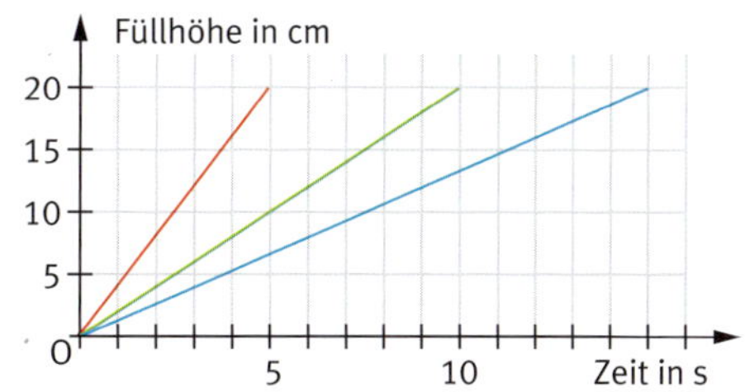

d) Miss die Außenmaße der Becken.
Welcher Zusammenhang besteht zwischen ihnen und den Ergebnissen in c)?

5.2 Lineare Funktionen der Form $y = mx$

Entdecken

Im Baumarkt kauft Marco 5 m Erdungskabel mit einem Querschnitt von 16 mm². Der Preis ergibt sich in Abhängigkeit von der Kabellänge.

- Übertrage die Wertetabelle in dein Heft und ergänze sie.

Anzahl laufender Meter	5,00	12,50	17,30		23,00
Preis in €	19,00			86,45	

- Welche gemeinsame Eigenschaft haben alle Zahlenpaare der Wertetabelle?
- Stelle die Zahlenpaare in einem Koordinatensystem dar und beschreibe ihre Lage.
- Gib eine Gleichung an, die den Preis in Abhängigkeit von der Anzahl der laufenden Meter beschreibt. Wie lautet eine passende Grundmenge?

Verstehen

In Gleichungen von linearen Funktionen kommt die Variable stets in der 1. Potenz vor.

Erklärvideo *unter 60112-17*

Eine Gleichung der Form **$y = mx$** mit $G = \mathbb{Q} \times \mathbb{Q}$ und der konstanten Formvariable $m \in \mathbb{Q}$ beschreibt eine **lineare Funktion**.

Der Graph zu einer Funktion der Form $y = mx$ ist eine **Ursprungsgerade**, da er den Punkt O (0|0) enthält.

Beispiele

Zum Zeichnen des Graphen einer Funktion der Form y = mx benötigt man neben dem Ursprung O (0|0) einen weiteren Punkt P auf der Ursprungsgeraden. Es ist günstig, wenn beide Punkte möglichst weit voneinander entfernt sind.

Ein Punkt liegt dann auf einer Geraden, wenn beim Einsetzen seiner Koordinaten in die Funktionsgleichung eine wahre Aussage entsteht.

I Gegeben ist die Funktion f mit $y = 0{,}25x$ und $G = \mathbb{Q} \times \mathbb{Q}$.

a) Zeichne den Graphen zu f für $x \in [-3; 4]$.

b) Überprüfe rechnerisch, ob Q (1|0,2) und R (2|0,5) auf dem Graphen liegen.

Lösung

a) $f(4) = 0{,}25 \cdot 4 = 1 \Longrightarrow$ P (4|1)

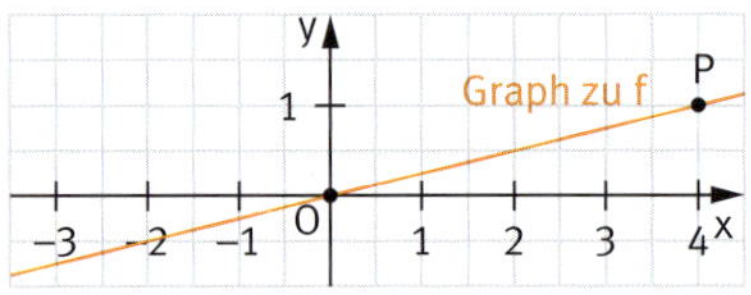

b) Einsetzen der Punktkoordinaten in die Funktionsgleichung:

Q (1|0,2):
$0{,}2 = 0{,}25 \cdot 1$
$\Leftrightarrow 0{,}2 = 0{,}25$ (f)
$\Longrightarrow$ Q liegt nicht auf dem Graphen zu f.

R (2|0,5):
$0{,}5 = 0{,}25 \cdot 2$
$\Leftrightarrow 0{,}5 = 0{,}5$ (w)
$\Longrightarrow$ R liegt auf dem Graphen zu f.

II Die Funktion f hat eine Gleichung der Form $y = mx$. Wie lautet die Gleichung, wenn der Punkt P (3|6) auf dem Graphen zu f liegt?

Lösung

$6 = m \cdot 3 \Leftrightarrow m = 2 \Longrightarrow f\colon y = 2x$

Nachgefragt

- Wahr oder falsch? Funktionen der direkten Proportionalität sind lineare Funktionen.
- Der Graph zur Funktion f mit $y = 0$ und $G = \mathbb{Q} \times \mathbb{Q}$ ist die x-Achse. Wie lautet die zugehörige Formvariable m?

Aufgaben

1 Die Gleichung legt eine Funktion f fest. Zeichne den Graphen ($G = \mathbb{Q} \times \mathbb{Q}$).

a) $y = x$ **b)** $y = 2x$ **c)** $y = 4{,}5x$ **d)** $y = 8x$

e) $y = -x$ **f)** $y = -4x$ **g)** $y = -\frac{1}{3}x$ **h)** $y + 2x = 0$

2 Bestimme die fehlende Koordinate so, dass die Punkte auf der Geraden mit der Gleichung $y = 3{,}75x$ liegen ($G = \mathbb{Q} \times \mathbb{Q}$).

a) $A\,(1\,|\,y_A)$ **b)** $B\,(4\,|\,y_B)$ **c)** $C\,(-3\,|\,y_C)$ **d)** $D\,(x_D\,|\,-18{,}75)$ **e)** $E\,(x_E\,|\,0)$

Lösungen zu 2:
−11,25; −5; 0; 3,75; 15

3 Welche der abgebildeten Geraden gehören zu Funktionen der Form $y = mx$?
Gib die zugehörigen Geradengleichungen an.

Bestimme die Koordinaten eines Punktes, der auf der jeweiligen Geraden liegt.

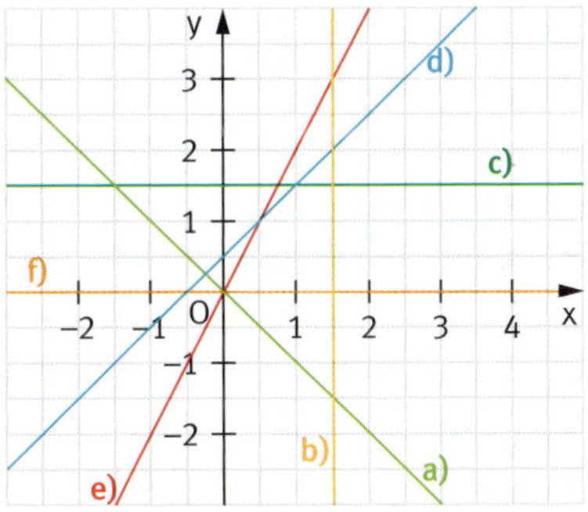

4 Forme die Funktionsgleichungen in die Form $y = mx$ um.

a) $x + y = 0$ **b)** $3x + 5y = 0$

c) $4x - y = 3y$ **d)** $4x = 8y$

e) $3{,}4x - 7{,}2y = 0$ **f)** $0 = x - (x + 4y) - x - y$

5 Überprüfe, ob die Zahlenpaare zu einer Funktion der Form $y = mx$ gehören.

Erklärvideo
unter 60112-18

a)

x	−3	0	0,5	4	5
y	−7,5	0	1,25	10	12,5

b)

x	−0,5	1,5	3	4,5	7
y	$-\frac{1}{6}$	$\frac{1}{2}$	1	1,5	$2\frac{1}{3}$

c)

x	−2	−0,5	0,2	3,5	12
y	−0,4	−0,1	0,01	0,7	2,5

d)

x	−0,5	0	1,8	2,4	3,5
y	−0,6	0	1,5	2	4,2

6 Eine Packung Trinkjoghurt besteht aus acht Bechern.
Vervollständige Georgs Überlegung.

Die Anzahl y der Becher in Abhängigkeit von der Anzahl x an Packungen Trinkjoghurt lässt sich durch eine Funktionsgleichung der Form $y = mx$ beschreiben.

7 Überprüfe, ob der Punkt $P\,(3\,|\,8)$ auf dem Graphen von f liegt ($G = \mathbb{Q} \times \mathbb{Q}$).

a) f: $y = 0{,}375x$ **b)** f: $y = \frac{8}{3}x$

8 Überprüfe durch Rechnung, ob A und B auf derselben Ursprungsgeraden liegen.

a) $A\,(5\,|\,-7{,}5)$; $B\,(2\,|\,-3{,}5)$ **b)** $A\,(2\,|\,4)$; $B\,(-1\,|\,-2)$

c) $A\,(-3\,|\,-1)$; $B\,(4{,}5\,|\,1{,}5)$ **d)** $A\,(8\,|\,2)$; $B\,(3{,}5\,|\,1)$

e) $A\left(-\frac{2}{3}\,\middle|\,1\frac{1}{3}\right)$; $B\left(2\frac{1}{3}\,\middle|\,-4\frac{2}{3}\right)$ **f)** $A\left(-\frac{5}{2}\,\middle|\,-\frac{3}{4}\right)$; $B\left(5\,\middle|\,\frac{3}{2}\right)$

9 Zwei 20 cm hohe und annähernd zylinderförmige Kerzen unterschiedlichen Durchmessers brennen jeweils gleichmäßig ab.
Bei Kerze 1 sind nach 5 min 2 mm Kerzenlänge abgebrannt. Bei Kerze 2 sind nach 8 min noch 19,2 cm Kerzenlänge vorhanden.

a) Stelle den Zusammenhang zwischen abgebrannter Kerzenlänge y in mm und der Zeit x in min grafisch dar.

b) Gib die zugehörigen Funktionsgleichungen an.

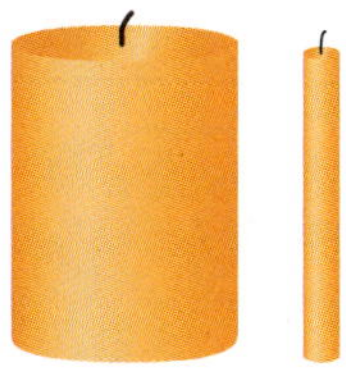

Kerze 1 *Kerze 2*

5.3 Steigung von Geraden

Entdecken

Der Elektrofux informiert sich über den aktuellen Preis für den laufenden Meter (lfm.) Erdungskabel mit Querschnitt 16 mm² in drei verschiedenen Baumärkten.

- Stelle den Preis y € in Abhängigkeit von der Kabellänge x m für die drei Angebote in einem Koordinatensystem grafisch dar. Vergleiche die Graphen.
- Stelle die zugehörigen Funktionsgleichungen für die drei Graphen auf.
- Zwischen der Funktionsgleichung und dem jeweiligen Verlauf des Graphen ist ein Zusammenhang erkennbar. Beschreibe diesen.

Verstehen

Der Graph einer linearen Funktion der Form y = **mx** weist eine konstante **Steigung** auf, die durch die Formvariable **m** $\in \mathbb{Q}$ festgelegt ist.

Die Steigung kann mit einem rechtwinkligen Dreieck veranschaulicht werden, das als **Steigungsdreieck** bezeichnet wird.

Mögliche Kathetenlängen des Steigungsdreiecks erhält man aus der Darstellung von m als Bruchzahl. Ist diese negativ, so wird eine der Längen in die „negative Koordinatenrichtung“ angetragen.

Weitere mögliche Kathetenlängen ergeben sich aus $m = \frac{2}{1} = \frac{4}{2} = \frac{6}{3} = \ldots$

Beispiel: f: y = 2x mit $\mathbb{G} = \mathbb{Q} \times \mathbb{Q}$

$m = 2 = \frac{2}{1}$

Da jede Funktion der Form y = mx durch den Ursprung O (0|0) verläuft, ist es vorteilhaft, das Steigungsdreieck in diesem Punkt beginnen zu lassen.

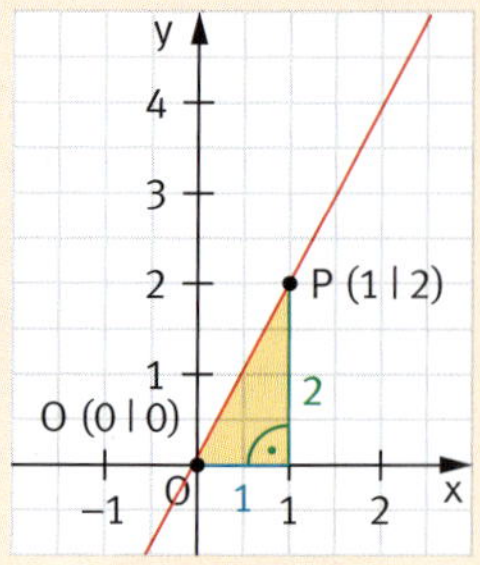

Beispiele

I Zeichne mithilfe eines geeigneten Steigungsdreiecks den Graphen zur Funktion f.

a) f: $y = \frac{3}{4}x$ mit $\mathbb{G} = \mathbb{Q} \times \mathbb{Q}$ b) f: $y = -\frac{2}{3}x$ mit $\mathbb{G} = \mathbb{Q} \times \mathbb{Q}$

Lösungsmöglichkeit

Hinsichtlich der Steigung m sind drei Fälle zu unterscheiden:
m > 0: Der Graph steigt.
m < 0: Der Graph fällt.
m = 0: Der Graph ist die x-Achse.

a)

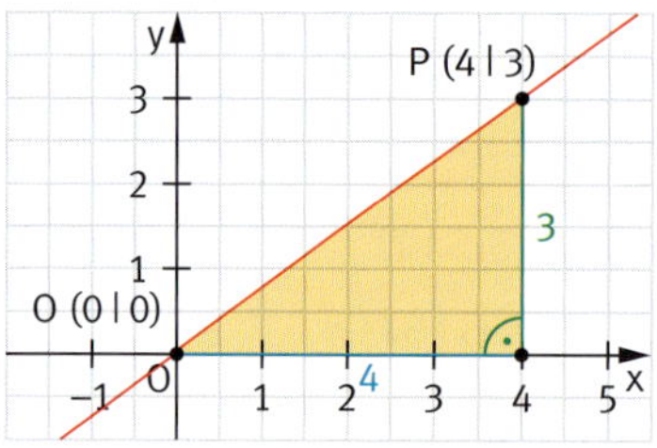

b)

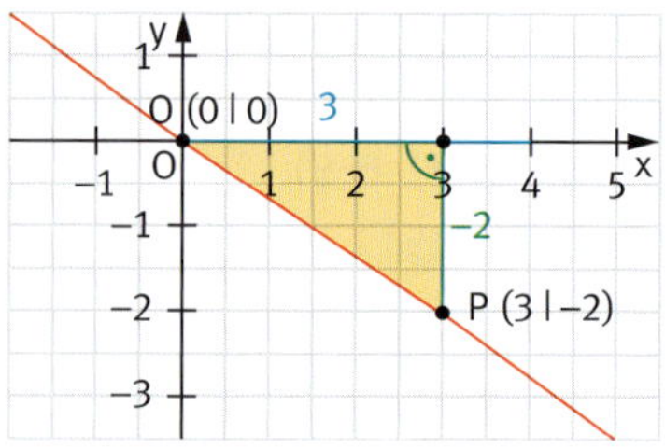

Nachgefragt

- Wie lautet die Gleichung der Funktion, deren Graph die x-Achse ist?
- Was stellst du bezüglich der Steigung der y-Achse fest?

Aufgaben

1 Zeichne die Geraden mithilfe eines passenden Steigungsdreiecks ($G = \mathbb{Q} \times \mathbb{Q}$).

a) f_1: $y = 6x$ **b)** f_2: $y = -3x$ **c)** f_3: $y = 1{,}5x$ **d)** f_4: $y = -\frac{2}{7}x$

e) f_5: $y = \frac{5}{6}x$ **f)** f_6: $2{,}5x + y = 0$ **g)** f_7: $3x + 7y = 0$ **h)** f_8: $1{,}5y - 3 = 0$

Handelt es sich bei einer Funktion f um eine Gerade, so kann diese, wie auch ihr Graph, mit g bezeichnet werden.

2 Gib die Funktionsgleichungen der abgebildeten Geraden an.

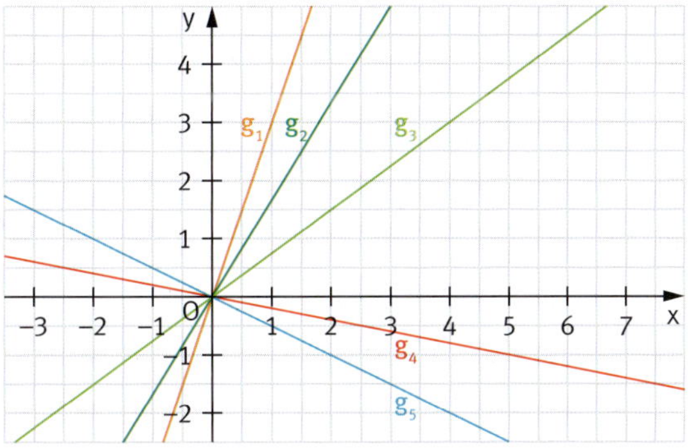

3 Der Punkt P liegt auf einer Ursprungsgeraden. Begründe, ob die Gerade steigt, fällt oder mit einer Koordinatenachse zusammenfällt.

a) P (2 | 1) **b)** P (–3 | 8)

c) P (–2,5 | –7) **d)** P (0 | 2)

e) P (5,5 | 0) **f)** P (0,2 | 7)

4 **a)** Begründe das nebenstehend beschriebene Vorgehen zum Zeichnen des Graphen der Funktion f: $y = \frac{1}{2}x$ mit $G = \mathbb{Q} \times \mathbb{Q}$.

b) Zeichne die Graphen der Funktionen:

f_1: $y = 0{,}6x$ f_2: $y = 3{,}5x$

f_3: $y = \frac{4}{5}x$ f_4: $y = -\frac{1}{6}x$

c) Überprüfe anhand einer Wertetabelle, ob Emmi Recht hat.

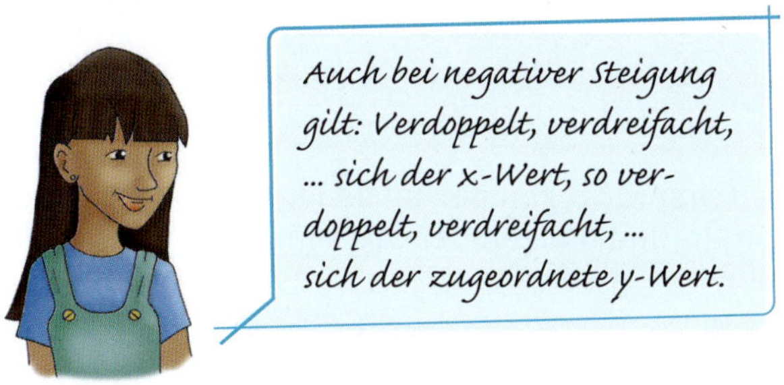

Graph zu $y = \frac{1}{2}x$:

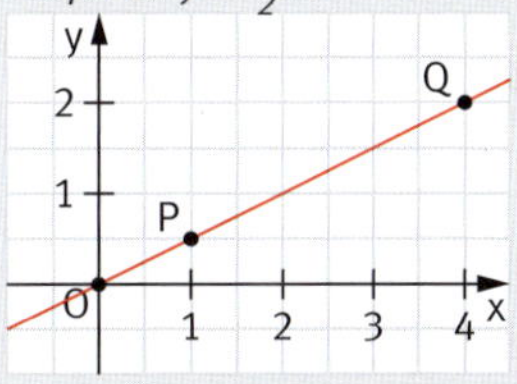

- *Ursprung O markieren*
- *$m = \frac{1}{2}$: $P\left(1 \mid \frac{1}{2}\right)$ (besser: Q (4 | 2)) liegt auf dem Graphen.*
- *Der Graph ist die Gerade durch den Ursprung O und P bzw. Q.*

5 Beschreibe den Verlauf des Graphen zur Funktion f: $y = -x$ mit $G = \mathbb{Q} \times \mathbb{Q}$ in Worten.

6 Bei welcher der vier Geraden im Koordinatensystem lässt sich keine Funktionsgleichung der Form $y = mx$ angeben? Begründe.

① Winkelhalbierende des I. und III. Quadranten ② x-Achse

③ Winkelhalbierende des II. und IV. Quadranten ④ y-Achse

7 Gegeben sind die Geraden g_1: $y = x$, g_2: $y = 4x$ und g_3: $y = \frac{1}{3}x$ mit $G = \mathbb{Q} \times \mathbb{Q}$.

a) Trage die Geraden in ein Koordinatensystem ein. Zeichne dann zu jeder der drei Geraden in der entsprechenden Farbe jeweils eine senkrechte Gerade ein und bezeichne diese mit h_1, h_2 und h_3.

b) Ermittle die Funktionsgleichungen der Geraden h_1, h_2 und h_3 durch Ablesen. Vergleiche sie mit den Gleichungen von g_1, g_2 und g_3. Was stellst du fest?

5.3 Steigung von Geraden

Weitergedacht

*Zueinander senkrechte Geraden werden auch als **orthogonale** Geraden bezeichnet.*

Gilt für das Produkt der Steigungen zweier Geraden g_1 und g_2

$\mathbf{m_1 \cdot m_2 = -1}$ (bzw. $m_1 = -\frac{1}{m_2}$ mit $m_1, m_2 \neq 0$),

dann stehen die beiden Geraden **senkrecht** aufeinander.

8 Welcher Zusammenhang besteht zwischen den Graphen der Funktionen f_1: $y = x$ und f_2: $y = -x$ mit $G = \mathbb{Q} \times \mathbb{Q}$?

9 Zeige, dass die Geraden g_1: $y = 0{,}6x$ und g_2: $y = -1\frac{2}{3}x$ mit $G = \mathbb{Q} \times \mathbb{Q}$ orthogonal zueinander sind.

10 Die Gerade g hat die Gleichung $y = -2{,}5x$ mit $G = \mathbb{Q} \times \mathbb{Q}$. Gib die Gleichung der Ursprungsgeraden h an, welche senkrecht zur Geraden g verläuft.

11 Zeige rechnerisch, dass das Dreieck ABC mit A (0|0), B (2|3) und C (–3|2) rechtwinklig ist.

Lösungen zu 12: –7; –0,5 ; 8

12 Der Punkt P liegt auf der Ursprungsgeraden h, die senkrecht zur Geraden g verläuft ($G = \mathbb{Q} \times \mathbb{Q}$). Ermittle die fehlende Koordinate des Punktes P.

a) P (–5|y); g: $y = \frac{5}{8}x$ **b)** P (x|–6); g: $y = -\frac{1}{12}x$ **c)** P (0,5|y); g: $y = \frac{1}{14}x$

13 Um die Ecke gedacht: Falte ein Blatt Papier einmal. Der entstandene Knick soll die Gerade g mit $y = 2x$ darstellen. Zeichne ein dazu passendes Koordinatensystem.

14 Gottfried weiß: „Spiegelt man Ursprungsgeraden an den Koordinatenachsen, so stehen die Steigungen von Ur- und Bildgeraden stets in einem bestimmten mathematischen Zusammenhang.“ Gib diesen an.

15 ① $y = 3x$ ② $y = \frac{1}{4}x$

a) Beschreibe die Funktion und den Verlauf des Graphen in Worten.

b) Übertrage die Wertetabelle in dein Heft und fülle sie aus.

	x	–2	–1	0	1	2
①	y	☐	☐	☐	☐	☐
②	y	☐	☐	☐	☐	☐

c) Zeichne mithilfe von b) den zugehörigen Graphen der Funktion.

16 Eine Straße steigt auf 100 m horizontaler Strecke gleichmäßig um 14 m an.

a) Gib den Höhengewinn eines Fahrzeugs an, das 1,6 km in horizontaler Richtung auf dieser Straße mit gleich bleibender Steigung zurücklegt.

b) Gib einen geeigneten Funktionsterm an.

c) Nach welcher horizontalen Strecke beträgt der Höhenunterschied 0,5 m?

Dynamische Geometrieprogramme

In den vorangegangenen Jahrgangsstufen hast du bereits die Grundlagen zu dynamischen Geometrieprogrammen kennengelernt. Jetzt kannst du dein Wissen um **Funktionen** erweitern.

- Im Feld „Eingabe“ kannst du den **Term einer Funktion** eingeben, z. B. f (x) = 3x. Sobald du die Eingabetaste drückst, wird der zugehörige Graph im **Koordinatensystem** angezeigt:

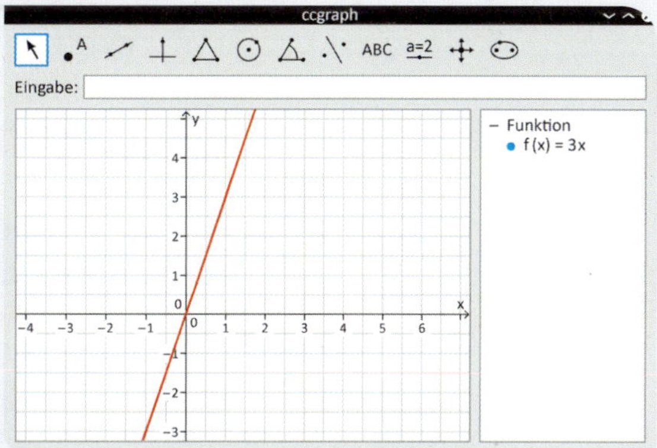

  a) Gib die Terme der Funktionen f_1: $y = -0{,}33x$ und f_2: $y = -\frac{1}{3}x$ ein. Beachte dabei, dass du unter Umständen anstelle eines Kommas einen Dezimalpunkt verwenden musst. Welcher der beiden Graphen hat die kleinere Steigung?
  Tipp: Eine Vergrößerung der Ansicht kann hilfreich sein.

  b) Finde durch Probieren den Term einer Funktion f mit $G = \mathbb{Q} \times \mathbb{Q}$, sodass der Graph zu f dem Anschein nach identisch mit der y-Achse ist.
  Begründe, dass der Graph zu f nie wirklich identisch mit der y-Achse sein kann.

- **Wertetabellen zu Funktionen**, z. B. zu f (x) = 1,5x mit $G = \mathbb{Q} \times \mathbb{Q}$, kannst du erstellen, indem du **Tabelle** im Menü Ansicht auswählst. Klicke dann in der angezeigten Tabelle die Zelle A1 an und gib dort „x“ ein. In der Zelle B1 trägst du „f (x)“ ein. Wenn du die Funktion f zuvor im Feld „Eingabe“ mit „f (x) = 1,5x“ definiert hast, wird in der Zelle B1 nun „1,5x“ angezeigt. In der Zelle A2 gibst du den Startwert für die Wertetabelle ein, z. B. „–3“, und in der Zelle A3 trägst du den Wert ein, der die Schrittweite festlegt, z. B. bei $\Delta x = 1$ den Wert „–2“. Wähle anschließend beide Zellen mit der Maus so an, dass ein Rahmen sichtbar wird. Halte dann mit der linken Maustaste das kleine Quadrat fest, das rechts unten am Rahmen erscheint. Ziehe das Quadrat im Bereich der Spalte A so weit nach unten, wie du die x-Werte haben möchtest, z. B. bis „2“. Letztlich musst du in der Zelle B2 nur noch „=f (A2)“ eintragen, die Zelle markieren und wie vorhin nach unten ausfüllen:

Tabelle

	A	B	C	D
1	x	1.5x		
2	−3	−4.5		
3	−2	−3		
4	−1	−1.5		
5	0	0		
6	1	1.5		
7	2	3		

  a) Erstelle für $x \in [-5; 5]$ und $\Delta x = 1$ eine Wertetabelle zur Funktion $f(x) = -\frac{3}{7}x$ $(G = \mathbb{Q} \times \mathbb{Q})$.

  b) Überlege, wie du möglichst effektiv für $x \in [-3{,}5; 2{,}5]$ und $\Delta x = 0{,}5$ eine Wertetabelle zu den Funktionen f_1: $y = 0{,}125x$ und f_2: $y = \frac{1}{9}x$ erstellen kannst $(G = \mathbb{Q} \times \mathbb{Q})$.

5.4 Vermischte Aufgaben

1 Eine Zuordnung wird durch folgende geordnete Zahlenpaare beschrieben: $(-4{,}5 \mid 2)$; $(-4 \mid 2{,}3)$; $(-3{,}5 \mid 2)$; $(-3 \mid -3)$; $(-2{,}5 \mid 0)$

a) Gib die Definitions- und Wertemenge der Zuordnung an.

b)

Hat Gregor Recht? Begründe.

2 Die Funktion f hat die Gleichung $y = -2{,}3x$ mit $G = \mathbb{Q} \times \mathbb{Q}$.

a) Tabellarisiere die Funktion für $x \in [-3; 4]$ und $\Delta x = 1$.

b) Ermittle die Nullstelle der Funktion.

3 Überprüfe rechnerisch, ob die Punkte X $(2 \mid 0)$ und Y $(0 \mid 7)$ auf dem Graphen der Funktion f liegen ($G = \mathbb{Q} \times \mathbb{Q}$).

a) f: $y = 7$ **b)** f: $y = -2{,}5x$ **c)** f: $y = \frac{1}{3}x$ **d)** f: $y = -1{,}1x$

Lösungen zu 4:
$y = 0$; $y = -1{,}5x$; $y = 2\frac{2}{3}x$; $y = -5x$; $y = -10x$

4 Gib die Gleichung einer Ursprungsgeraden an, die durch den Punkt P verläuft.

a) P $(-4 \mid 0)$ **b)** P $(-2 \mid 3)$ **c)** P $(-3 \mid -8)$ **d)** P $(-1{,}2 \mid 6)$ **e)** P $(\frac{1}{2} \mid -5)$

5 Gib den Funktionsterm für die betreffende Funktion an.

a) f: Zahl $\longmapsto$ Vierfaches der Zahl **b)** f: Zahl $\longmapsto$ um eins verminderte Zahl

c) f: Zahl $\longmapsto$ ein Sechstel der Zahl **d)** f: Zahl $\longmapsto$ Zweieinhalbfaches der Zahl

6 Lara und Lou beschreiben ein und dieselbe Funktion.

Zeichne ein geeignetes Koordinatensystem und schraffiere den Bereich, in dem der Graph der beschriebenen Funktion verläuft.

7 Überprüfe rechnerisch, ob die Geraden g_1 und g_2 mit $G = \mathbb{Q} \times \mathbb{Q}$ orthogonal zueinander sind.

a) g_1: $y = 1{,}5x$; g_2: $y = \frac{2}{3}x$ **b)** g_1: $y = -\frac{3}{8}x$; g_2: $3y - 8x = 0$

c) g_1: $y = -\frac{1}{5}x$; g_2: $-y = \frac{1}{5}x$ **d)** g_1: $-\frac{3}{7}y = x$; g_2: $y = \frac{3}{7}x$

8 Die Gerade g hat die Gleichung $y = -1{,}2x$ mit $G = \mathbb{Q} \times \mathbb{Q}$. Gib die Gleichung der Ursprungsgeraden h an, welche senkrecht zur Geraden g verläuft.

9 Die Funktion f hat die Gleichung $y = \frac{7}{8}x$ mit $G = \mathbb{Q} \times \mathbb{Q}$.

a) Zeichne den Graphen zu f für $x \in [-2; 5]$ in ein Koordinatensystem.

b) Überprüfe zeichnerisch, ob die Punkte P (4,5 | 4) und Q (–4 | –3,5) auf dem Graphen zu f liegen. Bestätige dies durch Rechnung.

10 Gib die Gleichungen der abgebildeten Ursprungsgeraden für $G = \mathbb{Q} \times \mathbb{Q}$ an.

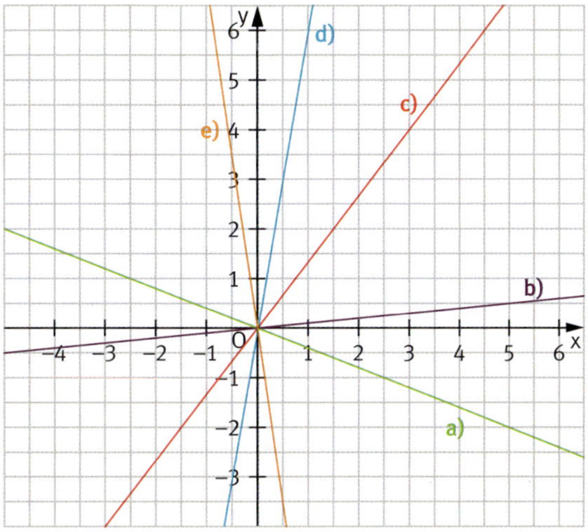

11 Zeichne die Geraden für $G = \mathbb{Q} \times \mathbb{Q}$ mithilfe eines passenden Steigungsdreiecks.

a) f_1: $y = \frac{5}{6}x$

b) f_2: $-6{,}5x + y = 0$

c) f_3: $y = -0{,}375x$

d) f_4: $y = -1{,}4x$

12 Erläutere, wann eine lineare Funktion mit der Gleichung $y = mx$ ($G = \mathbb{Q} \times \mathbb{Q}$; $m \in \mathbb{Q}$) genau eine oder unendlich viele Nullstellen besitzt.

13 Gib eine mögliche Gleichung der Funktion mit $G = \mathbb{Q} \times \mathbb{Q}$ so an, dass sie die folgenden Bedingungen erfüllt:

a) Die Gerade steigt. Ihre Steigung ist ein Vielfaches von 3.

b) Die Gerade fällt und verläuft durch P (–3 | 4,2).

14 Beschreibe den Verlauf des Graphen der Funktion f mit $G = \mathbb{Q} \times \mathbb{Q}$.

a) f: $y = \frac{1}{3}x$ **b)** f: $y = -7x$ **c)** f: $y = 0$

15 Erläutere, wie die Ursprungsgeraden mit gegebener Steigung gezeichnet werden. Was fällt dir auf?

a) $m_1 = \frac{1}{4}$; $m_2 = \frac{1}{-4}$ **b)** $m_1 = \frac{1}{-7}$; $m_2 = \frac{-1}{7}$ **c)** $m_1 = \frac{-2}{5}$; $m_2 = \frac{2}{5}$; $m_3 = \frac{-5}{-2}$

16 Ein Schwimmbecken wird gleichmäßig befüllt. Lies so genau wie möglich ab.

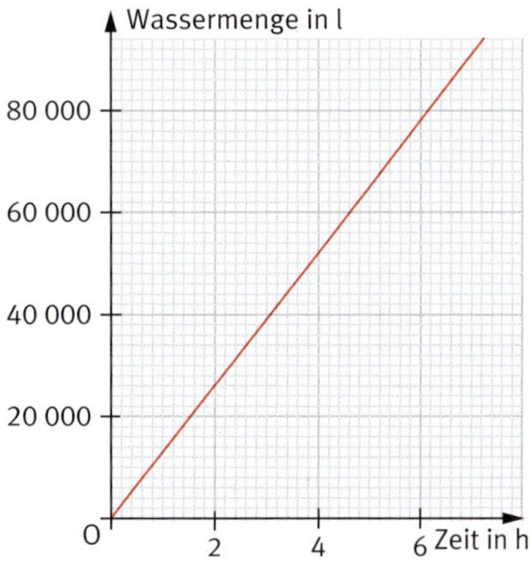

a) Wie viel Wasser befindet sich nach 2 h (3 h, 5 h, 6 h, 7 h) im Becken?

b) Nach welcher Zeit sind 20 000 l (50 000 l, 80 000 l) im Becken?

c) Wie viel Wasser fließt pro Stunde in das Becken? Gib eine Rechenvorschrift an, mit der man den Zufluss bestimmen kann.

d) Das Becken ist 25 m lang und 8 m breit. Das Wasser soll 1,80 m tief sein.

① Wie viel Wasser passt in das Becken? Gib das Ergebnis in m^3 und l an.

② Wie lange dauert das Befüllen des Beckens? Runde geeignet.

5.5 Das kann ich!

Die Lösungen zu dieser Doppelseite stehen im Anhang.

Aufgaben zur Einzelarbeit

1. Teste dich! Bearbeite dazu die folgenden Aufgaben und bewerte die Lösungen mit einem Smiley.
2. Hinweise zum Nacharbeiten findest du auf der folgenden Seite.

☺	😐	☹
Das kann ich!	Das kann ich fast!	Das kann ich noch nicht!

1 Eine Zuordnung ist durch das nebenstehende Pfeildiagramm dargestellt.

a) Gib die Definitions- und Wertemenge der Zuordnung an.

b) Stellt die Zuordnung eine Funktion dar? Begründe.

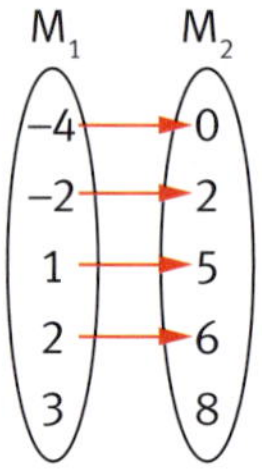

2 Dargestellt sind Graphen von Zuordnungen.

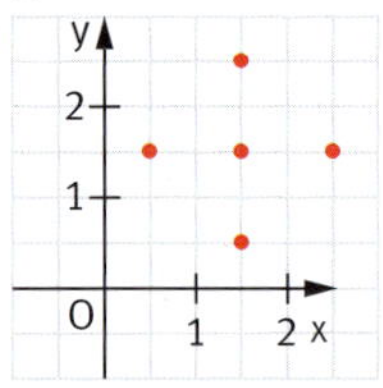

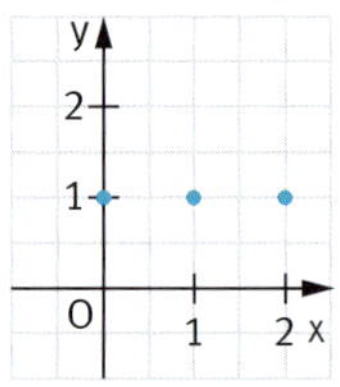

a) Gib jeweils die geordneten Zahlenpaare der Zuordnung an.

b) Bei welcher der Zuordnungen handelt es sich um eine Funktion? Begründe.

3 Gib die Gleichung einer linearen Funktion der Form $y = mx$ an, die unendlich viele Nullstellen hat.

4 Überprüfe rechnerisch, ob der Punkt $P\,(-2{,}5\,|\,7)$ zum Graphen der Funktion f mit $G = \mathbb{Q} \times \mathbb{Q}$ gehört.

a) f: $y = 7{,}5x$ **b)** f: $y = -2{,}8x$

5 Zeichne den Graphen zu f für $x \in [-5; 9]$ und $G = \mathbb{Q} \times \mathbb{Q}$.

a) f: $y = 0{,}2x$ **b)** f: $y + \frac{1}{2}x = 0$

c) f: $y = 5x$ **d)** f: $-0{,}8x - y = 0$

6 Beschreibe den Verlauf des Graphen zur Funktion f: $y = x$ mit $G = \mathbb{Q} \times \mathbb{Q}$ in Worten.

7 Bei welcher der angegebenen Funktionen mit $G = \mathbb{Q} \times \mathbb{Q}$ ist der Graph eine Ursprungsgerade?

a) f: $y = \frac{x}{2}$ **b)** f: $y = x^2$ **c)** f: $y = x$ **d)** f: $y = -1$

8 Gib die Gleichungen der abgebildeten Ursprungsgeraden f für $G = \mathbb{Q} \times \mathbb{Q}$ an.

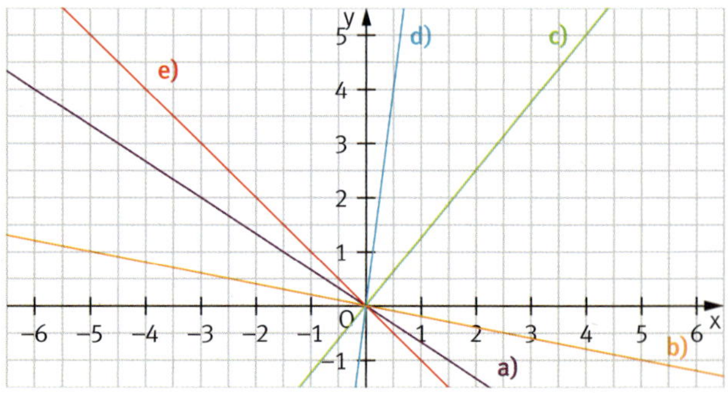

9 Erläutere verschiedene Möglichkeiten, den Graphen einer linearen Funktion der Form $y = m \cdot x$ zu zeichnen.

10 Die Funktion f hat die Gleichung $-1{,}7x + y = 0$ mit $G = \mathbb{Q} \times \mathbb{Q}$.

a) Gib den Funktionsterm f(x) an.

b) Tabellarisiere f für $x \in [-3; 3]$ und $\Delta x = 1$.

c) Ermittle die Nullstelle der Funktion f.

11 Spaghettini enthalten pro 80 g die angegebenen Nährwerte. Zusätzlich ist noch angegeben, wie viel Prozent des Tagesbedarfs dadurch gedeckt wäre.

Engerie	Zucker	Fett	gesättigte Fettsäuren	Natrium
285 kcal	2,8 g	1,5 g	0,6 g	0,0 g
14 %	3 %	2 %	3 %	0 %

a) Zeichne in ein Koordinatensystem die Graphen der Funktionen ein, welche die Menge an Zucker, Fett und Natrium in Abhängigkeit von der Masse Spaghettini beschreiben. Gib die zugehörigen Funktionsgleichungen an.

b) Berechne, mit welcher Masse an Spaghettini der Tagesbedarf an Zucker (90 g) gedeckt wäre.

12 Überprüfe rechnerisch, welche Geraden zueinander orthogonal sind ($G = \mathbb{Q} \times \mathbb{Q}$).

f_1: $y = 6{,}25x$ f_2: $y = \frac{1}{5}x$ f_3: $y = 4x$

f_4: $y = 0{,}25x$ f_5: $y = -5x$ f_6: $y = -0{,}25x$

13 Der Punkt P (x | 1,25) liegt auf der Ursprungsgeraden h, die senkrecht zur Geraden g: $y = -\frac{1}{25}x$ verläuft ($G = \mathbb{Q} \times \mathbb{Q}$).
Ermittle die x-Koordinate von P.

14 Zeige rechnerisch, dass das Dreieck MNO mit M (4 | –1), N (1 | 4) und O (0 | 0) rechtwinklig ist.

15

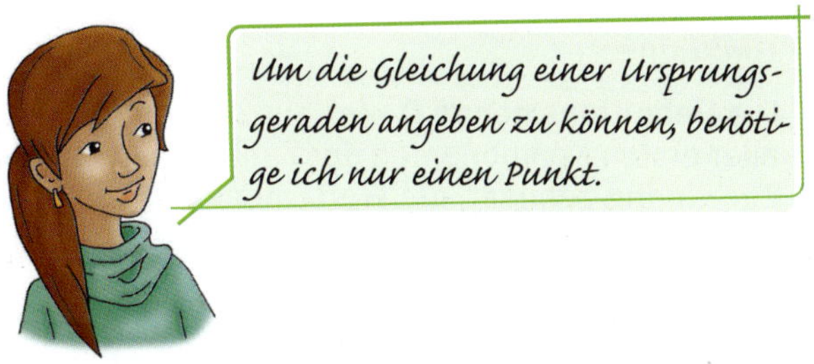

Hat Brigitte Recht? Begründe.

Aufgaben für Lernpartner

1. Bearbeite die folgenden Aufgaben alleine.
2. Suche dir einen Partner und erkläre ihm deine Lösungen. Höre aufmerksam und gewissenhaft zu, wenn dein Partner dir seine Lösungen erklärt.
3. Korrigiere gegebenenfalls deine Antworten und benutze dazu eine andere Farbe.

Sind folgende Behauptungen **richtig** oder **falsch**? Begründe schriftlich.

A Jede Zuordnung ist eine Funktion.

B Eine Funktion der direkten Proportionalität ist eine Funktion der Form y = mx.

C Jede Funktion besitzt mindestens eine Nullstelle.

D Lineare Funktionen der Form y = mx haben stets genau eine Nullstelle.

E Der Graph einer Funktion ist immer eine Gerade.

F Die Steigung m = –3 bedeutet: Wenn man den x-Wert um 1 erhöht, muss man den y-Wert um 3 erhöhen.

G Für zueinander senkrechte Geraden gilt: $m_1 = -\frac{1}{m_2}$.

H Die Winkelhalbierende des I. und III. Quadranten ist senkrecht zur Winkelhalbierenden des II. und IV. Quadranten.

I Die Definitonsmenge enthält immer mehr Elemente als die Wertemenge.

Aufgabe	Ich kann ...	Hilfe
1, I	Definitions- und Wertemengen angeben.	S. 118
1, 2, A	Funktionen erkennen.	S. 118
2, 5, 6, 9, 12, 14, E	Funktionen darstellen.	S. 118, 120
3, 10, C, D	Nullstellen ermitteln.	S. 120
4, 6, 7, 8, 10, 11, 13, 14, B, F	mit linearen Funktionen der Form y = mx umgehen.	S. 120, 122
12, 13, 14, G, H	zueinander senkrechte Geraden bestimmen.	S. 124

Funktionen

Seite 118

Die **Definitionsmenge D** wird aus der Menge aller ersten Komponenten der Zahlenpaare der Zuordnung gebildet, die **Wertemenge** W aus der Menge aller zweiten Komponenten.

Eine Zuordnung $y = f(x)$, die jedem Element $x \in D$ **genau ein Element** $y \in W$ **zuordnet**, heißt **Funktion**.

Eine Zuordnung mit $y = 0{,}5x$ und $G = \mathbb{Q} \times \mathbb{Q}$ ist eine Funktion.
Funktionsterm: $f(x) = 0{,}5x$
Funktionswert für $x = 3$: $f(3) = 0{,}5 \cdot 3 = 1{,}5$
Nullstelle der Funktion: $f(x) = 0$
$\Rightarrow 0{,}5x = 0 \quad | \cdot 2$
$\Leftrightarrow x = 0$

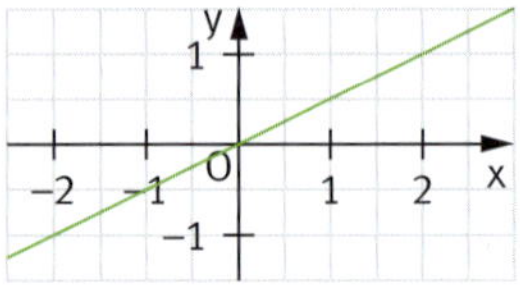

Lineare Funktionen der Form y = mx

Seite 120

Eine Gleichung der Form $\mathbf{y = mx}$ mit $G = \mathbb{Q} \times \mathbb{Q}$ und der konstanten Formvariable $m \in \mathbb{Q}$ beschreibt eine **lineare Funktion**.

Der Graph zu einer Funktion der Form $y = mx$ ist eine **Ursprungsgerade**, da er den Punkt O (0 | 0) enthält.

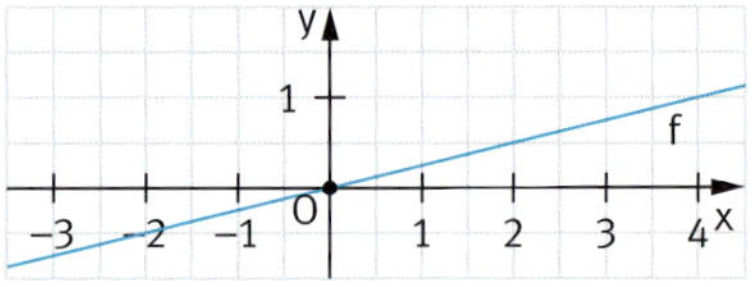

f: $y = 0{,}25x$

Steigung von Geraden

Seite 122
Seite 124

Der Graph einer linearen Funktion der Form $y = \mathbf{m}x$ weist eine konstante **Steigung** auf, die durch die Formvariable $m \in \mathbb{Q}$ festgelegt ist.

Die Steigung kann mit einem rechtwinkligen Dreieck veranschaulicht werden, das als **Steigungsdreieck** bezeichnet wird.

Mögliche Kathetenlängen des Steigungsdreiecks erhält man aus der Darstellung von m als Bruchzahl. Ist diese negativ, so wird eine der Längen in die „negative Koordinatenrichtung" angetragen.

f: $y = 2x$ mit $G = \mathbb{Q} \times \mathbb{Q}$

$m = 2 = \frac{2}{1}$

Da jede Funktion der Form $y = mx$ durch den Ursprung O (0 | 0) verläuft, ist es vorteilhaft, das Steigungsdreieck in diesem Punkt beginnen zu lassen.

$m > 0$: Der Graph steigt.
$m < 0$: Der Graph fällt.
$m = 0$: Der Graph ist die x-Achse.

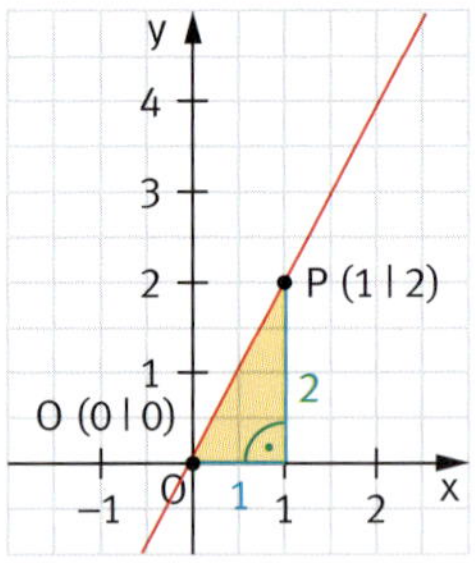

Bei zueinander **senkrechten** Geraden g_1 und g_2 gilt für das Produkt der Steigungen m_1 und m_2:

$\mathbf{m_1 \cdot m_2 = -1}$ (bzw. $m_1 = -\frac{1}{m_2}$ mit $m_1, m_2 \neq 0$)

Funktionen

1 Liegt der Graph einer Funktion vor? Begründe.

a) b)

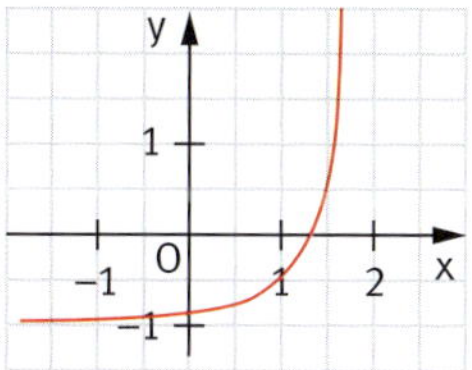

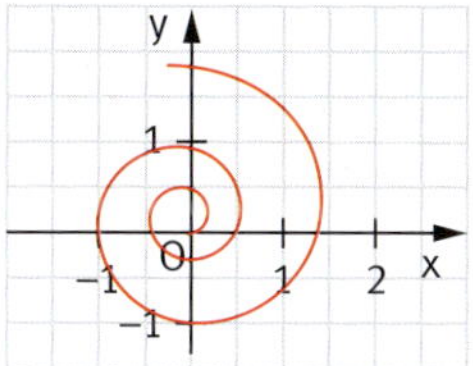

c)

x	0	1	2	3
y	1	3	5	7

d)

x	1	2	3	4
y	2	−1	−4	−1

2 Ordne den Handytarifen ① bis ④ den passenden Graphen zu.

① keine Grundgebühr, Preis pro Minute
② Grundgebühr, Preis pro Minute
③ Grundgebühr, Freiminuten, dann erst Preis pro Minute
④ Grundgebühr, alle Minuten sind frei („Flatrate“)

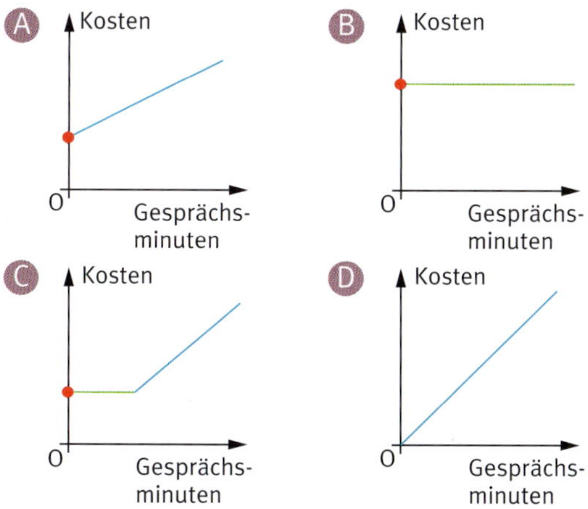

3 Welcher Vorgang passt zu diesem Geschwindigkeits-Zeit-Diagramm (v: Geschwindigkeit; t: Zeit)?

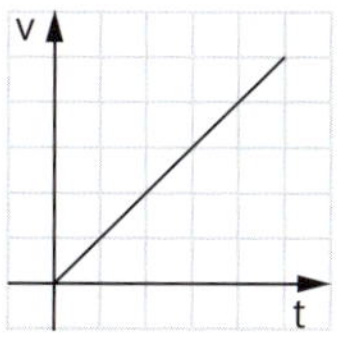

① Das Fahrzeug steht.
② Das Fahrzeug fährt mit gleicher Geschwindigkeit.
③ Das Fahrzeug beschleunigt gleichmäßig.
④ Das Fahrzeug bremst gleichmäßig.
⑤ Keine dieser Aussagen stimmt.

Steigung von Geraden

4 Gib die Gleichungen der abgebildeten Ursprungsgeraden für $G = \mathbb{Q} \times \mathbb{Q}$ an.

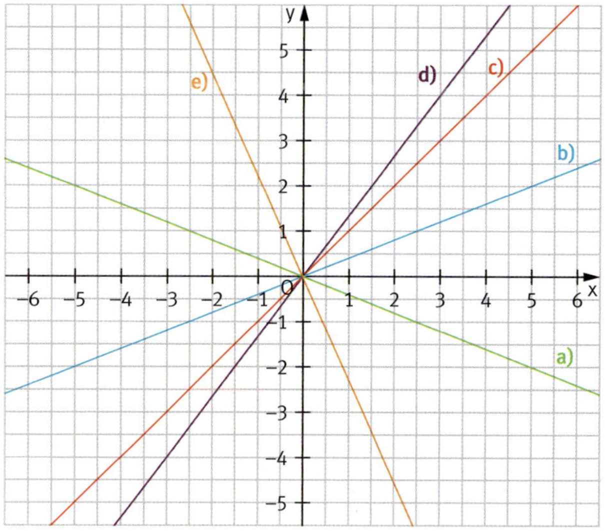

5

Stimmt das? Erläutere.

6 Welche Gemeinsamkeiten haben die Graphen zu folgenden Funktionen mit $G = \mathbb{Q} \times \mathbb{Q}$?
f_1: $y = 0{,}123x$ f_2: $y = 0{,}456x$ f_3: $y = 0{,}789x$

7 Die Gerade g hat die Gleichung $y = \frac{3}{7}x$ mit $G = \mathbb{Q} \times \mathbb{Q}$. Gib die Gleichung der Ursprungsgeraden h an, welche senkrecht zur Geraden g verläuft.

8

Hat Benedikt Recht? Begründe.

Startklar

Dreiecke und Vierecke konstruieren

1 (1) Dreieck EFG mit e = 8 cm; f = 5 cm; g = 4,5 cm
(2) Dreieck ABC mit a = 7,8 cm; β = 65°; c = 5,2 cm
(3) gleichschenkliges Dreieck ABC mit c = 45 mm; $\alpha = \beta$ = 68,5°
(4) Dreieck PQR mit p = 8 cm; q = 6 cm; r = 1,6 cm
(5) Dreieck ABC mit c = 4,6 cm; α = 67°; β = 113°
(6) gleichschenklig-rechtwinkliges Dreieck ABC mit Basis $\overline{AB}$ und $|\overline{AB}|$ = 8 cm
(7) gleichseitiges Dreieck ABC mit Seitenlänge s = 5 cm
a) Entscheide, ob das Dreieck existiert. Begründe deine Entscheidung.
b) Konstruiere diejenigen Dreiecke, die existieren (Zeichnung genügt).

2 **a)** Konstruiere eine Raute ABCD mit $|\overline{AC}|$ = 6 cm und $|\overline{BD}|$ = 4,2 cm.
b) Konstruiere ein Drachenviereck EFGH mit $|\overline{EG}|$ = 6 cm; $|\overline{FH}|$ = 4 cm; $|\overline{EF}|$ = 4,5 cm; Symmetrieachse $\overline{EG}$.

Winkelarten erkennen

3 Erstelle eine Übersicht zu den verschiedenen Winkelarten (spitzer Winkel, ...).

Körper erkennen, beschreiben und darstellen

4 Benenne jeweils den Körper.

a) 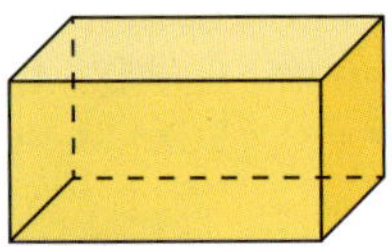
b) 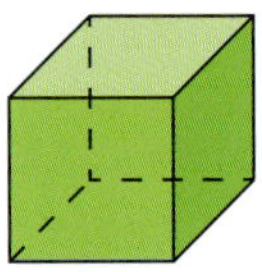
c) 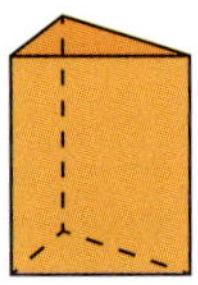
d) 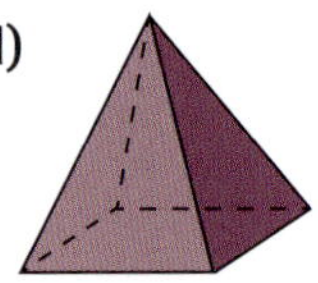
e) 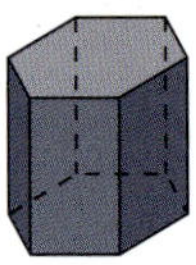
f) 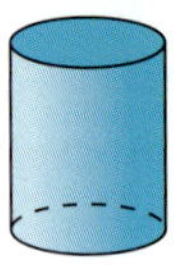
g) 
h) 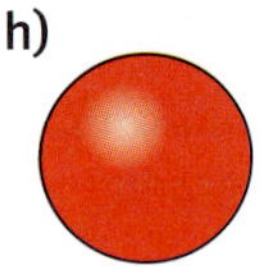

5 Nenne jeweils die Anzahl von Ecken, Kanten und Flächen des Körpers.
a) Quader **b)** vierseitige Pyramide **c)** dreiseitiges Prisma
d) Tetraeder **e)** Zylinder **f)** Kugel **g)** Würfel

6 Zeichne ein Schrägbild eines Quaders mit den Kantenlängen 6 cm, 2 cm und 4 cm.

Die Lösungen zu dieser Seite stehen im Anhang.

6 Grundlagen der Raumgeometrie

Einstieg

- Die Darstellung zeigt die Kristallstruktur von NaCl (Natriumchlorid, besser bekannt als Kochsalz). Erkläre, weshalb eine solche Darstellung, in der man die Kristallstruktur „schräg“ betrachtet, geeigneter ist als eine Perspektive direkt von vorne oder direkt von oben.
- Beschreibe Zusammenhänge zwischen Winkelmaßen bzw. Streckenlängen in einer solchen Darstellung und in der Wirklichkeit.

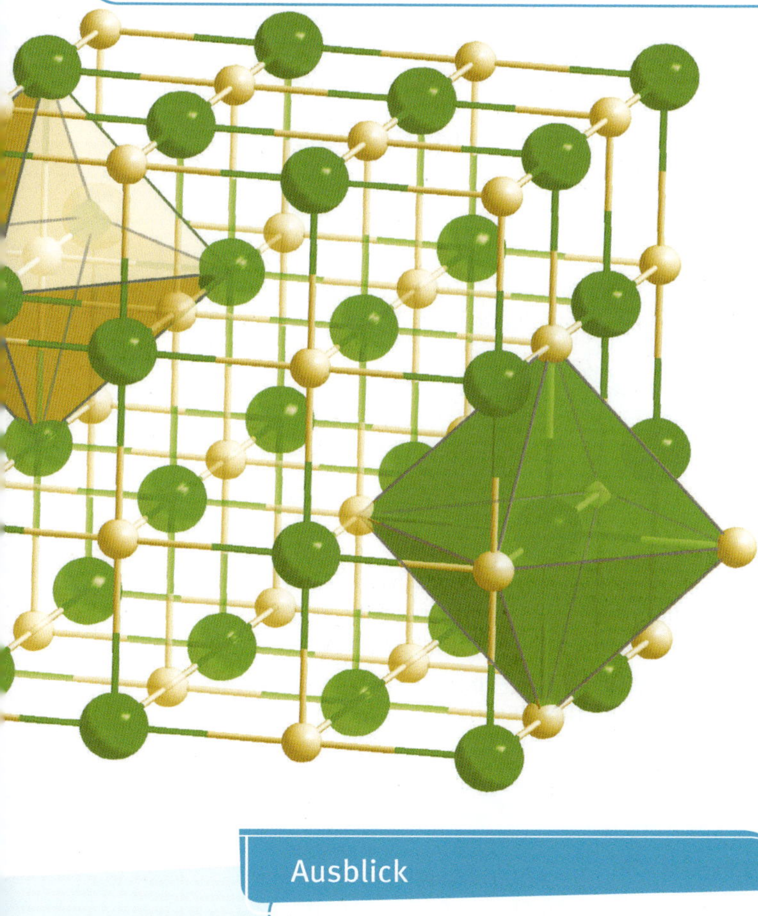

Ausblick

Am Ende dieses Kapitels hast du gelernt, ...

- Schrägbilder von Körpern zu zeichnen.
- Streckenlängen und Winkelmaße darzustellen und zu messen.

6.1 Geraden, Ebenen und Winkel im Raum

Entdecken

Manchmal kommt es im Luftraum zu sehr dichtem Verkehrsaufkommen. Hier siehst du eine solche Situation vom Boden aus dargestellt.

- Beschreibe die Lage der Flugstrecken im Bild.
- Was müssen die Fluglotsen bei den Anweisungen für Flughöhe und Flugrichtung beachten?
- Wie können sich die Flugzeuge im dreidimensionalen Luftraum bewegen?

Verstehen

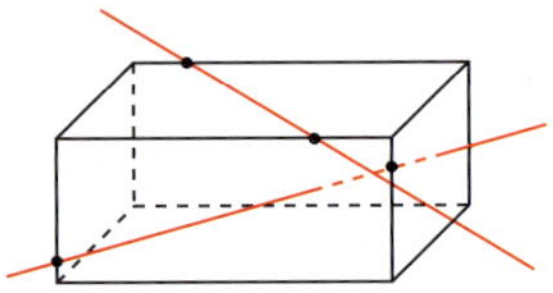

Um anzudeuten, dass die beiden roten Geraden windschief sind, kann man die „hinten liegende“ Gerade gestrichelt darstellen.

Geraden im Raum

Zwei (nicht identische) Geraden im Raum können sich in einem Punkt schneiden, parallel zueinander verlaufen oder windschief sein (wenn sie sich weder schneiden noch parallel sind).

Ebenen im Raum

Eine Ebene im Raum kann man beispielsweise festlegen durch ...

- drei verschiedene Punkte P, Q und R, die nicht auf einer Geraden liegen: E (PQR).
- zwei Geraden g und h, die sich in einem Punkt schneiden: E (g; h).

Beispiele

I Beschreibe, wie die Geraden im Quader ABCDEFGH zueinander liegen. Verwende die Kurzschreibweise, falls möglich.

a) AB und BC **b)** AB und CD **c)** AG und BF

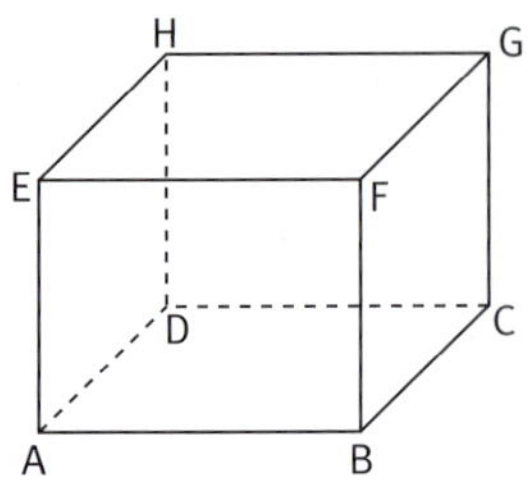

Lösung

a) AB ⊥ BC **b)** AB ∥ CD **c)** AG ist windschief zu BF.

Nachgefragt

- Anna behauptet: „Bei einem dreiseitigen Prisma gibt es keine Kanten, die auf zueinander windschiefen Geraden liegen.“ Hat sie Recht? Begründe.
- Zwei Geraden sollen eine gemeinsame Ebene im Raum aufspannen. Welche Möglichkeiten der Lage der Geraden zueinander findest du?

Aufgaben

1 Gegeben ist ein Würfel ABCDEFGH.

a) Benenne alle Würfelkanten, die zur Kante $\overline{AD}$ parallel liegen.

b) Welche Kanten stehen senkrecht zur Fläche ABCD (EFGH)?

c) Welche Kanten sind parallel zur Fläche ABCD (BCGF)?

d) Benenne alle Paare paralleler Begrenzungsflächen am Würfel.

e) Beschreibe die Lage aller Seitenflächen zueinander.

2 Beschreibe die Lage der Geraden des Quaders ABCDEFGH wie in Beispiel I.

a) AB und HD **b)** CF und ED
c) AG und EC **d)** AB und HE
e) CF und DE **f)** AG und BE
g) BG und CF **g)** CF und AH

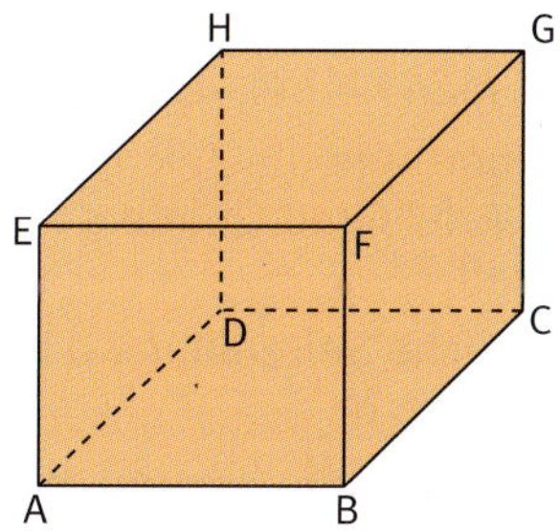

3 Beschreibe die Lage der beiden Geraden g_1 und g_2 zueinander in Worten.

a) $g_1 \cap g_2 = \{S\}$ **b)** $g_1 \cap g_2 = g_1$
c) $g_1 \cap g_2 = \varnothing \wedge g_1 \parallel g_2$ **d)** $g_1 \cap g_2 = \varnothing \wedge g_1 \nparallel g_2$

Winkel zwischen zwei Geraden g und h

Der Winkel zwischen zwei sich schneidenden Geraden g und h im Raum entspricht dem Winkel zwischen den Geraden in der von ihnen aufgespannten Ebene.

Winkel zwischen einer Geraden g und einer Ebene E

Eine Hilfsebene H, die g enthält und senkrecht auf E steht, bildet mit E eine Schnittgerade h. Der Winkel zwischen g und E entspricht dem Winkel zwischen g und h.

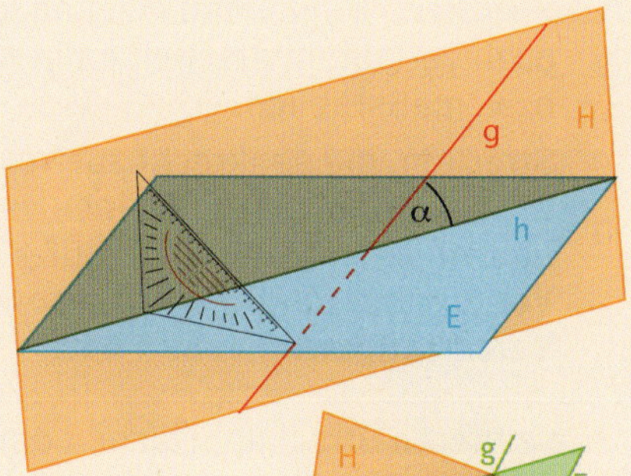

Winkel zwischen zwei sich schneidenden Ebenen E_1 und E_2

Eine Hilfsebene H senkrecht zur Schnittgeraden s von E_1 und E_2 schneidet aus E_1 und E_2 die Geraden g und h aus. Der Winkel zwischen E_1 und E_2 entspricht dem Winkel zwischen g und h.

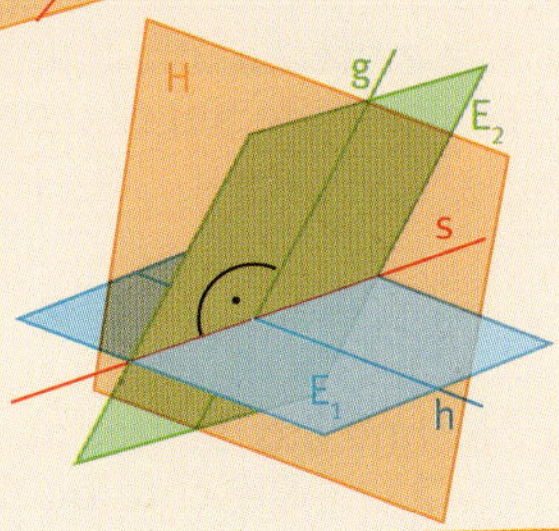

Weitergedacht

Als Schnittwinkel kommen zwei Winkel in Frage, die sich gegenseitig zu 180° ergänzen (Nebenwinkel).

Der Neigungswinkel einer Seitenfläche einer Pyramide gegenüber ihrer Grundfläche wird so festgelegt.

4 **a)** Begründe: „Bei einer geraden quadratischen Pyramide schließen alle Seitenflächen mit der Grundfläche einen maßgleichen Winkel ein.“

b) Begründe, dass alle Winkel, die von einer Raumdiagonalen eines Würfels mit einer seiner Würfelflächen eingeschlossenen werden, maßgleich sind.

5 In der Pyramide ABCDS ist die Grundfläche ABCD ein Quadrat und die Höhe $\overline{MS}$ ist genauso lang wie die halbe Diagonalenlänge des Quadrats.

a) Welches Winkelmaß schließt ...

1. die Kante $\overline{SA}$ mit der Grundfläche ABCD ein?
2. die Kante $\overline{BS}$ mit der Diagonalen $\overline{BD}$ ein?
3. Dreieck ACS mit der Grundfläche ABCD ein?

b) Zu welcher Winkelart gehört der Schnittwinkel zwischen der Grundfläche ABCD und der Seitenfläche BCS?

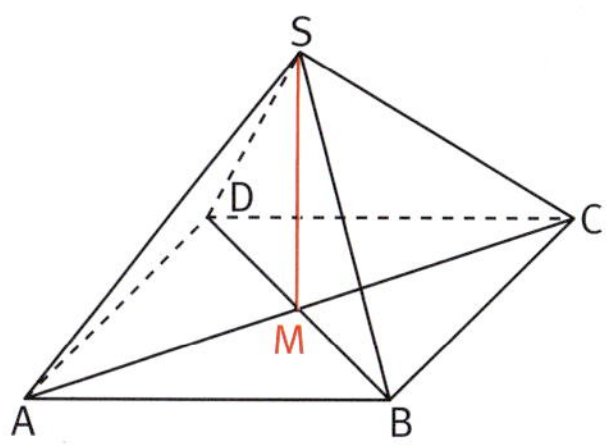

6.2 Schrägbilder

Entdecken

Durch räumliche Darstellungen kann man Körper veranschaulichen.

- Übertrage die Zeichnungen des Würfels und Quaders in dein Heft.
- Welche Seitenlänge b hat der Quader?
- Finde Möglichkeiten, wie man mithilfe dieser Darstellungen eine Pyramide (ein dreiseitiges Prismas) erhalten kann. Beschreibe dein Vorgehen.

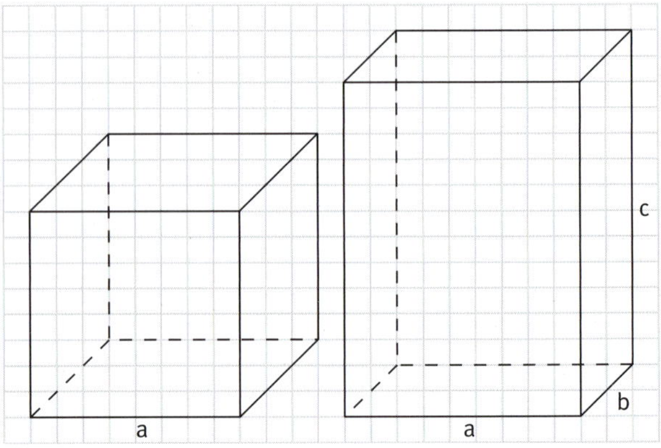

Verstehen

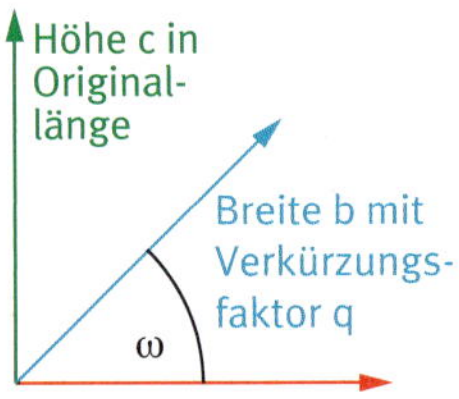

*Man nennt die Darstellung für q = 0,5 und ω = 45° auch **Kavalierperspektive**.*

Um einen Körper räumlich darzustellen, wird häufig ein **Schrägbild** gezeichnet. Dabei gilt:

- Strecken, Winkel und Flächen, die in der Vorderansichtsebene oder parallel dazu verlaufen, erscheinen in wahrer Größe bzw. maßstäblich.
- Strecken, die senkrecht zur Vorderansichtsebene verlaufen, erscheinen verkürzt und verzerrt. Man nutzt häufig einen **Verkürzungsfaktor q = 0,5** sowie den **Verzerrungswinkel ω = 45°**.

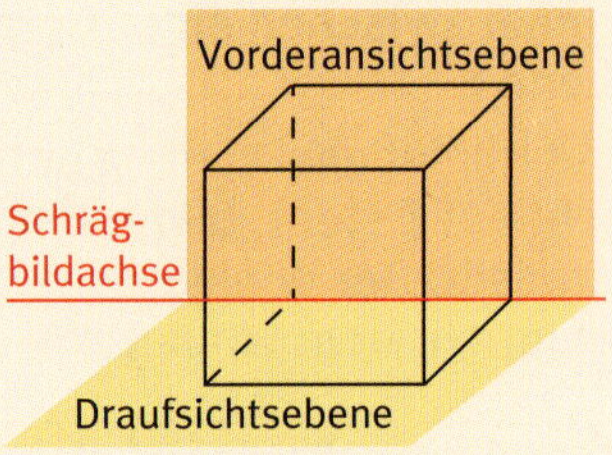

Schrägbild eines Würfels

Alle anderen Strecken, Flächen oder Winkel müssen mithilfe begrenzender Punkte konstruiert werden.

Beispiele

I Zeichne das Schrägbild eines Quaders ABCDEFGH mit a = 4 cm, b = 3 cm und c = 2 cm. Beschreibe dein Vorgehen für q = 0,5 und ω = 45°.

Lösung

1. Zeichne die rechteckige Vorderfläche ABFE des Quaders mit a = 4 cm und c = 2 cm.
2. Zeichne die nach hinten verlaufenden Kanten unter ω = 45°. Die Breite b verkürzt sich auf q · b, also 0,5 · 3 cm = 1,5 cm.
3. Verbinde die Eckpunkte und zeichne nicht sichtbare Kanten gestrichelt.

Bei ω = 45° kann man im Heft die Kästchendiagonalen nutzen.

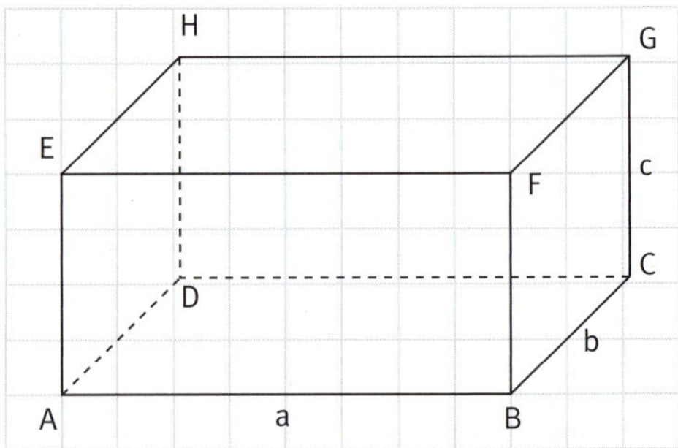

Nachgefragt

- Begründe, dass im Schrägbild eines Quaders gegenüberliegende Seitenflächen zueinander kongruent sind.
- Felix behauptet: „Bei einem Schrägbild mit q = 0,5 werden alle Streckenlängen halbiert." Hat er Recht?

Aufgaben

1 Zeichne das Schrägbild eines Würfels mit Kantenlänge a = 6 cm (a = 3,5 cm). Vergleiche die Darstellungen.

a) $q = 0{,}5;\ \omega = 45°$ **b)** $q = 0{,}7;\ \omega = 45°$ **c)** $q = 0{,}5;\ \omega = 30°$ **d)** $q = 0{,}5;\ \omega = 60°$

2 Zeichne das Schrägbild eines Quaders ABCDEFGH ($q = 0{,}5$ und $\omega = 30°$). Schraffiere kongruente Flächen mit gleicher Farbe.

a) $|\overline{AB}| = 6$ cm; $|\overline{BC}| = 5$ cm; $|\overline{AE}| = 7$ cm **b)** $|\overline{BF}| = 6{,}8$ cm; $|\overline{AB}| = |\overline{BC}| = 60$ mm

3 **a)** Sind hier verschiedene Quader abgebildet? Begründe.

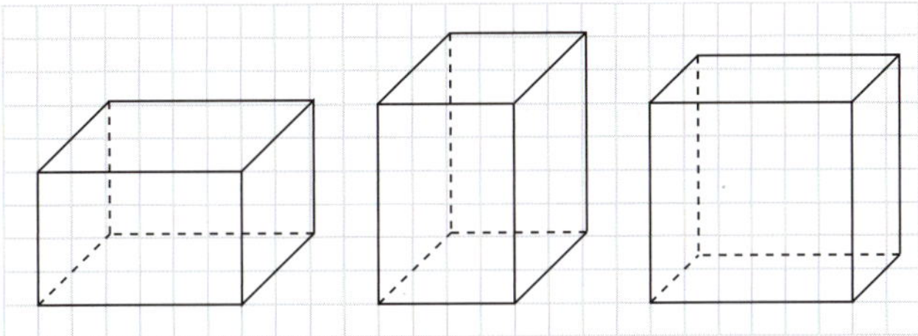

b) Zeichne ebenso drei verschiedene Schrägbilder eines Quaders:

① 5 cm; 4 cm und 3 cm

② 6,5 cm; 45 mm und 3,5 cm

4 Einen Körper kann man von vorne aus vier verschiedenen Perspektiven betrachten.

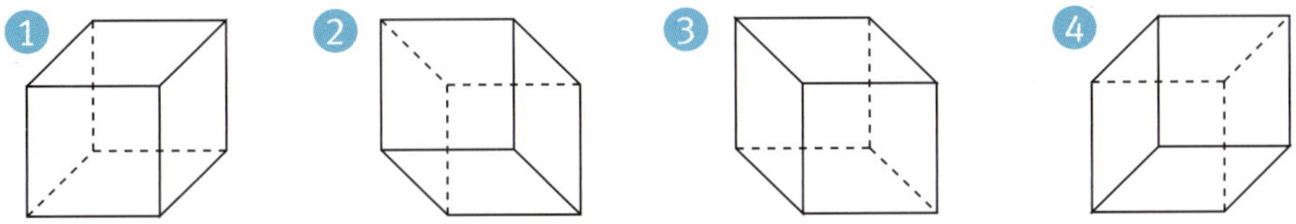

a) Beschreibe jeweils, wo sich der Betrachter befindet, der das Schrägbild sieht.

b) Zeichne auf diese Weise vier verschiedene Ansichten folgender Körper:

① Würfel mit Kantenlänge 4 cm ② Quader (6 cm; 5 cm und 4 cm)

Weitergedacht

Das Schrägbild eines Prismas kann man auf folgende Weise zeichnen:

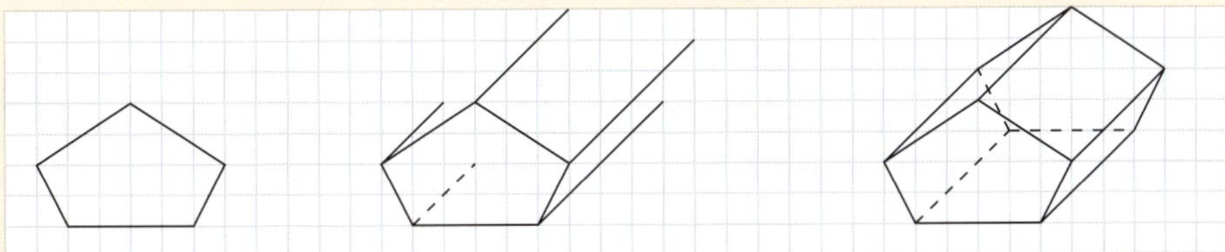

① Vorderfläche zeichnen ② Die nach hinten laufenden Kanten unter ω mit dem Faktor q verkürzen ③ Die hinteren Eckpunkte zur Rückfläche verbinden, nicht sichtbare Kanten stricheln

Erklärvideo unter 60112-19

5 **a)** Übertrage das Schrägbild des obigen Prismas in doppelter Größe in dein Heft.

b) Zeichne Schrägbilder des Prismas in dein Heft ($\omega = 45°$), indem du zwei verschiedene Faktoren q verwendest. Vergleiche die Schrägbilder.

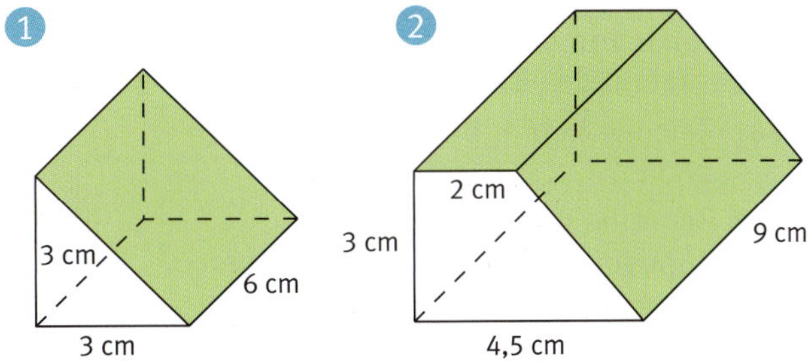

6.2 Schrägbilder

6 **a)** Zeichne das Schrägbild eines Quaders ABCDEFGH mit A (–3 | –3), B (3 | –3), E (–3 | 1) und G (5 | 3). Bestimme die Koordinaten der Punkte C, D, F und H.

b) Bestimme ω, miss die verkürzte Seitenlänge des Quaders und gib für q = 0,5 die Seitenlängen des Quaders an.

7 Übertrage das Schrägbild des dreiseitigen Prismas in dein Heft und ergänze es dort zum Schrägbild eines Quaders.

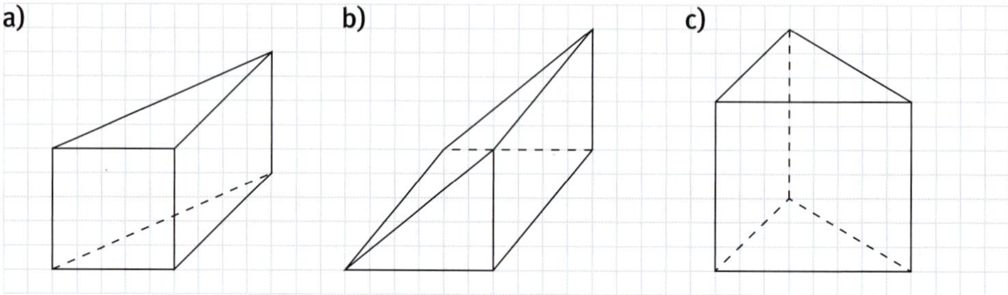

Wenn du die gelbe Fläche als Grundfläche wählst, zeichne zuerst das rote Rechteck im Schrägbild. Beispiel ①:

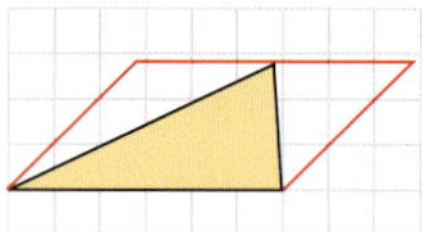

8 **a)** Die Abbildungen stellen die Grundflächen von Prismen dar, die eine Höhe von h = 4 cm haben. Zeichne ein zugehöriges Schrägbild.

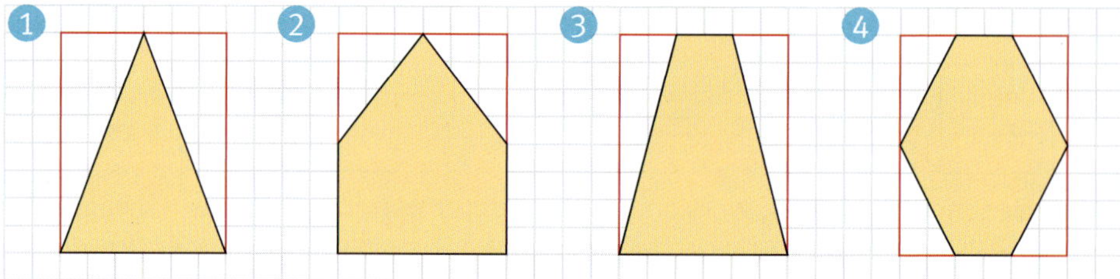

b) Zeichne das Schrägbild einer 5 cm hohen Pyramide mit einem Dreieck ABC als Grundfläche. Konstruiere dazu zunächst die Grundfläche und gehe dann wie in a) vor. Der Lotfußpunkt der Spitze ist jeweils der Mittelpunkt des Inkreises.

① a = b = c = 4 cm ② a = b = c = 7,2 cm

③ a = c = 5,4 cm; β = 60° ④ b = 4,5 cm; α = 45°; γ = 70°

9 Zeichne ein Schrägbild mit q = 0,5 und ω = 60° (alle Maßangaben in cm).

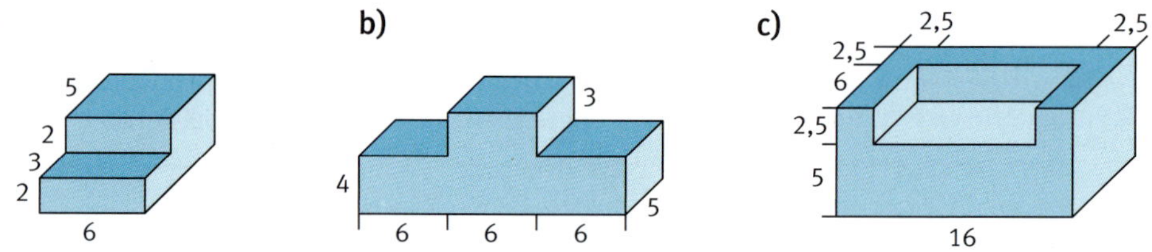

10 Aus gleichen Würfeln kannst du Buchstaben legen. Die Abbildung zeigt das Schrägbild des Buchstabens T.

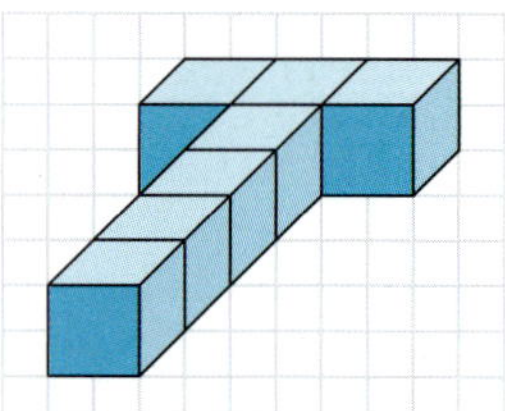

a) Zeichne Schrägbilder für L, U, F, H und E.

b) Schreibe damit einige Wörter. Kannst du auch deinen Vornamen schreiben?

c) Überprüfe die Aussage von Anna.

Weitergedacht

Das Schrägbild einer rechteckigen geraden Pyramide mit den Maßen a = 2,4 cm, b = 1,8 cm und h = 2,4 cm erhält man wie folgt:

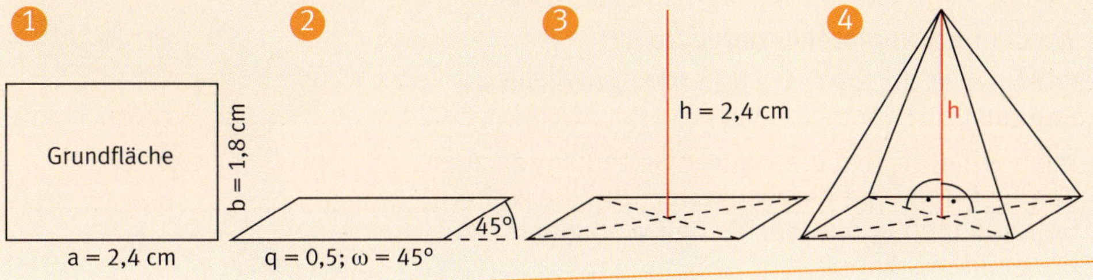

11 **a)** Beschreibe das obige Vorgehen in eigenen Worten.
b) Übertrage das Schrägbild in dein Heft.
c) Zeichne ebenso die Schrägbilder von Pyramiden mit rechteckiger Grundfläche.

	①	②	③	④	⑤
Länge a	2 cm	5 cm	5,6 cm	4 cm	6,4 cm
Breite b	4 cm	3,5 cm	2,8 cm	4 cm	8,2 cm
Höhe h	3,5 cm	6 cm	4,1 cm	5,5 cm	3,8 cm

12 Bei einer Pyramide ABCDS mit rechteckiger Grundfläche ABCD mit a = 6,4 cm und b = 5 cm ist $\overline{AC}$ so lang wie die Höhe h der Pyramide. Zeichne ein Schrägbild.
a) q = 0,5 und ω = 45° **b)** q = 0,5 und ω = 60° **c)** q = 0,5 und ω = 30°

13 Eine Pyramide ABCS hat das Dreieck ABC als Grundfläche. Dabei gilt: a = b = 4,5 cm und γ = 90°. S liegt lotrecht über C mit h = $|\overline{CS}|$ = 6 cm. Zeichne Schrägbilder mit ① q = 0,5; ω = 45° und ② q = 0,7; ω = 45°.

Welche bekannte Hilfsfigur könnte dir das Erstellen der Pyramide erleichtern?

14 Zeichne ein Schrägbild des Körpers im angegebenen Maßstab.

a)

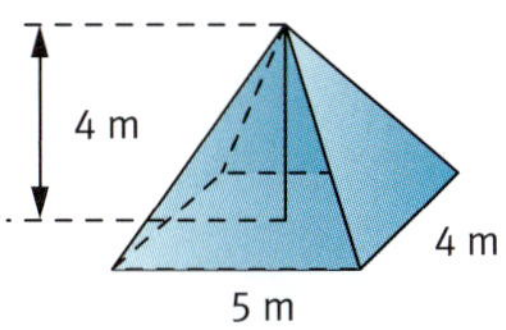

Maßstab 1 : 100

b)

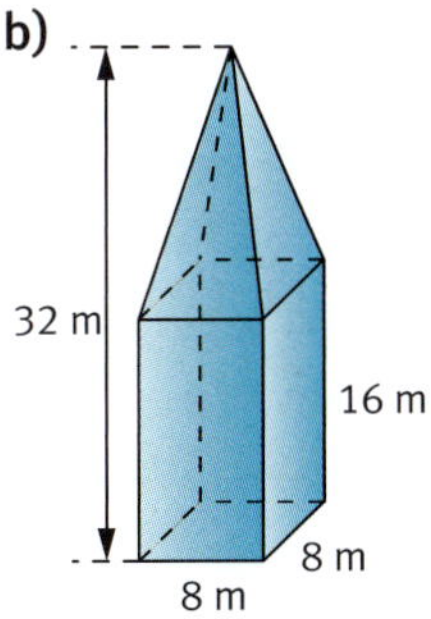

Maßstab 1 : 400

c)

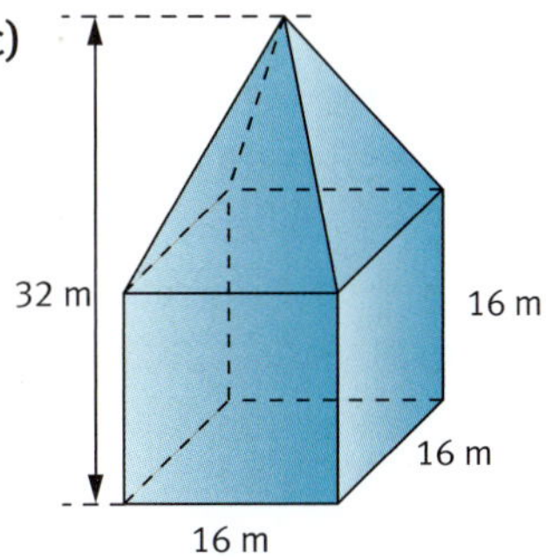

Maßstab 1 : 400

Knobelei

Optische Täuschungen

Hier siehst du zwei Gebilde, die unser Auge verschieden deutet.

- Beschreibe, welche Figuren und welche Körper du auf den Bildern siehst.
- Übertrage die Figuren in dein Heft und färbe Flächen so ein, dass die Körper deutlich erkennbar werden.
- Suche weitere derartige Gebilde.

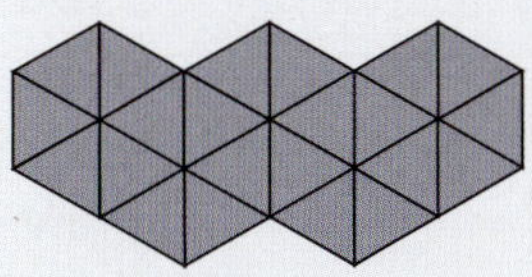

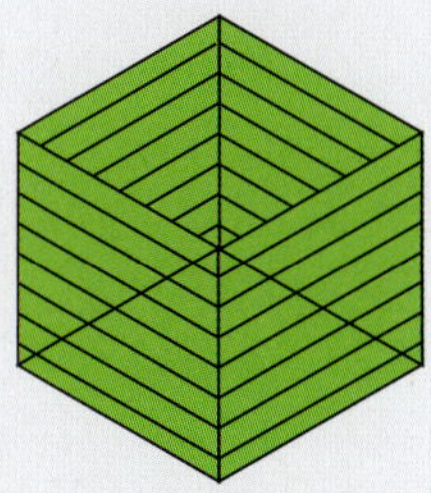

6.3 Strecken und Winkel in wahrer Größe

Entdecken

Streckenlängen und Winkelmaße lassen sich im Schrägbild oftmals nicht direkt durch Messen bestimmen. Viele der Maße werden verzerrt dargestellt.

- Welcher Körper ist hier dargestellt?
- Welches ist die kürzeste (längste) **gezeichnete** Seitenkante?
- Wie verhalten sich die wahren Seitenlängen zueinander? Überlege Möglichkeiten, um die wahren Seitenlängen und tatsächlichen Winkelmaße zu bestimmen.

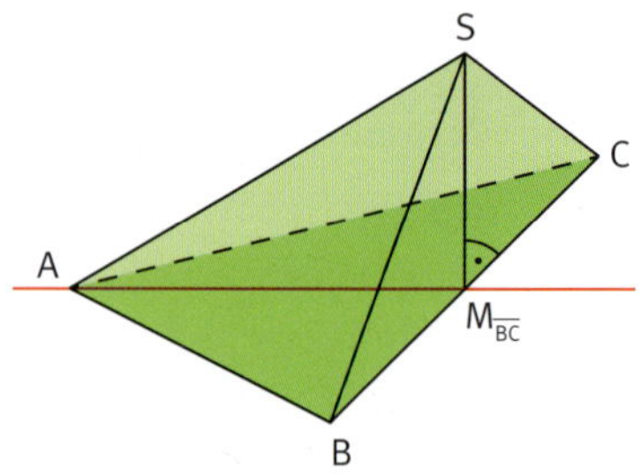

Darstellung in Kavalierperspektive

Verstehen

Im **Schrägbild** eines Körpers erscheinen manche Strecken und Winkel verzerrt. Will man Streckenlängen oder Winkelmaße, die nicht in einer zur Vorderansichtsebene parallelen Ebene verlaufen, in wahrer Größe ermitteln, so muss man eine Hilfskonstruktion durchführen oder das **Netz** des Körpers zeichnen.

Für die **Hilfskonstruktion** verwendet man meistens ein rechtwinkliges Dreieck („Stützdreieck"), in dem die Längen zweier Seiten bekannt sind und die gesuchte Strecke (der gesuchte Winkel) auftritt.

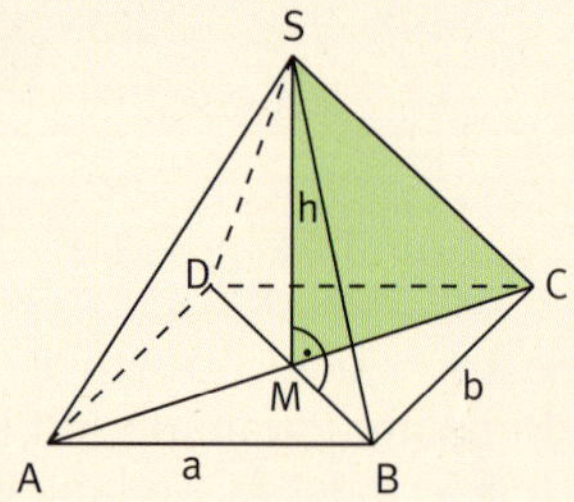

Beispiele

I Die Länge der Grundseite einer geraden quadratischen Pyramide beträgt a = 4 cm. Die Pyramide ist h = 5 cm hoch. Bestimme durch Konstruktion …

a) die Höhe der Seitenflächen.

b) den Neigungswinkel einer Seitenfläche gegen die Grundfläche.

Planfigur:

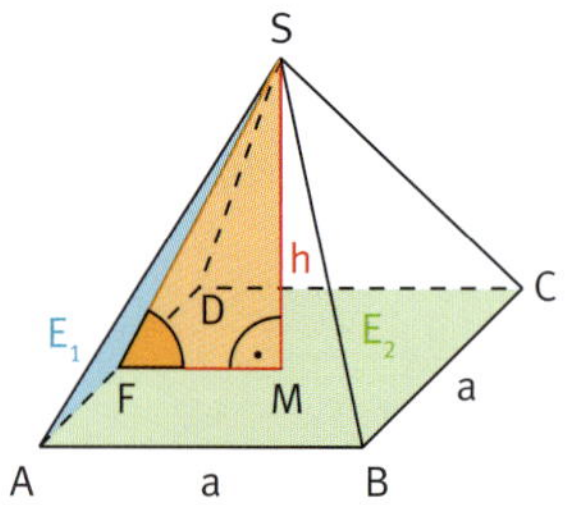

Lösung

Idee: Festlegen des Stützdreiecks FMS anhand des Schrägbilds der Pyramide:

1. F ist Mittelpunkt von $\overline{AD}$.
2. M ist der Höhenfußpunkt von S auf der Grundfläche.
3. S ist die Spitze der Pyramide.

Konstruktion von ΔFMS mit Kongruenzsatz SWS:

$|\overline{FM}| = \frac{1}{2}a$ $\quad\sphericalangle$ SMF: $\alpha = 90°$ $\quad|\overline{MS}| = h$

a) Messen der Seitenhöhe liefert: $|\overline{FS}| \approx 5{,}4$ cm

b) Sei f = FS und g = FM. Der Winkel zwischen f und g ist zugleich der Winkel zwischen der Seitenfläche E_1 (ADS) und der Grundfläche E_2 (ABC): $\sphericalangle(E_1; E_2) = \sphericalangle(f; g)$.
Messen des Neigungswinkels $\sphericalangle(E_1; E_2)$: $\beta \approx 68°$

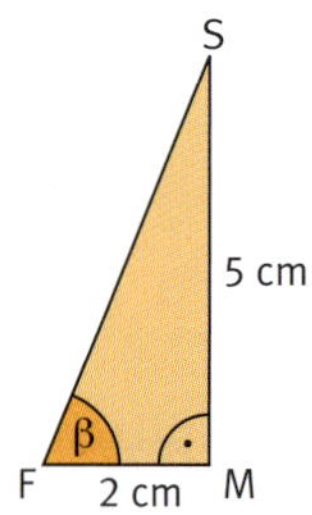

Nachgefragt

- „Im Schrägbild sind stets alle Streckenlängen und Winkelmaße verzerrt dargestellt." Richtig oder falsch? Begründe.
- Überprüfe die Aussage: „Bei einer geraden Pyramide kann ein Neigungswinkel der Seitenflächen zur Grundfläche niemals rechtwinklig sein."

Aufgaben

1 Die Pyramide ABCDS mit quadratischer Grundfläche ABCD hat die Grundkantenlänge s = 5 cm. Die beiden Diagonalen $\overline{AC}$ und $\overline{BD}$ schneiden sich im Fußpunkt M der Pyramidenhöhe ($|\overline{MS}| = 7$ cm).

a) Zeichne das Schrägbild mit Schrägbildachse AB, q = 0,5 und $\omega = 60°$.

b) Konstruiere das Stützdreieck AMS in wahrer Größe. Bestimme ...

① die Länge der Diagonalen $\overline{AC}$ bzw. $\overline{BD}$.

② das Maß des Winkels ASC.

c) Ermittle das Winkelmaß zwischen einer Seitenkante und der Grundfläche.

Skizze:

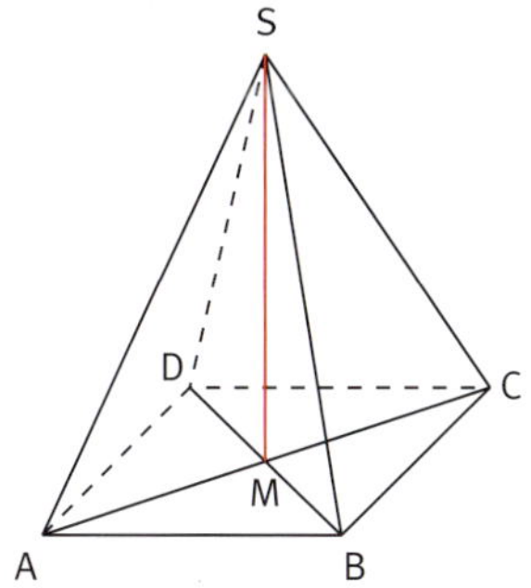

2 Gegeben ist eine Pyramide ABCDS mit dem Rechteck ABCD als Grundfläche. Die Spitze S liegt dabei lotrecht über D. Es gilt:
$|\overline{AB}| = 7$ cm; $|\overline{BC}| = 5{,}5$ cm und $|\overline{DS}| = 8$ cm

a) Zeichne ein Schrägbild der Pyramide (q = 0,5; $\omega = 30°$).

b) Bestimme durch Konstruktion die Längen der Seitenkanten $\overline{AS}$, $\overline{BS}$ und $\overline{CS}$. Zeichne die Seitenfläche ΔBCS in wahrer Größe.

c) Welchen Winkel schließt die Seitenkante $\overline{BS}$ mit der Grundfläche ein?

d) Bestimme zeichnerisch das Maß des Winkels, den das Dreieck ABS mit der Grundfläche bildet.

3 Ein Würfel ABCDEFGH besitzt die Kantenlänge s = 55 mm.

a) Belege die Aussage von Magdalena.

Die Längen der Flächendiagonalen $\overline{BD}$ und der Raumdiagonalen $\overline{AG}$ kann ich durch Konstruktion bestimmen.

b) Zeichne das Stützdreieck ACG in wahrer Größe und bestimme mit dem Geodreieck das Maß des Winkels ∢ CAG.

Erstelle zunächst eine Skizze.

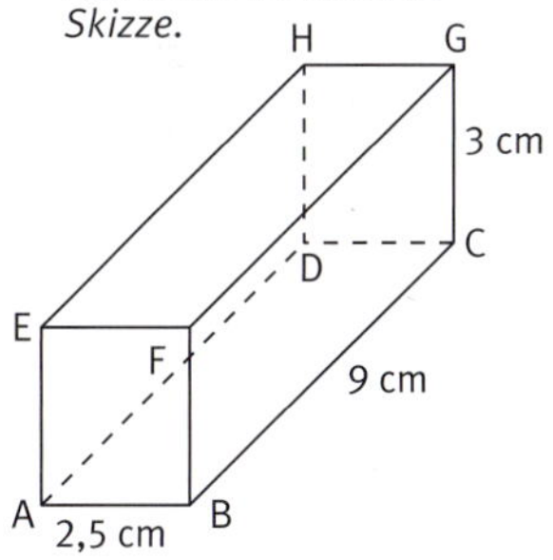

4 Zeichne ein Schrägbild des nebenstehenden Quaders. Zeichne mithilfe von Stützdreiecken die gesuchten Winkel in wahrer Größe und bestimme ihr Maß.

a) ∢ CBG **b)** ∢ CBF **c)** ∢ DBH **d)** ∢ CDH **e)** ∢ DCA **f)** ∢ DCF

5 Zeichne die rot gekennzeichneten Flächen in wahrer Größe (alle Maße in cm).

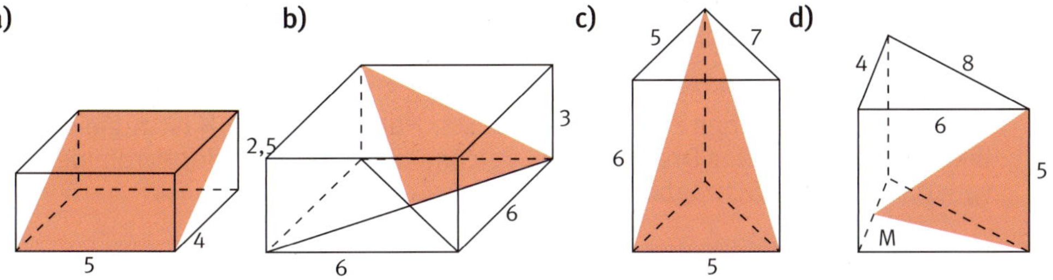

6 Gegeben ist die nebenstehende dreieckige Pyramide ABCS mit dem gleichseitigen Dreieck ABC als Grundfläche. Es gilt:
$|\overline{AB}| = 4$ cm $|\overline{FS}| = 5$ cm

a) Konstruiere die Strecke $\overline{AF}$ in wahrer Größe und bestimme ihre Länge.

b) Zeichne das Stützdreieck AFS und das Dreieck $AM_{\overline{BC}}S$.

c) Welches Maß besitzt der Winkel FAS und der Winkel $ASM_{\overline{BC}}$?

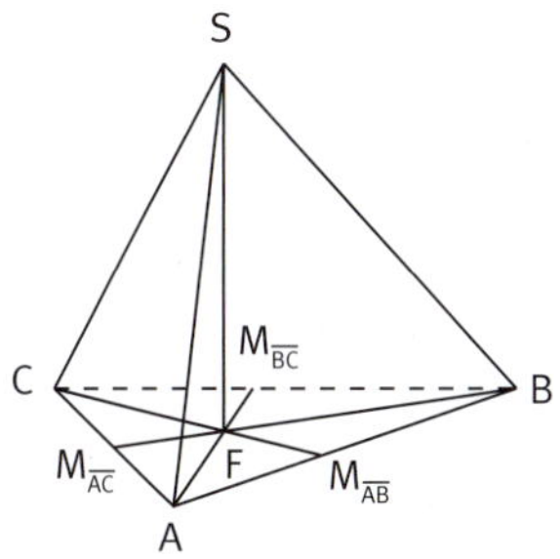

6.4 Vermischte Aufgaben

1 Zeichne das Schrägbild mit $q = 0{,}5$ und $\omega = 45°$ (alle Maßangaben in cm).

Denke bei d) an die Kongruenzsätze.

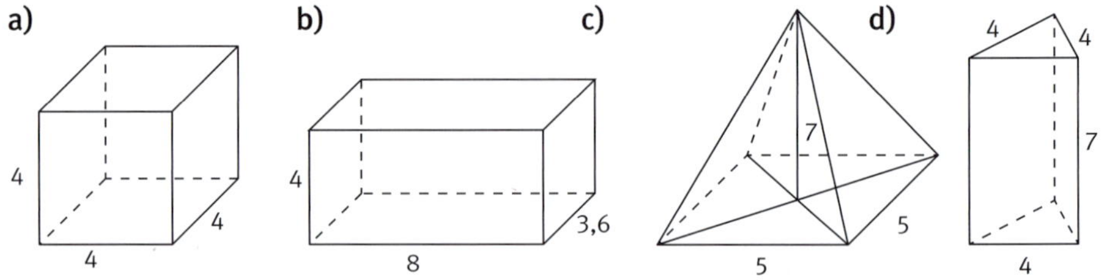

2

E: Anzahl der Ecken
F: Anzahl der Flächen
K: Anzahl der Kanten

Körper	E	F	K	E + F – K
Quader				
dreieckige Pyramide				
viereckige Pyramide				
dreiseitiges Prisma				
sechsseitiges Prisma				

a) Vervollständige die Tabelle im Heft. Welchen Zusammenhang erkennst du?

b) Welcher Zusammenhang gilt aufgrund deiner Ergebnisse aus a) ebenfalls?

$E - F + K = 2$ | $E + F = K + 2$ | $F + K = E - 2$ | $E = K + 2 - F$

c) Bestimme mithilfe der Formel aus b) die fehlenden Werte. Um welchen Körper kann es sich handeln?

① $E = 8$; $K = 12$ ② $K = 6$; $F = 4$ ③ $E = 5$; $F = 5$

3 Für den Körper ABCDEF gilt: $\sphericalangle BAE = \sphericalangle CDF = 90°$. Drei der Begrenzungsflächen sind Rechtecke.

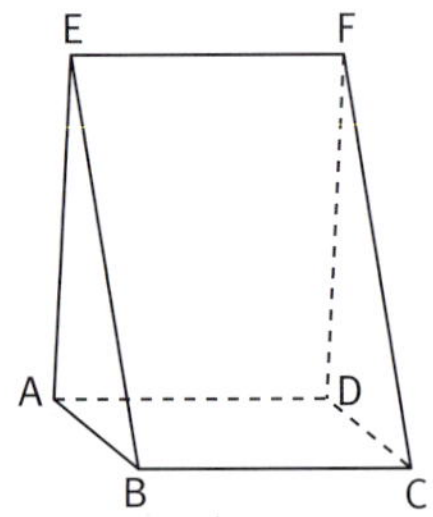

a) Benenne den Körper. Wo findet man in Alltag oder Technik solche Körper?

b) Welche Winkelarten kommen im Körper vor?

c) Es gilt: $|\overline{AE}| = 6{,}9$ cm, $|\overline{AD}| = 5{,}4$ cm und $|\overline{AB}| = 3{,}6$ cm. Bestimme folgende Größen mithilfe von Zeichnungen:

① $|\overline{BE}|$ ② $|\overline{BD}|$ ③ $|\overline{BF}|$ ④ $\sphericalangle EBA$

d) Zeichne ein Schrägbild des Körpers mit Schrägbildachse AB, $\omega = 45°$ und $q = 0{,}7$.

4 Ein rechtwinkliges Dreieck ABC mit $a = 6$ cm, $c = 5$ cm und $\beta = 90°$ ist Grundfläche einer 8 cm hohen Pyramide ABCS. Der Höhenfußpunkt H ist zugleich Inkreismittelpunkt des Dreiecks ABC. Zeichne ein Schrägbild der Pyramide ($q = 0{,}5$; $\omega = 45°$, Schrägbildachse AB).

Der Inkreismittelpunkt ist der Schnittpunkt der Winkelhalbierenden.

5 Die Grundfläche einer Pyramide ABCDS ist das Rechteck ABCD mit $a = 6{,}4$ cm und $b = 4{,}0$ cm. Die Pyramide ist $h = 5{,}2$ cm hoch, wobei die Spitze S lotrecht über dem Schnittpunkt M der Grundflächendiagonalen liegt.

a) Zeichne ein Schrägbild mit Schrägbildachse AB, $\omega = 45°$ und $q = 0{,}7$.

b) Bestimme durch die Konstruktion geeigneter Hilfsdreiecke folgende Größen:

① Neigung der Seitenfläche ABS gegen die Grundfläche

② Neigung der Seitenfläche BCS gegen die Grundfläche

③ $|\overline{AC}|$ ④ $\sphericalangle BAC$ ⑤ $\sphericalangle CAS$

6 Für den Quader ABCDEFGH gilt: $|\overline{AB}| = 6{,}8$ cm, $|\overline{BC}| = 6{,}2$ cm und $|\overline{AE}| = 5$ cm.

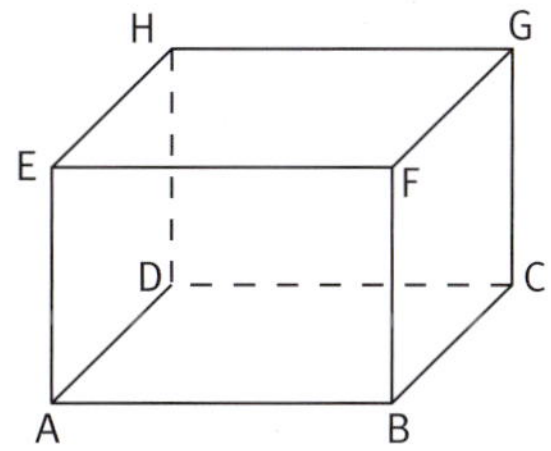

a) Zeichne ein Schrägbild des Quaders mit $q = 0{,}5$ und $\omega = 45°$.

b) Bestimme zeichnerisch die Länge der Flächendiagonalen $\overline{AC}$ und das Maß der Winkel $\sphericalangle$ BAC und $\sphericalangle$ ACB.

c) Zeichne das Dreieck ACG in wahrer Größe und bestimme die Seitenlängen und Innenwinkelmaße dieses Dreiecks. Gibt es zum Dreieck ACG kongruente Dreiecke im Quader? Benenne sie und begründe.

7 Gegeben ist der abgebildete Quader ABCDEFGH.

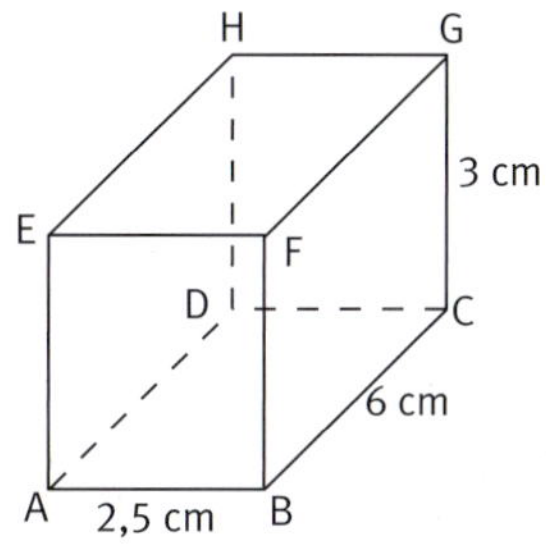

a) Bestimme durch Hilfskonstruktionen die Maße der folgenden Größen.

(1) $|\overline{AC}|$ (2) $|\overline{AF}|$ (3) $\sphericalangle$ CBG (4) $\sphericalangle$ DBH (5) $\sphericalangle$ DCA

b) Die Konstruktion der Streckenlänge $|\overline{AG}|$ ist etwas aufwändiger als die Konstruktionen in a). Begründe dies und führe die Konstruktion durch. Gib die Länge der Raumdiagonalen an.

8 Familie Schmitz möchte ein Gartenhäuschen bauen.

a) Zeichne im Maßstab 1: 50 ...

(1) den Grundriß.

(2) die Vorderansicht.

(3) die Seitenansicht.

Du kannst Türen, Fenster und Dachüberstände vernachlässigen.

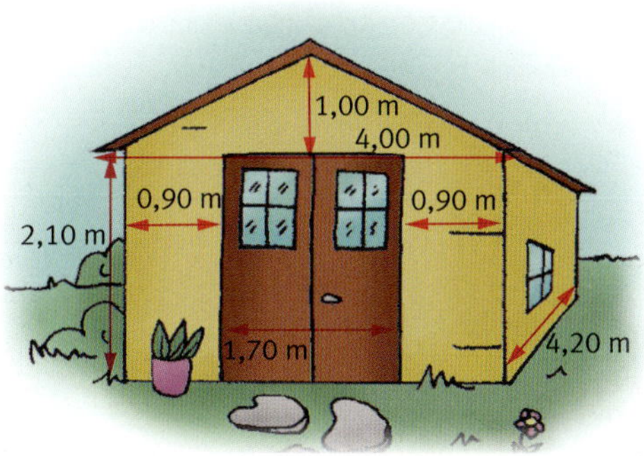

Hinweis: Auf der folgenden Themenseite findest du solche Ansichten.

b) Ermittle das Maß des Winkels, den die beiden Dachflächen miteinander einschließen.

c) Berechne, um wie viel Prozent der Inhalt der Dachfläche größer ist als die Grundfläche.

d) Das Seitenfenster (40 cm × 60 cm) wird mittig in die Seitenfläche eingebaut. Zeichne es in die Seitenansicht ein.

9 Die Cheops-Pyramide hatte bei ihrer Fertigstellung eine Höhe von ca. 146 m. Ihre Grundfläche ABCD ist ein Quadrat mit einer Seitenlänge von ca. 230 m. Die Spitze S liegt lotrecht über dem Schnittpunkt der Diagonalen der Grundfläche.

a) Zeichne ein Schrägbild der Pyramide ABCDS ($q = 0{,}5$; $\omega = 45°$; 100 m $\mathrel{\hat{=}}$ 5 cm).

b) Heute beträgt die Höhe nur noch ca. 137 m. Statt der Pyramidenspitze findet der Besucher eine Plattform vor. Zeichne diese Plattform EFGH so in dein Schrägbild ein, dass gilt: $E \in \overline{AS}$, $F \in \overline{BS}$, $G \in \overline{CS}$ und $H \in \overline{DS}$.

c) Nenne jeweils Paare von Kanten, die auf zueinander parallelen (windschiefen) Geraden liegen. Wie viele solcher Geradenpaare gibt es?

d) Bestimme die Länge der Grundflächendiagonalen und aller Kanten der ursprünglichen Pyramide zeichnerisch und durch maßstäbliche Umrechnung sowie das Maß des Winkels der Kanten zur Grundfläche.

e) Bestimme den Neigungswinkel der Seitenflächen der Pyramide gegenüber der Grundfläche. Zeichne dazu ein sinnvolles Stützdreieck.

Perspektivwechsel

a) Welche Ansicht gehört jeweils zu dem mathematischen Körper, wenn man ihn von vorne (von der Seite, von oben) betrachtet?

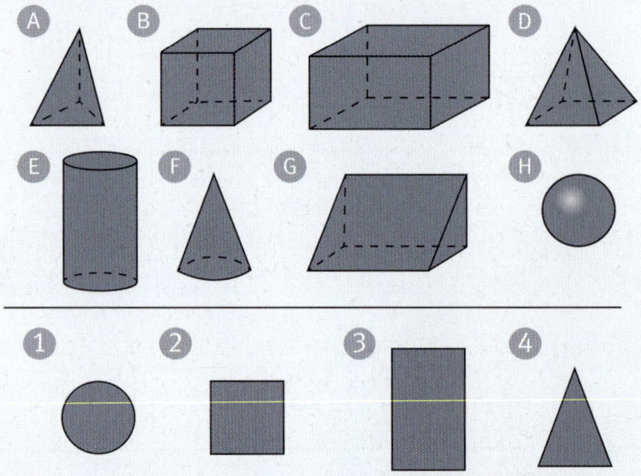

Bei einem Zweitafelbild betrachtet man einen Körper aus zwei Perspektiven:

1 senkrecht von oben (Draufsicht)

2 waagrecht von vorne (Vorderansicht)

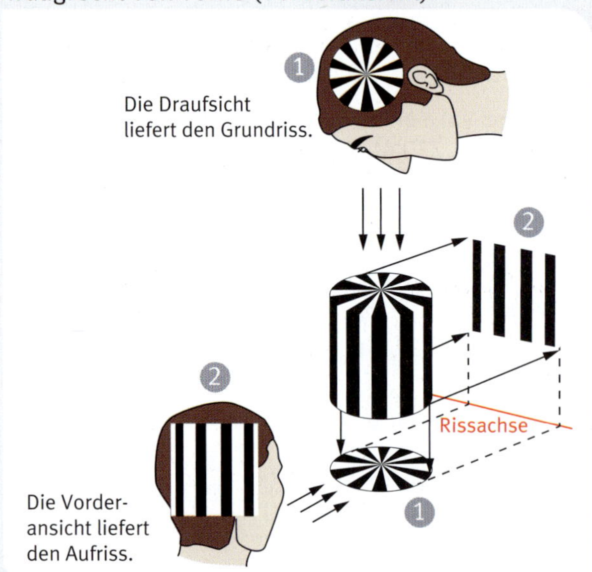

Beispiel:

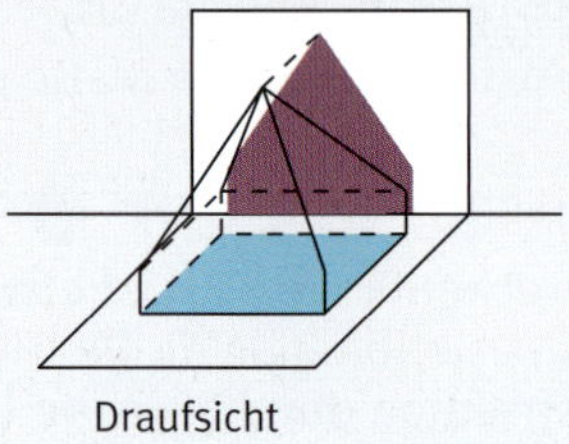

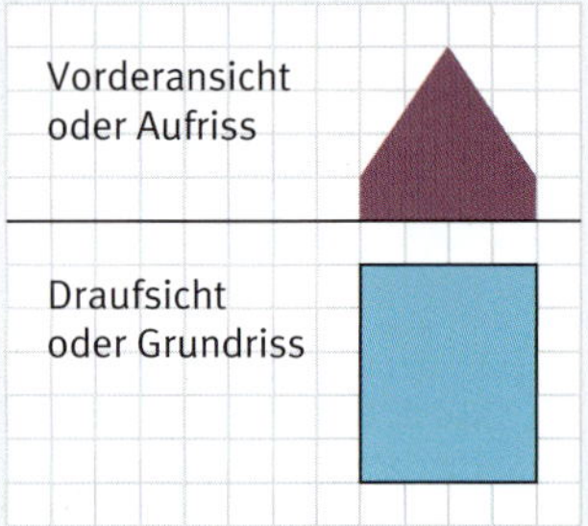

b) Beschreibe das Aussehen der folgenden Körper.

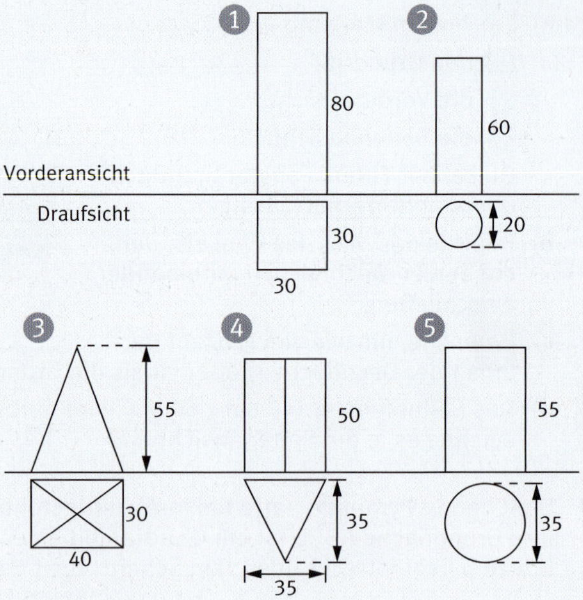

Ansichtssache

Auf einem Blatt (10 cm × 10 cm) stehen drei unterschiedlich gefärbte, aber identische Quader (l = 4 cm, b = 2 cm, h = 1 cm). Die Abbildung zeigt die Ansicht der Quader aus der Vogelperspektive.

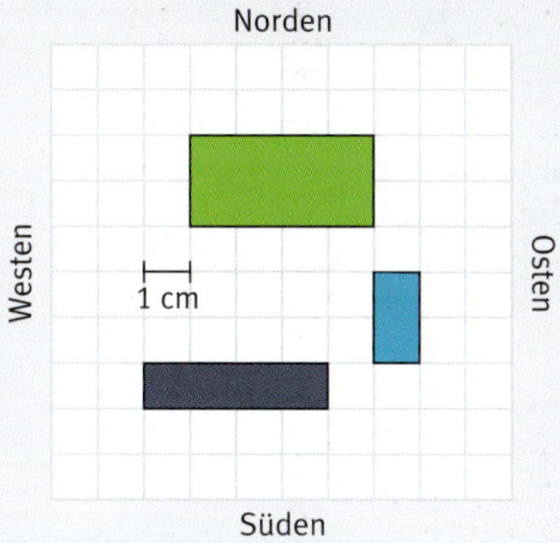

a) Aus welcher Richtung sieht man folgende Anordnung?

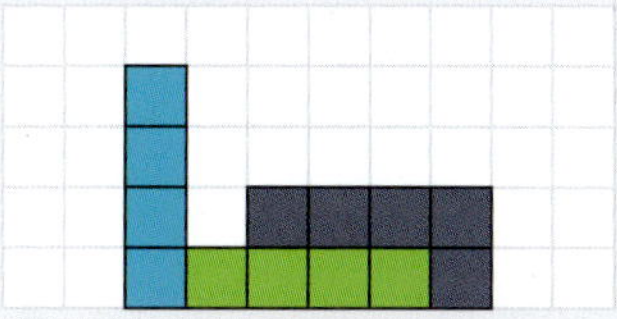

b) Zeichne die Ansicht der Quaderanordnung von Süden (von Westen).

c) Überlege dir eine neue Anordnung der Bausteine und zeichne ein Bild aus allen fünf Positionen (Vogelperspektive, Norden, Süden, Osten, Westen).

Alles klar

Vergleiche Drauf- und Vorderansicht miteinander. Was fällt dir auf? Erkläre.

a)

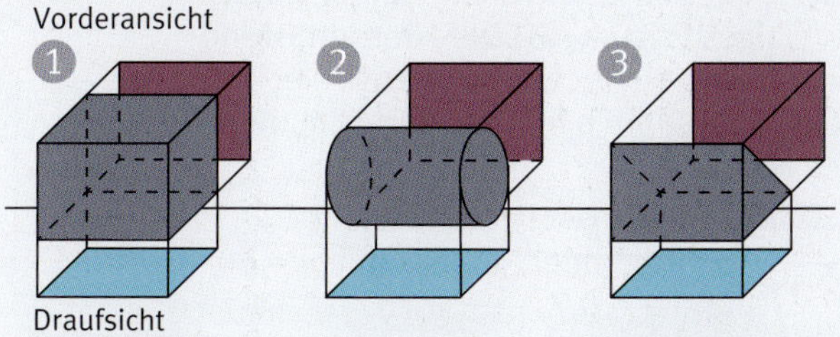

b)

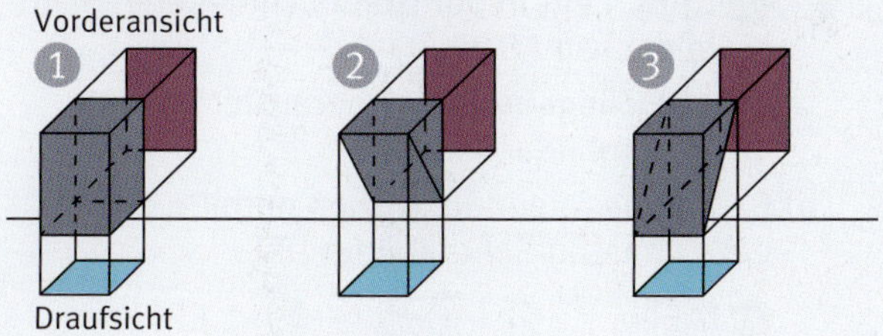

Alles dreifach

Um Körper eindeutig zu beschreiben, zeichnet man zur Drauf- und Vorderansicht noch die Seitenansicht. Auf diese Weise entsteht ein Dreitafelbild.

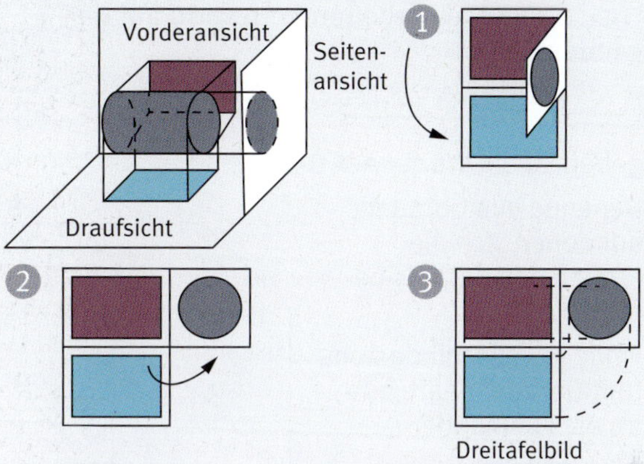

a) Erläutere die Entstehung des Dreitafelbildes.

b) Zeichne ein Dreitafelbild eines Zylinders mit d = 4 cm und h = 5 cm.

c) Abgebildet ist das Dreitafelbild eines Körpers. Beschreibe sein Aussehen. Skizziere das zugehörige Schrägbild ($q = 0{,}5$; $\omega = 45°$). Entnimm die zugehörigen Maße der Zeichnung.

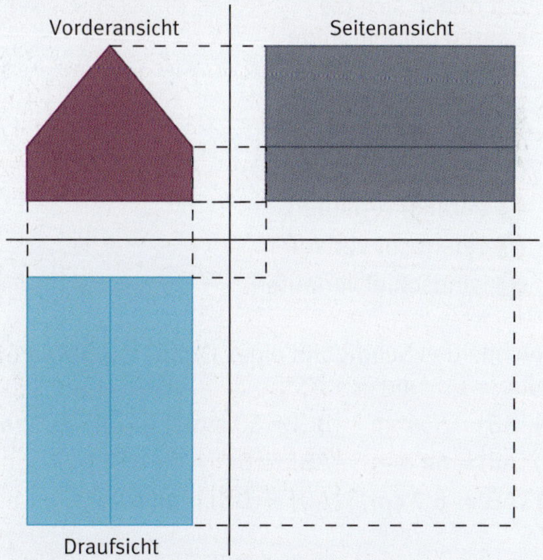

d) Gegeben ist der Quader ABCDEFGH mit den Maßen a = 4 cm, b = 5 cm und c = 3,5 cm.

1. Zeichne ein Schrägbild in der Kavalierperspektive.
2. Zeichne das Dreitafelbild des Quaders, wobei in der Vorderansicht die Ebene E (DAE) liegen soll.
3. Welche Vor- und Nachteile haben die verschiedenen Darstellungen von Körpern jeweils?

6.6 Das kann ich!

Die Lösungen zu dieser Doppelseite stehen im Anhang.

Aufgaben zur Einzelarbeit

1 Teste dich! Bearbeite dazu die folgenden Aufgaben und bewerte die Lösungen mit einem Smiley.

2 Hinweise zum Nacharbeiten findest du auf der folgenden Seite.

☺	😐	☹
Das kann ich!	Das kann ich fast!	Das kann ich noch nicht!

1 Gegeben ist ein Würfel ABCDEFGH.

a) Benenne alle Geraden, auf denen sich die Kanten des Würfels befinden.

b) Finde jeweils mindestens fünf Geradenpaare aus a), die zueinander ...

1 parallel verlaufen.
2 senkrecht verlaufen.
3 windschief verlaufen.

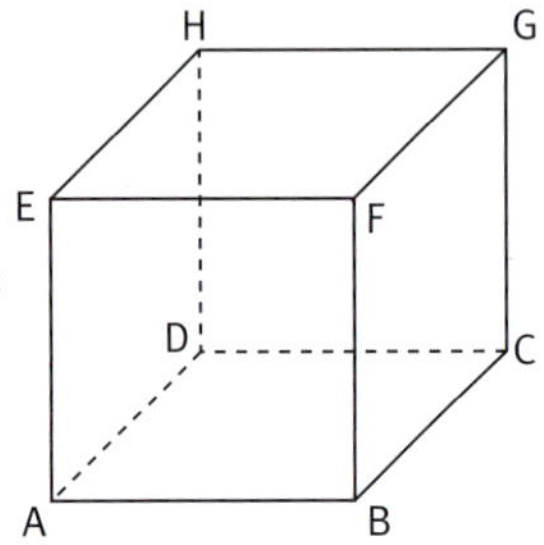

2 Gegeben ist eine gerade Pyramide ABCDS, die als Grundfläche das Rechteck ABCD besitzt.

a) Benenne alle Geraden, auf denen sich die Kanten der Pyramide befinden.

b) Finde jeweils alle Geradenpaare aus a), die zueinander ...

1 parallel verlaufen.
2 senkrecht verlaufen.
3 windschief verlaufen.

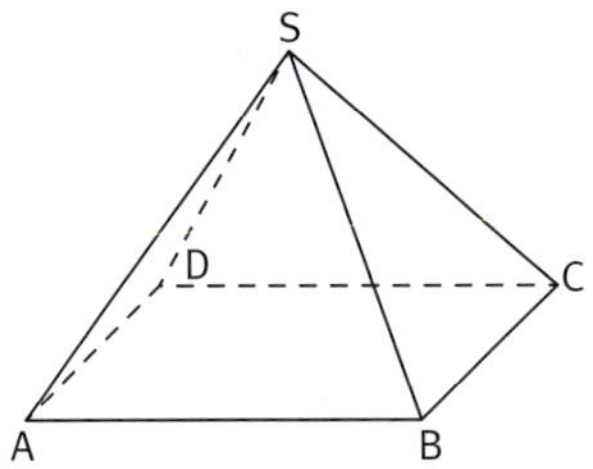

3 Zeichne das Schrägbild eines Quaders ABCDEFGH mit q = 0,5 und $\omega = 45°$.

a) $|\overline{AB}| = 55$ mm $\quad |\overline{BC}| = 50$ mm $\quad |\overline{AE}| = 70$ mm

b) $|\overline{AE}| = 64$ mm $\quad |\overline{AB}| = |\overline{BC}| = 0{,}60$ dm

c) $|\overline{AB}| = 6{,}2$ cm $\quad |\overline{AD}| = |\overline{DH}| = 44$ mm

4 a) Aus welchen Figuren besteht das Schrägbild eines Würfels (einer geraden quadratischen Pyramide) mit q = 0,5 und $\omega = 45°$?

b) Welche der Figuren sind in den Schrägbildern aus a) jeweils kongruent?
Finde verschiedene Möglichkeiten.

5 Eine gerade Pyramide ABCDS hat die quadratische Grundfläche ABCD. Die Spitze S liegt lotrecht über dem Diagonalenschnittpunkt M.

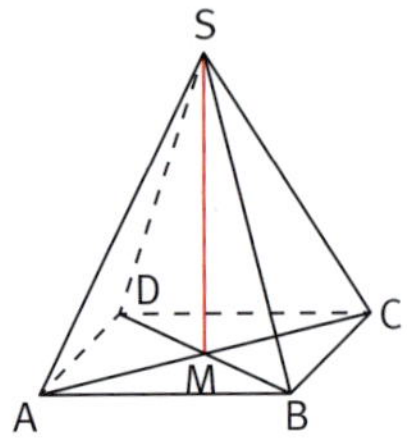

a) Welches Winkelmaß schließen die Strecken $\overline{AB}$ und $\overline{BC}$ ($\overline{BD}$ und $\overline{DA}$) ein?

b) Welches Winkelmaß schließt die Strecke $\overline{MS}$ mit der Grundfläche ABCD ein?

c) Zu welcher Winkelart gehört der Neigungswinkel zwischen Grundfläche und einer Seitenfläche?

d) Welches Winkelmaß schließt die Fläche ACS mit der Grundfläche ein?

6 Die Grundfläche einer geraden, quadratischen Pyramide ABCDS ist ein Quadrat der Seitenlänge a = 5 cm. Die Pyramide ist h = 5,4 cm hoch.

a) Zeichne ein Schrägbild der Pyramide mit Schrägbildachse AB, $\omega = 45°$ und q = 0,5.

b) Bestimme durch die Konstruktion geeigneter Hilfsdreiecke folgende Größen:

1 Neigung einer Seitenfläche gegen die Grundfläche

2 $|\overline{AC}|$ $\qquad$ 3 $\sphericalangle$ CAS

7 Gegeben ist ein 6 cm hohes, dreiseitiges Prisma ABCDEF, dessen Grundfläche ein rechtwinkliges Dreieck ABC ist mit a = 5 cm, c = 4 cm und $\beta = 90°$ ist.

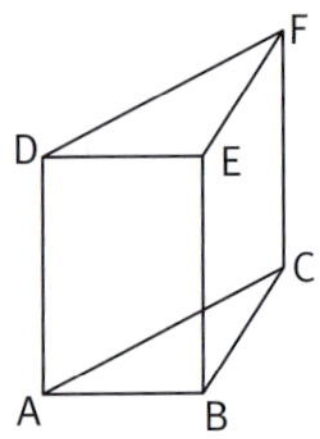

a) Zeichne zwei verschiedene Schrägbilder, jeweils mit $\omega = 60°$ und q = 0,7.

1 ΔABC liegt in der Draufsichtsebene, Schrägbildachse AB.

2 ΔDEF liegt in der Vorderansichtsebene, Schrägbildachse DE.

b) Bestimme folgende Größen mithilfe der in a) gezeichneten Schrägbilder DEF.

1 $|\overline{AE}|$ $\qquad$ 2 $|\overline{AC}|$ $\qquad$ 3 $\sphericalangle$ EDF

8 Zeichne das Schrägbild einer 6 cm hohen dreiseitigen Pyramide ABCS mit Grundfläche ABC ($b = c = 5$ cm; $\alpha = 90°$) in Kavalierperspektive. AS verläuft senkrecht zur Grundfläche.

9 Gegeben ist ein Quader ABCDEFGH. Der Punkt S liegt auf der Kante $\overline{DC}$, wobei gilt:
$|\overline{DS}| = \frac{2}{3}|\overline{DC}|$
$|\overline{AB}| = 6$ cm
$|\overline{AD}| = 4$ cm
$|\overline{AE}| = 7$ cm

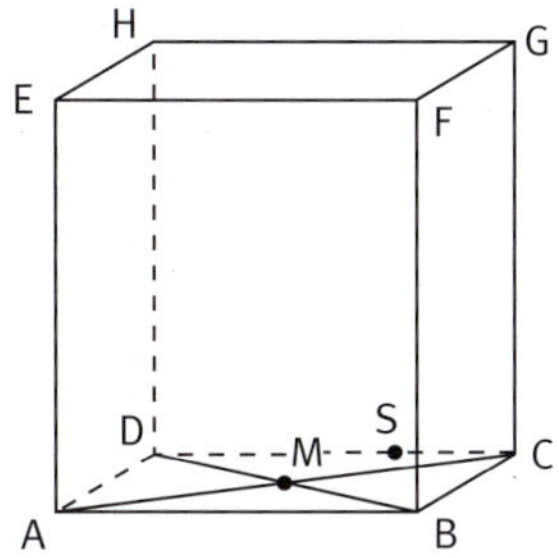

a) Konstruiere die Strecke $\overline{CF}$ und miss deren wahre Länge.

b) Konstruiere die Strecke $\overline{FS}$ und miss deren wahre Länge.

c) Gib die Bezeichnung dreier Ebenen an, in denen $\overline{EM}$ liegt.

10 Ein Würfel ABCDEFGH hat eine Kantenlänge von $s = 4$ cm.

a) Bestimme die Länge der Flächendiagonalen $\overline{AC}$ durch Konstruktion.

b) Bestimme mit dem Geodreieck das Maß γ des Winkels $\sphericalangle$ ACE.

11 Das gleichseitige Dreieck ABC mit der Seitenlänge $a = 6$ cm ist Grundfläche einer 5 cm hohen Pyramide. Der Höhenfußpunkt F ist Inkreismittelpunkt des Dreiecks ABC.

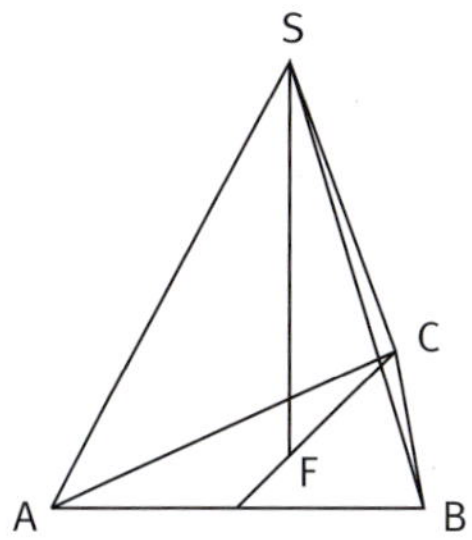

a) Zeichne ein Schrägbild der Pyramide mit $q = 0{,}7$ und $\omega = 45°$.

b) Konstruiere die Höhe h der Seitenfläche ABS in wahrer Größe.

c) Bestimme das Maß des Winkels α, den eine Seitenfläche mit der Grundfläche bildet.

Aufgaben für Lernpartner

1. Bearbeite die folgenden Aufgaben alleine.
2. Suche dir einen Partner und erkläre ihm deine Lösungen. Höre aufmerksam und gewissenhaft zu, wenn dein Partner dir seine Lösungen erklärt.
3. Korrigiere gegebenenfalls deine Antworten und benutze dazu eine andere Farbe.

Sind folgende Behauptungen **richtig** oder **falsch**? Begründe schriftlich.

A In jedem Quader gibt es vier gleich lange Flächen- und genau vier gleich lange Raumdiagonalen.

B Geraden im Raum können sich schneiden, windschief sein oder parallel zueinander liegen.

C Die Seitenflächen einer geraden Pyramide schneiden sich immer unter einem spitzen Winkel.

D In einem Körper kann der Winkel zwischen zwei Flächen niemals stumpfwinklig sein.

E Rechte Winkel werden in einem Schrägbild stets als rechte Winkel dargestellt.

F Im Schrägbild sind alle Seitenlängen verkürzt.

G Im Schrägbild werden alle nach hinten verlaufenden Kanten auf die Hälfte gekürzt und in einem Winkel gezeichnet, der kleiner als 90° sein muss.

H Um aus einem Schrägbild Längen in wahrer Größe zu konstruieren, sucht man ein rechtwinkliges Stützdreieck parallel zur Vorderansichtsebene.

Aufgabe	Ich kann ...	Hilfe
1, 2, A, B	Lagebeziehungen von Geraden im Raum beschreiben.	S. 134, 135
5, C, D	Winkel zwischen zwei Geraden bzw. zwischen Ebenen im Raum benennen.	S. 135
3, 4, 6, 7, 8, 11, E, F, G	Schrägbilder von Körpern erkennen und zeichnen.	S. 136, 137, 139
5, 6, 7, 8, 9, 10, 11, H	Winkelmaße und Streckenlängen mithilfe von Stützdreiecken bestimmen.	S. 140

Geraden im Raum

Seite 134

Zwei (nicht identische) Geraden im Raum können sich in einem Punkt schneiden, parallel zueinander verlaufen oder windschief sein (wenn sie sich weder schneiden noch parallel sind).

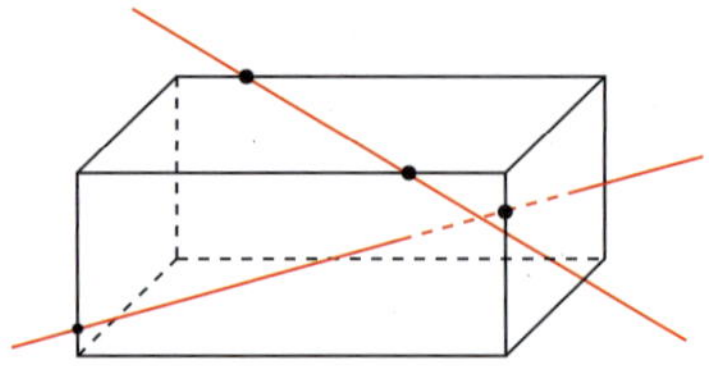

Schrägbilder

Seite 136
Seite 137
Seite 139

Grundprinzip

- Strecken, Winkel und Flächen parallel zur Vorderansichtsebene erscheinen in wahrer Größe.
- Strecken senkrecht zur Vorderansichtsebene erscheinen verzerrt mit dem **Verkürzungsfaktor q** und dem **Verzerrungswinkel** ω.

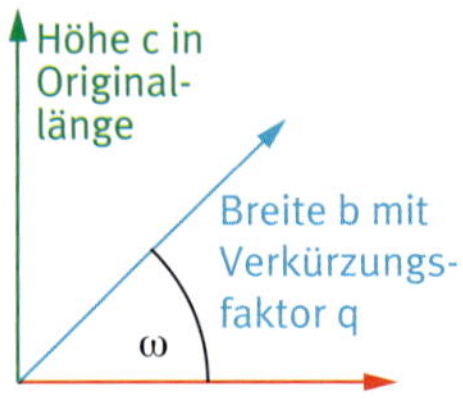

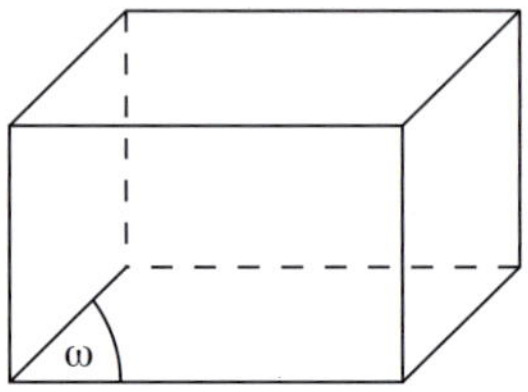

Schrägbild eines Quaders

Schrägbild eines Prismas

1. Vorderfläche zeichnen
2. Die nach hinten laufenden Kanten unter ω mit dem Faktor q verkürzen
3. Die hinteren Eckpunkte zur Rückfläche verbinden, nicht sichtbare Kanten stricheln

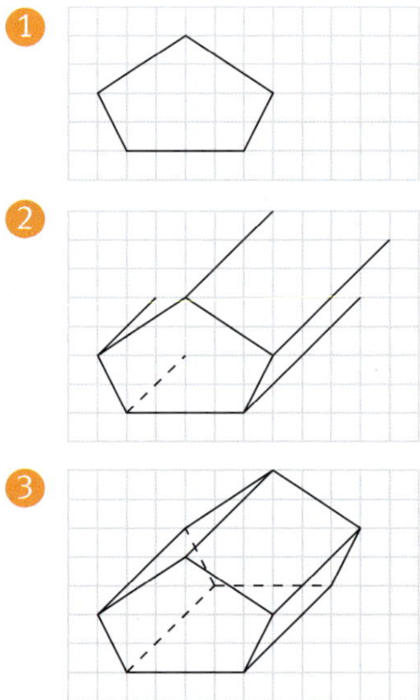

Schrägbild einer geraden, rechteckigen Pyramide

- Die Grundfläche wird gemäß den Vorgaben als Parallelogramm gezeichnet.
- Im Diagonalenschnittpunkt wird die Höhe senkrecht zur Grundfläche abgetragen, sodass sich die Pyramidenspitze ergibt.

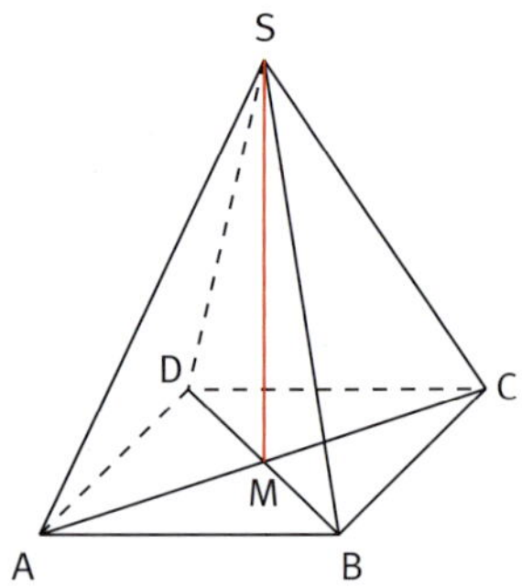

Strecken und Winkel in wahrer Größe

Seite 135
Seite 140

Im Schrägbild erscheinen manche Strecken und Winkel verzerrt. Um Streckenlängen oder Winkelmaße zu ermitteln, benötigt man (oft rechtwinklige) Stützdreiecke.

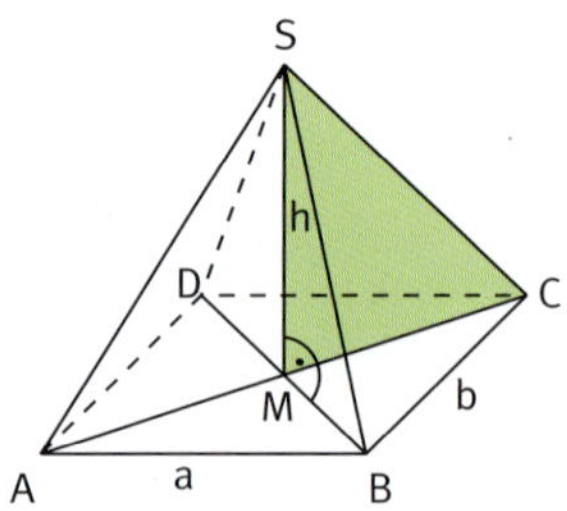

Geraden und Ebenen im Raum

1 Gegeben ist ein Quader ABCDEFGH. Betrachtet werden Geraden, die je zwei Eckpunkte des Quaders enthalten.

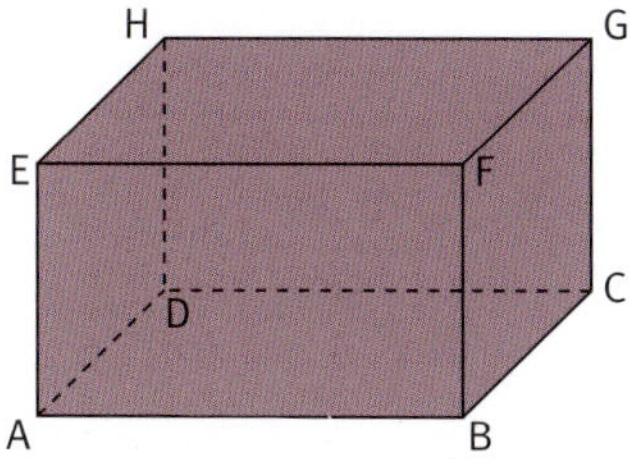

a) Gib alle zur Geraden AB parallel verlaufenden Geraden an.

b) Gib alle zur Geraden BC senkrecht verlaufenden Geraden an.

c) Gib mindestens vier zur Geraden EC windschiefe Geraden an.

2 Beurteile das Gespräch.

3 Überprüfe die Aussage von Anna.

Streckenlängen im Schrägbild

4 Beurteile das Gespräch.

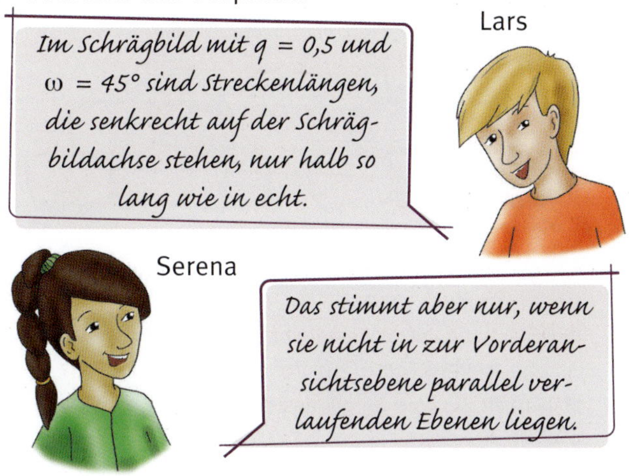

5 Entscheide, welche Aussagen für den Quader wahr bzw. falsch sind. Das Schrägbild wurde mit $q = 0{,}5$ und $\omega = 45°$ erstellt.

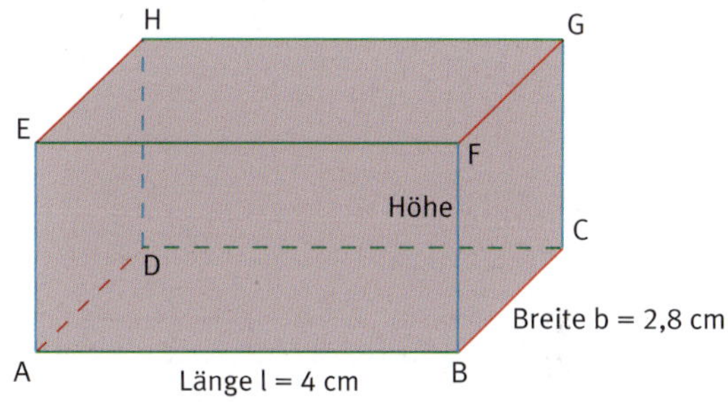

a) Die echte Breite b ist $|\overline{BC}| = 2 \cdot 2{,}8$ cm.

b) Das Winkelmaß ∢ CAG ist …
   ① kleiner als das Winkelmaß ∢ BAF.
   ② größer als das Winkelmaß ∢ BAC.

c) Die Höhe des Quaders lässt sich direkt durch Vergleich mit der Länge bestimmen.

d) Das Volumen des Quaders ist $V = 44{,}8\ \text{cm}^3$.

6 Welches Stützdreieck gibt es im Würfel ABCDEFGH mit der Kantenlänge 4 cm? Begründe.

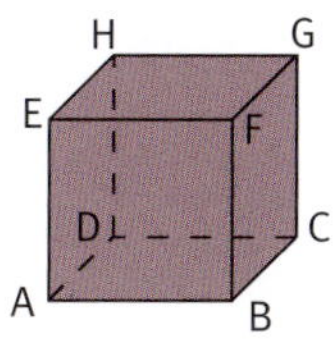

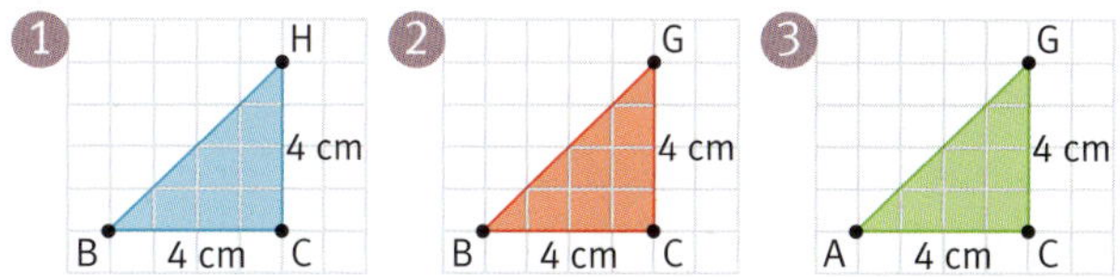

Lösungen

Lösungen zum Grundwissen – Seite 6 – 15

Rechnen mit Brüchen

1 a)

b)

2 Lösung: WER ANDERN EINE GRUBE GRÄBT, FÄLLT SANFT HINEIN.

Hinweis: Der 4.-letzte Wert ergibt $\frac{50}{49}$, der 3.-letzte Wert ergibt $\frac{108}{7} = 15\frac{3}{7}$.

Man erhält das Wort SANFT, anstelle des erwarteten Wortes SELBST.

Rechnen mit Dezimalzahlen

3 a) 0,0144 b) 1,06 c) 0,0025
d) 6,1602 e) 41,5 f) 0,06

4

a)
```
   79,605
 − 29,927
 --------
   49,678
```

b)
```
   506,97
 + 729,92
   1  11
 --------
  1236,89
```

c)
```
 29,47 · 2,03
 ------------
     58,94
      0,8841
      11
 ------------
     59,8241
```

d)
```
 0,15 · 4,7
 ----------
   0,60
   0,105
 ----------
   0,705
```

Rechnen mit ganzen Zahlen

5 a)

+	+75	−36
−215	−140	−251
+96	171	60

b)

−	−38	+215
+88	126	−127
−104	−66	−319

6 a) −28 b) 345 c) −1750
d) −700 e) 525 f) −200

Rechnen mit rationalen Zahlen

7 a) 28 − (17 + 6) = 28 − 17 − 6
b) 4,2 − (1,8 + 2,9) < 4,2 − 1,8 + 2,9
c) 1,9 − (0,8 + 1,2) < 1,9 + 0,8 + 1,2
d) $2\frac{1}{2} + \left(\frac{3}{4} - 2\right) < 2\frac{1}{2} + \frac{3}{4} + 2$
e) −3 − (−1,4 − 0,9) > −3 + 1,4 − 0,9
f) −3 · (2,5 + 4) < −7,5 + 12

8 a) Klammer ausrechnen, dann multiplizieren:
$\left(-\frac{3}{5} - \frac{2}{5}\right) \cdot \left(-\frac{5}{6}\right) = \left(-\frac{5}{5}\right) \cdot \left(-\frac{5}{6}\right) = \frac{5}{6}$
Distributivgesetz anwenden:
$\left(-\frac{3}{5} - \frac{2}{5}\right) \cdot \left(-\frac{5}{6}\right) = \left(-\frac{3}{5}\right) \cdot \left(-\frac{5}{6}\right) + \left(-\frac{2}{5}\right) \cdot \left(-\frac{5}{6}\right) = \frac{3}{6} + \frac{2}{6} = \frac{5}{6}$

b) Klammer ausrechnen, dann multiplizieren:
$(-2{,}5 + 3{,}48) \cdot \left(-\frac{3}{4}\right) = 0{,}98 \cdot \left(-\frac{3}{4}\right) = -0{,}735$
Distributivgesetz anwenden:
$(-2{,}5 + 3{,}48) \cdot \left(-\frac{3}{4}\right) = (-2{,}5) \cdot \left(-\frac{3}{4}\right) + 3{,}48 \cdot \left(-\frac{3}{4}\right) =$
$1{,}875 - 2{,}61 = -0{,}735$

9 a) $= (25 \cdot (-4)) \cdot (-2{,}1) = (-100) \cdot (-2{,}1) = 210$
b) $= \left(-2\frac{7}{10} - 2\frac{3}{10}\right) + 5 = -5 + 5 = 0$
c) $= \left(\frac{1}{4} + \left(-\frac{1}{2}\right)\right) + \left(-\frac{2}{5}\right) = -\frac{1}{4} - \frac{2}{5} = -\frac{5}{20} - \frac{8}{20} = -\frac{13}{20}$
d) $= \left(-\frac{1}{3} - \frac{6}{9}\right) + \frac{1}{2} = -\frac{9}{9} + \frac{1}{2} = -\frac{1}{2}$
e) $= (-3{,}1 + 6{,}1) + (1{,}5 + (-8{,}5)) = 3 - 7 = -4$
f) $= (125 \cdot (-8) \cdot ((-4) \cdot 25) = (-1000) \cdot (-100) = 100\,000$
g) $= \left(-3\frac{2}{9} + 3\frac{2}{9}\right) - 6\frac{1}{8} - 2\frac{7}{8} = 0 - 9 = -9$
h) $= (12{,}7 - 3{,}7) + (5{,}1 - 4{,}1) + (2{,}09 - 1{,}09) = 9 + 1 + 1 = 11$

10
1 (−10) · (−6) = 60 ⟹ R
2 [(−75) + (−35)] : (+11) = −10 ⟹ E
3 (−30) : (−6) = 5 ⟹ C
4 (−125) : (−25) + (+32) = 37 ⟹ H
5 (−72) : (−36) · (−12) = −24 ⟹ E
6 (−30) : (−10) − 24 = −21 ⟹ N
7 (+84) − (−36) : (−12) = 84 − 3 = 81 ⟹ A
8 (+125) − (+75) · (−2) = 275 ⟹ S
9 [(−125) − (−75)] : (+25) = −2 ⟹ S
Lösungswort: Rechenass

Potenzen und Potenzgesetze anwenden

11 a) $(-4)^3 = -64$ b) $0{,}5^4 = 0{,}0625$
c) $\left(-\frac{3}{4}\right)^2 = \frac{9}{16} = 0{,}5625$ d) $\left(-\frac{1}{2}\right)^4 = 0{,}0625$
e) $-(0{,}05)^3 = -0{,}000125$ f) $(-4{,}2)^3 = -74{,}088$

12 a) $(-3) \cdot (-3) \cdot (-3) = -27$
b) $\left(-\frac{1}{2}\right) \cdot \left(-\frac{1}{2}\right) \cdot \left(-\frac{1}{2}\right) \cdot \left(-\frac{1}{2}\right) \cdot \left(-\frac{1}{2}\right) = -\frac{1}{32} = -0{,}03125$
c) $-(-19) = 19$
d) $(-10) \cdot (-10) \cdot (-10) \cdot (-10) \cdot (-10) \cdot (-10) = 1\,000\,000$
e) $\left(-\frac{3}{5}\right) \cdot \left(-\frac{3}{5}\right) = \frac{9}{25}$
f) −1
g) 1
h) $-\left(-\frac{6}{7}\right) \cdot \left(-\frac{6}{7}\right) \cdot \left(-\frac{6}{7}\right) \cdot \left(-\frac{6}{7}\right) = \frac{1296}{2401}$

13 a) $(3 \cdot 4)^2 = 12^2 = 144$

b) $\left(\frac{2}{3} \cdot 6\right)^4 = 4^4 = 256$

c) $((-1{,}5) \cdot 3)^3 = (-4{,}5)^3 = -91{,}125$

d) $((-0{,}5) \cdot (-4))^5 = 2^5 = 32$

e) $(1{,}2 \cdot 10)^2 = 12^2 = 144$

f) $\left(\left(-\frac{1}{4}\right) \cdot \frac{1}{4}\right)^3 = \left(-\frac{1}{16}\right)^3 = -\frac{1}{4096} \approx -0{,}00024414$

14 a) a^7 b) b^4 c) c^{12} d) d^6 e) $6 \cdot e^6$

f) f^6 g) g^6 h) h^{20} i) i^{21}

15 a) $2{,}5^{2 \cdot 3} = 2{,}5^6$ b) $3^{4 \cdot 7} = 3^{28}$

c) $0{,}5^{3 \cdot 9} = 0{,}5^{27}$ d) $(-3)^{2 \cdot 4} = 3^8$

e) $(-4{,}2)^{5 \cdot 2} = 4{,}2^{10}$ f) $7^{3 \cdot 7} = 7^{21}$

g) $(-2)^{7 \cdot 3} = (-2)^{21} = -2^{21}$ h) $-0{,}1^{8 \cdot 5} = -0{,}1^{40}$

Terme vereinfachen

16 a)

x	−2	−1	0	1	2	3
y	3	1	−1	−3	−5	−7

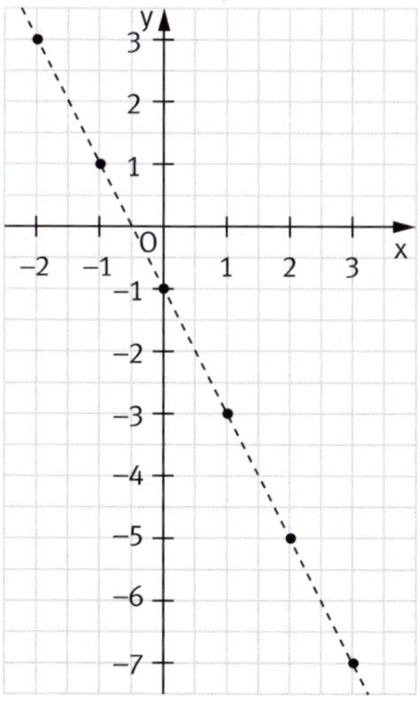

b)

x	−1	−0,5	0	0,5	1	1,5	2
y	−2,5	−2,25	−2	−1,75	−1,5	−1,25	−1
x	2,5	3	3,5	4	4,5	5	
y	−0,75	−0,5	−0,25	0	0,25	0,5	

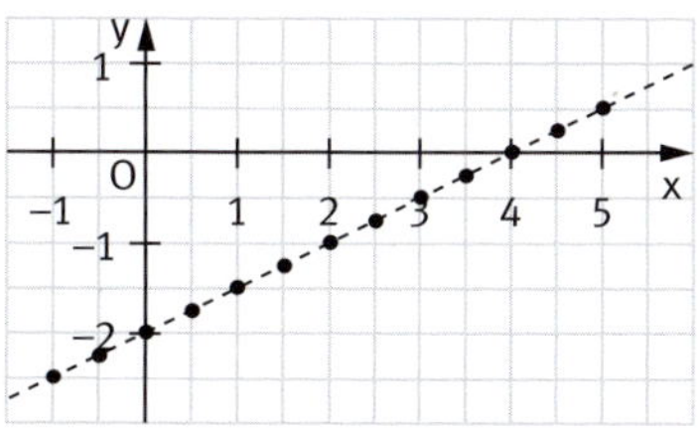

c)

x	−0,5	−0,4	−0,3	−0,2	−0,1	0
y	5,5	5,2	4,9	4,6	4,3	4
x	0,1	0,2	0,3	0,4	0,5	
y	3,7	3,4	3,1	2,8	2,5	

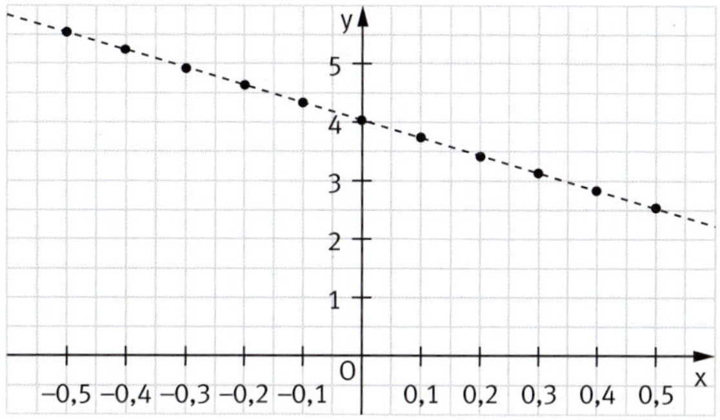

17 Zu $T(x) = -8x + 4$ äquivalent:

(1) $T_1(x) = 4 - 8x$

(3) $T_3(x) = -4 - 8x + 8$

(4) $T_4(x) = 2 \cdot (2 - 3x) - 2x$

18 a) $x + 3{,}3$ b) $-4{,}6x - 19{,}7$

c) $4{,}7a + 2b - 4{,}5c$ d) $2\frac{1}{3}a - 2b - 3\frac{3}{4}c$

19 a) $6a^9$ b) $18b^2$ c) $-32c^4$

d) x^9 e) $8a^4$ f) $-12a^6$

g) y^{10} h) $90x^6$ i) $2a^2$

j) $-2a^4$ k) $-27y^3$ l) 4

Gleichungen lösen

20 a) $L = \{2\}$ b) $L = \left\{\frac{18}{7}\right\}$ c) $L = \left\{-\frac{3}{4}\right\}$

d) $L = \{-2\}$ e) $L = \{-6\}$ f) $L = \left\{-\frac{1}{2}\right\}$

21 a)
$475 - x = 2 \cdot 105$
$\Leftrightarrow 475 - x = 210 \quad | -210 + x$
$\Leftrightarrow 265 = x$
$L = \{265\}$

b)
$-4 - x + 11 = 0{,}5 \cdot 28$
$\Leftrightarrow -x + 7 = 14 \quad | -14 + x$
$\Leftrightarrow -7 = x$
$L = \{-7\}$

22 Lösungsmöglichkeiten:

a) Addiert man zum Produkt aus $2\frac{1}{2}$ und einer Zahl die Dezimalzahl 1,25, so erhält man $3\frac{1}{2}$. $L = \{0{,}9\}$

b) Subtrahiert man vom Produkt aus einer Zahl und 3,05 die Zahl 2,4, so erhält man –8,5. $L = \{-2\}$

c) Multipliziert man die Summe aus 1,4 und einer Zahl mit –6, so erhält man –18,6. $L = \{1{,}7\}$

Ungleichungen lösen

23 a)
$$21x - 12 - 18 < -6$$
$$\Leftrightarrow \quad 21x - 30 < -6 \quad | + 30$$
$$\Leftrightarrow \quad 21x < 24 \quad | : 21$$
$$\Leftrightarrow \quad x < \frac{24}{21} = 1\frac{1}{7}$$
$$L = \left\{x \in \mathbb{Q} \mid x < 1\frac{1}{7}\right\}$$

b)
$$4 - 3x - 2 > 3$$
$$\Leftrightarrow \quad 2 - 3x > 3 \quad | - 2$$
$$\Leftrightarrow \quad -3x > 1 \quad | : (-3)$$
$$\Leftrightarrow \quad x < -\frac{1}{3}$$
$$L = \left\{x \in \mathbb{Q} \mid x < -\frac{1}{3}\right\}$$

c)
$$(16 + 12x) \cdot 3 - 5 \geq 13 + 17 \cdot 3$$
$$\Leftrightarrow 48 + 36x - 5 \geq 64 \quad | - 43$$
$$\Leftrightarrow \quad 36x \geq 21 \quad | : 36$$
$$\Leftrightarrow \quad x \geq \frac{7}{12}$$
$$L = \left\{x \in \mathbb{Q} \mid x \geq \frac{7}{12}\right\}$$

24
$$4 \cdot (3{,}5y - 1{,}5) > 2{,}2 \cdot 4 - 11{,}3$$
$$\Leftrightarrow 14y - 6 > -2{,}5 \quad | + 6$$
$$\Leftrightarrow \quad 14y > 3{,}5 \quad | : 14$$
$$\Leftrightarrow \quad y > 0{,}25$$

a) und **c)** $L = \{y \in \mathbb{N} \mid y \geq 1\} = \{1; 2; 3; 4; \ldots\}$

b) $L = \{y \in \mathbb{Q} \mid y > 0{,}25\}$

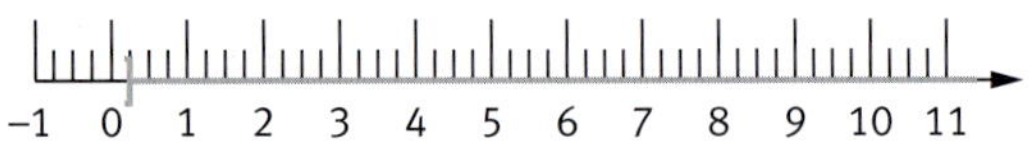

25
$$18 - 4x > (-5) \cdot (-12) \text{ mit } \mathbb{G} \in \mathbb{Z}$$
$$\Leftrightarrow 18 - 4x > 60 \quad | - 18$$
$$\Leftrightarrow \quad -4x > 42 \quad | : (-4)$$
$$\Leftrightarrow \quad x < -10{,}5$$
$L = \{x \in \mathbb{Z} \mid x < -10{,}5\}$ bzw. $L = \{\ldots; -15; -14; -13; -12; -11\}$

Proportionalitäten

26 a) Es liegt keine direkte und keine indirekte Proportionalität vor, da eine Flatrate von der Gesprächszeit unabhängig ist und man einen festen Preis im Monat bezahlt.

b) Es liegt keine direkte und keine indirekte Proportionalität vor; die Anzahl der geworfenen Einser mit einem Spielwürfel ist eine Zufallsgröße.

c) Es liegt keine direkte und keine indirekte Proportionalität vor; die Anzahl an Toren ist eine Zufallsgröße.

d) Es liegt eine direkte Proportionalität vor: Je mehr Kettenglieder, desto länger die Kette.

27 a) Proportionalitätsfaktor $k = \frac{5}{2} = 2{,}5$

x	2	3	5	4	6
y	5	7,5	12,5	10	15

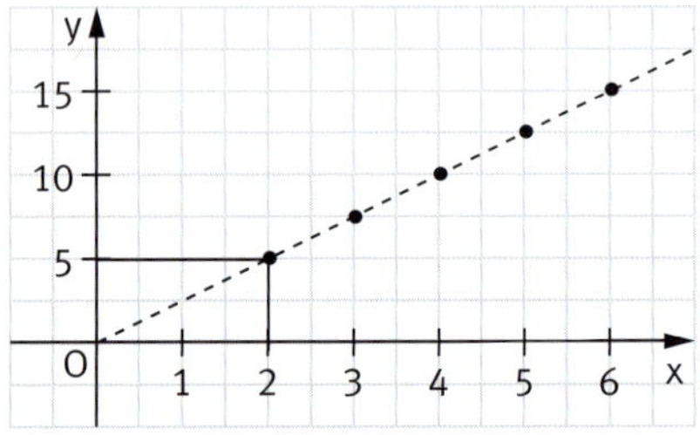

b) Produktgleichheit, daher gilt:
$x \cdot y = 4 \cdot 1{,}5 = 6$

x	3	4	6	8	10
y	2	1,5	1	0,75	0,6

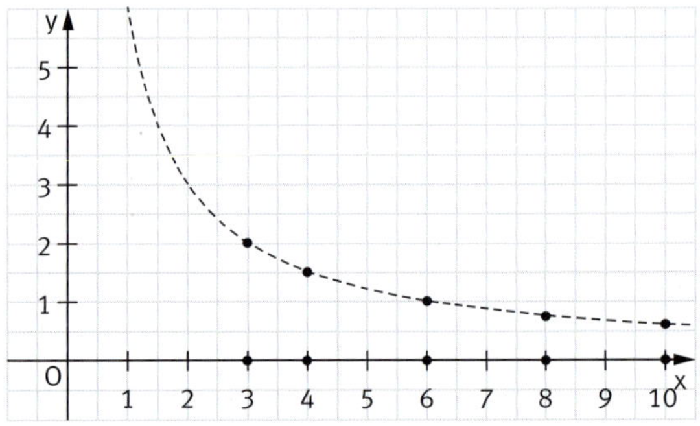

28 a) (10 | 100) **b)** (2,5 | 25) **c)** (7,5 | 75)
d) (5 | 50) **e)** (12,5 | 125) **f)** (8 | 80)

29 a) (2 | 3) **b)** (3 | 2) **c)** (6 | 1)
d) (1,5 | 4) **e)** (4 | 1,5)

30 a) Die Produkte der x- und y-Werte sind konstant, es handelt sich um eine indirekte Proportionalität.

x	14	11,2	7	3,5	0,7
y	2	2,5	4	8	40
x · y	28	28	28	28	28

b) Die Produkte der x- und y-Werte sind konstant, es handelt sich um eine indirekte Proportionalität.

x	2	3,5	8,75	17,5	70
y	14	8	3,2	1,6	0,4
$x \cdot y$	28	28	28	28	28

c) Die Quotienten aus den y- und den x-Werten sind konstant, es handelt sich um eine direkte Proportionalität.

x	3	3,3	9,9	39,6	198
y	1,2	1,32	3,96	15,84	79,2
$\frac{y}{x}$	0,4	0,4	0,4	0,4	0,4

Prozentrechnung und Zinsrechnung

31 **a)** 6 € **b)** 8,7 m **c)** 0,4 kg
d) 10,5 t **e)** 0,75 m² **f)** 1,54 cm

32 **a)** 12,5 **b)** 25 **c)** 7,2
d) 48 **e)** 64 **f)** 120

33 **a)** 24 € **b)** 600 **c)** 200 kg
d) 1000 l **e)** 180 € **f)** 150 cm

34

	a)	b)	c)
alter Preis	340 €	27,50 €	340 €
Änderung	12 %	4,4 %	–8 %
neuer Preis	380,80 €	28,71 €	312,80 €

35 30,00 € ≙ 15 % $\frac{30{,}00\,€}{15} \cdot 100 = 200{,}00\,€$
Die Jacke hat ursprünglich 200,00 € gekostet.

36 **a)** Herr Schlau hatte vorher 2560,00 € verdient.
b) Der Computer hatte vorher 950,00 € gekostet.
c) Das Kapital muss zu einem Zinssatz von 3,5 % angelegt werden.

37

	a)	b)	c)	d)	e)
K	72 000 €	300 €	260 €	6800 €	3600 €
p	2	6	4	2,5	3
Z	1440 €	18 €	10,40 €	170 €	108 €

Innenwinkelsummen

38

α	66°	17°	59,5°	24,5°	30°
β	24°	85°	115°	82°	2α
γ	90°	78°	5,5°	3α	3α

39 $\alpha + \beta + \gamma + \delta = 360°$ | $\alpha = \beta$ und $\delta = \gamma$ ersetzen
$\Leftrightarrow \quad 2\beta + 2\gamma = 360°$ | $\beta = 2\gamma$ ersetzen
$\Leftrightarrow \quad 2 \cdot 2\gamma + 2\gamma = 360°$
$\Leftrightarrow \quad 6\gamma = 360°$ | : 6
$\Leftrightarrow \quad \gamma = 60°$
$\alpha = \beta = 120°;\ \gamma = \delta = 60°$

Winkelbeziehungen

40 **a)** α ist Nebenwinkel zu 125°: $\alpha = 180° - 125° = 55°$
β ist Scheitelwinkel zu 125°: $\beta = 125°$
α und γ sind Wechselwinkel: $\gamma = \alpha = 55°$
δ ist Stufenwinkel zu 125°: $\delta = 125°$
b) α ist Nebenwinkel zu 38°: $\alpha = 180° - 38° = 142°$
β ist Scheitelwinkel zu 38°: $\beta = 38°$
α und γ sind Scheitelwinkel: $\gamma = \alpha = 142°$
α und δ sind Stufenwinkel: $\delta = \alpha = 142°$
β und ε sind Stufenwinkel: $\varepsilon = \beta = 38°$

41 $\alpha + 5\alpha = 180°$ (Nebenwinkel): $\alpha = \frac{180°}{6} = 30°$
$\alpha + 3\beta + 7\beta = 180°$ (Nebenwinkel): $\beta = \frac{180° - 30°}{10} = 15°$

Achsenspiegelung

42

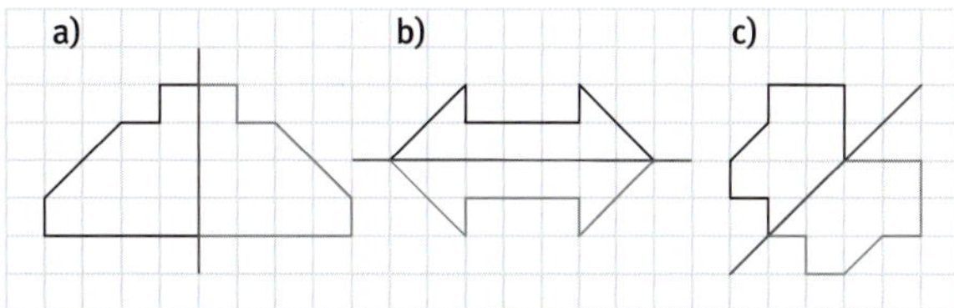

43 M ist der Lotfußpunkt von A auf die Spiegelachse s = PQ, a ist die Lotgerade von A auf s. Der Kreis um M mit $r = |\overline{AM}|$ schneidet a in A und A'. Bei d) fallen A, M und A' zusammen.

a)

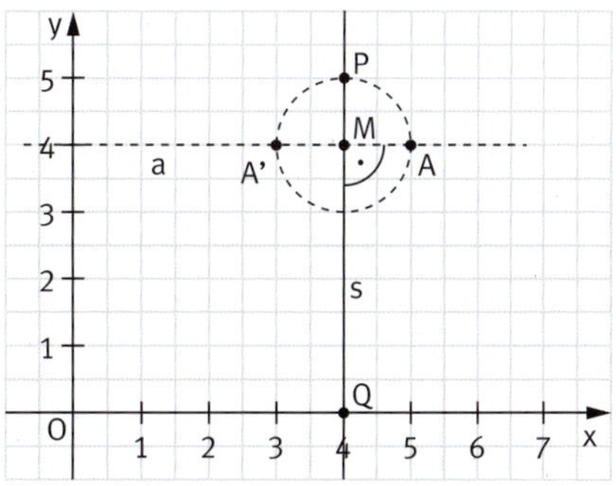

b)

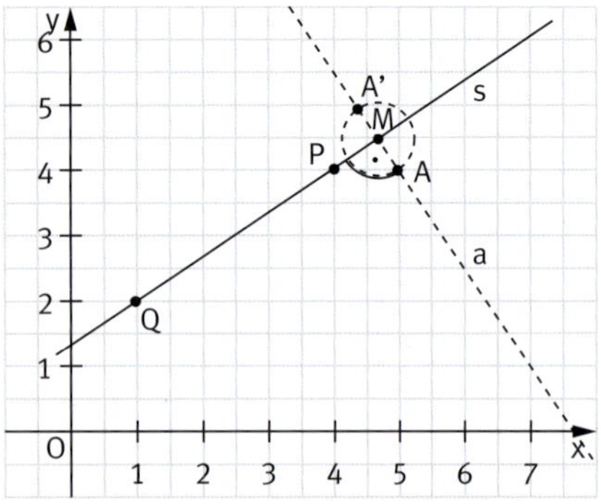

c)

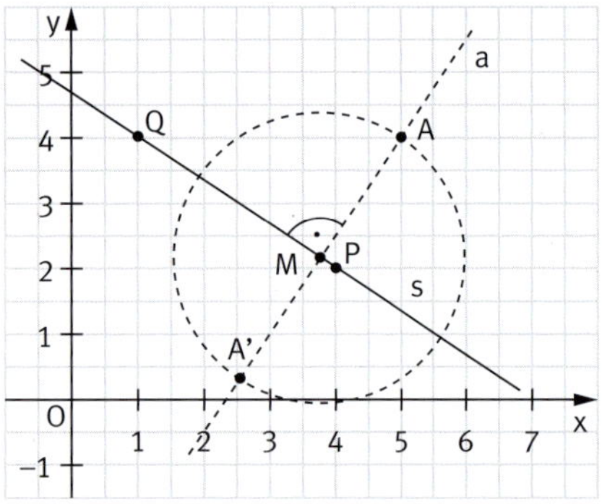

d)

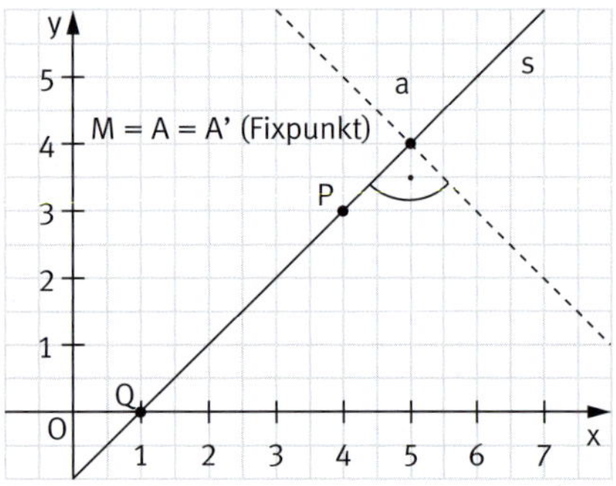

44 a) bis c)

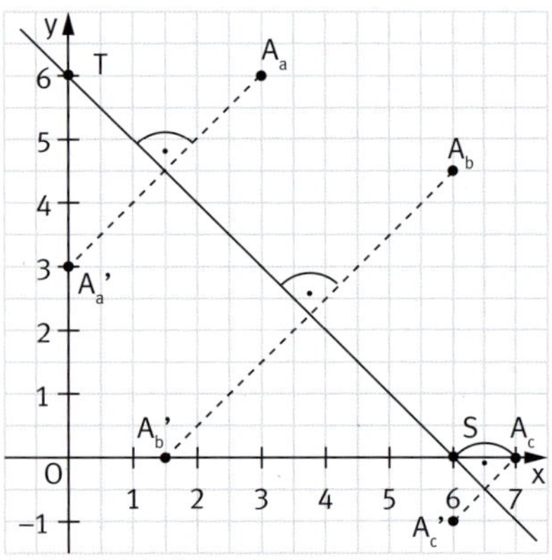

a) A_a'(0|3)
b) A_b'(1,5|0)
c) A_c(7|0)

45 Bei einer Achsenspiegelung gibt es sogenannte Fixelemente, die auf sich selbst abgebildet werden.

- Fixpunkt: Jede Achsenspiegelung besitzt Fixpunkte, d. h. Punkte, die auf sich selbst abgebildet werden. Alle Punkte auf der Spiegelachse sind Fixpunkte.
- Fixpunktgerade: Die Spiegelachse ist Fixpunktgerade, d. h. eine Gerade, die nur aus Fixpunkten besteht.
- Fixgerade: Die Spiegelachse und alle Senkrechten zur Spiegelachse sind Fixgeraden, sie werden auf sich selbst abgebildet.
- Fixkreis: Liegt der Mittelpunkt eines Kreises auf der Spiegelachse, so wird der Kreis auf sich selbst abgebildet, er ist ein Fixkreis.

Vektoren

46 $\overrightarrow{AA'} = \begin{pmatrix} 2,5-0,5 \\ 2-0,5 \end{pmatrix} = \begin{pmatrix} 2 \\ 1,5 \end{pmatrix}$; $\overrightarrow{BB'} = \begin{pmatrix} 2,5-(-0,5) \\ -1,5-0 \end{pmatrix} = \begin{pmatrix} 3 \\ -1,5 \end{pmatrix}$;
$\overrightarrow{CC'} = \begin{pmatrix} -2-(-2) \\ 2-(-1,5) \end{pmatrix} = \begin{pmatrix} 0 \\ 3,5 \end{pmatrix}$; $\overrightarrow{DD'} = \begin{pmatrix} 3,5-1,5 \\ 0,5-0,5 \end{pmatrix} = \begin{pmatrix} 2 \\ 0 \end{pmatrix}$;
$\overrightarrow{EE'} = \begin{pmatrix} -3-(-4) \\ 2-0 \end{pmatrix} = \begin{pmatrix} 1 \\ 2 \end{pmatrix}$

47

	a)	b)	c)	d)	e)	f)
$\vec{v}$	$\begin{pmatrix} 5 \\ 3 \end{pmatrix}$	$\begin{pmatrix} 4 \\ 1 \end{pmatrix}$	$\begin{pmatrix} -3 \\ -2 \end{pmatrix}$	$\begin{pmatrix} 3 \\ 3 \end{pmatrix}$	$\begin{pmatrix} -4 \\ -1 \end{pmatrix}$	$\begin{pmatrix} -4 \\ 0 \end{pmatrix}$
P	(4|2)	(−7|−1)	(4|4)	(−1|−1)	(1|4)	(2|1,5)
Q	(9|5)	(−3|0)	(1|2)	(2|2)	(−3|3)	(−2|1,5)

Vektoren und Parallelverschiebung

48 P_1*(−2 + 2|4 + 3) = P_1*(0|7) P_1'(0 − 4|7 + 1) = P_1'(−4|8)
P_2*(4 + 2|1 + 3) = P_2*(6|4) P_2'(6 − 4|4 + 1) = P_2'(2|5)
P_3*(1 + 2|−3 + 3) = P_3*(3|0) P_3'(3 − 4|0 + 1) = P_3'(−1|1)

49 I. x + 1 + 3 + (−2,5) = 7 ⟺ x + 1,5 = 7
⟺ x = 5,5
II. y − 2 + (−4) + (−1,5) = 2,5 ⟺ y − 7,5 = 2,5
⟺ y = 10

$$\begin{pmatrix} 5,5+1 \\ 10-2 \end{pmatrix} \oplus \begin{pmatrix} 3 \\ -4 \end{pmatrix} \oplus \begin{pmatrix} -2,5 \\ -1,5 \end{pmatrix} = \begin{pmatrix} 6,5 \\ 8 \end{pmatrix} \oplus \begin{pmatrix} 3 \\ -4 \end{pmatrix} \oplus \begin{pmatrix} -2,5 \\ -1,5 \end{pmatrix} = \begin{pmatrix} 7 \\ 2,5 \end{pmatrix}$$

50 $M_{\overline{AB}}\left(\frac{3+5}{2} \middle| \frac{-4+6}{2}\right) = M_{\overline{AB}}(4|1)$
$M_{\overline{BC}}\left(\frac{5-1}{2} \middle| \frac{6-2}{2}\right) = M_{\overline{BC}}(2|2)$
$M_{\overline{CA}}\left(\frac{-1+3}{2} \middle| \frac{-2-4}{2}\right) = M_{\overline{CA}}(1|-3)$

Satz des Thales

51

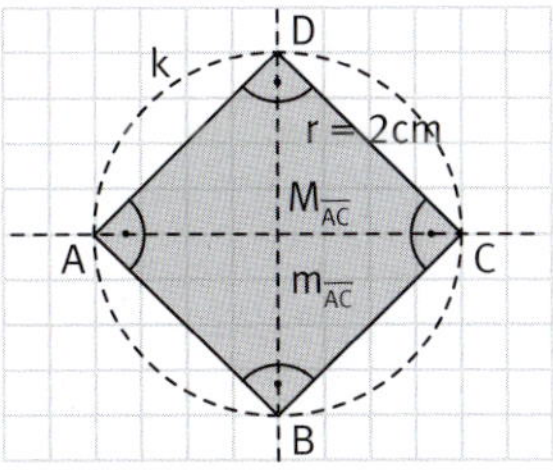

Konstruktion:
Zeichne die Strecke $\overline{AC}$ mit $|\overline{AC}| = 4\,cm$.
Zeichne die Mittelsenkrechte $m_{\overline{AC}}$.
Zeichne den Thaleskreis über $\overline{AC}$: k ($M_{\overline{AC}}$; r = 2 cm).
$k(M_{\overline{AC}}; r = 2\,cm) \cap m_{\overline{AC}} = \{B; D\}$

Alternative:
Zeichne an $\overline{AC}$ in A bzw. C Winkel von 45° mit freien Schenkeln s_1 und s_2 bzw. s_3 und s_4. $s_1 \cap s_3 = \{B\}$; $s_2 \cap s_4 = \{D\}$.

52 **a)** $\sphericalangle BAD = \sphericalangle DCB = 90°$, da A und C auf dem Thaleskreis über $\overline{DB}$ liegen.
$\delta_2 = \sphericalangle ADB = 180° - 90° - 37° = 53°$
$\beta_2 = \sphericalangle CBD = 180° - 90° - 73° = 17°$

b) $\sphericalangle ACB = 90°$, da C auf dem Thaleskreis über $\overline{AB}$ liegt.
$\beta = \sphericalangle CBM = \frac{1}{2} \cdot (180° - 136°) = 22°$, da ΔMBC ein gleichschenkliges Dreieck ist.
$\alpha = \sphericalangle BAC = 180° - 90° - 22° = 68°$, da ΔABC ein rechtwinkliges Dreieck ist.

Statistische Kennwerte

53 Die Datenreihe sei geordnet mit Minimum x_1 und Maximum x_7:
$x_1 \le x_2 \le x_3 \le x_4 \le x_5 \le x_6 \le x_7$
Damit die Spannweite den Wert 4 hat, muss entweder das Minimum den Wert 1 und das Maximum den Wert 5 haben oder das Minimum den Wert 2 und das Maximum den Wert 6:
$x_1 = 1 \le x_2 \le x_3 \le x_4 \le x_5 \le x_6 \le x_7 = 5$ oder
$x_1 = 2 \le x_2 \le x_3 \le x_4 \le x_5 \le x_6 \le x_7 = 6$
Damit das arithmetische Mittel den Wert 3 hat, gilt:
$\frac{x_1 + x_2 + x_3 + x_4 + x_5 + x_6 + x_7}{7} = 3 \iff$
$x_1 + x_2 + x_3 + x_4 + x_5 + x_6 + x_7 = 21$
Daher gilt nun:
$x_2 + x_3 + x_4 + x_5 + x_6 = 21 - 1 - 5 = 15$ oder
$x_2 + x_3 + x_4 + x_5 + x_6 = 21 - 2 - 6 = 13$
Lösungsmöglichkeiten:
1; 1; 3; 5; 5 mit $\bar{x} = 3$, z = 3, m = 1 und m = 5
1; 1; 4; 4; 5 mit $\bar{x} = 3$, z = 4, m = 1 und m = 4
2; 2; 2; 4; 5 mit $\bar{x} = 3$, z = 2, m = 2

54 Datenreihe: 1; 1; 1; 2; 3; 3; 3; 3; 3; 4; 4; 4; 4; 5; 5; 6; 6; 6; 6; 6

Min.	R	Max.	$\bar{x}$	z	m
1	5	6	$\frac{76}{20} = 3{,}8$	4	3 und 6

Umfang und Flächeninhalt ebener Figuren

55 **a)** a = 6 cm: A = 36 cm² u = 24 cm
a = 12 dm: A = 144 dm² u = 48 dm
a = 7,6 km A = 57,76 km² u = 30,4 km

b) Wenn die Seitenlänge des Quadrats verdoppelt wird, dann vervierfacht sich der Flächeninhalt.
Der Umfang verdoppelt sich.

56 **a)** a = 17,5 cm **b)** g = 42 cm **c)** h = 6 cm **d)** c = 35 cm

57 Es sind verschiedene Zerlegungen (oder auch Ergänzungen) möglich. Lösungsmöglichkeit:

a) Zerlegung in Trapez (A_1) und Dreieck (A_2):

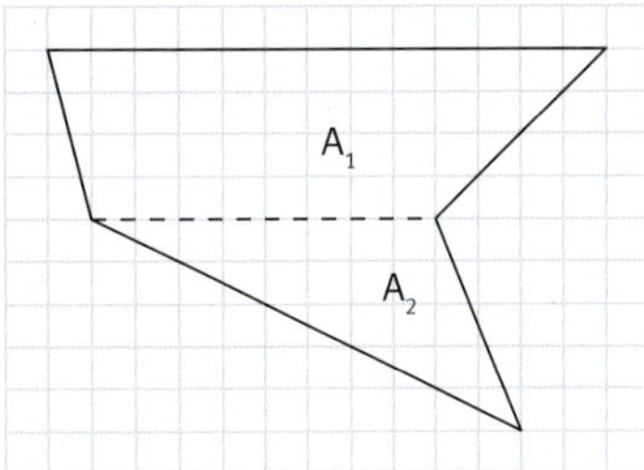

$A = A_1 + A_2$
$A_1 = \frac{4\,cm + 6{,}5\,cm}{2} \cdot 2\,cm = 10{,}5\,cm^2$
$A_2 = \frac{1}{2} \cdot 4\,cm \cdot 2{,}5\,cm = 5\,cm^2$
$A = 15{,}5\,cm^2$

b) Zerlegung in Dreiecke (A_1, A_3) und Trapez (A_2):

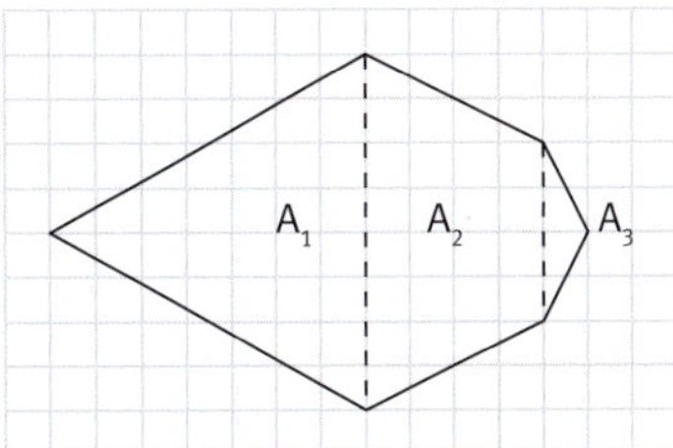

$A = A_1 + A_2 + A_3$
$A_1 = \frac{1}{2} \cdot 4\,cm \cdot 3{,}5\,cm = 7\,cm^2$
$A_2 = \frac{4\,cm + 2\,cm}{2} \cdot 2\,cm = 6\,cm^2$
$A_3 = \frac{1}{2} \cdot 2\,cm \cdot \frac{1}{2}\,cm = \frac{1}{2}\,cm^2$
$A = 13{,}5\,cm^2$

Körper und Volumen

58

	a)	b)	c)	d)
l	2,2 cm	6,5 dm	0,9 m	1 m
b	7 cm	35 cm	23 dm	1 m
h	4,5 cm	4 dm	4,1 m	1 m
V	69,3 cm³	91 dm³	8,487 m³	1 m³
O	113,6 cm²	125,5 dm²	30,38 m²	6 m²

59 a) $V = 0{,}44\,m^3$ $O = 6{,}36\,m^2$

b) $V = 62{,}532\,cm^3$ $O = 126{,}24\,cm^2$

Ortslinien am Dreieck

60 a) bis c)

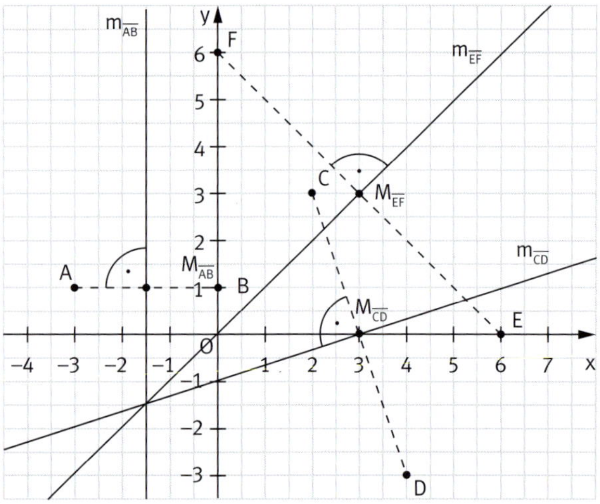

a) $m_{\overline{EF}}$ und $m_{\overline{CD}}$

b) $m_{\overline{AB}}$

61

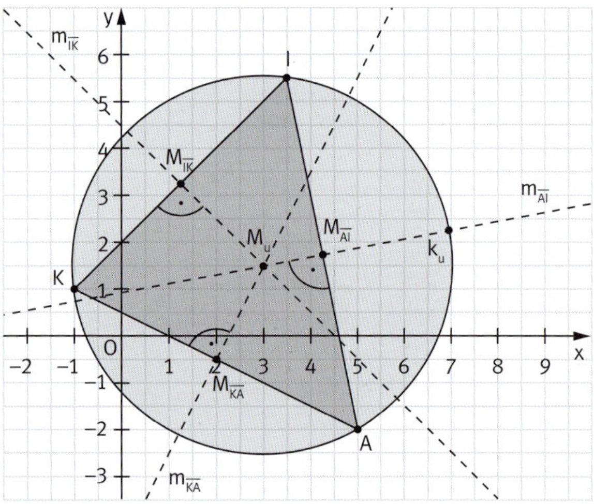

M_u (3|1,5)

62 a) bis c)

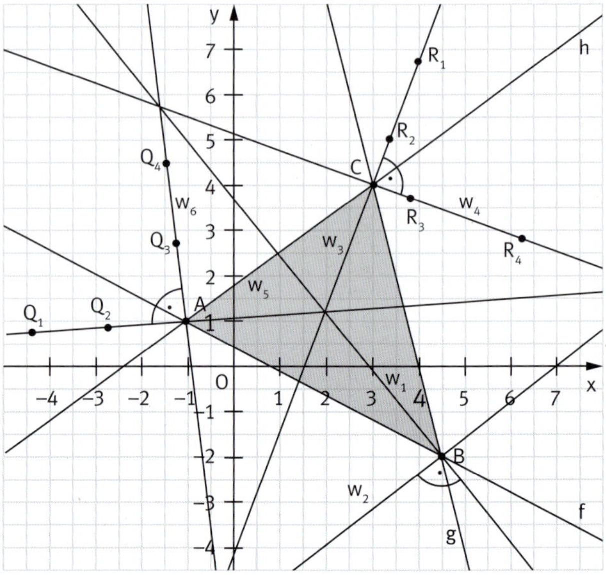

a) w_1 und w_2

b) w_3 und w_4 und $R \in w_3$ oder $R \in w_4$

c) w_5 und w_6 und $Q \in w_5$ oder $Q \in w_6$

63 a)

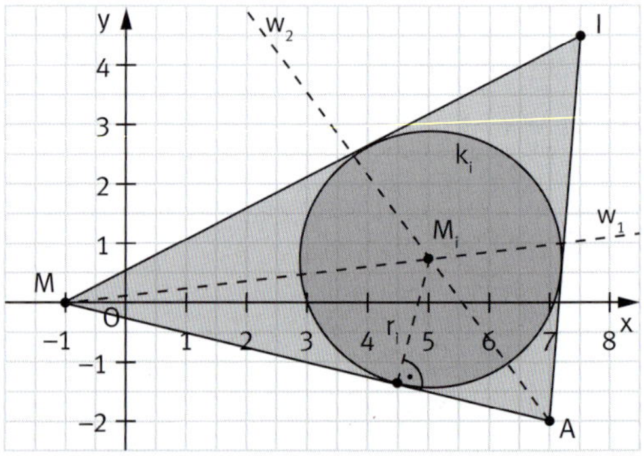

b)

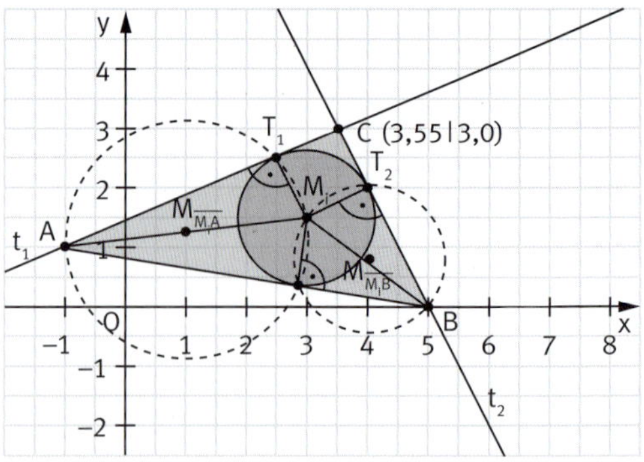

Lösungen zu „Kapitel 1 – Startklar“ – Seite 16

Kombinieren

1 a) Lösungsmöglichkeit 1: Lösungsmöglichkeit 2:

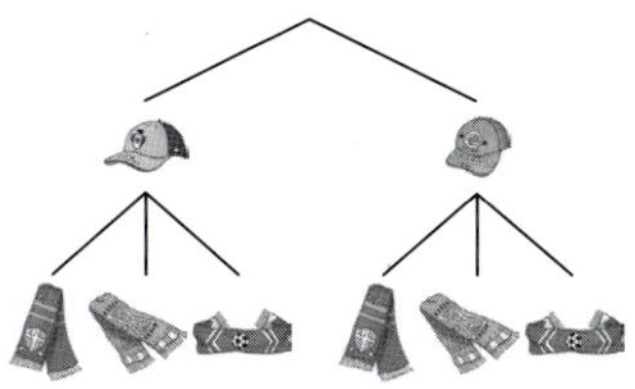

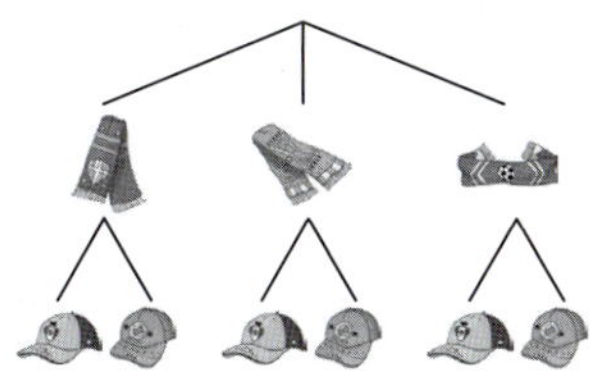

b) Lösungsmöglichkeit 1 : Mats kann 2 Caps mit jeweils 3 Fanschals kombinieren. Es gibt also insgesamt 2 · 3 = 6 Kombinationsmöglichkeiten.
Lösungsmöglichkeit 2 : Mats kann 3 Fanschals mit jeweils 2 Caps kombinieren. Es gibt also insgesamt 3 · 2 = 6 Kombinationsmöglichkeiten.

2 a)

	Klasse 8a	Klasse 8b	Gesamt
Konkreter Berufswunsch	4	9	13
Noch kein konkreter Berufswunsch	22	19	41
Gesamt	26	28	54

b) Der Vierfeldertafel kann entnommen werden:
- In der Klasse 8a sind 26 Schülerinnen und Schüler. 4 davon haben einen konkreten Berufswunsch, 22 Schülerinnen und Schüler haben noch keinen konkreten Berufswunsch.
- In der Klasse 8b sind 28 Schülerinnen und Schüler. 9 davon haben einen konkreten Berufswunsch, 19 Schülerinnen und Schüler haben noch keinen konkreten Berufswunsch.
- In den Klassen 8a und 8b sind insgesamt 54 Schülerinnen und Schüler. 13 davon haben einen konkreten Berufswunsch, 41 Schülerinnen und Schüler haben noch keinen konkreten Berufswunsch.

Mit Anteilen umgehen

3

Bruch	$\frac{1}{100}$	$\frac{1}{20}$	$\frac{1}{10}$	$\frac{1}{5}$
Dezimalzahl	0,01	0,05	0,1	0,2
Prozent	1 %	5 %	10 %	20 %
Bruch	$\frac{1}{4}$	$\frac{1}{2}$	$\frac{3}{4}$	$\frac{1}{1}$
Dezimalzahl	0,25	0,5	0,75	1
Prozent	25 %	50 %	75 %	100 %

4 Erfolgsquote von Steffi: 9 von 24 = $\frac{9}{24} = \frac{3}{8}$ = 0,375 = 37,5 %
Erfolgsquote von Tina: 6 von 16 = $\frac{6}{16} = \frac{3}{8}$ = 0,375 = 37,5 %
Steffi und Tina haben die gleiche Erfolgsquote.

Lösungen zu „Kapitel 1 – Das kann ich!“ – Seite 30 / 31

Aufgaben zur Einzelarbeit

1 a) Es handelt sich um ein Zufallsexperiment, da der Ausgang zufällig, d. h. nicht vorhersagbar ist: Es ist nicht vorhersagbar, ob ein Ass, ein König etc. gezogen wird.

b) Es handelt sich nicht um ein Zufallsexperiment, da der Ausgang vorhersagbar ist: Die Eisenkugel sinkt im Wasser zu Boden.

c) Es handelt sich um ein Zufallsexperiment, da der Ausgang zufällig, d. h. nicht vorhersagbar ist: Es ist nicht vorhersagbar, ob ein blauer Stift, ein roter Stift etc. gezogen wird.

d) Es handelt sich um ein Zufallsexperiment, da der Ausgang zufällig, d. h. nicht vorhersagbar ist: Es ist nicht vorhersagbar, welche der Zahlen gezogen werden.

2 Mögliche Ergebnisse, die bei diesem Zufallsexperiment betrachtet werden können:
- Ei mit kaputter Schale, Ei mit intakter Schale
- bemaltes Ei, unbemaltes Ei
- gekochtes Ei, rohes Ei

3 Die Zahlen lauten 12, 16, 20 und 24.

4 a)

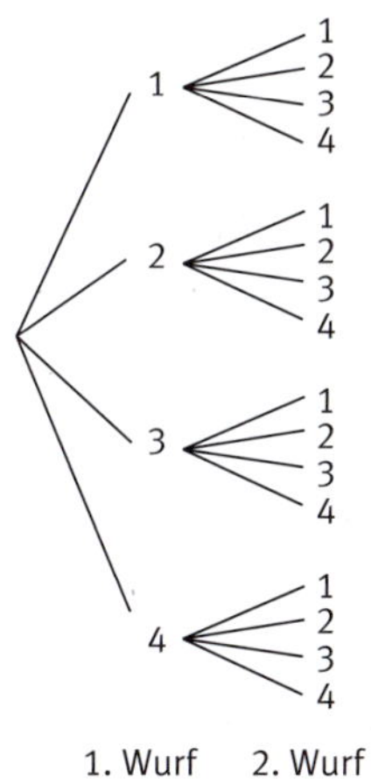

16 Ergebnisse

b)

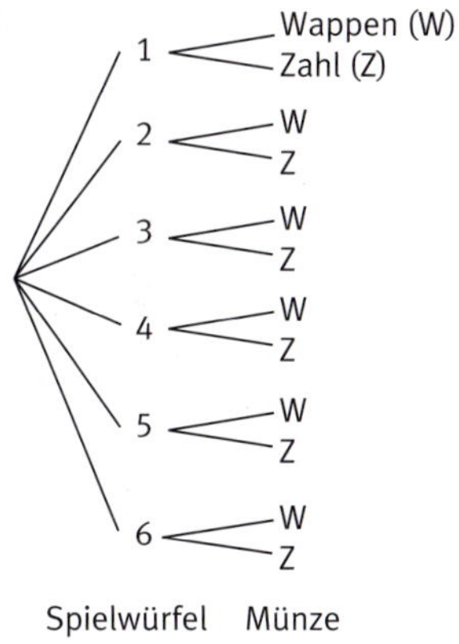

12 Ergebnisse

c)

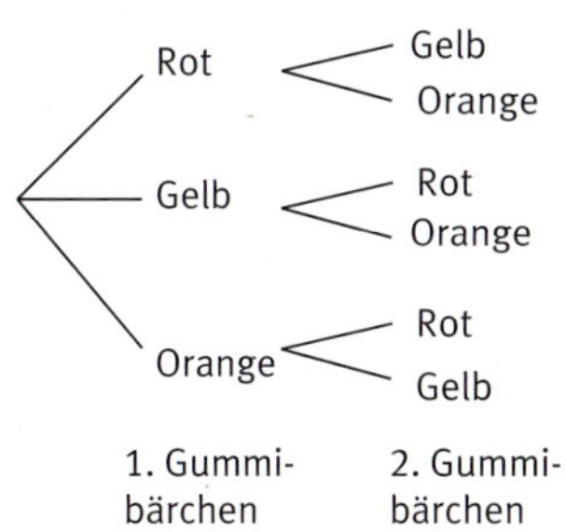

6 Ergebnisse

d)

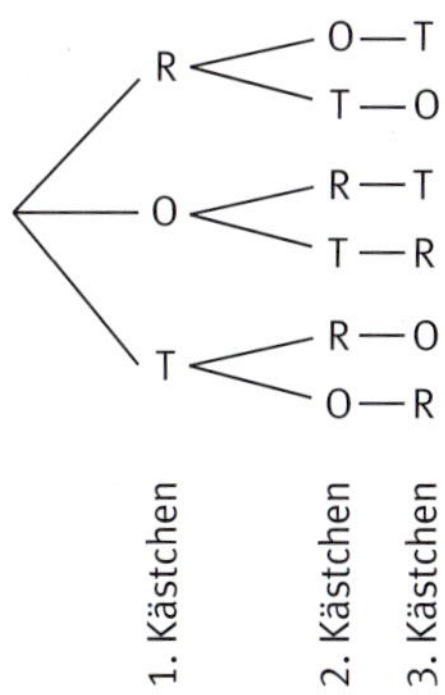

6 Ergebnisse

Lösungen

5 Lösungsmöglichkeit: Man zieht aus drei Karten (König, König, Ass) nacheinander zwei Karten, wobei die gezogene Karte nicht zurückgelegt wird.

6 Vereinfachtes Baumdiagramm:

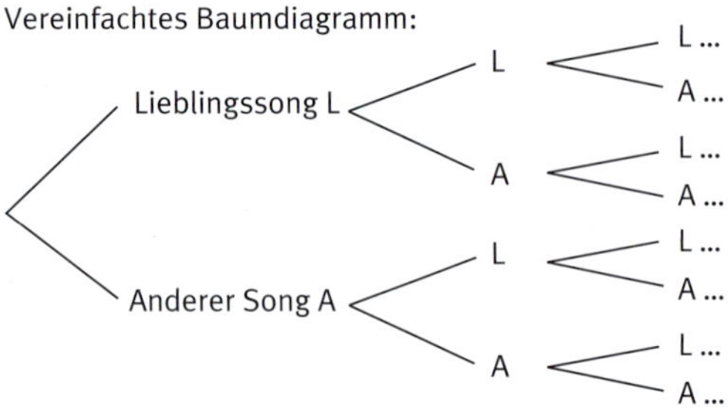

Der Vorteil dieser Variante ist, dass sie sehr übersichtlich und leicht zu zeichnen ist. Allerdings vermittelt diese Variante evtl. ein falsches Bild: Die einzelnen Äste (L bzw. A) kommen mit unterschiedlichen relativen Häufigkeiten vor.

Komplettes Baumdiagramm:

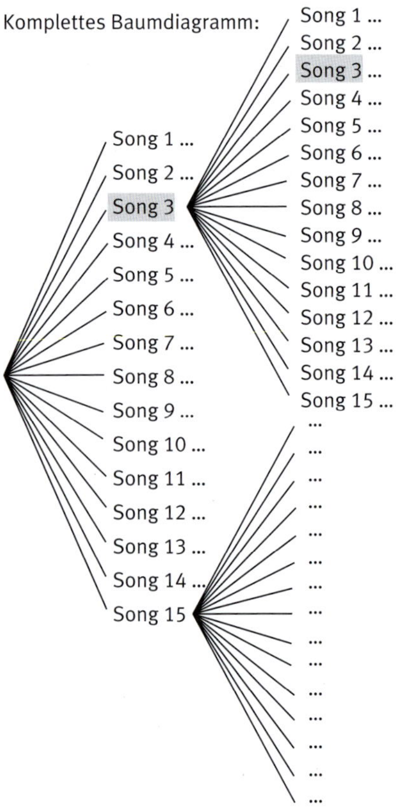

Der Vorteil dieser Variante ist, dass man sieht, dass der Lieblingssong recht selten gespielt wird. Allerdings ist das Baumdiagramm unübersichtlich und mit seinen 15 Ästen pro Stufe aufwändig zu zeichnen.

7

	als Bruch	als Dezimalzahl	in Prozent
h (1)	$\frac{4}{20} = \frac{1}{5}$	0,2	20 %
h (2)	$\frac{2}{20} = \frac{1}{10}$	0,1	10 %
h (3)	$\frac{6}{20} = \frac{3}{10}$	0,3	30 %
h (4)	$\frac{4}{20} = \frac{1}{5}$	0,2	20 %
h (5)	$\frac{1}{20}$	0,05	5 %
h (6)	$\frac{3}{20}$	0,15	15 %

8 Lösungsmöglichkeit:

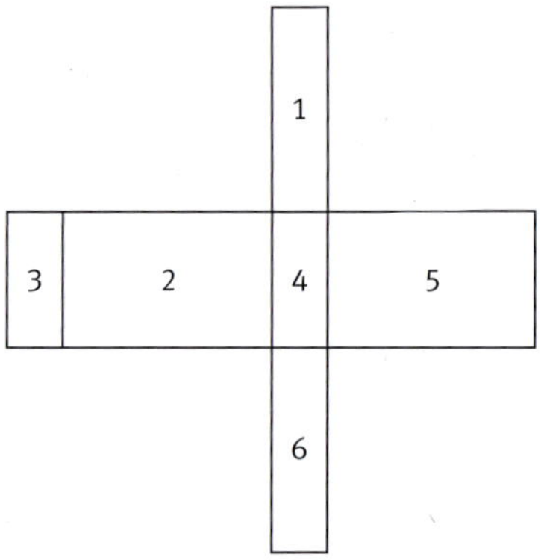

9 a)

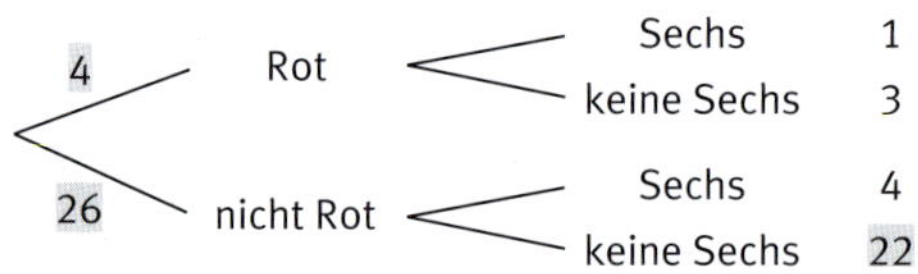

b)

	Rot	nicht Rot	Gesamt
Sechs	1	4	5
keine Sechs	3	22	25
Gesamt	4	26	30

10 a)

	„Kopf“	„Spitze“	Gesamt
„Kopf“	0,11	0,21	0,32
„Spitze“	0,23	0,45	0,68
Gesamt	0,34	0,66	1

b) Lösungsmöglichkeit: Bei diesem Zufallsexperiment wird ein Reißnagel zweimal nacheinander geworfen.

c)

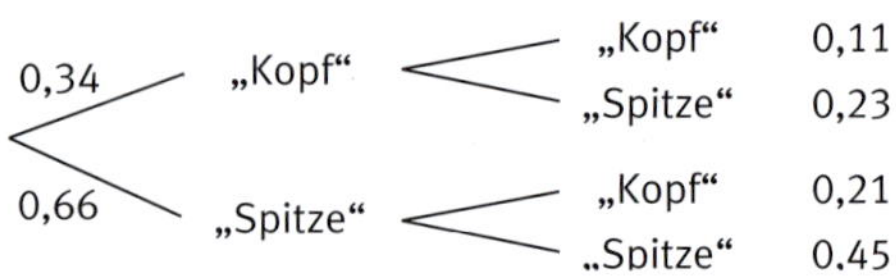

d) Bei der nächsten Durchführung des Zufallsexperiments sollte man auf „Spitze, Spitze“ wetten, da dieses Ergebnis bei den 100 Durchführungen die größte relative Häufigkeit aufweist.

Aufgaben für Lernpartner

A Das ist richtig. Es handelt sich um ein Zufallsexperiment, da der Ausgang zufällig, d. h. nicht vorhersagbar ist: Es ist nicht vorhersagbar, ob Kopf oder Zahl oben liegen wird.

B Das ist richtig. Führt man zwei (nicht notwendigerweise die gleichen) Versuche mit zufälligem Ausgang nacheinander aus, so spricht man von einem zweistufigen Zufallsexperiment.

C Das ist falsch. Den Ausgang eines Zufallsexperiments nennt man Ergebnis.

D Das ist richtig. Beispielsweise sieht beim zweimaligen Würfeln bzw. beim gleichzeitigen Würfeln mit zwei unterscheidbaren Würfeln das Baumdiagramm gleich aus.

E Das ist richtig. Eine vereinfachte Darstellung kann täuschen. Beispielsweise sieht es bei der vereinfachten Darstellung mit den Ereignissen „Sechs“ und „keine Sechs“ (Würfeln) so aus, als ob das Ergebnis Sechs eher auftritt im Vergleich mit der nicht vereinfachten Darstellung.

F Das ist falsch. Aus $H = 0$ folgt $h = 0$.

G Das ist falsch. Im Allgemeinen folgt aus $H = 100$ nur $h = \frac{100}{n}$. Lediglich im Fall von $n = 100$ folgt aus $H = 100$, dass $h = \frac{100}{100} = 1 = 100\,\%$ ist.

Lösungen zu „Kapitel 2 – Startklar“ – Seite 34

Winkel zeichnen und messen

1

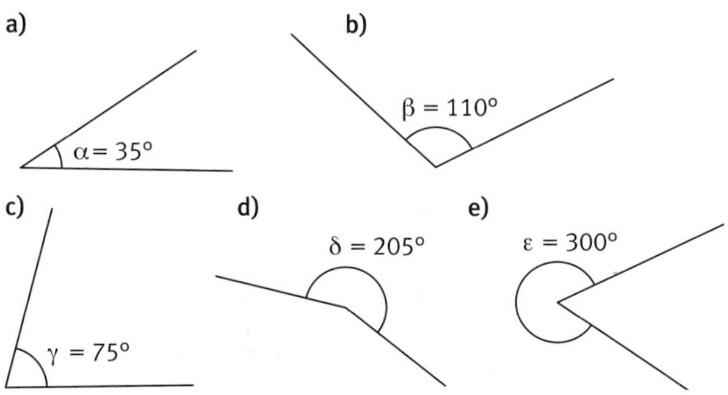

2 a) $\alpha = 60°$ b) $\beta = 74°$ c) $\gamma = 162°$ d) $\delta = 85°$

Innenwinkelsumme im Dreieck und Außenwinkelsatz

3 a) $\gamma = 75°$ b) $\gamma = 56°$ c) $\alpha = 44°$
d) $\gamma = 62°$ e) $\beta = \gamma = 82°$ f) $\alpha = 80°; \beta = 40°$
g) $\alpha = 68°; \gamma = 37°$ h) $\alpha = \beta = \gamma = 60°$ i) $\beta = 116°; \gamma = 32°$

Dreiecksarten und ihre Besonderheiten

4 Lösungsmöglichkeiten:

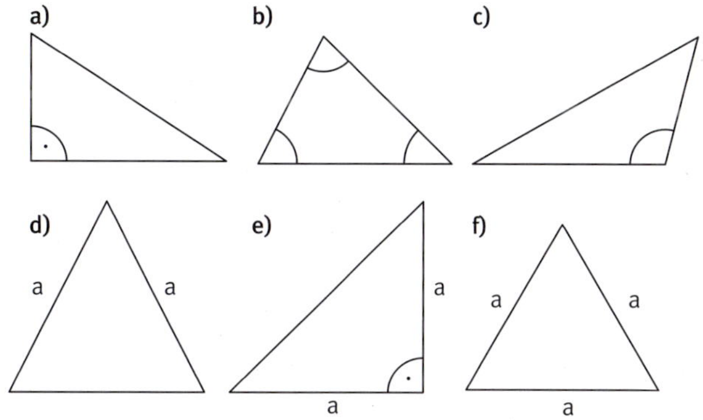

Besondere Linien im Dreieck

5 Ⓐ – ❷ Ⓑ – ❸ Ⓒ – ❶

Lösungen zu „Kapitel 2 – Das kann ich!“ – Seite 60 /61

Aufgaben zur Einzelarbeit

1 Wegen der Innenwinkelsumme im Dreieck folgt mit $180° - 105° = 75°$, dass das Maß der beiden anderen Winkel jeweils kleiner als 75° ist und der Winkel mit 105° der größte der drei Winkel ist. Damit ist die Gegenseite mit 7,5 cm die längste der drei Seiten, die beiden anderen Seiten sind kürzer als 7,5 cm.

2 a) $3{,}3\text{ cm} < c < 10{,}7\text{ cm}$ b) $1\text{ cm} < a < 11\text{ cm}$
c) $0\text{ cm} < b < 11{,}2\text{ cm}$ d) $3{,}8\text{ cm} < c < 7{,}8\text{ cm}$

3 Lösungsmöglichkeiten:

a)

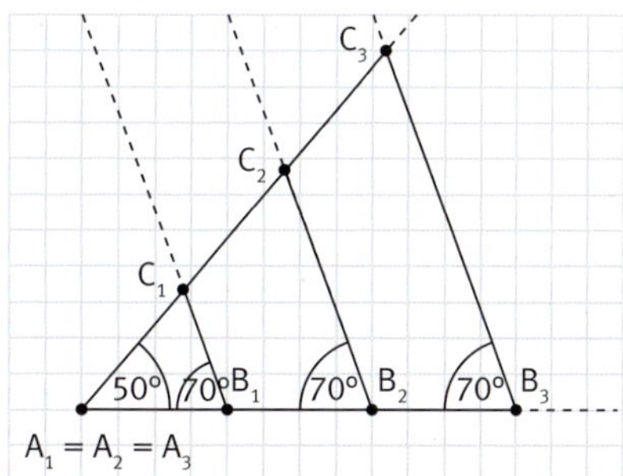

b)

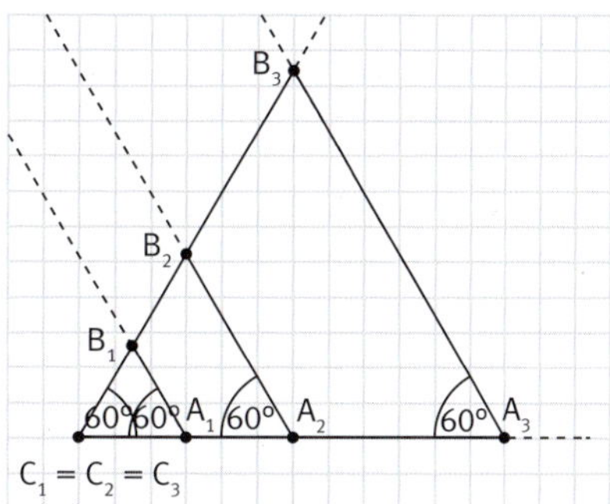

Lösungen

c)

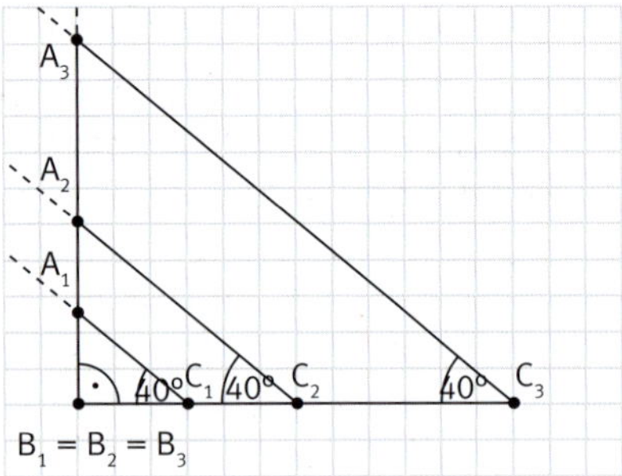

d)

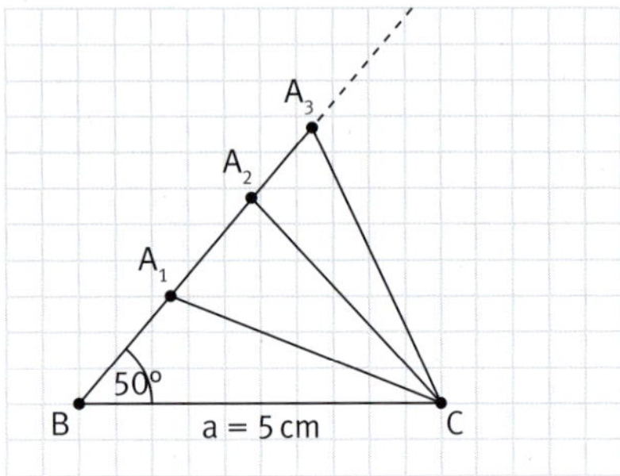

4 (1) ist kongruent zu (6). (2) ist kongruent zu (4).
(8) ist kongruent zu (11). (9) ist kongruent zu (12).

5

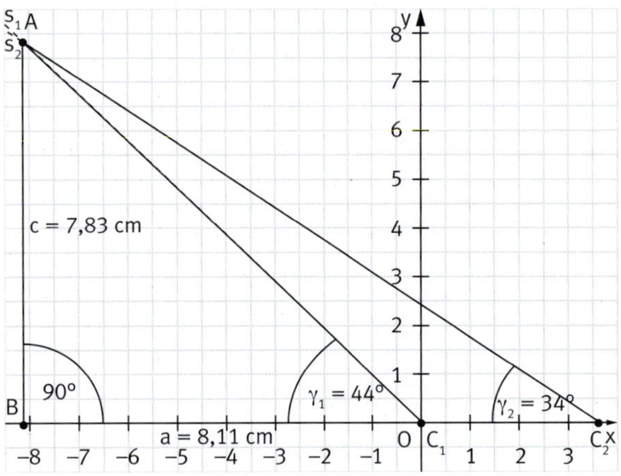

Die Konstruktion ergibt eine Felshöhe von 7,83 cm ≙ 78,3 m und eine Flussbreite von 8,11 cm ≙ 81,1 m.

6 Konstruktion der Dreiecke mit Planfigur, Angabe des Kongruenzsatzes, Zeichnung und Beschreibung:

a) WSW

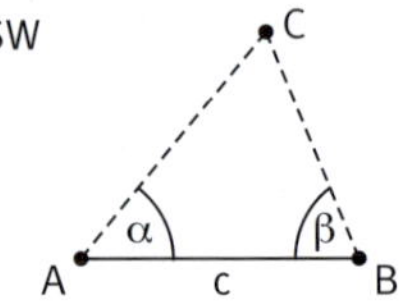

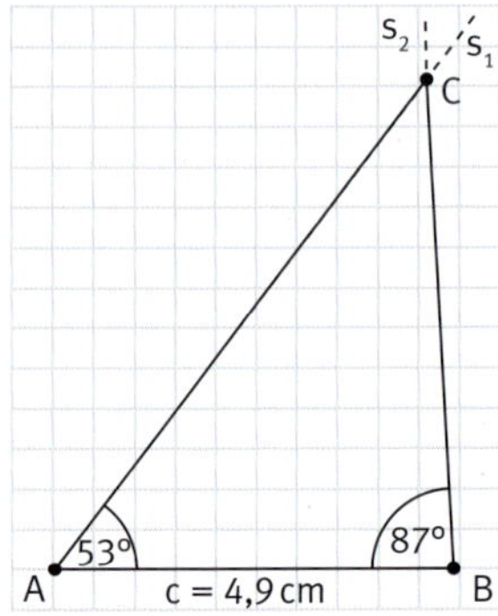

1. Festlegen der Strecke $\overline{AB}$ mit $c = 4{,}9$ cm
2. Antragen des Winkels $\alpha = 53°$ in A an $\overline{AB}$, freier Schenkel s_1
3. Antragen des Winkels $\beta = 87°$ in B an $\overline{AB}$, freier Schenkel s_2
4. $s_1 \cap s_2 = \{C\}$

b) WSW

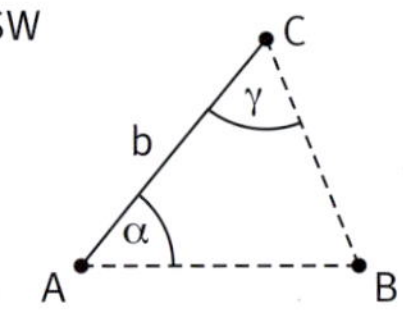

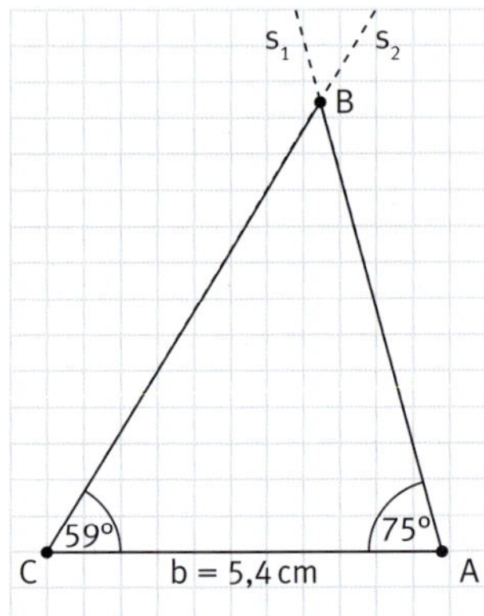

1. Festlegen der Strecke $\overline{CA}$ mit $b = 5{,}4$ cm
2. Antragen des Winkels $\alpha = 75°$ in A an $\overline{CA}$, freier Schenkel s_1
3. Antragen des Winkels $\gamma = 59°$ in C an $\overline{CA}$, freier Schenkel s_2
4. $s_1 \cap s_2 = \{B\}$

c) SWS

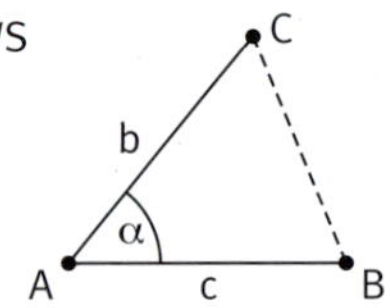

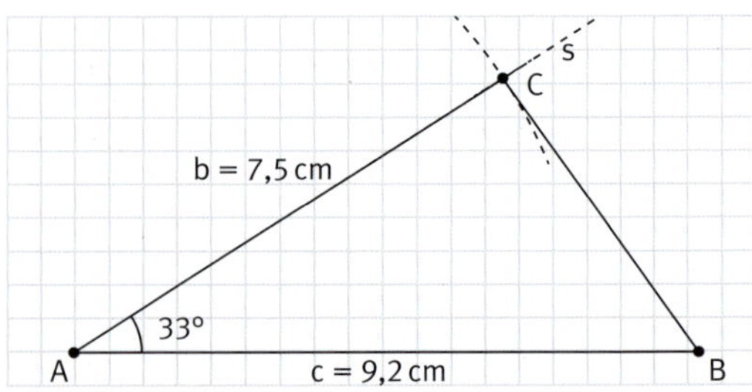

1. Festlegen der Strecke $\overline{AB}$ mit c = 9,2 cm
2. Antragen des Winkels $\alpha = 33°$ in A an $\overline{AB}$, freier Schenkel s
3. k (A; r = b = 7,5 cm)
4. $s \cap k = \{C\}$

d) SSS

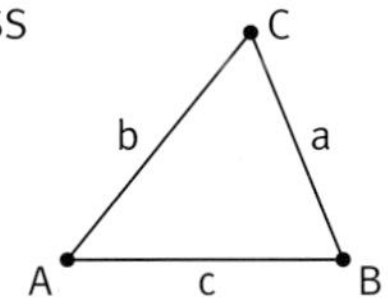

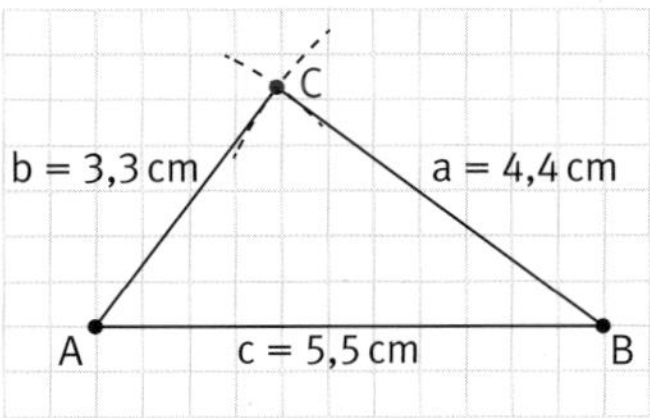

1. Festlegen der Strecke $\overline{AB}$ mit c = 5,5 cm
2. k_1 (B; r = a = 4,4 cm)
3. k_2 (A; r = b = 3,3 cm)
4. $k_1 \cap k_2 = \{C\}$

e) SsW

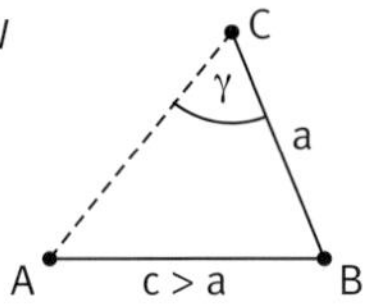

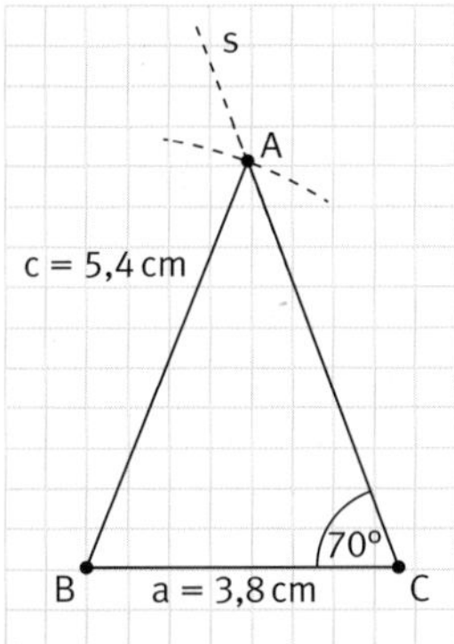

1. Festlegen der Strecke $\overline{BC}$ mit a = 3,8 cm
2. Antragen des Winkels $\gamma = 70°$ in C an $\overline{BC}$, freier Schenkel s
3. k (B; r = c = 5,4 cm)
4. $s \cap k = \{A\}$

7 Konstruktion mit Planfigur, Zeichnung und Beschreibung

a)

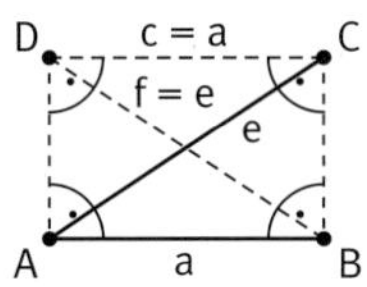

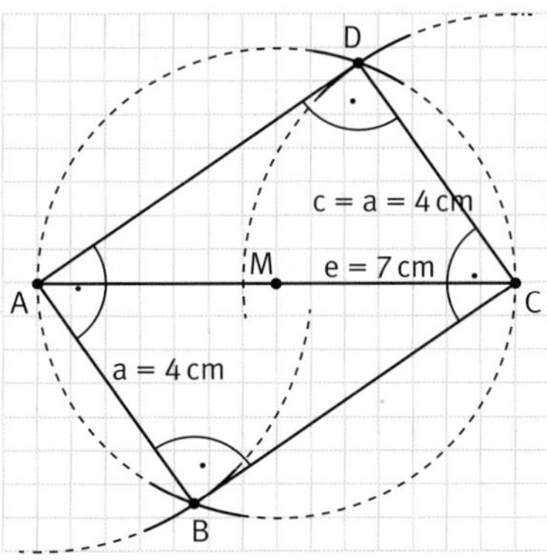

1. Festlegen der Diagonalen $\overline{AC}$ mit e = 7 cm
2. Thaleskreis k_T über $\overline{AC}$
3. k_1 (A; r = a = 4 cm)
4. k_2 (C; r = a = 4 cm)
5. $k_1 \cap k_T = \{B\}$
6. $k_2 \cap k_T = \{D\}$

b)

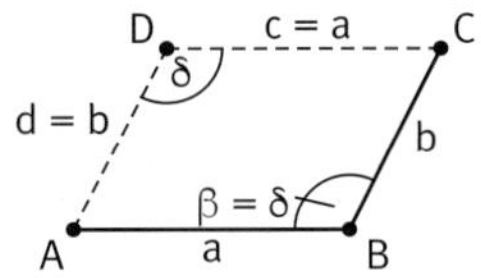

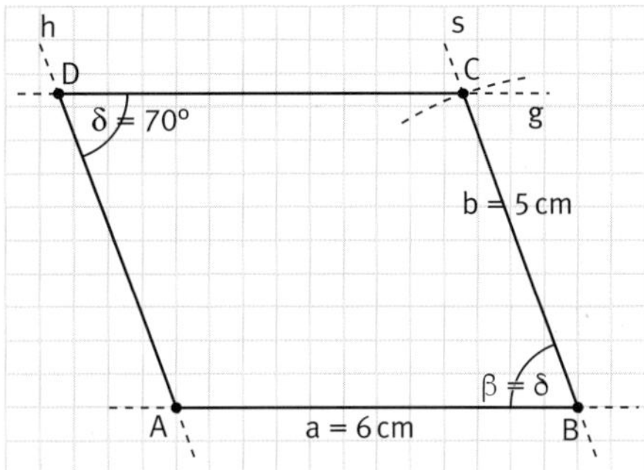

1. Festlegen der Strecke $\overline{AB}$ mit a = 6 cm
2. Antragen des Winkels $\beta = \delta = 70°$ in B an $\overline{AB}$, freier Schenkel s
3. k (B; r = b = 5 cm)
4. $k \cap s = \{C\}$
5. g mit $C \in g$ und $g \parallel AB$
6. h mit $A \in h$ und $h \parallel BC$
7. $g \cap h = \{D\}$

c)

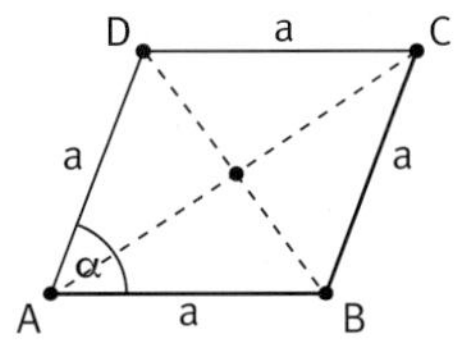

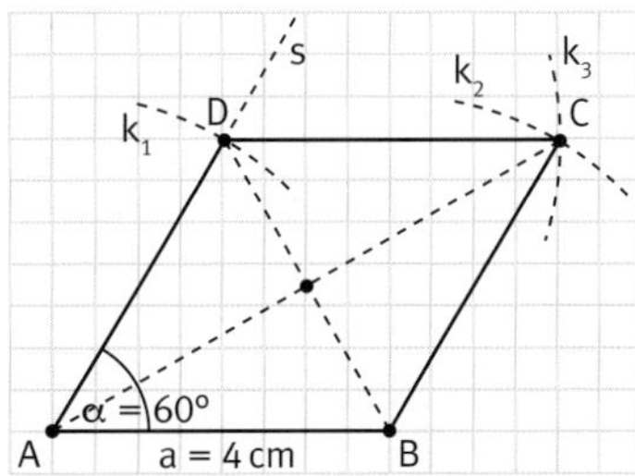

1. Festlegen der Strecke $\overline{AB}$ mit a = 4 cm
2. Antragen des Winkels $\alpha = 60°$ in A an $\overline{AB}$, freier Schenkel s
3. k_1 (A; r = 4 cm)
4. $k_1 \cap s = \{D\}$
5. k_2 (B; r = 4 cm)
6. k_3 (D; r = 4 cm)
7. $k_2 \cap k_3 = \{C\}$

Lösungen

8 a) Trapez (nicht gleichschenklig)
b) Raute (und damit auch Quadrat)
c) gleichschenkliges Trapez
d) Drachen (und damit auch Raute und Quadrat) und Rechteck (und damit auch Quadrat)
e) Rechteck (und damit auch Quadrat)
f) Drachen (nicht Raute)

9 a)

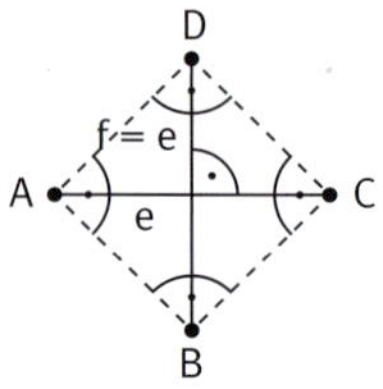

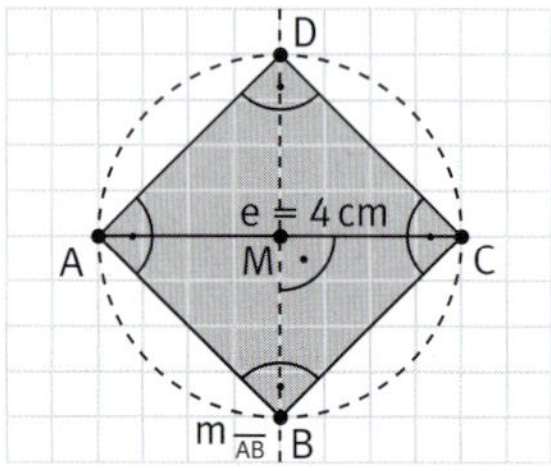

1. Festlegen der Diagonalen $\overline{AC}$ mit e = 4 cm
2. Zeichnen des Thaleskreises k_T über $\overline{AC}$
3. Zeichnen der Mittelsenkrechten $m_{\overline{AC}}$
4. $m_{\overline{AC}} \cap k_T = \{B; D\}$

b) ①

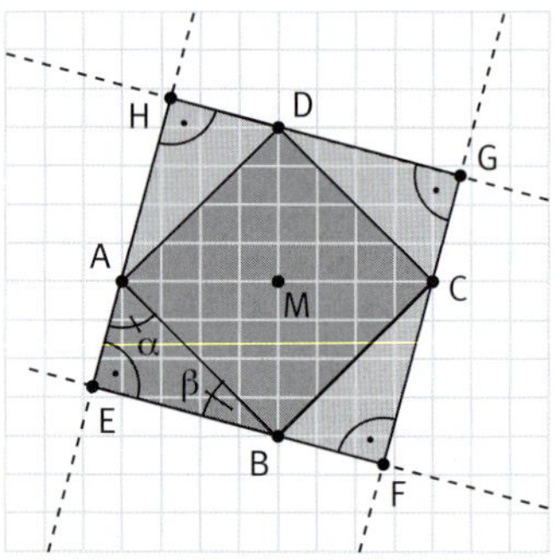

Um ein großes Quadrat um das kleine Quadrat herum zu konstruieren, wählt man die vier entstehenden Dreiecke rechtwinklig und kongruent zueinander; die Seiten des inneren Quadrats bilden dabei die Hypotenusen der Dreiecke, die rechten Winkel in den Dreiecken liegen ihnen also gegenüber.
Ein Lösungsweg zur Konstruktion des ersten der vier Dreiecke, z. B. des Dreiecks AEB über $\overline{AB}$, besteht darin, zwei beliebige Winkel α und β zu wählen, die zusammen 90° ergeben, z. B. 30° und 60°. Anschließend konstruiert man über den Seiten $\overline{BC}$, $\overline{CD}$, $\overline{DA}$ die zu AEB kongruenten Dreiecke, indem man die gewählten Winkel α und β an die Seiten anträgt und die Eckpunkte F, G und H als Schnittpunkte der freien Schenkel ermittelt.

②

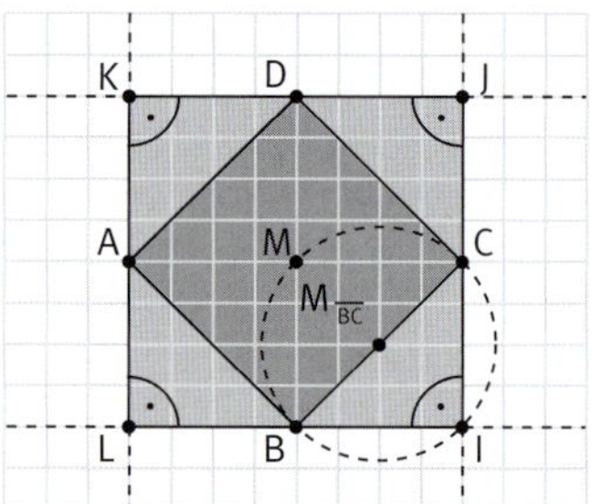

Es gelten die gleichen Voraussetzungen wie unter ①, nur wird hier der rechte Winkel mithilfe des Thaleskreises über einer Seite des inneren Quadrats festgelegt, z. B. über $\overline{BC}$.
Auf dem entstehenden Kreisbogen kann ein Punkt I beliebig gewählt werden, wobei die Winkel α und β zusammen 90° ergeben.
Um zu gewährleisten, dass die Seiten des äußeren Quadrats rechtwinklig aufeinander stehen, kann man die fehlenden Eckpunkte J, K und L als Schnittpunkte der Parallelen bzw. Senkrechten zu BI durch C, D und A konstruieren.

c) Da in ① die Winkel α und β beliebig gewählt werden können mit $0 < \alpha < 90°$, $0 < \beta < 90°$ und $\alpha + \beta = 90°$ bzw. in ② der Punkt I auf dem Thaleskreis beliebig wählbar ist, gibt es unendlich viele Möglichkeiten für das äußere Quadrat.

10 a)

Unten links:	Gleichschenkliges Trapez mit Symmetrieachse und Umkreis
Unten rechts:	Drachenviereck mit Symmetrieachse und Inkreis
Mitte links:	Rechteck mit zwei Symmetrieachsen, Symmetriezentrum und Umkreis
Mitte rechts:	Raute mit zwei Symmetrieachsen, Symmetriezentrum und Inkreis
Oben:	Quadrat mit vier Symmetrieachsen, Symmetriezentrum, Umkreis und Inkreis

b) Links befinden sich die Vierecke mit Umkreis, rechts die Vierecke mit Inkreis. Links liegen alle Eckpunkte außerhalb der Symmetrieachse, rechts liegen zwei bzw. vier Eckpunkte auf der Symmetrieachse. Von unten nach oben kommen weitere Symmetrieeigenschaften hinzu.

c) Das Parallelogramm müsste auf der untersten Stufe zwischen gleichschenkligem Trapez und Drachen (oder unterhalb der beiden) eingefügt werden: Es hat keine Symmetrieachse, aber ein Symmetriezentrum. Es hat keinen Umkreis und keinen Inkreis.

11

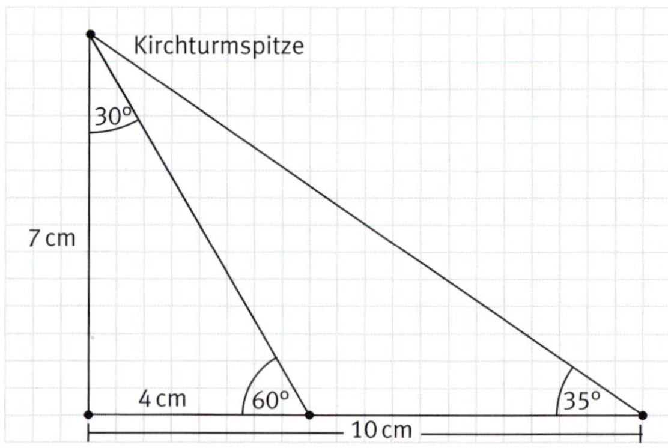

Maßstab 1 : 1000, also 1 cm ≙ 10 m

a) α = 35°

b) Schattenlänge 4,0 cm ≙ 40 m

Aufgaben für Lernpartner

A Das ist richtig. Grund: Seite-Winkel-Beziehung.

B Das ist falsch. Gegenbeispiel: In einem rechtwinklig-gleichschenkligen Dreieck ist die Basis die längste Seite.

C Das ist falsch. Richtig ist: In einem Dreieck ist die Summe zweier Seiten immer länger als die dritte Seite (Dreiecksungleichung).

D Das ist falsch. Bei Dreiecken stimmt die Aussage noch (Kongruenzsatz SSS), aber schon bei Vierecken stimmt die Aussage nicht mehr.

E Das ist falsch: Gegenbeispiel: Konstruktion von Dreiecken nach den Kongruenzsätzen SWS, WSW oder SsW.

F Das ist falsch. Man benötigt für die eindeutige Konstruktion zusätzlich noch mindestens eine Seitenlänge.

G Das ist falsch. Ein Drachenviereck mit gleich langen Diagonalen ist nur dann eine Raute, wenn sich die Diagonalen halbieren. In diesem Fall liegt dann sogar ein Quadrat vor.

H Das ist richtig.

Lösungen zu „Kapitel 3 – Startklar" – Seite 64

Terme finden und vereinfachen

1 **a)** $T(x) = 3x$ **b)** $T(x) = x^2$
c) $T(x) = 2x + 3$ **d)** $T(x) = x^2 + 5$

2 **a)** $-15x$ **b)** $2y$ **c)** $8x + 5y$
d) $5x^2 + x$ **e)** 0 **f)** $13{,}2m - 4{,}1n$

3 $2x \cdot x = 2x^2$ $6x^2 : 2x = 3x$
$x + 3x = 4x$ $2x \cdot x^2 = 2x^3$

Gleichungen lösen

4 **a)** $12x + 4 = 40 \quad | -4$
$\Leftrightarrow 12x = 36 \quad | :12$
$\Leftrightarrow x = 3$
$L = \{3\}$

b) $\frac{4}{7}x - 3{,}8 = 0{,}2 \quad | +3{,}8$
$\Leftrightarrow \frac{4}{7}x = 4 \quad | \cdot \frac{7}{4}$
$\Leftrightarrow x = 7$
$L = \{7\}$

5 **a)** $L = \{4\}$ **b)** $L = \{-7\}$ **c)** $L = \{3\}$
d) $L = \{2{,}4\}$ **e)** $L = \{0\}$ **f)** $L = \{-1\}$

Lösungen zu „Kapitel 3 – Das kann ich!" – Seite 98 / 99

Aufgaben zur Einzelarbeit

1 **a)** $T(7) = 24$ $T(19{,}5) = 61{,}5$ $T(-5) = -12$
b) $T(3) = -3$ $T(-3) = 21$ $T(-2{,}5) = 16{,}25$
c) $T(3) = -24$ $T\left(\frac{1}{2}\right) = -42{,}75$ $T\left(-\frac{5}{2}\right) = -48{,}75$
d) $T(1{,}5) = -2{,}75$ $T\left(4\frac{1}{2}\right) = 15{,}25$ $T(-2) = -1$

2 **a)** $4x$ **b)** $4c$
c) $-2{,}5a^2 + 2{,}5a$ **d)** $3a^3x$
e) $12x^2y^5 - 5{,}11xy^3 - 5{,}8$ **f)** $-\frac{4}{9}a^2b - \frac{1}{4}ab^2$

3 **a)** $9c + 3$ **b)** $-x^2 + 9x$ **c)** $3c - 6d$ **d)** 1
e) $3x + 3y$ **f)** $8x - y - 1$ **g)** $-8a + 2b$ **h)** $2x + 11y$
i) $8a + 12b$ **j)** $8x - 3{,}4y + 2{,}2z$

4 **a)** $3x + 9$ **b)** $2y - 7$ **c)** $2y - 7$ **d)** $0{,}5a + 1{,}5$
e) $26e^2f - 8ef$ **f)** $0{,}5m - 1{,}5n$ **g)** $2x^2 + 6xy$ **h)** $a + 1{,}4b$

5 **a)** $3x + 9y = 3(x + 3y)$
b) $15 + 135x = 15(1 + 9x)$
c) $32a + 256b^2 = 16(2a + 16b^2)$
d) $3x - 6x^2 = 3x(1 - 2x)$
e) $21x^2y + 3y = 3y(7x^2 + 1)$
f) $7ab^2 + 5a^2b^2 = ab^2(7 + 5a)$

6 **a)** $12 - 3y + 4x - xy$
b) $2b + 6a - ab - 3a^2$
c) $3a + 3b - 3c + a^2 + ab - ac$
d) $9z + 45 - 9a + xz + 5x - ax - yz - 5y + ay$
e) $-16 + 8x + 2x - x^2 = -16 + 10x - x^2$
f) $2a^2 + 4ab + 2ab + 4b^2 = 2a^2 + 6ab + 4b^2$
g) $3x^2y - 2x^2y^2 + 12x - 8xy$
h) $6b + 30 - 6a - ab - 5a + a^2 = 6b + 30 - 11a - ab + a^2$

7 **a)** $u^2 - 2uv + v^2$ **b)** $4 + 4z + z^2$ **c)** $4x^2 - 12xy + 9y^2$
d) $c^2 - 9d^2$ **e)** $x^4 + 2x^2y^3 + y^6$ **f)** $9z^8 - 49$

8 **a)** $(x + 4)^2$ **b)** $(2x - y)^2$ **c)** $(7a + 9y) \cdot (7a - 9y)$
d) $(6x - 3y)^2$ **e)** $(0{,}5u + 0{,}3v^2)^2$ **f)** $(0{,}9s^2 + 9t) \cdot (0{,}9s^2 - 9t)$

9 **a)** $T(x) = 2x^2 + 8x + 5$
$= 2(x^2 + 4x + 4 - 4 + 2{,}5)$
$= 2(x + 2)^2 - 3$
Minimum $T_{min} = -3$ bei $x = -2$

b) $T(z) = -0{,}5z^2 + 2z + 1$
$= -0{,}5(z^2 - 4z + 4 - 4 - 2)$
$= -0{,}5(z - 2)^2 + 3$
Maximum $T_{max} = 3$ bei $z = 2$

c) $T(x) = \frac{1}{3}x^2 - 6x + 7$
$= \frac{1}{3}(x^2 - 18x + 81 - 81 + 21)$
$= \frac{1}{3}(x - 9)^2 - 20$
Minimum $T_{min} = -20$ bei $x = 9$

d) $T(y) = y^2 + 3y + 9$
$= y^2 + 3y + 2{,}25 - 2{,}25 + 9$
$= (y + 1{,}5)^2 + 6{,}75$
Minimum $T_{min} = 6{,}75$
bei $y = -1{,}5$

e) $T(y) = 1{,}5y^2 + 3y$
$= 1{,}5\,(y^2 + 2y + 1 - 1)$
$= 1{,}5\,(y + 1)^2 - 1{,}5$
Minimum $T_{min} = -1{,}5$ bei $y = -1$

f) $T(x) = -4x^2 + 4$
Maximum $T_{max} = 4$ bei $x = 0$

10 a) $3{,}4w - 3{,}1 = -4{,}1w + 0{,}65 \quad | + 4{,}1w + 3{,}1$
$7{,}5w = 3{,}75 \quad | : 7{,}5$
$w = 0{,}5$
$L = \{0{,}5\}$

b) $\frac{1}{5}y = \frac{1}{25} \cdot (y - 3)$
$\frac{1}{5}y = \frac{1}{25}y - \frac{3}{25} \quad | - \frac{1}{25}y$
$\frac{4}{25}y = -\frac{3}{25} \quad | : \frac{4}{25}$
$y = -\frac{3}{4}$
$L = \left\{-\frac{3}{4}\right\}$

c) $8 \cdot (3x + 2) = 8 \cdot (x - 1) + 23$
$24x + 16 = 8x + 15 \quad | - 8x - 16$
$16x = -1 \quad | : 16$
$x = -\frac{1}{16}$
$L = \left\{-\frac{1}{16}\right\}$

d) $z \cdot (7z - 3) - 6z^2 = z \cdot (z + 1{,}5)$
$7z^2 - 3z - 6z^2 = z^2 + 1{,}5z$
$z^2 - 3z = z^2 + 1{,}5z \quad | - z^2 + 3z$
$0 = 4{,}5z \quad | : 4{,}5$
$0 = z$
$L = \{0\}$

e) $(x + 0{,}3)^2 = (x - 0{,}7)^2$
$x^2 + 0{,}6x + 0{,}09 = x^2 - 1{,}4x + 0{,}49 \quad | - x^2 + 1{,}4x - 0{,}09$
$2x = 0{,}4 \quad | : 2$
$x = 0{,}2$
$L = \{0{,}2\}$

11 Es sind individuelle Lösungen möglich, z. B.:

a) $50 + 9x = 19x \qquad L = \{5\}$

b) $50 + 9x = 9x \qquad L = \emptyset$

c) $50 + 9x = 3 \cdot \left(3x + \frac{2}{3} \cdot 5^2\right) \qquad L = \mathbb{Q}^+$

12 Alter von Johanna: j
$j + 2 \cdot (j + 7) = 4j + 1$
$j + 2j + 14 = 4j + 1$
$3j + 14 = 4j + 1 \quad | - 3j - 1$
$13 = j$
Johanna ist 13.

13 a) $G = \mathbb{Q}^+$ bzw. [0; 28]: Wenn man davon ausgeht, dass die Breiten- und Längenangaben so zu verstehen sind, dass G_1 mindestens 17 m breit und höchstens 39 m lang ist bzw. G_2 mindestens 22 m breit und höchstens 28 m lang ist, wird als Grundmenge $G = \mathbb{Q}^+$ bzw. [0; 28] angenommen (bei $x > 28$ bekäme G_2 einen negativen Wert für die Länge).

b) Flächeninhalt von G_1: $A_1 = (17 + x) \cdot (39 - x)\ m^2$
Flächeninhalt von G_2: $A_2 = (22 + x) \cdot (28 - x)\ m^2$
Annahme: $A_1 = A_2$
$(17 + x) \cdot (39 - x) = (22 + x) \cdot (28 - x)$
$663 - 17x + 39x - x^2 = 616 - 22x + 28x - x^2$
$663 + 22x - x^2 = 616 + 6x - x^2 \quad | + x^2 - 6x - 663$
$16x = -47 \quad | : 16$
$x = -2{,}9375$
Wenn man von $G = \mathbb{Q}^+$ bzw. [0; 28] ausgeht, hat Anna Recht, da ein negativer Wert für x ausgeschlossen wurde. Es ist anzunehmen, dass Anna von $G = \mathbb{Q}^+$ ausgeht.

c) Maximaler Flächeninhalt bei quadratischer Fläche, d. h. Länge = Breite:
G_1: $17 + x = 39 - x \iff 2x = 22 \iff x = 11$
$A_1 = 28\,m \cdot 28\,m = 784\,m^2$
G_2: $28 - x = 22 + x \iff 6 = 2x \iff x = 3$
$A_2 = 25\,m \cdot 25\,m = 625\,m^2$

Aufgaben für Lernpartner

A Für $x \in \mathbb{N}$ ist die Aussage falsch, es treten nur nicht-negative Termwerte auf: $T(x) \geq 0$.
Für $x \in \mathbb{Z}$ ist die Aussage richtig, der Termwert für $x = 0$ ist negativ: $T(0) = -1$ (alle anderen Termwerte für $x \neq 0$ sind nicht-negativ, d. h. gleich 0 oder größer 0).

B Die Aussage ist im Allgemeinen falsch. Sie gilt nur für den (wenig interessanten) Fall, dass die Summe selbst 0 ergibt.

C Die Aussage ist richtig, T (x) kann nicht mithilfe einer binomischen Formel umgeformt werden. Wenn man den linearen Termteil (13x) auf 12x korrigieren würde, könnte man mithilfe der 1. binomischen Formel umformen: $4x^2 + 12x + 9 = (2x + 3)^2$.

D Die Aussage ist richtig, das Maximum $T_{max} = 7$ liegt bei $x = -3$, alle anderen Termwerte sind kleiner als 7.

E Das ist richtig.

F Die Aussage ist falsch. Die Multiplikation oder Division mit null ist keine Äquivalenzumformung.
Gegenbeispiel: Die Gleichung $x + 1 = x - 1$ hat keine Lösung, $L = \emptyset$. Wenn man jedoch beide Seiten der Gleichung mit null multiplizieren würde, erhielte man $0 = 0$ und damit $L = G$.

G Das ist falsch. Gegenbeispiel: $7x = 3 + 7x$ mit $L = \emptyset$.

Lösungen zu „Kapitel 4 – Startklar“ – Seite 102

Mit Brüchen umgehen

1 Unter einem Bruch versteht man eine rationale Zahl $\frac{a}{b}$ mit $a \in \mathbb{N}_0$ und $b \in \mathbb{N}$. a nennt man den Zähler und b den Nenner des Bruchs. Der Nenner darf nie Null sein.

2 **a)** $\frac{3}{18}$; $\frac{6}{21}$; $\frac{21}{27}$; $\frac{12}{39}$; $\frac{33}{51}$; $\frac{63}{57}$; $\frac{69}{15}$
b) $\frac{12}{24}$; $\frac{72}{84}$; $\frac{60}{96}$; $\frac{0}{108}$; $\frac{384}{396}$; $\frac{1188}{600}$; $\frac{84}{72}$

3 **a)** $\frac{2}{4}$; $\frac{6}{7}$; $\frac{7}{9}$; $\frac{33}{50}$; $\frac{16}{3} = 5\frac{1}{3}$; $\frac{24}{12} = 2$; $\frac{501}{11} = 45\frac{6}{11}$
b) $\frac{1}{4}$; $\frac{9}{11}$; $\frac{5}{8}$; $\frac{2}{12}$; $\frac{3}{22}$; $\frac{110}{13} = 8\frac{6}{13}$; $\frac{1000}{101} = 9\frac{91}{101}$

4 **a)** Der Hauptnenner zweier Brüche ist der kleinste gemeinsame Nenner der beiden Brüche.
b) Lösungsmöglichkeit:
- zum Addieren / Subtrahieren bei ungleichnamigen Brüchen
- zum Größenvergleich bei ungleichnamigen Brüchen

Terme umformen

5 **a)** $x(x-4)$ **b)** $3(x+2)$ **c)** $(x-3)^2$
d) $(5x-8) \cdot (5x+8)$ **e)** $(2x+2)^2$

Gleichungen lösen

6 **a)** L = {7} **b)** L = { } **c)** L = {19} **d)** L = {7} **e)** L = {1}

7 **a)** L = {2} **b)** L = {9} **c)** L = {−4,75}

Lösungen zu „Kapitel 4 – Das kann ich!“ – Seite 112 / 113

Aufgaben zur Einzelarbeit

1 Bestimmung der Definitionsmenge D ❶ in G = ℕ und ❷ in G = ℚ

	a)	b)	c)	d)	e)
❶	ℕ	ℕ	ℕ \ {1}	ℕ \ {4}	ℕ \ {3}
❷	ℚ \ {−3}	ℚ \ {0,5}	ℚ \ {1}	ℚ \ {−4; 4}	ℚ \ {−3; 3}
	f)	**g)**	**h)**	**i)**	
❶	ℕ \ {6}	ℕ	ℕ \ {2}	ℕ \ {2}	
❷	ℚ \ {6}	ℚ \ {−3}	ℚ \ {−2; 2}	ℚ \ {0; 2}	

2 Lösungsmöglichkeiten:
a) $\frac{1}{x}$ **b)** $\frac{1}{x-0{,}5}$ **c)** $\frac{1}{x+0{,}5}$
d) $\frac{1}{x-1{,}44}$ **e)** $\frac{1}{2x^2-18}$ **f)** $\frac{1}{(x+2)\cdot(x-0{,}8)}$
g) $\frac{1}{x^2-\frac{25}{49}}$ **h)** $\frac{1}{(x-0{,}9)\cdot(x-3)}$ **i)** $\frac{1}{x+3{,}6}$

3

	a)	b)	c)
	$\frac{3}{x}$ ℚ \ {0}	$\frac{x}{x-3}$ ℚ \ {3}	$\frac{2}{2{,}5x}$ ℚ \ {0}
❶	$\frac{3x}{x^2}$ ℚ \ {0}	$\frac{x^2}{x^2-3x}$ ℚ \ {0; 3}	$\frac{2x}{2{,}5x^2}$ ℚ \ {0}
❷	$\frac{12x}{4x^2}$ ℚ \ {0}	$\frac{4x^2}{4x^2-12x}$ ℚ \ {0; 3}	$\frac{8x}{10x^2}$ ℚ \ {0}
❸	$\frac{3x+9}{x^2+3x}$ ℚ \ {−3; 0}	$\frac{x^2+3x}{x^2-9}$ ℚ \ {−3; 3}	$\frac{2x+6}{2{,}5x^2+7{,}5x}$ ℚ \ {−3; 0}
❹	$\frac{3x-9}{x^2-3x}$ ℚ \ {0; 3}	$\frac{x^2-3x}{x^2-6x+9}$ ℚ \ {3}	$\frac{2x-6}{2{,}5x^2-7{,}5x}$ ℚ \ {0; 3}
❺	$\frac{3x+15}{x^2+5x}$ ℚ \ {−5; 0}	$\frac{x^2+5x}{x^2+2x-15}$ ℚ \ {−5; 3}	$\frac{2x+10}{2{,}5x^2+12{,}5x}$ ℚ \ {−5; 0}
	d)	**e)**	**f)**
	$\frac{3}{x-5}$ ℚ \ {5}	$\frac{5}{x+3}$ ℚ \ {−3}	$\frac{x-3}{x+3}$ ℚ \ {−3}
❶	$\frac{3x}{x^2-5x}$ ℚ \ {0; 5}	$\frac{5x}{x^2+3x}$ ℚ \ {−3; 0}	$\frac{x^2-3x}{x^2+3x}$ ℚ \ {−3; 0}
❷	$\frac{12x}{4x^2-20x}$ ℚ \ {0; 5}	$\frac{20x}{4x^2+12x}$ ℚ \ {−3; 0}	$\frac{4x^2-12x}{4x^2+12x}$ ℚ \ {−3; 0}
❸	$\frac{3x+9}{x^2-2x-15}$ ℚ \ {−3; 5}	$\frac{5x+15}{x^2+6x+9}$ ℚ \ {−3}	$\frac{x^2-9}{x^2+6x+9}$ ℚ \ {−3}
❹	$\frac{3x-9}{x^2-8x+15}$ ℚ \ {3; 5}	$\frac{5x-15}{x^2-9}$ ℚ \ {−3; 3}	$\frac{x^2-6x+9}{x^2-9}$ ℚ \ {−3; 3}
❺	$\frac{3x+15}{x^2-25}$ ℚ \ {−5; 5}	$\frac{5x+25}{x^2+8x+15}$ ℚ \ {−5; −3}	$\frac{x^2+2x-15}{x^2+8x+15}$ ℚ \ {−5; −3}

4 Definitionsmenge D in G = ℚ und gekürzter Bruchterm

a)	b)	c)	d)	e)
ℚ \ {0} $\frac{4}{9x}$	ℚ \ $\{-\frac{4}{3}\}$ $\frac{6+3x}{4+3x}$	ℚ \ {−8} $\frac{7}{3}$	ℚ \ {−1} $\frac{5}{7}$	ℚ \ {−1} $\frac{5\cdot(x-1)}{7\cdot(x+1)}$
f)	**g)**	**h)**	**i)**	**j)**
ℚ \ {−16} $\frac{(x-16)^2}{x+16}$	ℚ \ {16} $x-16$	ℚ \ {−16; 16} $\frac{x-16}{x+16}$	ℚ \ {0; 1,25} $\frac{x^2-6x+9}{4x^2-5x}$	ℚ \ {0; 6} $\frac{x+6}{6}$

5 Bruch A mit Zähler z und Nenner (z + 2): $A = \frac{z}{z+2}$
Bruch B mit Zähler (z − 3) und Nenner [(z + 2) − 2] = z: $B = \frac{z-3}{z}$
D = ℕ \ {−2; 0}
$\frac{z}{z+2} = \frac{z-3}{z}$
$\Leftrightarrow z^2 = z^2 - z - 6$
$\Leftrightarrow z = -6$
$A = \frac{-6}{-4}$, $B = \frac{-9}{-6}$. Für A und B gilt: $\frac{-6}{-4} = \frac{-9}{-6} = \frac{3}{2}$.

6 **a)** Anzahl der Mountainbikes sei x; Anzahl der Trekkingräder ist x – 24; Anzahl aller Fahrräder ist 2x – 24 mit
$D = \{x \in \mathbb{Q} \mid x \geq 24\}$
$\frac{x}{2x-24} = \frac{55}{100}$
$\Leftrightarrow 100x = 110x - 1320$
$\Leftrightarrow 1320 = 10x$
$\Leftrightarrow x = 132$
Auf dem Fahrradplatz stehen 132 Mountainbikes und 108 Trekkingräder, insgesamt 240 Fahrräder.

b) Situation 1: Taschengeld von Lisa sei x €; Taschengeld von Gabi ist (x – 10) €.
Situation 2: Taschengeld von Lisa ist (x – 10) €; Taschengeld von Gabi ist (x – 20) €; $D = \{x \in \mathbb{Q} \mid x > 20\}$.
$\frac{x-20}{x-10} = \frac{1}{2}$
$\Leftrightarrow 2x - 40 = x - 10$
$\Leftrightarrow x = 30$
Lisa bekommt 30 € und Gabi 20 € Taschengeld. Bei jeweils 10 € weniger Taschengeld bekäme Lisa nur 20 €, Gabi 10 €.

7 **a)** $D = \mathbb{Q} \setminus \{0\}$; $L = \{1{,}5\}$
b) $D = \mathbb{Q} \setminus \{-1\}$; $L = \left\{-\frac{1}{9}\right\}$
c) $D = \mathbb{Q} \setminus \{2\}$; $L = \left\{\frac{25}{11}\right\}$
d) $D = \mathbb{Q} \setminus \{-2; 4\}$; $L = \{-2{,}4\}$
e) $D = \mathbb{Q} \setminus \left\{-\frac{9}{2}; -\frac{4}{3}\right\}$; $L = \left\{-\frac{88}{9}\right\}$
f) $D = \mathbb{Q} \setminus \{-0{,}5; 4\}$; $L = \left\{-\frac{4}{5}\right\}$
g) $D = \mathbb{Q} \setminus \{-1; -0{,}2\}$; $L = \left\{\frac{1}{3}\right\}$
h) $D = \mathbb{Q} \setminus \{1\}$; $L = \{-58\}$

8 Gleichung ② passt zum Text.
$D = \mathbb{Q} \setminus \{0\}$
$\frac{x-5}{4x} = 1 \quad | \cdot 4x$
$x - 5 = 4x \quad | -x$
$3x = -5 \quad | :3$
$x = -\frac{5}{3}$
$L = \left\{-\frac{5}{3}\right\}$

9 Das stimmt nicht, wie man sieht, wenn man die Gleichung löst:
$D = \mathbb{Z} \setminus \{0\}$
$\frac{1}{x} = \frac{1}{2x} \quad | \cdot 2x$
$2 = 1$
Formt man die Gleichung um, so entsteht eine falsche Aussage, die Lösungsmenge der Gleichung ist also leer: L = { }.

10 Maßzahl der Länge der Rechtecke: l
$l \cdot x = 75 \quad \Rightarrow l = \frac{75}{x}$
$l \cdot (x+1) = 90 \quad \Rightarrow l = \frac{90}{x+1}$
$\frac{75}{x} = \frac{90}{x+1} \quad | \cdot x \cdot (x+1)$
$75(x+1) = 90x$
$75x + 75 = 90x$
$x = 5$
$\Rightarrow \quad l = 15$
Die Rechtecke sind jeweils 15 cm lang und 5 cm bzw. 6 cm breit.

11 **a)** $\frac{12 \cdot (x^2-3)}{4x^2 - 12x + 9} = 3$
$\frac{12 \cdot (x^2-3)}{(2x-3)^2} = 3$
$D = \mathbb{Q} \setminus \left\{\frac{3}{2}\right\}$
$L = \left\{\frac{7}{4}\right\}$

b) $\frac{6x}{x^2-1} = \frac{3 \cdot (2x+12)}{(x-3) \cdot (x+1)}$
$\frac{6x}{(x-1) \cdot (x+1)} = \frac{6x+36}{(x-3) \cdot (x+1)}$
$D = \mathbb{Q} \setminus \{-1; 1; 3\}$
$L = \left\{\frac{3}{4}\right\}$

c) $\frac{(x+1{,}5) \cdot (x-3)}{x^2 + 3x + 2{,}25} = \frac{x^2 + 6x + 9}{(x-1{,}5) \cdot (x+3)}$
$\frac{(x+1{,}5) \cdot (x-3)}{(x+1{,}5)^2} = \frac{(x+3)^2}{(x-1{,}5) \cdot (x+3)}$
$D = \mathbb{Q} \setminus \{-3; -1{,}5; 1{,}5\}$
$L = \{0\}$

d) $D = \mathbb{Q} \setminus \{-2; 1{,}5; 2\}$
$L = \left\{-\frac{18}{5}\right\}$

Aufgaben für Lernpartner

A Das ist richtig.

B Das ist falsch.

C Das ist falsch; z. B. gilt für x = 1: $T_1(1) = 1$; $T_2(1) = -1$; d. h. $T_1(1) \neq T_2(1)$.

D Das ist falsch. Gegenbeispiel: Der Hauptnenner der Terme $\frac{1}{x-2}$ und $\frac{1}{x^2-4}$ ist nicht das Produkt $(x-2) \cdot (x^2-4)$, sondern (x^2-4). In (x^2-4) ist $(x-2)$ bereits als Faktor enthalten. Der Hauptnenner setzt sich aus möglichst wenigen Faktoren der Nennerterme zusammen.

E Das ist falsch. Gegenbeispiel: $x = \frac{1}{2}$; die rechte Seite der Gleichung besteht aus einem Quotienten, sie enthält aber keinen Bruchterm (= Term mit wenigstens einer Variablen im Nenner) und ist daher keine Bruchgleichung.

F Das ist falsch. Gegenbeispiel: $\frac{1}{6-x} = 1$ mit $D = \mathbb{Q} \setminus \{6\}$.

G Die Aussage ist nur richtig, wenn die Bruchgleichung in Form einer Verhältnisgleichung $\frac{T_1(x)}{T_2(x)} = \frac{T_3(x)}{T_4(x)}$ vorliegt (oder in eine solche Form gebracht werden kann) und die Definitionsmenge vor und nach dem Vertauschen von Zähler und Nenner die gleiche ist. Gegenbeispiel mit unterschiedlichen Definitions- und Lösungsmengen:
$\frac{x-2}{x^2-4} = \frac{x-2}{x^2-4}$ mit $D_1 = L_1 = \mathbb{Q} \setminus \{-2; 2\}$ und $\frac{x^2-4}{x-2} = \frac{x^2-4}{x-2}$ mit $D_2 = L_2 = \mathbb{Q} \setminus \{2\}$. Hier gilt: $L_1 \neq L_2$.

H Das ist richtig. Allerdings ist es keine Bruchgleichung, da die Variable nicht im Nenner vorkommt.

Lösungen zu „Kapitel 5 – Startklar“ – Seite 116

Terme darstellen und damit rechnen

1 **a)** T (x) = 3x + 1 **b)** T (x) = −2x **c)** T (x) = 0,25x
d) T (x) = 3x **e)** T (x) = −2x + 10 **f)** T (x) = x + 1

2

	−9	−5	−3	−2
a) T (x) = 0,5x − 4	−8,5	−6,5	−5,5	−5
b) T (x) = −1,5x + 0,2	13,7	7,7	4,7	3,2
c) T (x) = $\frac{4}{5}$x − 1	−8,2	−5	−3,4	−2,6
	0	1	4	8
a) T (x) = 0,5x − 4	−4	−3,5	−2	0
b) T (x) = −1,5x + 0,2	0,2	−1,3	−5,8	−11,8
c) T (x) = $\frac{4}{5}$x − 1	−1	−0,2	2,2	5,4

3 **a)** $T_1(x) = T_3(x)$ **b)** $T_2(x) = T_3(x)$

Zuordnungen erkennen und darstellen

4 **a)** Lean hätte 12 € bezahlen müssen.
b) y = 12x
c) Lösungsmöglichkeit: Bei der Zuordnung gilt: Bei doppelter (dreifacher, halber, ...) Menge an Gelbwurst muss der doppelte (dreifache, halbe, ...) Preis bezahlt werden.
d)

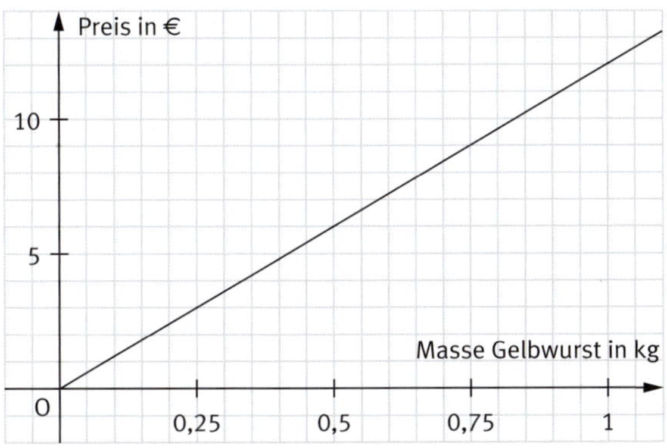

Der Graph stellt eine Ursprungshalbgerade dar.

Lösungen zu „Kapitel 5 – Das kann ich!“ – Seite 128 / 129

Aufgaben zur Einzelarbeit

1 **a)** D = {−4; −2; 1; 2}
W = {0; 2; 5; 6}
b) Die Zuordnung ist eine Funktion, da jedem Element aus der Definitionsmenge nur genau ein Element der Wertemenge zugeordnet ist.

2 **a)** ① (0,5 | 1,5); (1,5 | 0,5); (1,5 | 1,5); (1,5 | 2,5); (2,5 | 1,5)
② (0 | 1); (1 | 1); (1 | 2)
b) ① Die Zuordnung ist keine Funktion, da dem x-Wert 1,5 drei verschiedene y-Werte zugeordnet sind.
② Die Zuordnung ist eine Funktion, da es keinen x-Wert gibt, dem mehrere Funktionswerte zugeordnet sind.

3 y = 0 · x = 0

4 **a)** f (−2,5) = 7,5 · (−2,5) = −18,75 ≠ 7
P (−2,5 | 7) liegt nicht auf dem Graphen von f.
b) f (−2,5) = −2,8 · (−2,5) = 7
P (−2,5 | 7) liegt auf dem Graphen von f.

5

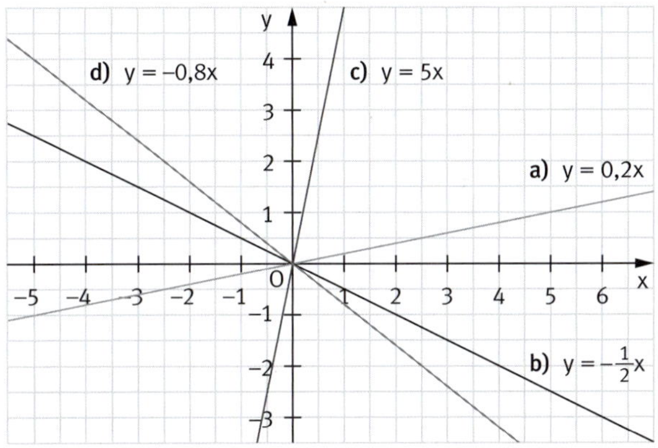

6 Lösungsmöglichkeiten:
- Der Graph ist identisch mit der Winkelhalbierenden des I. und III. Quadranten.
- Der Graph verläuft durch den I. Quadranten auf einer Kästchendiagonale und enthält den Punkt (0 | 0).
- Der Graph ist eine Gerade, die Punkte (−1 | −1) und (5 | 5) enthält.

7 **a)** Ursprungsgerade **b)** keine Ursprungsgerade
c) Ursprungsgerade **d)** keine Ursprungsgerade

8 **a)** f: $y = -\frac{2}{3}x$ **b)** f: $y = -\frac{1}{5}x$ **c)** f: $y = \frac{5}{4}x$
d) f: y = 8x **e)** f: y = −x

9 Lösungsmöglichkeiten:
- Man kann die Koordinaten zweier Punkte, die auf dem Graphen liegen, bestimmen und eine Gerade durch diese Punkte zeichnen. Der Einfachheit halber ist einer der beiden Punkte der Ursprung O (0 | 0).
- Man kann beginnend im Ursprung O (0 | 0) ein (genügend großes) Steigungsdreieck zeichnen und anschließend die Gerade durch den Ursprung und den obersten Punkt des Dreiecks legen.

10 a) $f: y = 1{,}7x$

b)

x	−3	−2	−1	0	1	2	3
y	−5,1	−3,4	−1,7	0	1,7	3,4	5,1

c) $f(x) = 0 \Longrightarrow 1{,}7x = 0$
$x = 0$

Die Funktion hat bei $x = 0$ eine Nullstelle, was man auch der Wertetabelle entnehmen kann.

11 a) Je Nährwert handelt es sich um eine direkte Proportionalität und damit um eine lineare Funktion der Form $y = mx$.
Auf 1 Portion à 80 g Spaghettini kommen jeweils 2,8 g Zucker, 1,5 g Fett und 0 g Natrium.
Zucker: $g_Z(x): y = 2{,}8x$
Fett: $g_F(x): y = 1{,}5x$
Natrium: $g_N(x): y = 0$

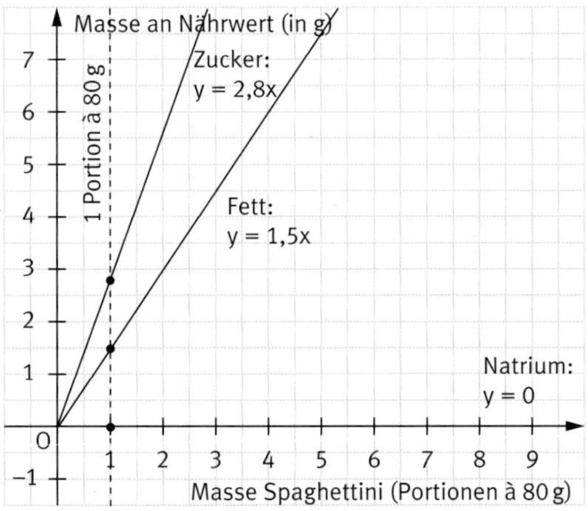

b) 1 Portion à 80 g Spaghettini enthält 2,8 g Zucker und entspricht 3 % des Tagesbedarfs an Zucker,
x Portionen entsprechen 100 %, also:
$x \text{ Portionen} = \frac{1 \text{ Portion}}{3\,\%} \cdot 100\,\% \Longleftrightarrow x \text{ Portionen} = 33\frac{1}{3} \text{ Portionen}$
$33\frac{1}{3}$ Portionen entsprechen $33\frac{1}{3} \cdot 80\,g = 2666{,}66\,g$ Spaghettini.
Mit rund 2,7 kg Spaghettini könnte man seinen Tagesbedarf an Zucker decken. Guten Appetit!

12 Die Graphen von f_2 und f_5 und die von f_3 und f_6 sind zueinander orthogonal, weil das Produkt ihrer Steigungen jeweils −1 ergibt.

13 $m_1 \cdot m_2 = -1$
$-\frac{1}{25} \cdot m_2 = -1$
$m_2 = 25$
$h: y = 25x$
$1{,}25 = 25x$
$x = 0{,}05$
$P(0{,}05 \mid 1{,}25)$

14

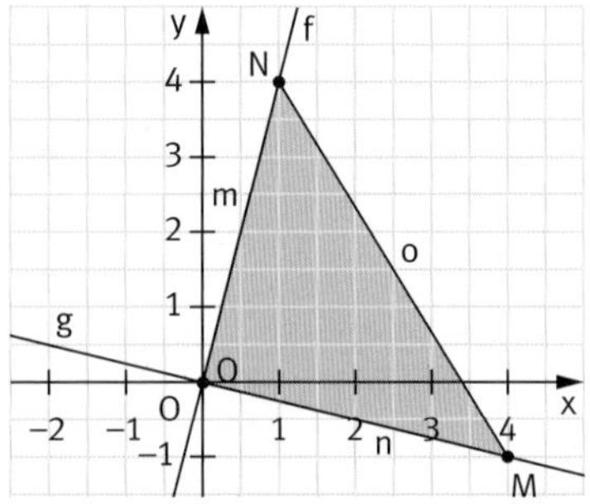

Die Dreiecksseite m liegt auf einer Ursprungsgeraden durch den Punkt $N(1 \mid 4)$, also auf einer Geraden $f: y = 4x$.
Die Dreiecksseite n liegt auf einer Ursprungsgeraden durch den Punkt $M(4 \mid -1)$, also auf einer Geraden $g: y = -\frac{1}{4}x$.
Das Produkt der Steigungen ergibt $-\frac{1}{4} \cdot 4 = -1$, also ist das Dreieck rechtwinklig.

15 Brigitte hat Recht: Um die Funktionsgleichung einer Ursprungsgeraden angeben zu können, benötigt man nur einen vom Ursprung $O(0 \mid 0)$ verschiedenen Punkt $P(x_P \mid y_P)$. Mit den Koordinaten x_P und y_P kann man die Steigung bestimmen:
$m = \frac{y_P}{x_P} \Longrightarrow g: y = \frac{y_P}{x_P}x$

Aufgaben für Lernpartner

A Das ist falsch. Eine Zuordnung ist beispielsweise dann keine Funktion, wenn einem Element aus der Definitionsmenge mehrere Werte aus der Wertemenge zugeordnet werden.

B Das ist richtig.

C Die Aussage ist falsch. Gegenbeispiel ist die Funktion $f: y = 2$.

D Das ist falsch, denn für $m = 0$ gilt: Die Funktion $f: y = 0$ hat unendlich viele Nullstellen.

E Das ist falsch. Es gibt auch andere Funktionen, deren Graph keine Gerade ist.

F Das ist falsch. Es gilt: Wenn man (bei der Berechnung von Punktkoordinaten) den x-Wert um 1 erhöht, muss man den y-Wert um 3 verringern.

G Die Aussage ist richtig (sofern m_1 und m_2 definiert sind, d. h. $m_1 \neq 0$ und $m_2 \neq 0$).

H Das ist richtig. Man kann die beiden Winkelhalbierenden auch als Graphen von Funktionen auffassen mit $y = x$ bzw. $y = -x$.
Das Produkt der Steigungen dieser beiden Funktionen ergibt $1 \cdot (-1) = -1$.
Also stehen die Graphen senkrecht aufeinander.

I Das ist falsch.

Lösungen zu „Kapitel 6 – Startklar" – Seite 132

Dreiecke und Vierecke konstruieren

1 a)
① Das Dreieck existiert nach dem Kongruenzsatz SSS und weil zusätzlich die Dreiecksungleichung erfüllt ist.
② Das Dreieck existiert nach dem Kongruenzsatz SWS.
③ Das Dreieck existiert nach dem Kongruenzsatz WSW.
④ Das Dreieck existiert nicht, da die Dreiecksungleichung nicht erfüllt ist.
⑤ Das Dreieck existiert nicht, weil die Winkelsumme aus α und β bereits 180° ergibt.
⑥ Das Dreieck existiert nach dem Kongruenzsatz WSW. Die Konstruktion ist auch mithilfe des Satzes von Thales möglich.
⑦ Das Dreieck existiert nach dem Kongruenzsatz SSS und weil zusätzlich die Dreiecksungleichung erfüllt ist.

b)

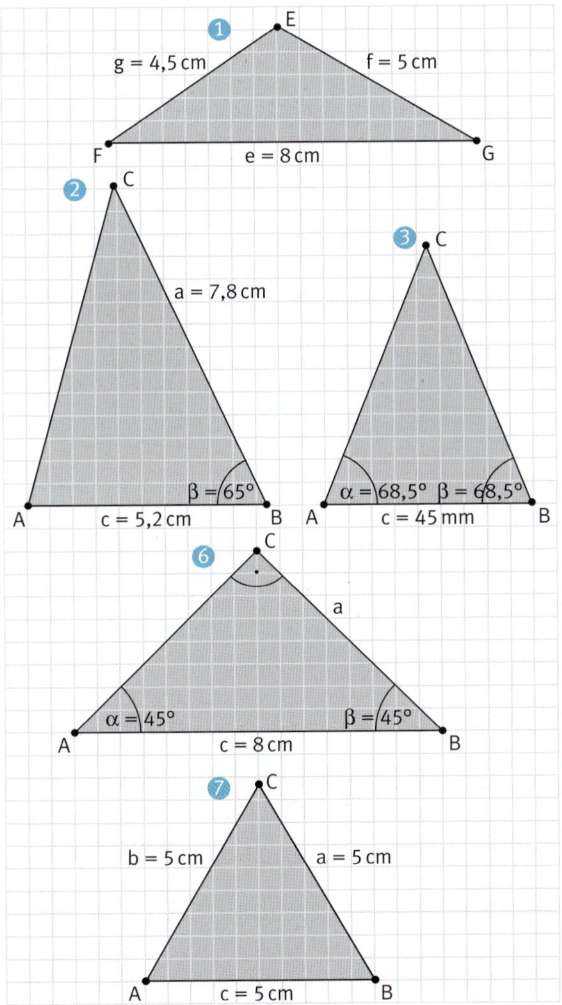

2 a)

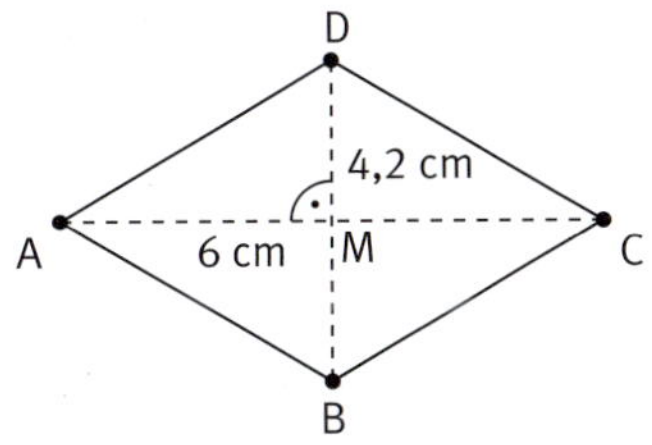

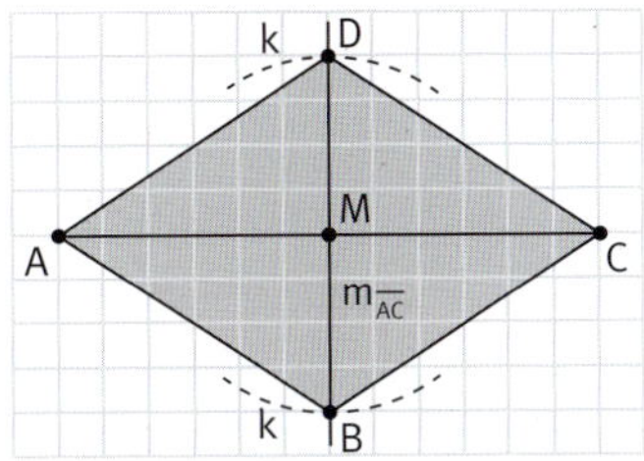

1. Festlegen der Diagonalen $\overline{AC}$ mit $|\overline{AC}| = 6\,\text{cm}$.
2. Mittelsenkrechte $m_{\overline{AC}}$ schneidet $\overline{AC}$ in M.
3. $k(M;\ r = \frac{1}{2}\overline{BD})$
4. $k \cap m_{\overline{AC}} = \{B; D\}$

b)

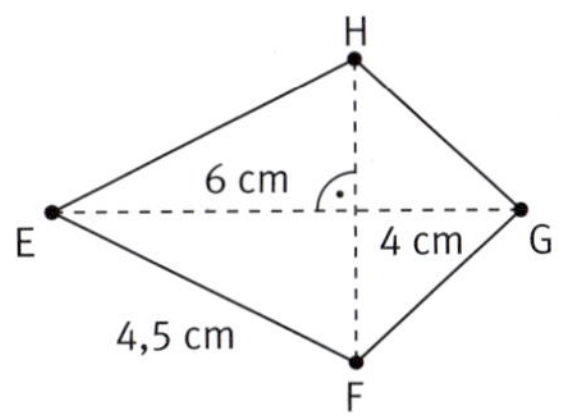

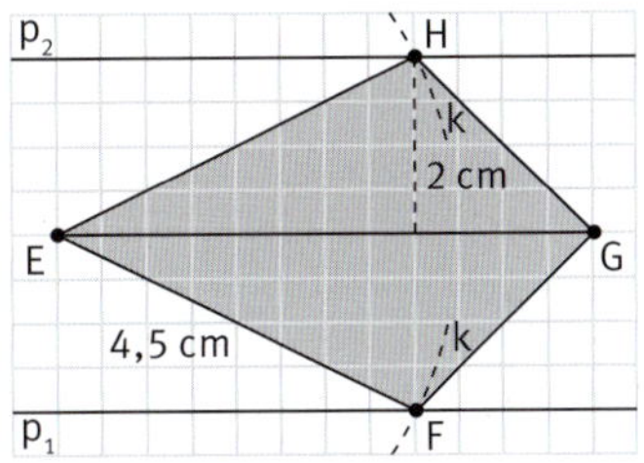

1. Festlegen der Diagonalen $\overline{EG}$ mit $|\overline{EG}| = 6\,\text{cm}$.
2. Parallelenpaar p_1 und p_2 im Abstand von 2 cm zu $\overline{EG}$
3. $k(E;\ r = 4{,}5\,\text{cm}) \cap p_1 = \{F\}$
4. $k(E;\ r = 4{,}5\,\text{cm}) \cap p_2 = \{H\}$

Winkelarten erkennen

3 spitzer Winkel: $0° < \alpha < 90°$
stumpfer Winkel: $90° < \alpha < 180°$
überstumpfer Winkel: $180° < \alpha < 360°$
Vollwinkel: 360°
rechter Winkel: $\alpha = 90°$
gestreckter Winkel: 180°

Körper erkennen, beschreiben und darstellen

4 a) Quader
b) Würfel
c) dreiseitiges Prisma
d) quadratische Pyramide
e) sechsseitiges Prisma
f) Zylinder
g) Kegel
h) Kugel

5

	Anzahl ...		
	Ecken	Kanten	Flächen
a) Quader	8	12	6
b) vierseitige Pyramide	5	8	5
c) dreiseitiges Prisma	6	9	5
d) Tetraeder	4	6	4
e) Zylinder	0	2 (gekrümmt)	3
f) Kugel	0	0	1
g) Würfel	8	12	6

6 Lösungsmöglichkeit:

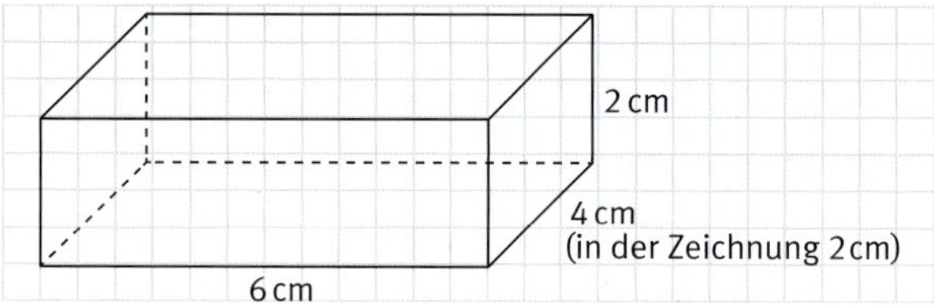

Lösungen zu „Kapitel 6 – Das kann ich!" – Seite 146 / 147

Aufgaben zur Einzelarbeit

1 **a)** AB; BC; CD; DA; EF; FG; GH; HE; AE; BF; CG; DH

b) Die zahlreichen Lösungsmöglichkeiten lassen sich am besten mit einer Tabelle angeben (ws: windschief).

	AB	BC	CD	DA	EF	FG	GH	HE	AE	BF	CG	DH
AB	=	⊥	ǁ	⊥	ǁ	ws	ǁ	ws	⊥	⊥	ws	ws
BC		=	⊥	ǁ	ws	ǁ	ws	ǁ	ws	⊥	⊥	ws
CD			=	⊥	ǁ	ws	ǁ	ws	ws	ws	⊥	⊥
DA				=	ws	ǁ	ws	ǁ	⊥	ws	ws	⊥
EF					=	⊥	ǁ	⊥	⊥	⊥	ws	ws
FG						=	⊥	ǁ	ws	⊥	⊥	ws
GH							=	⊥	ws	ws	⊥	⊥
HE								=	⊥	ws	ws	⊥
AE									=	ǁ	ǁ	ǁ
BF										=	ǁ	ǁ
CG											=	ǁ
DH												=

2 **a)** AB; BC; CD; DA; AS; BS; CS; DS

b) ❶ AB ǁ CD; BC ǁ DA
❷ AB ⊥ BC; BC ⊥ CD; CD ⊥ DA; DA ⊥ AB
❸ AB und CS; AB und DS; BC und AS; BC und DS; CD und AS; CD und BS; DA und BS; DA und CS

3 **a)**

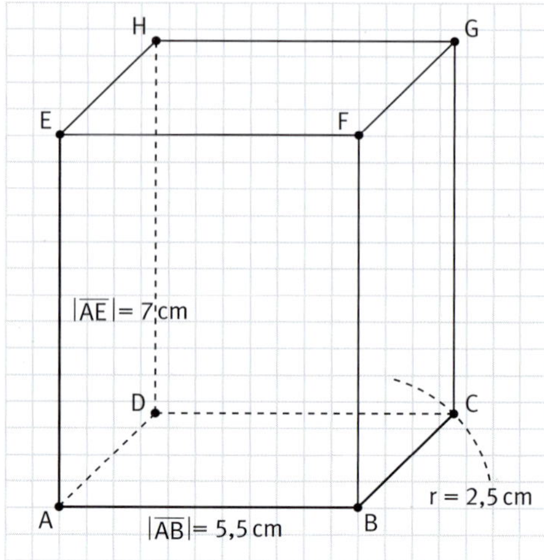

b)

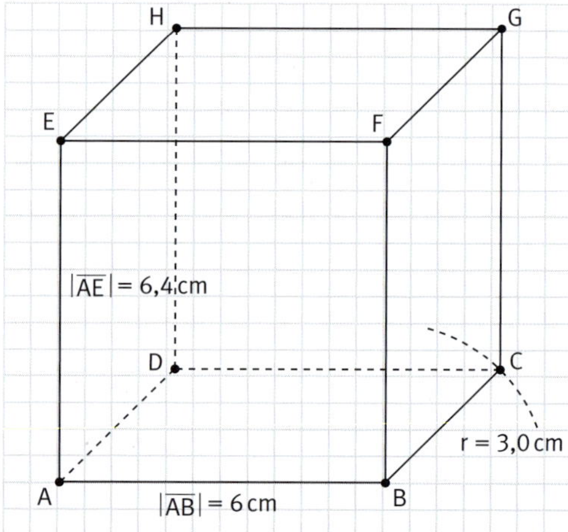

c)

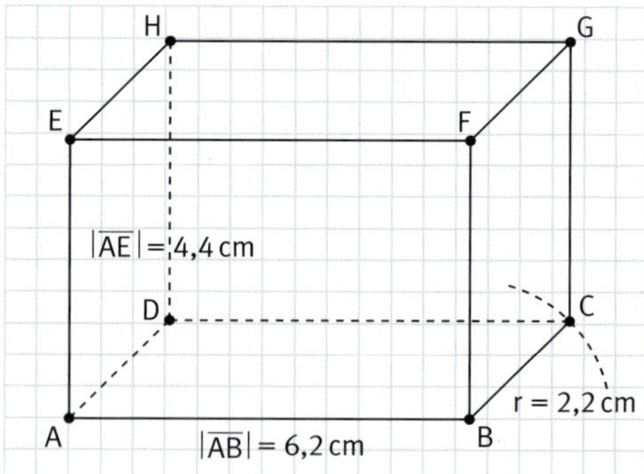

4 **a)** Das Schrägbild eines Würfels besteht aus zwei Quadraten (Vorder- und Rückseite) und vier Parallelogrammen (Grundfläche und Deckfläche und linke und rechte Seitenfläche). Das Schrägbild einer geraden quadratischen Pyramide besteht aus einem Parallelogramm (Grundfläche) und vier Dreiecken (Seitenflächen).

b) Im Schrägbild des Würfels sind die beiden Quadrate kongruent sowie die vier Parallelogramme. Im Schrägbild der Pyramide sind keine kongruenten Teilfiguren vorhanden.

5 **a)** ∢ CBA = 90°; ∢ ADB = 45° **b)** ∢ SMA = 90°

c) ∢ (E (ABC); E (ABS)) < 90°; spitzer Winkel **d)** ∢ (E (ACS); E (ABC)) = 90°

6 **a)**

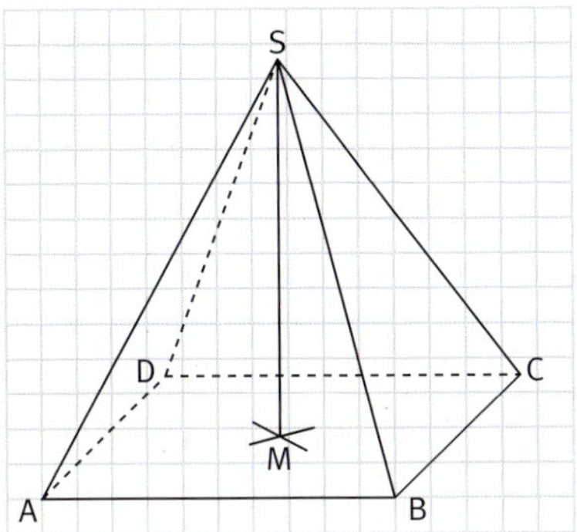

b)

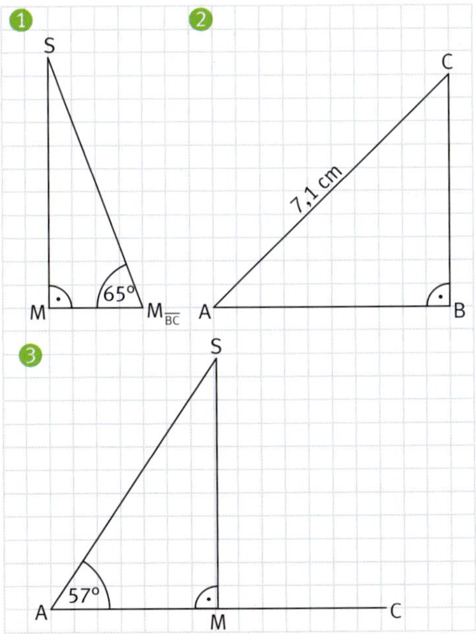

7 **a)**

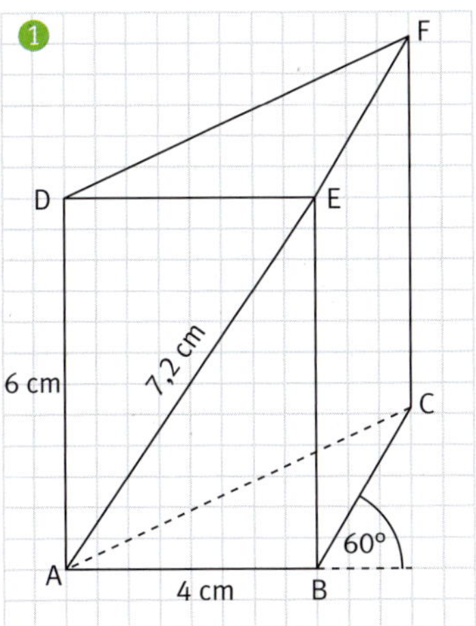

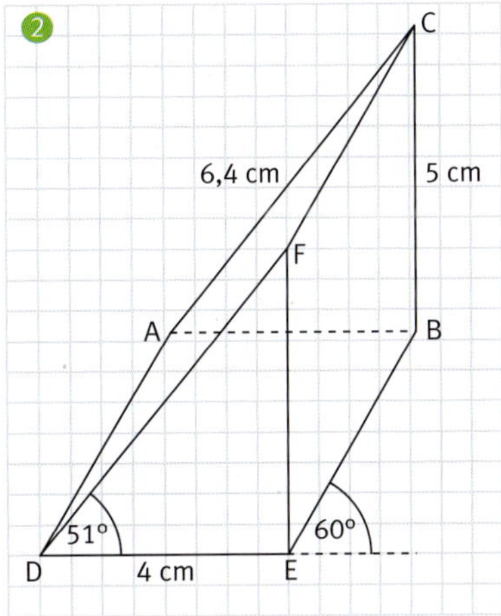

b) ① $|\overline{AE}|$ = 7,2 cm, kann dem Schrägbild aus a) ① entnommen werden.

② $|\overline{AC}|$ = 6,4 cm, kann dem Schrägbild aus a) ② entnommen werden.

③ ∢ EDF = 51°, kann dem Schrägbild aus a) ② entnommen werden.

8 Pyramide mit Vorderkante $\overline{AB}$

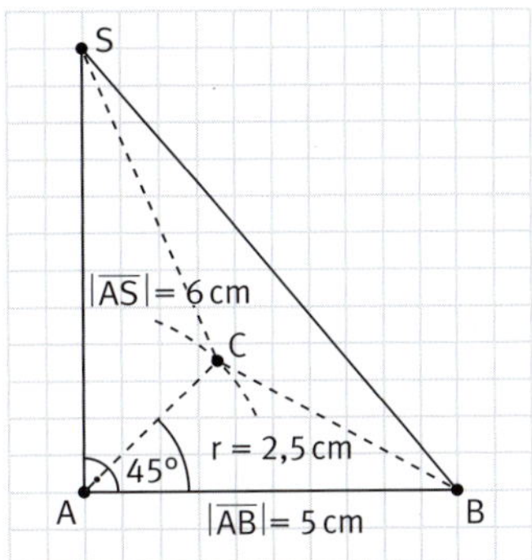

Pyramide mit Vorderkante $\overline{CA}$

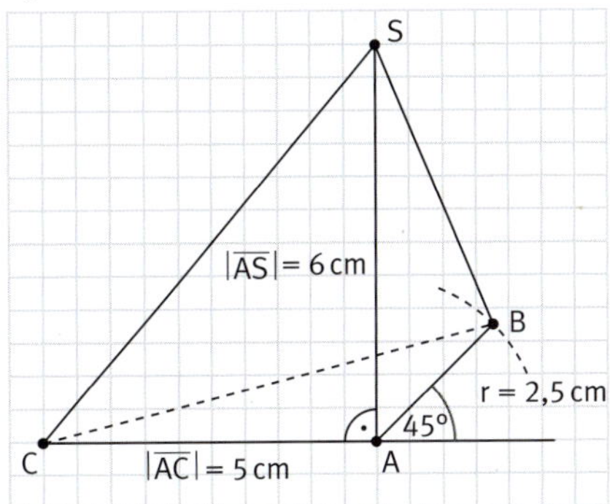

9 a)

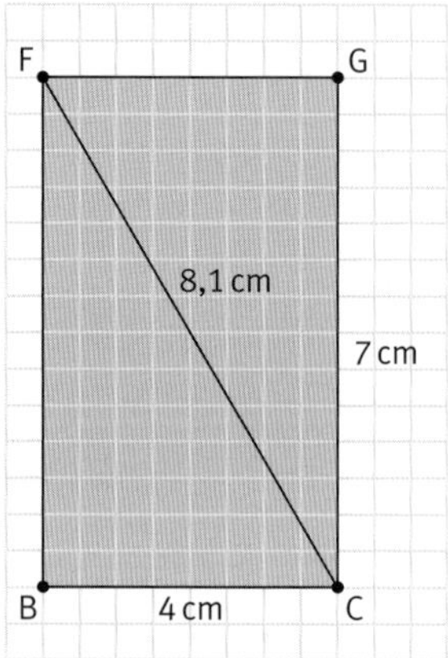

b)

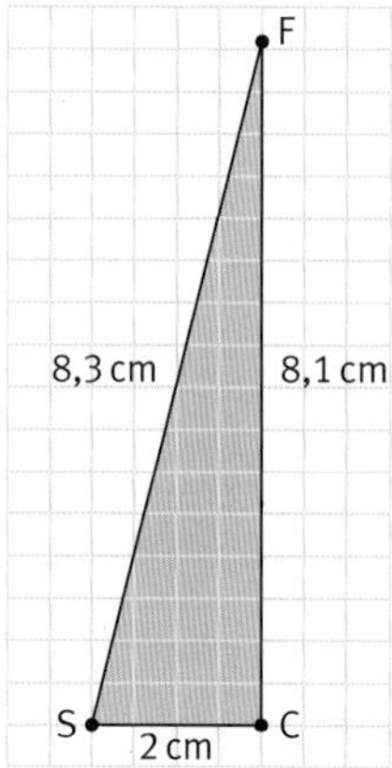

c) Lösungsmöglichkeiten:
E (CEM); E (EGM); E (AEM); E (ACG); E (ACE); E (EMH); …

10 a) und b)

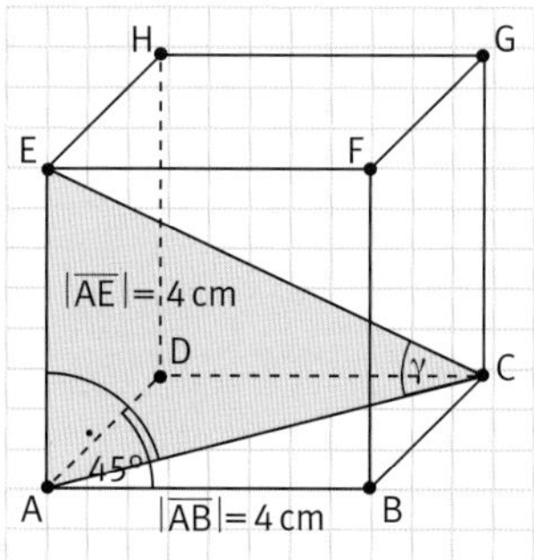

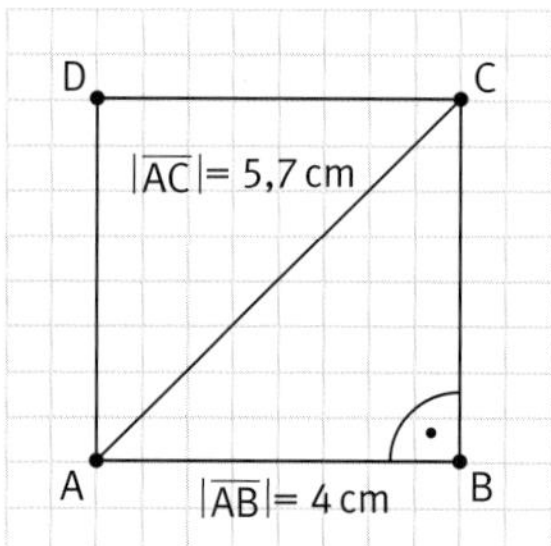

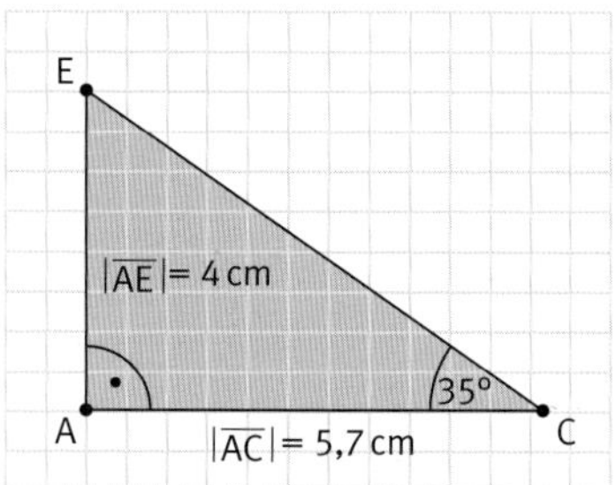

11 a)

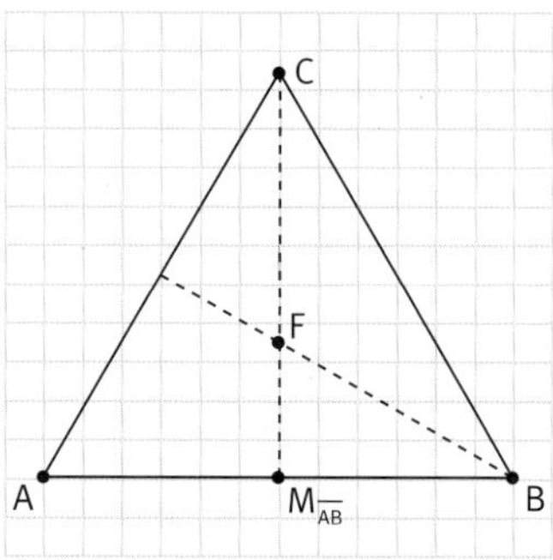

$|M_{\overline{AB}}C| = 5{,}2\,\text{cm}$
$|M_{\overline{AB}}F| = 1{,}7\,\text{cm}$

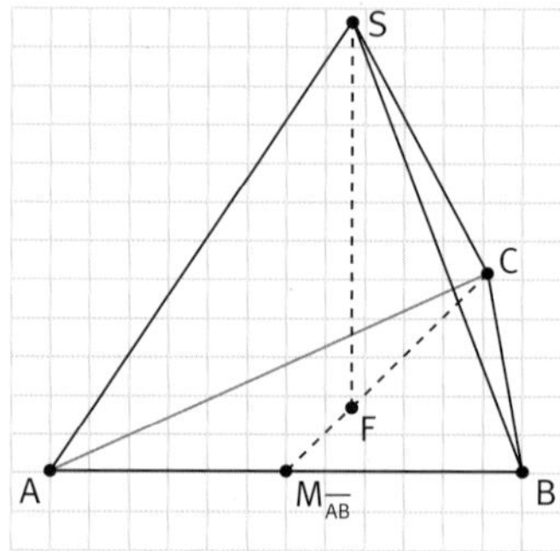

Im Schrägbild gilt mit $q = 0{,}7$:
$|M_{\overline{AB}}C| = 3{,}6\,\text{cm}$
$|M_{\overline{AB}}F| = 1{,}2\,\text{cm}$

b) und c)

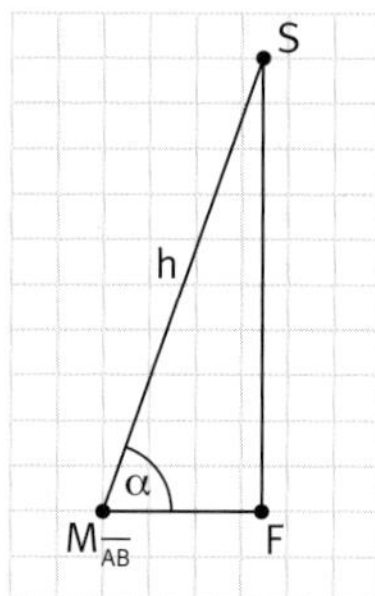

$h = 5{,}3\,\text{cm}$
$\alpha = 71°$

Aufgaben für Lernpartner

A Die Aussage als Ganzes ist falsch: Jeder Quader hat insgesamt 12 Flächendiagonalen, von denen jeweils 4 gleich lang sind (wenn der Quader jeweils verschiedene Seitenlängen hat). Zusätzlich gibt es insgesamt 4 Raumdiagonalen, die alle gleich lang sind.

B Das ist falsch, es fehlt „identisch". Richtig ist: Geraden im Raum können identisch sein, sich schneiden, windschief sein oder parallel zueinander liegen.

C Das ist richtig.

D Das ist falsch. Gegenbeispiel: Prisma mit einem stumpfwinkligen Dreieck als Grundfläche.

E Das ist falsch. Nur rechte Winkel in zur Zeichenebene parallelen Ebenen werden in wahrer Größe dargestellt.

F Das ist falsch. Ebenen bzw. Strecken parallel zur Vorderansichtsebene werden in wahrer Länge abgebildet.

G Das ist falsch. Das Maß der Verzerrung wird durch den Verkürzungsfaktor q und den Verzerrungswinkel ω festgelegt.
Ist $q \neq 0{,}5$, so werden die Kanten nicht auf die Hälfte gekürzt.

H Das ist richtig.

Mathematische Zeichen und Abkürzungen

$\mathbb{N}$	Menge der natürlichen Zahlen
$\mathbb{N}_0$	Menge der natürlichen Zahlen mit Null
$\mathbb{Z}$	Menge der ganzen Zahlen
$\mathbb{Q}$	Menge der rationalen Zahlen
G	Grundmenge
L	Lösungsmenge
$\varnothing$ bzw. $\{\,\}$	leere Menge
V_5	Menge aller Vielfachen von 5: $\{5; 10; 15; \ldots\}$
T_{12}	Teilermenge von 12: $\{1; 2; 3; 4; 6; 12\}$
$5 \mid 10$	5 teilt 10. 5 ist Teiler von 10.
$3 \nmid 10$	3 teilt nicht 10. 3 ist nicht Teiler von 10.
$M_1 \setminus M_2$	Restmenge; „M_1 ohne M_2“
$\{a; b; c\}$	Menge in aufzählender Form
$\{x \mid \ldots\}$	Menge in beschreibender Form
$[x_1; x_2]$	geschlossenes Intervall
$[x_1; x_2[$ $]x_1; x_2]$	halboffene Intervalle
$]x_1; x_2[$	offenes Intervall
$\lvert a \rvert$	(absoluter) Betrag von a
$\wedge$	und zugleich
$\vee$	oder auch
$\Longrightarrow$	daraus folgt; wenn ..., dann ...
$\Longleftrightarrow$	äquivalent; genau dann, wenn ...
$\longmapsto$	ist zugeordnet, wird abgebildet auf
$f(x)$	Funktionsterm
T_1, T_2	Terme
f, g	Funktionen
$=$	ist gleich
$\approx$	ungefähr gleich
$\sim$	direkt proportional
$\neq$	ungleich
$\cong$	kongruent
$\widehat{=}$	entspricht
$\leq$	kleiner oder gleich
$\geq$	größer oder gleich
$<$	kleiner als
$>$	größer als
$\in$	Element von
$\notin$	nicht Element von
$\cap$	geschnitten mit
$\cup$	vereinigt mit
%	Prozent
$+, -$	plus, minus
$\cdot, :$	mal (multipliziert mit), geteilt durch (dividiert durch)
$\frac{a}{b}$	Bruch mit Zähler a und Nenner b
a^k	Potenz („a hoch k“)
P, A, B, ...	Punkte
O	Koordinatenursprung
$P(x \mid y)$	Punkt mit den Koordinaten x und y
g, h, ...	Geraden g und h
$d(P; g)$	Abstand des Punktes P von der Geraden g
AB	Gerade durch A und B
[AB	Halbgerade durch B mit dem Anfangspunkt A
$\overline{AB}$	Strecke mit den Endpunkten A und B
$\lvert\overline{AB}\rvert$	Länge der Strecke $\overline{AB}$
$k(M; r)$	Kreislinie mit dem Mittelpunkt M und dem Radius r
$\overset{\frown}{AB}$	positiv orientierter Kreisbogen vom Punkt A zum Punkt B
$\sphericalangle$ BAC	positiv orientierter Winkel BAC mit dem Scheitel A und den Schenkeln [AB und [AC bzw. Maß dieses Winkels
$\alpha, \beta, \gamma, \ldots$	Maße von Winkeln
u	Umfang
A	Flächeninhalt
V	Volumen
LE, FE, VE	Längen-, Flächen-, Volumeneinheit
$\perp$	senkrecht auf
$\parallel$	parallel zu
$\overrightarrow{PQ} = \begin{pmatrix} a \\ b \end{pmatrix}$	Pfeil (Vertreter eines Vektors) mit den Koordinaten a und b
$\vec{a}$	Vektor
$\begin{vmatrix} a & b \\ c & d \end{vmatrix}$	Zweireihige Determinante
$\vec{a} \oplus \vec{b}$	Summe der Vektoren $\vec{a}$ und $\vec{b}$
$k \cdot \vec{a}$	Produkt aus Vektor $\vec{a}$ und Zahl k

Stichwortverzeichnis

Bildnachweis

Alamy Stock Photo / funkyfood London, Paul Williams – Cover, S. 1; Alamy Stock Photo / Signal Photos – S. 41; Hans-Werner Bauss, Wermelskirchen – S. 101; Casio Europe GmbH, Norderstedt – S. 96; Fotolia / Osterland – S. 68; - / Matthias Ott – S. 29; - / Alexander Semenov – S. 95; Getty Images Plus / iStockphoto, Anton Aleksenko – S. 143; - / iStockphoto, AndreyPopov – S. 112; - / iStockphoto, beverett – S. 109; - / iStockphoto, efks – S. 66; - / iStockphoto, Ljupco – S. 4, 102/103; - / iStockphoto, Christopher Pattberg – S. 134; - / iStockphoto, David Stydom – S. 106; - / iStockphoto, TeodoraDjordjevic – S. 127; - / iStockphoto, Timsulov – S. 111; - / iStockphoto, wutwhanfoto – S. 96; - / MonkeyBusinessImages, Valueline – S. 115; - / Photodisc, Noel Hendrickson – S. 109; iStockphoto /monkeybusinessimages – S. 59; Matthias Ludwig, Frankfurt – S. 3, 34/35; Mauritius Images / Uta und Horst Kolley – S. 45; Mauritius Images / Westend61, Florian Küttler – S. 144; Simon Weixler, Rohrbach – S. 18; Wildner + Designer, Fürth – S. 3, 16/17, 28; www.wikimedia.org / www.history.mcs.st-and.ac.uk – S. 81.